单片机与 DSP 应用丛书

TMS320DM642
DSP 原理与应用实践

许永辉　杨京礼　林连雷　编著

U0386519

电子工业出版社.

Publishing House of Electronics Industry

北京 · BEIJING

内 容 简 介

TI 公司的 TMS320C6000 系列 DSP 是目前的数字信号处理器中性能最高的产品之一，TMS320DM642 是 C6000 系列中一款性/价比高的芯片，其速度快，处理功能强大，片内外设资源丰富，在我国已经得到了较为广泛的应用。

本书全面而详细地介绍了 TMS320DM642 的硬件原理、软硬件开发与系统设计。内容包括 TMS320DM642 的基本特性、硬件结构、片内外设、视频接口、软件开发与代码优化、高速数字信号处理系统设计方法，以及以 DM642 为核心的图像处理系统开发实例。本书根据作者多年的研发经验，给出了实际研发的原理图和工程实例，重点解决应用设计中的问题，并解析了高速数字信号处理系统设计中遇到的难点和解决方法。

本书内容丰富新颖，所举实例具有典型性，具有较强的实用性与指导性，可作为各类工科院校电子信息类等专业的研究生、本科生学习高速 DSP 应用开发的教材，也可供从事 DSP 应用设计开发的工程技术人员参考。

图书在版编目（CIP）数据

TMS320DM642 DSP 原理与应用实践/许永辉，杨京礼，林连雷编著. —北京：电子工业出版社，2012.4

（单片机与 DSP 应用丛书）

ISBN 978-7-121-16713-3

Ⅰ. ①T… Ⅱ. ①许… ②杨… ③林… Ⅲ. ①数字信号处理 Ⅳ. ①TN911.72

中国版本图书馆 CIP 数据核字（2012）第 060159 号

责任编辑：竺南直

印　　刷：北京七彩京通数码快印有限公司
装　　订：北京七彩京通数码快印有限公司
出版发行：电子工业出版社
　　　　　北京市海淀区万寿路 173 信箱　邮编 100036
开　　本：787×1 092　1/16　印张：25.75　字数：660 千字
版　　次：2012 年 4 月第 1 版
印　　次：2016 年 9 月第 2 次印刷
定　　价：49.00 元

前　　言

以高速数字信号处理器（DSP）为基础的实时数字信号处理技术近年来发展迅速，已广泛应用于通信系统、语音与图像处理、高速控制等多种领域。TI 公司的 TMS320C6000 系列 DSP 是目前最先进、性价比最优的 DSP 之一。由于 C6000 系列包含 C62x/C67x/C64x 等多个系列，芯片种类繁多，很多希望学习 C6000 系列的初学者感到入门困难。

作者在科研工作中，涉及高速视频采集、图像压缩/解压缩、视频图像处理等领域的课题，使用过 C62x/C67x/C64x 系列的多款 DSP 芯片，具有较丰富的使用经验。作者希望结合实际工程开发经验，针对有代表性的 DSP 产品，结合高速 DSP 的工作原理和技术特点，编写以实践应用为目标的教程，提高研发人员的技术水平及实践技能，使研发人员在学习结束之后具备高速信号处理系统设计的能力。

TMS320DM642 是 C6000 系列中获得广泛应用的一款芯片，其处理器功能强大，结构富有代表性，芯片软/硬件资源丰富。DM642 与其他 C64x 系列 DSP 具有类似的结构，读者可以举一反三，快速了解 C64x 系列 DSP 的工作原理，很容易学习其他 C6000 系列 DSP 的使用方法。本书结合工程开发实例，深入分析了 DM642 的结构、中断系统、外设接口、工作原理和使用方法等，最后提供了一个图像编/解码系统的设计方案、原理图和程序代码。

本书分为 13 章。第 1 章概述了 DSP 的特点和技术指标，介绍了 TI 公司不同系列 DSP 产品的硬件结构和资源类型，为读者的选型提供必备的参考；第 2 章介绍了 DM642 的结构，包括 CPU 结构、存储空间映射和片内外设；第 3 章介绍了 DM642 的中断资源、中断性能及其控制方法；第 4～11 章介绍了 DM642 的主要片内外设；第 12 章介绍了 DM642 的软件编程，包括 CCS 简介、C6000 基本程序结构、C 程序的优化方法和 CSL 库函数，通过这部分内容的学习，读者可以编写一个完整的 DM642 程序；第 13 章介绍了系统设计方面的内容，包括板级设计、高速数字电路设计和一个图像编解码系统的设计实例，读者学习这些内容后，可以具备独立设计一个基于 DM642 的高速数字系统的能力。

本书由许永辉主编，杨京礼和林连雷参与编写，曹然、钱科威、宋升金、李孟成、曾蓉、张集慧和闫芳参与了资料的收集和整理工作，对此表示感谢。本书的出版得到张毅刚教授的大力支持，在此向张老师表示感谢。由于时间仓促和作者学识水平有限，书中难免存在错误或不妥之处，恳请广大读者批评指正。

作　者

目　　录

第1章 概　　述

1.1　DSP 概述

数字信号处理器（Digital Signal Processor，DSP）芯片，是一种专门用于数字信号处理的微处理器，其主要应用是实时快速地实现各种数字信号处理算法。

1.1.1　DSP 的发展历程

在 DSP 出现以前，数字信号处理只能依靠通用的微处理器（MPU）来完成，但 MPU 的处理速度无法满足高速、实时的要求。随着集成电路技术的发展，20 世纪 70 年代末出现了专门的可编程数字信号处理器，简称 DSP。第一代 DSP 以 AMD2900、NEC7720 和 TMS320C10 为代表，其中 TI 公司的 TMS320C10 第一次使用了哈佛总线结构和硬件乘法器。

自 1980 年以来，DSP 芯片得到了突飞猛进的发展，DSP 芯片的应用越来越广泛。从运算速度来看，MAC（一次乘法和一次加法）时间已经从 20 世纪 80 年代初的 400ns（如 TMS32010）降低到 10ns 以下（如 TMS320C54x、TMS320C62x/67x 等），处理能力提高了几十倍。DSP 芯片内部关键的乘法器部件从 1980 年的占模片区（die area）的 40%左右下降到 5%以下，片内 RAM 数量增加一个数量级以上。从制造工艺来看，1980 年采用 4μm 的 N 沟道 MOS（NMOS）工艺，而现在则普遍采用亚微米（Micron）CMOS 工艺。DSP 芯片的引脚数量从 1980 年的最多 64 个增加到现在的 200 个以上，引脚数量的增加，意味着结构灵活性的增加，如外部存储器的扩展和处理器间的通信等。此外，DSP 芯片的发展使 DSP 系统的成本、体积、重量和功耗都有很大程度的下降。

最成功的 DSP 芯片当数 TI 公司的 TMS 系列产品。1982 年 TI 成功推出了第一代 DSP 芯片 TMS32010 及其系列产品 TMS32011、TMS32C10/C14/C15/C16/C17 等。这一代 DSP 芯片采用微米工艺 NMOS 技术制作，虽然功耗和尺寸较大，但比 MPU 的运算速度快了几十倍，因而在语音合成和编/解码器中得到广泛应用。20 世纪 80 年代中期，TI 公司推出了第二代基于 CMOS 工艺的 DSP 芯片 TMS32020、TMS320C25/C26/C28，其存储容量和运算速度成倍提高，为语音处理、图像硬件处理技术的发展奠定了基础。20 世纪 80 年代后期，TI 公司推出了第三代 DSP 芯片 TMS32C3x，研发人员可对第三代 DSP 芯片进行高级语言编程，从而可降低研发工作的难度，提高研发效率。20 世纪 90 年代，TI 公司相继推出了第四代 DSP 芯片 TMS32C4x，第五代 DSP 芯片 TMS32C5x/C54x 和集多个 DSP 核于一体的高性能 DSP 芯片 TMS32C8x，第六代 DSP 芯片 TMS32C62x/C67x/C64x，以及最新的 DSP 芯片

TMS32C55x/Omap、达芬奇系列，这些 DSP 芯片系统集成度高，速度快，功耗小，目前在无线通信、计算机及其周边设备、数码产品上应用广泛。

1.1.2 DSP 芯片的分类

DSP 芯片可以按照下列三种方式进行分类。

（1）按基础特性分

这是根据 DSP 芯片的工作时钟和指令类型来分类的。如果在某时钟频率范围内的任何时钟频率上，DSP 芯片都能正常工作，除计算速度有变化外，没有性能的下降，这类 DSP 芯片一般称为静态 DSP 芯片。例如，日本 OKI 电气公司的 DSP 芯片、TI 公司的 TMS320C2xx 系列芯片属于这一类。

如果有两种或两种以上的 DSP 芯片，它们的指令集和相应的机器代码及引脚结构相互兼容，则这类 DSP 芯片称为一致性 DSP 芯片。例如，美国 TI 公司的 TMS320C54X 就属于这一类。

（2）按数据格式分

这是根据 DSP 芯片工作的数据格式来分类的。数据以定点格式工作的 DSP 芯片称为定点 DSP 芯片，如 TI 公司的 TMS320C1x/C2x、TMS320C2XX/C5x、TMS320C54x/C62xx 系列，ADI 公司的 ADSP21xx 系列，AT&T 公司的 DSP16/16A，Motolora 公司的 MC56000 等。以浮点格式工作的称为浮点 DSP 芯片，如 TI 公司的 TMS320C3x/C4x/C8x，ADI 公司的 ADSP21xxx 系列，AT&T 公司的 DSP32/32C，Motolora 公司的 MC96002 等。

不同浮点 DSP 芯片所采用的浮点格式不完全一样，有的 DSP 芯片采用自定义的浮点格式，如 TMS320C3x，而有的 DSP 芯片则采用 IEEE 的标准浮点格式，如 Motorola 公司的 MC96002、Fujitsu 公司的 MB86232 和 Zoran 公司的 ZR35325 等。

（3）按用途分

按照 DSP 的用途来分，可分为通用型 DSP 芯片和专用型 DSP 芯片。通用型 DSP 芯片适合普通的 DSP 应用，如 TI 公司的一系列 DSP 芯片属于通用型 DSP 芯片。专用 DSP 芯片是为特定的 DSP 运算而设计的，更适合特殊的运算，如数字滤波、卷积和 FFT，如 Motorola 公司的 DSP56200，Zoran 公司的 ZR34881，Inmos 公司的 IMSA100 等就属于专用型 DSP 芯片。

1.1.3 DSP 芯片特点

1. 功能特点

数字信号处理任务通常需要完成大量的实时计算，如在 DSP 中常用的 FIR 滤波和 FFT 算法。数字信号处理中的数据操作具有高度重复的特点，特别是乘加和操作 $Y=A\times B+C$ 在滤波、卷积和 FFT 等常见 DSP 算法中用得最多。DSP 在很大程度上就是针对上述运算特点设计的。与通用微处理器比，DSP 在寻址和计算能力等方面进行了扩充和增强。在相同的时钟频率和芯片集成度下，DSP 完成 FFT 算法的速度比通用微处理器要快 2～3 个数量级（如对于 1024 点的 FFT 算法，时钟频率相同、集成度相仿的 IBM PC/AT-386 和 1MS320C30，运算时间分别为 0.3 秒和 1.5 毫秒，速度相差 200 倍）。

2．结构特点

DSP 结构特点在很大程度上体现了对 DSP 算法的需求。

（1）算术单元

① 硬件乘法器

由于 DSP 的功能特点，乘法操作是 DSP 的一个主要任务。而在通用微处理器内通过微程序实现的乘法操作往往需费 100 多个时钟周期，非常费时，因此在 DSP 内都设有硬件乘法器来完成乘法操作，以提高乘法速度。硬件乘法器是 DSP 区别于通用微处理器的一个重要标志。

② 多功能单元

为进一步提高速度，可以在 CPU 内设置多个并行操作的功能单元（ALU、乘法器和地址产生器等）。如 C6000 的 CPU 内部有 8 个功能单元，包括 2 个乘法器和 6 个 ALU。这 8 个功能单元最多可以在 1 个周期内同时执行 8 条 32 位指令。由于多功能单元的并行操作使 DSP 在相同时间内能够完成更多的操作，因而提高了程序的执行速度。

针对乘加和运算，多数 DSP 的乘法器和 ALU 都支持在 1 个周期内同时完成一次乘法和 1 次加法操作。另外很多定点 DSP 还支持在不附加操作时间的前提下对操作数或操作结果的任意位移位。

另外，由于 DSP 的算法特点和数据流特点，还可以使现代 DSP 采用指令比较整齐划一的精简指令集（RISC）。这有利于 DSP 结构的简化和成本的降低。

（2）总线结构

通用微处理器是为计算机设计的。基于成本上的考虑，传统的微处理器通常采用冯·诺依曼总线结构：统一的程序和数据空间，共享的程序和数据总线。由于总线的限制，微处理器执行指令时，取指和存取操作数必须共享内部总线，因而程序指令只能串行执行。

对于面向数据密集型算法的 DSP 而言，采用冯·诺依曼总线结构将使系统性能受到很大限制，因此 DSP 采用了具有独立程序总线和数据总线的哈佛总线结构，这样 DSP 就能够同时取指和取操作数。而且很多 DSP 甚至有两套或两套以上的内部数据总线，这种总线结构称为修正的哈佛结构。对于乘法或加法等运算，1 条指令要从存储器中取 2 个操作数，多套数据总线就使得两个操作数可以同时取得，提高了程序效率。

C6000 系列 DSP 采用的就是修正的哈佛总线结构，一套 256 位的程序总线、两套 32 位数据总线和一套 32 位的 DMA 专用总线。灵活的总线结构使得数据瓶颈对系统性能的限制大大缓解。

（3）专用寻址单元

DSP 面向的是数据密集型应用，伴随着频繁的数据访问，数据地址的计算时间也线性增长。如果不在地址计算上进行特殊考虑，有时计算地址的时间比实际的算术操作时间还长。例如，8086 做一次加法需要 3 个周期，但是计算一次地址却需要 5～12 个周期。因此，DSP 通常都有支持地址计算的算术单元——地址产生器。地址产生器与 ALU 并行工作，因此地址的计算不再额外占用 CPU 时间。由于有些算法通常需要一次从存储器中取两个操作数，DSP 内的地址产生器一般也有两个。

DSP 的地址产生器一般都支持间接寻址，而且有些 DSP 还能够支持位反寻址（用于 FFT 算法）和循环寻址，如 C6000 就支持循环寻址。

（4）片内存储器

由于 DSP 面向的是数据密集型应用，因此存储器访问速度对处理器的性能影响很大。现代微处理器内部一般都集成有高速缓存（cache），但是片内一般不设存储程序的 ROM 和存储数据的 RAM。这是因为通用微处理器的程序一般都很大，片内存储器不会给处理器性能带来明显改善。而 DSP 算法的特点是需要大量的简单计算，相应地其程序比较短小。存放在 DSP 片内可以减少指令的传输时间，并有效缓解芯片外部总线接口的压力。除了片内程序存储器外，DSP 内一般集成有数据 RAM，用于存放参数和数据。片内数据存储器不存在外部存储器的总线竞争问题和访问速度不匹配问题，因此访问速度快，可以缓解 DSP 的数据瓶颈，充分利用 DSP 强大的处理能力。C6000 系列 DSP 内部集成有 1M～16M 位的程序 RAM 和数据 RAM。对有些片种，这些存储器还可以配置为程序 cache 或数据 cache 来使用。

（5）流水处理

除了多功能单元外，流水技术是提高 DSP 程序执行效率的另一个主要手段。流水技术使两个或更多不同的操作可以重叠执行。在处理器内，每条指令的执行分为取指、解码、执行等若干个阶段，每个阶段称为一级流水。流水处理使若干条指令的不同执行阶段可以并行执行，因而能够提高程序执行速度。理想情况下，一条 k 段流水能在 $k+(n-1)$ 个周期内处理 n 条指令。其中前 k 个周期用于完成第一条指令的执行，其余 $n-1$ 条指令的执行需要 $n-1$ 个周期。而在非流水处理器上执行 n 条指令则需要 nk 个周期。当指令条数 n 较大时，流水线的填充和排空时间可以忽略不计，可以认为每个周期内执行的最大指令个数为 k，即流水线在理想情况下效率为 1。但是由于程序中存在数据相关、程序分支、中断以及一些其他因素，这种理想情况很难达到。

1.1.4　性能指标

DSP 的综合能力指标除了与芯片的处理能力直接相关外，还与 DSP 片内、片外数据传输能力有关。DSP 的数据处理能力通常用 DSP 的处理速度来衡量；数据传输能力用内部总线和外部总线的配置，以及总线或 I/O 口的数据吞吐率来衡量。以下是衡量 DSP 处理性能的一些常用指标。

MFLOPS： 即每秒执行百万次浮点操作。其中浮点操作包括浮点乘法、加法、减法和存储等操作。MFLOPS 是表征浮点 DSP 芯片处理器的重要指标。用户选择 DSP 芯片时要注意，厂家提供的通常是峰值指标，因此系统设计时要留一定的裕量。TMS320C67xx 可以达到 1000 MFLOPS 的峰值性能。

MOPS：即每秒执行百万次操作。这里的操作除了包括 CPU 的操作外，还包括地址计算、DMA 访问、数据传输和 I/O 操作等。MOPS 可以对 DSP 的综合性能进行描述，200MHz 时钟的 TMS320C6201 的峰值性能可以达到 2400MOPS。

MIPS：即每秒百万条指令。MIPS 按公式 $S=J/(T_i\times10^{-6})$ 计算，其中 T_i 为指令周期（单位为 ns），J 为每周期并行指令数。300MHz 时钟的 TMS320C6203 的峰值能力可以达到 2400MIPS。

MBPS：即每秒百万位。MBPS 用于衡量 DSP 的数据传输能力，通常指某个总线或 I/O 口的带宽，是对总线或 I/O 口数据吞吐率的度量。对于 TMS320C62xx 系列外部总线接口，如果总线时钟选择 200MHz，则总线吞吐率为 800MB/s（32 位数据总线），即 6400MBPS。

随着 DSP 结构的多样化和复杂化，这些指标越来越不能反映 DSP 的综合性能，不同厂商的指标甚至不具可比性。对于一些常用的 DSP 算法，如 N 点 FFT 的处理时间和 N 点 FIR 的处理时间等，在进行系统设计时可以参考 DSP 厂商提供的基准，但要想得到具体参数下的精确指标，则必须通过软件仿真器和软件评估模块等开发工具在 DSP 上进行试验。

1.2　TI 公司 DSP 芯片

TI 公司于 1982 年推出 TMS320 系列 DSP 芯片的第一代处理器 TMS320C10。经过十几年的发展，TI 公司又相继发展了 TMS320C2000、TMS320C5000 和 TMS320C6000 三个系列的 DSP 产品。现今，TI 公司的 TMS320 系列已成为 DSP 市场中的主流产品，约占市场份额的 48%，是世界最大的 DSP 芯片供应商。

1.2.1　TMS320C2000 系列

TMS320C2000 系列 DSP 一般应用于控制领域，可以替代老的 C1x 和 C2x 型号的 DSP。现在 TMS320C2000 系列 DSP 的应用主要集中在以下方面。

（1）C20x。C20x 是 16 位定点 DSP 芯片，速度为 20～40MIPS（Million Instructions Per Second，每秒执行百万次指令），片内 RAM 比较少，如 C204 片内只有 512 字节的 DARAM。有些型号的 C20x DSP 芯片中带有闪速存储器（Flash Memory），如 F206 就带有 32K×16 位的闪速存储器。C20x 的主要应用范围为数字电话、数码相机，自动售货机等。

（2）C24x。C24x 是 16 位定点 DSP，速度为 20MIPS，一般用于数字马达控制、工业自动化、电力交换系统、变频设备、空调等。为了在有限的空间里提高数字控制设备的性能，T1 公司最近推出了 TMS320LF2401A、TMS320LF2403A、TMS320LC2402A 三款新型 C24xx DSP。这三款新型 C24xx DSP 降低了消费类和业界的原始设备生产商（OEM）的系统成本，进一步实现了系统的小型化、智能化，使产品设计更趋完善。

TI 公司的 TMS320LF2401A DSP 是将速度为 40MIPS 的 DSP 内核、闪速存储器以及外设集成到器件中，其封装尺寸不超过一个隐形眼镜片的大小，主要用于对实时性有严格要求的场合，而 TMS320LF2401A DSP 高度的系统集成和较小的封装体积，有助于 OEM 快速地将产品推向市场。

TI 公司的 TMS320LF2403A、TMS320LC2402A 主要针对有更大 RAM 需求的应用。TMS320LF2403A DSP 控制器内部集成了 16K×16 位闪速存储器、1K×16 位 RAM、8 通道的 10 位 ADC、事件管理器。具有 CAN2.0B 协议的 CAN 总线控制器、SPI 总线接口及 21 个 GPI/O 被全部封装到一只有 64 个引脚的 10mm×10mm 芯片中。TMS320LC2402A DSP 是与 TMS320LF2403A DSP 处理器引脚兼容的处理器，其内部集成了能替代闪速存储器的 6K×16 位 ROM 存储器，生产成本较低。

最近 TI 将新一代 C28x DSP 内核引进 TMS320C2000 家族。C28x 内核是目前数字控制应用领域性能最好的 DSP 内核。C28x 内核提供高达 400MIPS 的计算带宽以处理大量而繁杂的实时控制算法，如随机 RAM 和功率因数的校正。新型的 C28x 也是业界编码效率最高的 DSP 内核，并与目前使用的 C2000 家族具有完全兼容的代码。

C2000 系列 DSP 的发展如图 1-1 所示。

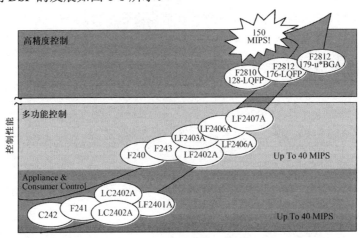

图 1-1 C2000 DSP 产品系列

1.2.2 TMS320C5000 系列

TMS320C5000 系列是 16 位定点、速度为 40～200MIPS、可编程、低功耗和高性能的 DSP。主要用于有线或无线通信、IP（Internet Protocol，互联网协议）电话、便携式信息系统、手机、助听器等。

目前，TMS320C5000 系列中有 3 种有代表性的常用芯片。第一种是 TMS320C5402，速度为 100MIPS，片内存储空间较小，RAM 为 16K×16 位、ROM 为 4K×16 位。主要用于无线 Modem（调制解调器）、新一代 PDA（Personal Digital Assistant，个人数字助理）、网络电话和数字电话系统以及消费类电子产品。TMS320C5402 每片的目标价格在 5 美元以下，属廉价型的 DSP。第二种常用芯片是 TMS320C5420，它拥有两个 DSP 内核，速度可达到 200MIPS，200K×16 位片内 RAM，功耗为 0.32mA/MIPS，200MIPS 全速工作时不超过 120mW，为业内功耗较低的 DSP。TMS320C5420 是当今集成度较高的定点 DSP，适合于多通道基站、服务器、Modem 和电话系统等要求高性能、低功耗、小尺寸的场合。第三种是 TMS320C5416，它是 TI 公司 0.15μm 器件中的第一款 DSP 芯片，有 128K×l6 位片内 RAM，速度为 160MIPS，有 3 个多通道缓冲串行口（MCBSP），能够直接与 T1 或 E1 线路连接，不需要外部逻辑电路，主要用于 VoIP（Voice over IP）、通信服务器、PBX（专用小型变换机）和计算机电话系统等。

　　为满足对性能、尺寸、价格和功耗有严格要求的设备，TI 公司设计了一种属于 TMS320CC5000 系列的 DSP 产品，即 TMS320C5500™DSP（以下简称 TMS320C55xx）。TMS320C55xx 与 TMSC320C54xx 代码兼容，且 MIPS 功耗只有 0.05mW，是目前市场上 TMS320C54xx 产品功耗的 0.4 倍。TMS320C55xx 有强大的电源管理功能，能进一步增强省电功能，可使网络音频播放器用两节 AA 电池工作 200 个小时以上（相当于目前播放器工作时间的 10 倍）。

　　TMS320C55xx 系列的代表产品有 TMS320C5509 和 TMS320C5502。TMS320C5509 DSP 芯片主要用于网络媒体娱乐终端、个人医疗、图像识别、保密技术、数码相机、个人摄像机等设备。TMS320C5509 DSP 芯片是目前集成度较高的通用型 DSP，能提供完备的系统解决方案，具有 96K×l6 位的单口 SRAM、32K×16 位的双口 SRAM、32K×16 位的 ROM 和 6 通道的 DMA（直接存储器存储）。此外，TMS320C5509 DSP 芯片还含有 USB 1.0 接口、用于全双工通信的 3 个多通道缓冲串行接口（MCBSP）、Watchdog 定时器、32kHz 晶振输入和单电源的实时时钟、片上 10 位 ADC、连接微控制器的 I²C 总线接口，以及用于芯片内的编解码器、增强型 16 位主机接口、两个 16 位定时器等。TMS320C5509 DSP 支持流行的存储方式，包括对记忆棒、多媒体卡和 SD（Secure Digital）卡的支持。因此，TMS320C5509 DSP 可以广泛地支持 DSP 系统板上的外围器件，包括用于直接连接 PC 或其他 USB 主机设备的 USB 1.0 端口，并能遵循大多数流行的可移动存储标准及多媒体文件格式。

　　TMS320C5502 DSP 芯片作为 TI 公司的 TMS320C5000 DSP 系列平台上新型的性价比较佳的产品，每秒执行的指令高达 4 亿条，可满足当今个人设备对价格和性能的要求。TMS320C5502 DSP 芯片有 32K×16 位的片上双口 RAM、一个主机接口、通用外围设备（如 3 个多通道缓冲串行接口）、一个硬件 UART、I²C 总线接口和 76 个专用 GPI/O 口，提供传输速率为 400 兆字节/秒的 32 位外部存储接口，并支持低价 SDRAM 外设。

　　C5000 系列 DSP 的发展如图 1-2 所示。

1.2.3　TMS320C6000 系列

　　TMS320C6000 系列 DSP 是 TI 公司于 1997 年 2 月推向市场的高性能 DSP，具有性价比高、功耗低等优点。TMS320C6000 系列中又分为定点 DSP 和浮点 DSP 两类。

　　（1）TMS320C62xx。该系列是 TMS320C6000 系列中的 32 位定点 DSP，内部集成了多个功能单元，可同时执行 8 条指令，运算速度为 1200～2400MIPS。其主要特点如下。

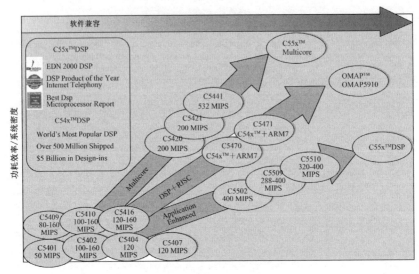

图 1-2　C5000 DSP 产品系列

① 运行速度快。指令周期为 5ns，运算能力为 1600MIPS。

② 内部结构不同于一般 DSP 芯片。内部同时集成了 2 个乘法器和 6 个算术运算单元，且它们之间是高度正交的，使得在一个指令周期内最大能支持 8 条 32bit 的指令。

③ 指令集不同。为充分发挥其内部集成的各执行单元的独立运行能力，TI 公司使用了 Veloci Tl 超长指令字（VLIW）结构。它在一条指令中组合了几个执行单元，结合其独特的内部结构，可在一个时钟周期内并行执行几个指令。

④ 大容量的片内存储器和大范围的寻址能力。片内集成了 512K 字程序存储器和 512K 字数据存储器，并拥有 32bit 的外部存储器界面。

⑤ 智能外设。内部集成了 4 个 DMA 接口，2 个多通道缓存串口，2 个 32 位计时器。

⑥ 低廉的使用成本。在个无线基站的应用中，每片 TMS320C62x 能同时完成 30 路的语音编解码，每路成本为 3 美元，而以前的 DSP 系列最大只能完成 5 路，每路的成本为 7 美元。

这种芯片适合于无线基站、无线 PDA、组合 Modem、GPS 导航等需要大运算能力的应用场合。

（2）TMS320C67xx。该系列是 TMS320C6000 系列中的 32 位浮点 DSP，内部同样集成了多个功能单元，可同时执行 8 条指令，其运算速度为 1GFLOPS（Floating Point namber Operations Per Second，每秒所执行的浮点运算次数）。该系列除了具有 TMS320C62xx 系列的特点外，其主要特点还有以下几点。

① 运行速度快。指令周期为 6ns，峰值运算能力为 1336MIPS，对于单精度运算可达 1GFLOPS，对于双精度运算可达 250MFLOPS。

② 硬件支持 IEEE 格式的 32 位单精度与 64 位双精度浮点操作。

③ 集成了 32×32 位的乘法器，其结果可为 32 位或 64 位。

④ TMS320C67xx 的指令集在 TMS320C62xx 的指令集基础上增加了浮点执行能力，可

以看作是 TMS320C62xx 指令集的超集。TMS320C62xx 指令能在 TMS320C67xx 上运行，而无需任何改变。

　　与 TMS320C62xx 系列芯片一样，由于其出色的运算能力、高效的指令集、智能外设、大容量的片内存储器和大范围的寻址能力，这个系列的芯片适合用于基站数字波束形成、图像处理、语音识别、3D 图形等对运算能力和存储量有高要求的应用场合。

　　目前，TMS320C6000 系列主要向两个方向发展：一是追求更高的性能；二是在保持高性能的同时向廉价型发展。例如，TI 公司最近推出的 TMS320C6414、TMS320C6415 和 TMS320C6416 三款新产品的工作频率高达 800MHz，计算速度接近每秒 64 亿次指令，而功耗仅为现有器件的 1/3。它们既可通过一条单独接入家庭的宽带线路传输大量的个性化数据、视频和语音，也可通过 3G 无线基站向无线手机发送多媒体信息。

　　TMS320C6000 系列中的 C64x 系列在 DSP 芯片中处于领先水平。C64x 系列 DSP 不但提高了时钟频率，而且在内部结构上也采用了新的优化，主要表现在以下几个方面：

　　① 寄存器个数比 C62x 增大了一倍，从原来的 32 个变成了 64 个。

　　② 乘法器、累加器、桶式移位器和加法器等特殊硬件运算器的数量比原来增加了 1～3 倍。

　　③ CPU 通过 L1 Program Cache 和 L1Data Cache 执行指令并处理数据，通过 L2 Cache 与增强型 DMA 控制器（Enhanced DMA Controller，EDMAC）相连，且能控制外围设备，从而使 Cache 空间增大。

　　④ 外部的总线变成了 64 位，是 C62x 的一倍。

　　⑤ 数据结构支持 8 位的运算操作，尤其适用于 8 位图像信号的处理。

　　⑥ 在 C62x 系列 DSP 指令基础上增加了一些新的指令。例如增加了 GF 域的乘法，一次可以实现 4 个 GF 域的乘法，为无线通信的 RS 编译码提供快速实现。

　　⑦ 内部嵌入各种应用软件，包括 Viterbi 译码、RS 译码、回音抵消、图像压缩等。

　　C6000 系列 DSP 的发展如图 1-3 所示。

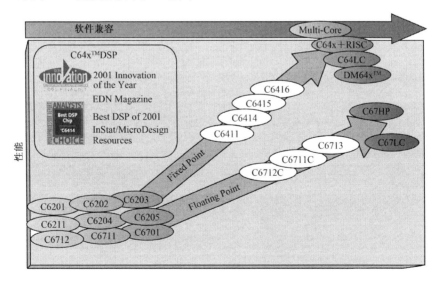

图 1-3　C6000 DSP 产品系列

1.3 TMS320DM642 处理器

TMS320DM642 是 TI 公司于 2003 年左右推出的一款 32 位定点 DSP 芯片，主要面向数字媒体，属于 C6000 系列 DSP 芯片。DM642 保留了 C64x 原有的内核结构及大部分外设的基础上增加了 3 个双通道数字视频口，可同时处理多路数字视频流。

1.3.1 DM642 概述

TMS320C64x DSP 芯片（包括 TMS320DM642）是在 TMS320C6000 DSP 平台上的高性能定点 DSP。TMS320DM642 是基于 TI 开发的第二代高性能、先进 Veloci TI 技术的 VLIW 结构（Veloci TI1.2），从而使得这款 DSP 芯片成为数字多媒体的极好的选择。

DM642 在主频 720MHz 下处理速度达到 5760MIPS，其操作灵活的高速处理器和用数字表达容量的阵列处理器，给高性能 DSP 规划提供了廉价的解决方案。C64x DSP 核有 64 个 32 位字长的通用寄存器和 8 个独立的功能单元（2 个为 32 位的乘法器和 6 个 ALU）是 Veloci TI1.2 的升级版。Veloci TI1.2 升级版在 8 个功能单元里包括新的指令，可以在视频和图像应用方面提高性能，并能对 Veloci TI 结构进行扩充。DM642 每周期能够提供 4 个 16 位 MAC（Multiply-Accumulates），每秒可提供 2880 百万个 MAC，或者 8 个 8 位 MAC，每秒 5760MMAC。DM642 具有特殊应用的硬件结构，片上存储器和与其他 C6000 系列 DSP 平台相似的额外的片上外围设备。DM642 功能框图如图 1-4 所示。

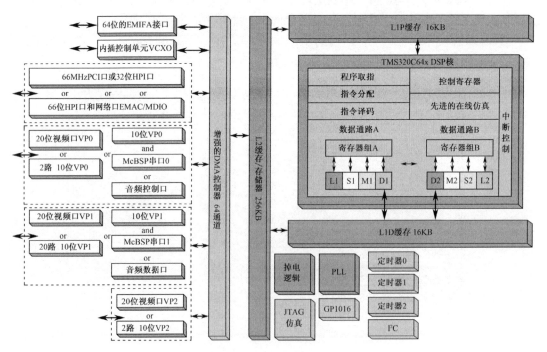

图 1-4 DM642 功能框图

DM642 使用两级缓存，有一套强大的多种多样的外围设备。一级程序缓存 L1P 是一个 128Kbit 的直接映射缓存，另一级数据缓存 L1D 是一个 128Kbit 的 2 路组相联高速缓存。L2 存储器能被配置成映射存储器，高速缓存或者两者结合。外围设备包括：3 个可配置的视频端口；1 个 10/100Mb/s 的以太网控制器（EMAC）；1 个管理数据输入输出（MDIO）；1 个内插 VCXO 控制接口；1 个 McASP0；1 个 I^2C 总线；2 个 McBSP；3 个 32 位通用定时器；1 个用户配置的 16 位或 32 位主机接口（HPI16/HPI32）；1 个 PCI；1 个 16 引脚的通用输入/输出口（GP0），具有可编程中断/事件产生模式；1 个 64 位 IMIFA，可以与同步和异步存储器和外围设备相连。

DM642 具有 3 个可配置视频端口（VP0，VP1，VP2）。这些视频端口给公共视频编/解码设备提供了直接接口。DM642 视频端口支持多种解决方法和视频标准（例如，CCIR601，ITU-BT.656，BT.1120，SMPTE125M，260M，274M，296M）。

这 3 个视频端口是可配置的，并能提供视频捕获和/或视频显示模式。每个视频端口由两个通道组成——A 和 B，这两个通道具有一个可分离的 5120 字节捕获/显示缓存。欲了解更多视频端口的详细内容，可以参考手册《TMS320C64x DSP Video Port/VCXO Interpolated Control（VIC）Port Reference Guide》。

McASP0 端口提供了一个发射和一个接收时钟区，有 8 个串行数据引脚，能够分别安置到这两个区域。从 2 到 32 个时隙，在每个引脚上串行口支持时分多路技术。DM642 具有有效的带宽支持 8 个串行数据引脚传输一个 192kHz 立体声信号。每个区域的串行数据在多个串行数据引脚上可以同时地被发射和接收，并可以在飞利浦 I^2S 形式上设计成多种样式。

另外，McASP0 发射器可以同时地被编程为输出多种（S/PDIF，IEC60958，AES-3，CP-430）编码数据通道，同时一个 RAM 包含完整的可执行用户数据和通道状态区域。

McASP0 也具有差错检查和恢复特征，比如可检测不利高频主时钟的时钟探测电路，它可以校验主时钟是否在一个可编程频率范围内。

VIC 口（内插 VCXO 控制接口）提供了从 9 位到 16 位的数字到模拟的转化功能。VIC 输出是一个单独的内插 D/A 输出的位。关于 VIC 更详细的内容可参见 TMS320C64x DSP Video Port/VCXO Interpolated Control（VIC）Port Reference Guide》。

EMAC 在 DM642 的 DSP 核处理器和网络之间提供了一个有效的接口。DM642 的 EMAC 支持半双工或全双工的 10Base-T 和 100Base-TX 或 10Mbits/s（Mbps）和 100Mbps，还支持硬件流控制和 QoS。DM642 EMAC 使用定制的接口与 DSP 核相连，可以让数据有效地传送和接收。关于 EMAC 更详细的资料可见《TMS320C6000 DSP Ethernet Media Access Controller（EMAC）/Management Data Input/Output（MDIO）Module Reference Guide》。

MDIO 模块不断地获取全部的 32 个 MDIO 地址，列举出系统中所有 PHY 器件。一旦有候选的 PHY 被 DSP 选中，MDIO 模块马上通过读取 PHY 状态寄存器监控它的连接。连接的改变能保存在 MDIO，并可随时中断 DSP，使得 DSP 无需不断执行 MDIO 存取操作就可获取连接的状态。关于 MDIO 更详细的资料可见《TMS320C6000 DSP Ethernet Media Access. Controller（EMAC）/Management Data Input/Output（MDIO）Module Reference Guide》。

TMS320DM642 的 I²C0 口使得 DSP 很容易地控制外围器件和与主机的通信。另外，标准的 McBSP 可以被用来与 SPI 模式的外围设备通信。

DM642 具有一整套开发工具，包括新的 C 编译器，可以简化编程和时间的代码优化器和具有执行代码可见性的 Windows 调试器接口。

1.3.2　DM642 片上资源

TMS320DM642 的片上存储空间分为 L1 存储区和 L2 存储区两部分，L1 存储区又分为程序存储空间（L1P）和数据存储空间（L1D），程序存储空间和数据存储空间的容量均为 16K×8 位，L2 存储区为单一的 RAM，其容量为 256K×8 位，L2 存储区管理外部扩展的数据存储器和程序存储器。

DM642 的片上资源归纳为以下几部分。

① 64 位外部存储器接口（EMIF）：
- 支持异步存储器（SRAM 和 EPROM）和同步存储器（SDRAM，SBSRAM，ZBT SRAM 和 FIFO）直接接口；
- 总共 1024MB 可寻址外部存储空间。

② 增强的直接存储器访问（EDMA）控制器（64个独立的通道）。

③ 10/100Mb/s 以太网控制器（EMAC）：
- 兼容 IEEE802.3；
- 媒体独立接口（MII）；
- 8 个独立的发送通道和 1 个接收通道。

④ 管理数据输入/输出（MDIO）。

⑤ 3个可配置视频接口：
- 给常用的视频编码/解码器件提供一个无缝接口；
- 支持多种协议/视频标准。

⑥ 内插 VCXO 控制接口，支持同步音频/视频。

⑦ 主机接口（HPI）[32/16 位]。

⑧ 符合PCI接口规范2.2 版本，32 位/66MHz，3.3V PCI 主/从接口。

⑨ 多通道音频串行接口（McASP）：
- 8 个串行数据引脚；
- 多种 I²S 和相似的比特流格式；
- 完整的数字音频 I/F 发送器支持 P/DIF，IEC60958-1，AES-3，CP-430 格式。

⑩ I²C 总线。

⑪ 2个多通道缓存串行接口。

⑫ 3个32 位通用定时器。

⑬ 16个通用输入/输出（GPIO）引脚。

⑭ 灵活的 PLL 时钟发生器。

⑮ 支持IEEE-1149.1（JTAG）边界扫描接口。

1.3.3　DM642 的应用领域

TMS320DM642 是一款高性能的数字信号处理器，片上带有丰富的视频硬件资源，具有网口、PCI 口、HPI 口、I²C 口、串行口等多种接口，可以广泛用于视音频、网络、信号处理环境。DM642 已用于 IP 视频电话（Video IP Phone）、VOD（Video On Demand）机顶盒（Set-Up Boxes）、视频监控数字录像机（Surveilance Digital Video Recorder）等开发系统，TI 公司提供了相应的解决方案。另外，利用 TMS320DM642 还可以开发 PCI 卡、视频服务器、视频检测系统、音频处理系统等，其丰富的片上资源使 DM642 在电子产品中表现出优异的性能。

第 2 章　硬　件　结　构

TMS320DM642 芯片内除 CPU 外，还包含存储器和外部设备（如定时器、串口等）。本章重点讨论它的硬件结构。

2.1　CPU 结构

C6000 系列 DSP 最主要的特点是在体系结构上采用了 Veloci TI 超长指令结构（VLIW，Very Long Instruction Word）。在 VLIW 体系结构 DSP 中，它是由一个超长的机器指令来驱动内部的多个功能单元的。每个指令字包含多个字段（指令），字段之间相互独立，各自控制一个功能单元，因此可以单周期发射多条指令，实现很高的指令级并行效率。

2.1.1　中央处理单元 CPU

C64x 结构框图如图 2-1 所示，图中阴影部分为 CPU，它包括：

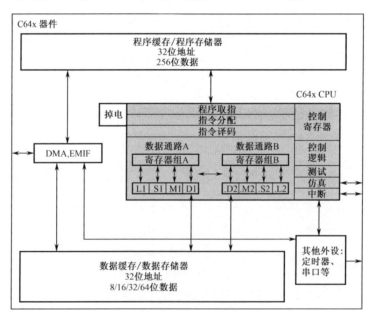

图 2-1　C64x 结构框图

① 程序读入及指令译码、分配机构：包括程序取指单元、指令分配单元和指令译码单元。程序总线连接程序取指单元和片内程序存储器。

② 程序执行机构：包括 2 个对称数据通路 A 和 B（2 个对称的通用寄存器组、2 组对称的功能单元（每组 4 个））、控制寄存器组和控制逻辑，以及中断逻辑等。每组数据通路有读入及存储（写出）数据总线与片内数据存储器相连。

③ 芯片测试和仿真端口及其控制逻辑。

在 CPU 内部采用哈佛结构，其程序总线与数据总线分开，取指令与执行指令可以并行运行。片内程序存储器保存指令代码，程序总线连接程序存储器与 CPU。由于芯片的程序总线宽度为 256 位，程序取指、指令分配和指令译码单元可以传送高达每个 CPU 时钟 8 个 32 位指令到功能单元。

DSP 片内的程序总线与数据总线分开，程序存储器与数据存储器分开，但片外的存储器及总线都不分，两者是统一的。全部存储空间（包括程序存储器和数据存储器、片内和片外）以字节为单位统一编址。无论从片外读取指令或与片外交换数据，都要通过 EDMA 与 EMIF，相关操作将在第 3 章和第 4 章介绍。

C6000 文献常把指令执行过程中使用的物理资源统称为数据通路，其中包括执行指令的 8 个功能单元，通用寄存器组，以及 CPU 与片内数据存储器交换信息所使用的数据总线等。C64x 有两个对指令处理的数据通路 A 和 B，每个数据通路含 4 个功能单元（.L，.S，.M，.D）和 32 个 32 位通用寄存器组。控制寄存器组提供了配置和控制多种处理器的方法。数据通路的详细介绍见接下来的内容。

2.1.2　CPU 数据通路与控制

如图 2-2 所示，DM642 的数据通路包括下述物理资源：

- 2 个通用寄存器组（A 和 B）；
- 8 个功能单元（.L1、.L2、.S1、.S2、.M1、.M2、.D1 和.D2）；
- 2 个数据读取通路（LDl 和 LD2）；
- 2 个数据存储通路（STl 和 ST2）；
- 2 个数据地址通路（DAl 和 DA2）；
- 2 个寄存器组交叉通路（1X 和 2X）。

1．CPU 通用寄存器组

在 DM642 数据通路中有 2 个通用寄存器组（A 和 B），每个寄存器组包括 32 个 32 位寄存器，这些通用寄存器可以当做数据、数据地址指针或条件寄存器使用。

DM642 芯片支持 8/16 位打包数据、32/40/64 位定点数据。32 位数据可放在任一通用寄存器内。长于 32 位的数据，比如 40 位和 64 位定点数据均需放在一个寄存器对内，其中低 32 位数据放在偶数寄存器内，其余的 8 位或 32 位数据放在奇数寄存器内。打包数据在 1 个单独的 32 位寄存器中存放 4 个 8 位数据或 2 个 16 位数据，或在一个 64 位寄存器对中存放 4 个 16 位数据。

一个寄存器对由一个偶寄存器及序号比它大 1 的奇寄存器组成，见表 2-1。在汇编语言语法中，寄存器名字中加冒号表示寄存器对，奇寄存器在前面。

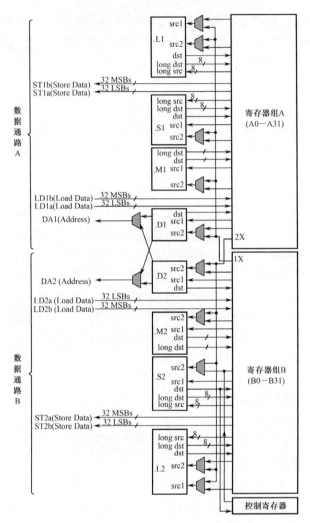

图 2-2　TMS320DM642 CPU（DSP 核）数据通路

表 2-1　40/64 位寄存器对

寄 存 器 对		寄 存 器 对	
A	B	A	B
A1:A0	B1:B0	A17:A16	B17:B16
A3:A2	B3:B2	A19:A18	B19:B18
A5:A4	B5:B4	A21:A20	B21:B20
A7:A6	B7:B6	A23:A22	B23:B22
A9:A8	B9:B8	A25:A24	B25:B24
A11:A10	B11:B10	A27:A26	B27:B26
A13:A12	B13:B12	A29:A28	B29:B28
A15:A14	B15:B14	A31:A30	B31:B30

　　图 2-3 所示为寄存器存储 40 位长整型数据的规则。对长型数据进行读操作时，忽略奇寄存器中的高 24 位；进行写操作时，用 0 填充奇寄存器的高 24 位。

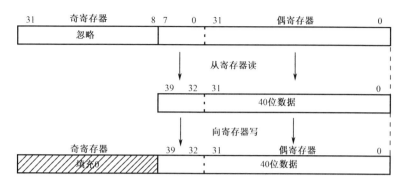

图 2-3 寄存器存储 40 位数据的存储规则

2. 数据通路的功能单元

DM642 数据通路中的 8 个功能单元可以被分为两组，每组 4 个。两组数据通路功能单元的功能基本相同。.M 单元主要完成乘法运算，.D 单元是唯一能产生地址的功能单元，.L 与.S 是主要的算术逻辑运算单元（ALU）。表 2-2 描述了各功能单元的功能。

表 2-2 功能单元和执行的操作

功 能 单 元	定 点 操 作	功 能 单 元	定 点 操 作
.L 单元（.L1，.L2）	32/40 位算术和比较操作	.M 单元（.M1，.M2）	16×16 乘法运算
	32 位逻辑运算		16×32 乘法运算
	32 位中最左边 1 或 0 计数		4 个 8×8 乘法运算
	32 和 40 位的归一化计算		双 16×16 乘法运算
	字节移位		双 16×16 乘加/乘减运算
	数据打包/解包		4 个 8×8 乘加运算
	5 位常数产生		位扩展
	双 16 位算术运算		位交叉/解交叉
	4 个 8 位算术运算		变量移位运算
	双 16 位最小/最大值运算		旋转
	4 个 8 位最小/最大值运算		Galois 域乘法
.S 单元（.S1，.L2）	32 位算术运算	.D 单元（.D1，.D2）	32 位加、减、线性和循环寻址计算
	32/40 位移位和 32 位的位字段运算		带有 5 位常数偏移量的转载和存储
	32 位逻辑运算		带有 15 位常数偏移量的转载和存储（仅对.D2）
	分支		带有 5 位常数偏移量的双字转载和存储
	常数发生		非对齐的字及双字装载与存储
	寄存器与控制寄存器组（仅.S2）之间的传输		5 位常数产生
	字节移位		32 位逻辑运算
	数据打包/解包		
	双 16 位比较运算		
	4 个 8 位比较运算		
	双 16 位移位运算		
	双 16 位带饱和的算术运算		
	4 个 8 位带饱和的算术运算		

CPU 内多数数据总线支持 32 位操作数，有些也支持长整型（40 位）和双字（64 位）操作数。每个功能单元都有各自到通用寄存器的读写端口，如图 2-2 所示。A 组的功能单元（以 1 结尾，如.L1）写到寄存器组 A，B 组的功能单元（以 2 结尾，如.L2）写到寄存器组 B。每个功能单元都有 2 个读端口读取操作数 srcl 和 src2。为了长型（40 位）操作数的读写，4 个功能单元（.L1、.L2、.S1 和.S2）分别配有额外的 8 位写端口和读入口。由于每个功能单元都有它自己的 32 位写端口，所以在每个周期 8 个功能单元可以并行使用。DM642 的.M 单元可以返回 64 位结果，所以它还多了一个 32 位写端口。

3. 寄存器组交叉通路

每个功能单元可以直接与所处的数据通路的寄存器组进行读和写。即.L1、.S1、.D1 和.M1 可以直接读写寄存器组 A，而.L2、.S2、.D2 和.M2 可以直接读写寄存器组 B。两个寄存器组通过 1X 和 2X 交叉通路也可以与另一侧的功能单元相连。1X 交叉通路允许数据通路 A 的功能单元从寄存器组 B 读它的源操作数，2X 交叉通路则允许数据通路 B 的功能单元从寄存器组 A 读它的源操作数。

DM642 的 8 个功能单元都可通过交叉通路访问另一个数据通路的寄存器。其中.M1，.M2，.S1，.S2，.D1 和.D2 单元的 src2 输入可为交叉通路或本数据通路寄存器；而.L1 和.L2 的 srcl 和 src2 输入都可在交叉通路和自身通路的寄存器组。由于仅有 2 个交叉通路 1X 和 2X，在 1 个周期内只能从另一个数据通路的寄存器组读取 1 个资源，即在 1 个周期内总共只能进行 2 个交叉通路的源操作数读入。

4. 存储器存取通路

DM642 支持双字的读取和存储，利用 4 个 32 位的通路将存储器中的数据读取到寄存器中。在 A 寄存器组中，LD1a 是低 32 位数据的读取通路，LD1b 是高 32 位数据的读取通路。在 B 寄存器组中，LD2a 是低 32 位数据的读取通路，LD2b 是高 32 位数据的读取通路。同时有 4 个 32 位通路将数据从寄存器组中存储到存储器里。ST1a 和 ST1b 分别是 A 组中的低 32 位和高 32 位的写通道。ST2a 和 ST2b 分别是 B 组中的低 32 位和高 32 位的写通道。

5. 数据地址通路

数据地址通路 DA1 和 DA2 都与两个数据通路中的.D 功能单元相连，这样就允许一侧通路产生的数据地址均可以访问任何寄存器的数据。

DA1 和 DA2 资源及其相关的数据通路分别被表示为 T1 和 T2。T1 由 DA1 地址通路和 LD1 及 ST1 数据通路组成。LD1 包括 LD1a 和 LD1b，支持 64 位读取。ST1 包括 ST1a 和 ST1b，支持 64 位存储。同样，T2 由 DA2 地址通路和 LD2 及 ST2 数据通路组成。LD2 包括 LD2a 和 LD2b，支持 64 位读取。ST2 包括 ST2a 和 ST2b，支持 64 位存储。

6. 控制寄存器

用户可以通过控制寄存器组编程来选用 CPU 的部分功能。编程时应注意，只有功能单元.S2 可通过搬移指令 MVC 访问控制寄存器，从而对控制寄存器进行读/写操作。表 2-3 列出了 C62x / C67x 和 C64x 共有的控制寄存器组，并对每个控制寄存器作了简单描述。

表 2-3　C62x / C67x 和 C64x 内核共有的控制寄存器

缩　写	寄存器名称	描　　　述
AMR	寻址模式寄存器	指定 8 个寄存器的寻址模式（线性寻址/循环寻址）；如果是循环寻址还包括循环寻址的大小
CSR	控制状态寄存器	包含全局中断使能，高速缓存控制及其他控制和状态位
IFR	中断标志寄存器	显示中断状态
ISR	中断设置寄存器	允许手动设置挂起的中断
ICR	中断清除寄存器	允许手动清除挂起的中断
IER	中断使能寄存器	允许/禁止单个中断
ISTP	中断服务表指针	指向中断服务表的起点
IRP	中断返回指针	含有从可屏蔽中断返回的地址
NRP	非可屏蔽中断返回指针	含有从非屏蔽中断返回的地址
PCEI	程序计数器，E1 节拍	含有 E1 节拍中获取包的地址

在实际的开发项目中，绝大部分情况下用 C 语言编写程序，绝少用到汇编语言。出于实用性和篇幅的考虑，本书将略去公共指令集和流水线部分的内容，所以这里不对 AMR 和 PCEI 寄存器做介绍。有兴趣的读者可以参阅《TMS320C64x/C64x+ DSP CPU and Instruction Set Reference Guide》，里面有详细说明。中断管理的 7 个寄存器将在中断控制寄存器一节介绍。这里只讲述控制状态寄存器 CSR。

控制状态寄存器包括控制位和状态位，如图 2-4 所示。表 2-4 给出了 CSR 控制状态寄存器字段的描述。注意，图 2-4 中有一些 TI 公司手册里惯用的符号：R 表示由 MVC 指令可读；W 表示有 MVC 指令可写；+0/+1/+x 表示复位后值为 0/1/未定；C 表示由 MVC 指令可清除。

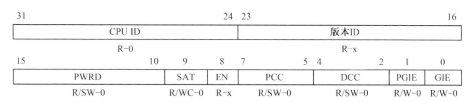

图 2-4　控制状态寄存器（CSR）

表 2-4　CSR 寄存器字段描述

位	字　段　名	描　　　述
31～24	CPU ID	CPU 的识别号（只读）
23～16	REV ID	CPU 修订版号（只读）
15～10	PWRD	控制低功耗模式
9	SAT	饱和位，任一功能单元执行一个饱和操作时被置 1
8	EN	1：小终端模式（little-endian）；0：大终端模式（big-endian）
7～5	PCC	程序高速缓冲存储器控制模式
4～2	DCC	数据高速缓冲存储器控制模式
1	PGIE	一个中断发生时，保存以前的全局中断使能位 GIE
0	GIE	GIE=1 时，使能所有可屏蔽中断；GIE=0 时，禁止所有可屏蔽中断

2.2 存储空间分配

DM642 有 4GB 的可寻址地址空间。内部（片上）存储器分为独立的数据空间和程序空间。片外存储器通过外部存储器接口（EMIF）整合为一个存储空间。

2.2.1 片内存储器

DM642 片内 RAM 采用 2 级高速缓存存储器结构，程序和数据拥有各自独立的高速缓存。片内的第 1 级程序缓存称为 L1P，第 1 级数据缓存称为 L1D，程序和数据共享的第 2 级存储器称为 L2，图 2-5 是其二级内存结构框图。

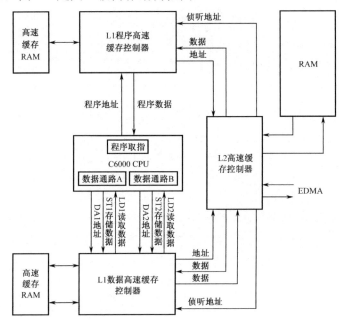

图 2-5　TMS320DM642 二级内存结构框图

程序缓存（L1P）和数据缓存（L1D）的大小都是 16KB，只能作为高速缓存被 CPU 访问，不能作为映射的存储器。L2 是 1 个统一的程序/数据空间，容量为 256KB。通过设置 CCFG 寄存器的 L2MODE[2:0]字段可以把 L2 配置成大小不同的 Cache（缓存）和 SRAM，包括 5 种划分方法。L2 中配置为 SRAM 的部分，其存取与一般的 RAM 完全一样；配置为缓存的部分，其操作和 L1D 类似。L2 在不同情况下的地址分配和空间分配见表 2-5。

表 2-5　L2 在不同情况下的地址分配和空间分配

L2MODE[2:0]	SRAM（KB）	Cache（KB）
000	256	0
001	224	32
010	192	64
011	128	128
111	0	256

2.2.2　存储器空间映射

DM642 的内部存储器位于地址 0 处，并且可以同时当成程序或数据存储器使用。DM642 通过 EMIF 扩展外部存储器，外部存储器空间地址从 0x8000000 开始，表 2-6 为 DM642 的寄存器和存储器空间分配方式。

表 2-6　DM642 的存储器映射

内存块描述	块尺寸（字节）	地 址 范 围
内部 RAM（L2）	256K	0000 0000～0003 FFFF
保留	768K	0004 0000～000F FFFF
保留	23M	0010 0000～017F FFFF
EMIFA 寄存器	256K	0180 0000～0183 FFFF
L2 寄存器	256K	0184 0000～0187 FFFF
HPI 寄存器	256K	0188 0000～018B FFFF
McBSP0 寄存器	256K	018C 0000～018F FFFF
McBSP1 寄存器	256K	0190 0000～0193 FFFF
定时器 0 寄存器	256K	0194 0000～0197 FFFF
定时器 1 寄存器	256K	0198 0000～019B FFFF
中断选择器寄存器	256K	019C 0000～019F FFFF
EDMA 存储器和 EDMA 寄存器	256K	01A0 0000～01A3 FFFF
保留	512K	01A4 0000～01AB FFFF
定时器 2 寄存器	256K	01AC 0000～01AF FFFF
GP0 寄存器	4～256K	01B0 0000～01B3 FFFF
器件配置寄存器	4K	01B3 0000～01B3 FFFF
I^{2}C 数据和控制寄存器	16K	01B4 0000～01B4 3FFF
保留	32K	01B4 4000～01B4 BFFF
McASP 寄存器	16K	01B4 C000～01B4 FFFF
保留	192K	01B5 0000～01B7 FFFF
保留	256K	01B8 0000～01BB FFFF
仿真	256K	01BC 0000～01BF FFFF
PCI 寄存器	256K	01C0 0000～01C3 FFFF
VP0 控制寄存器	16K	01C4 0000～01C4 3FFF
VP1 控制寄存器	16K	01C4 4000～01C4 7FFF
VP2 控制寄存器	16K	01C4 8000～01C4 BFFF
VIC 控制寄存器	16K	01C4 C000～01C4 FFFF
保留	192K	01C5 0000～01C7 FFFF
EMAC 控制寄存器	4K	01C8 0000～01C8 0FFF
EMAC Wrapper	8K	01C8 1000～01C8 2FFF
EWRAP	2K	01C8 3000～01C8 37FF
MDIO 控制寄存器	2K	01C8 3800～01C8 3FFF
保留	3.5M	01C8 4000～01FF FFFF
QDMA 寄存器	52	0200 0000～0200 0033
保留	52～928M	0200 0034～2FFF FFFF
McBSP0 数据空间	64M	3000 0000～33FF FFFF
McBSP1 数据空间	64M	3400 0000～37FF FFFF

内存块描述	块尺寸（字节）	地 址 范 围
保留	64M	3800 0000～3BFF FFFF
McASP 数据空间	1M	3C00 0000～3C0F FFFF
保留	1～64M	3C10 0000～3FFF FFFF
保留	832M	4000 000～73FF FFFF
VP0 通道 A 数据	32M	7400 000～75FF FFFF
VP0 通道 B 数据	32M	7600 000～77FF FFFF
VP1 通道 A 数据	32M	7800 000～79FF FFFF
VP1 通道 B 数据	32M	7A00 000～7BFF FFFF
VP2 通道 A 数据	32M	7C00 000～7DFF FFFF
VP2 通道 B 数据	32M	7E00 000～7FFF FFFF
EMIFA CE0	256M	8000 000～8FFF FFFF
EMIFA CE1	256M	9000 000～9FFF FFFF
EMIFA CE2	256M	A000 000～AFFF FFFF
EMIFA CE3	256M	B000 000～BFFF FFFF
保留	1G	C000 000～FFFF FFFF

2.3　片内外设概述

（1）外部存储器接口（EMIF）

DM642 的 64 位宽外部存储器接口（EMIF）的外部存储器寻址空间可达 1024MB，它支持与各种外部器件的无缝连接，包括：各类异步存储器（SRAM、EPROM 和异步 FIFO）、同步存储器（SDRAM、SBSRAM、ZBT SRAM 和 FIFO）及外部存储共享存储器器件。

（2）增强直接存储器存取控制器（EDMA）

增强直接存储器存取（EDMA）控制器处理二级（L2）高速缓存/存储器控制器与 DM642 上的器件外设之间的所有数据传输。这些数据传输包括高速缓存服务、非高速缓存存储器存取、用户编程的数据传输和主机存取。

DM642 中的 EDMA 控制器的架构不同于 TMS320C620x/C670x 器件中的 DMA 控制器。EDMA 对 DMA 进行了多方面的增强，由 C621x/C671x DSP 的 16 个信道增加到 C64x DSP 的 64 个信道，还提供了可编程优先级和链接数据传输的能力。EDMA 允许数据在任何可寻址存储器空间之间移动，包括内部存储器（L2 SRAM）、外设和外部存储器。通过接受来自 CPU 的快速 DMA（QDMA）请求，EDMA 具有执行快速高效传输的能力。QDMA 传输最适合于要求快速数据传输的应用领域，如紧凑循环算法中的数据请求。

（3）以太网媒体接入控制器（EMAC）/管理数据输入/输出（MDIO）模块

以太网媒体接入控制器（EMAC）控制从 DSP 到物理层（PHY）器件的分组数据流动。管理数据输入/输出（MDIO）模块控制 PHY 配置和状态监控。EMAC 和 MDIO 模块都通过允许有效数据发送和接收的自定义接口连接 DSP。此自定义接口称做 EMAC 控制模块，是 EMAC/MDIO 外设不可或缺的一部分。该模块还用于控制器件复位、中断和系统优先级。

（4）视频端口/VCXO 内插控制（VIC）端口

视频端口外设可用做视频捕捉端口、视频显示端口或传输流接口（TSI）捕捉端口。视频端口由两个通道组成：A 和 B。5120 字节的捕捉/显示缓冲器可以在两个通道之间分割。整个端口（两个通道）始终只配置用于视频捕捉或视频显示。单独的数据管道控制分析和格式化每个 BT.656、Y/C、原始视频和 TSI 模式的视频捕捉或视频显示数据。

对于视频捕捉操作，视频端口可以用做 BT.656 或原始视频捕捉的两个 8/10 位通道；或用做 8/10 位 BT.656、8/10 位原始视频、16/20 位 Y/C 视频、16/20 位原始视频或 8 位 TSI 的单个通道。

对于视频显示操作，视频端口可用做 8/10 位 BT.656、8/10 位原始视频、16/20 位 Y/C 视频、16/20 位原始视频的单个通道。它也可以在双通道 8/10 位原始模式下操作，在这种模式下，两个通道被锁定到相同的时序。在单通道操作期间，不使用通道 B。

VCXO 内插控制（VIC）端口提供单比特内插 VCXO 控制，其分辨率从 9 位到 16 位。内插的频率取决于所需的分辨率。当在 TSI 模式下使用视频端口时，VIC 端口用于控制 MPEG 传输流的系统时钟和 VCXO。VIC 端口支持以下特性：

- 单比特内插 VCXO 控制；
- 9 至 16 位的可编程精度。

（5）主机端口接口（HPI）

主机端口接口（HPI）是一个并行端口，主机处理器可以通过它直接存取 CPU 存储器空间。主机器件充当接口的主控制器，从而增加了存取的便捷。主机和 CPU 可以通过内部或外部存储器交换信息。主机也可以直接存取存储器映射的外设。与 CPU 存储器空间的连接是通过直接存储器存取（DMA）或增强 DMA（EDMA）控制器提供的。主机和 CPU 都可以存取 HPI 控制寄存器（HPIC）。通过使用外部数据信号和接口控制信号，主机可以存取 HPI 地址寄存器（HPIA）、HPI 数据寄存器（HPID）和 HPIC。对于 C64x DSP，CPU 还可以存取 HPIA。通过 HPI，外部主机可以存取整个 DSP 存储器映射，以下各项除外：

- L2 控制寄存器（仅限于 C6x1x DSP）；
- 中断选择器寄存器；
- 仿真逻辑。

（6）外设组件互连（PCI）

外设组件互连（PCI）端口支持通过集成 PCI 主/从总线接口连接 C6000 DSP 和 PCI 主机。对于 C62x 器件，PCI 端口通过 DMA 控制器的辅助通道连接至 DSP。对于 C64x 器件，PCI 端口通过增强 DMA（EDMA）控制器连接至 DSP。此架构在允许处理 PCI 主从事务的同时，又使 DMA/EDMA 通道资源可用于其他应用。

C62x PCI 端口为辅助 DMA 提供了 DSP 存储器中的源/目标地址。由 DMA 执行地址解码以选择合适的接口（数据存储器、程序存储器、寄存器 I/O 或外部存储器）。应将 DMA 控制器的辅助通道编程为最高优先级，以便在 PCI 接口上获得最大吞吐量。而 C64x PCI 端口使用 EDMA 内部地址生成硬件来执行地址解码。

（7）多通道音频串行端口（McASP）

多通道音频串行端口（McASP）是专门针对多通道音频应用需求而进行优化的通用音

频串行端口。McASP 对内部集成声音（IIS）协议和内部组件数字音频接口传输（DIT）都非常有用。

McASP 具有很大的灵活性，可以无缝地连接到音频模/数转换器（ADC）、数/模转换器（DAC）、编/解码器、数字音频接口接收器和 S/PDIF 发送物理层组件。

McASP 的特性包括：

① 两个独立时钟（发送和接收）。

② 16 个串行数据引脚，可分别指定。

③ 每个时钟包括：

- 可编程时钟发生器；
- 可编程帧同步发生器；
- 2 至 32 个 TDM 流，以及 384 个时隙；
- 支持 8、12、16、20、24、28 和 32 位槽位；
- 用于位操作的数据格式化程序。

④ 各种 IIS 和类似位流格式。

⑤ 集成数字音频接口发送器（DIT）支持：

- S/PDIF、IEC60958-1、AES-3 格式；
- 最多 16 个发送引脚；
- 增强通道状态/用户数据 RAM。

⑥ 扩充错误检查和恢复。

（8）内部集成电路（I^{2}C）模块

内部集成电路（I^{2}C）模块提供了 C6000 DSP 与 I^{2}C 兼容器件之间的接口，I^{2}C 兼容器件是通过 I^{2}C 串行总线连接的。串连至 I^{2}C 总线的外部组件通过双线 I^{2}C 接口与 C6000 DSP 相互传输最高为 8 位的数据。

I^{2}C 模块具有以下特性：

① 符合飞利浦半导体 I^{2}C 总线规格（版本 2.1）：

- 支持字节格式传输；
- 7 位和 10 位寻址模式；
- 常规调用；
- START 字节模式；
- 支持多个主发送器和从接收器；
- 支持多个从发送器和主接收器；
- 组合了主发送/接收和接收/发送模式；
- 从 10～400 kbps（飞利浦快速模式速率）的数据传输速率。

② EDMA 控制器可以使用的一个读取 EDMA 事件和一个写入 EDMA 事件。

③ 可以由 CPU 使用的一个中断。下列其中一种情况可以引发此中断：发送数据就绪、接收数据就绪、寄存器存取就绪、未接收到确认、仲裁丢失。

④ 模块启用/禁用能力。

⑤ 自由数据格式模式。

（9）多通道缓冲串行端口（McBSP）

多通道缓冲串行端口（McBSP）是基于TMS320C2000™ 和TMS320C5000™ 平台的标准串行端口接口。此外，在DMA/EDMA 控制器的协助下，该端口可以自动在存储器中缓冲串行样本。它还具有与T1、E1、SCSA 和 MVIP 网络标准兼容的多通道能力。

McBSP 提供以下功能：

- 全双工通信；
- 双缓冲数据寄存器，允许连续数据流；
- 用于接收和发送的独立成帧和时钟；
- 与行业标准编解码器、模拟接口芯片（AIC）和其他串行连接的模/数（A/D）和数/模（D/A）器件的直接接口；
- 用于数据传输的外部移位时钟或内部可编程频率移位时钟；
- 通过 5 通道 DMA 控制器的自动缓冲能力。

此外，McBSP具有以下能力：

- 与以下各项的直接接口：
    ✧ T1/E1 成帧器；
    ✧ MVIP 交换兼容并符合ST-BUS的器件包括：
        ◆ MVIP 成帧器，
        ◆ H.100 成帧器，
        ◆ SCSA 成帧器；
    ✧ 符合IOM-2的器件；
    ✧ 符合AC97的器件（提供了必需的多相帧同步能力）；
    ✧ 符合IIS的器件；
    ✧ SPI器件；
- 多达 128 个通道的多通道发送和接收；
- 包括 8、12、16、20、24 和 32 位的广泛数据大小选择；
- μ-Law 和 A-Law 缩展；
- 具有先 LSB 或先 MSB 选项的 8 位数据传输；
- 用于帧同步和数据时钟的可编程极性；
- 高度可编程内部时钟和帧生成。

（10）定时器（Timer）

C6000 DSP器件具有32位通用计时器，可用于：

- 事件计时；
- 事件计数；
- 生成脉冲；
- 中断 CPU；

- 将同步事件发送至 DMA。

计时器具有两种信令模式，可以由内部或外部源提供时钟。计时器具有一个输入引脚和一个输出引脚。输入和输出引脚（TINP 和 TOUT）可以用做计时器的时钟输入和时钟输出。也可以根据通用输入和输出对其进行特别配置。

例如，使用内部时钟时，计时器可以向外部 A/D 转换器发送开始转换的信号，或者可以触发 DMA 控制器开始数据传输。使用外部时钟时，计时器可以对外部事件计数并在指定数目的事件之后中断 CPU。

（11）通用输入/输出（GPIO）

通用输入/输出（GPIO）外设提供专用的通用引脚，可以配置为输入或输出。当配置为输出时，可以写入内部寄存器以控制输出引脚上驱动的状态。当配置为输入时，可以通过读取内部寄存器的状态检测输入的状态。

此外，GPIO 外设可以在不同的中断/事件生成模式下产生 CPU 中断和 EDMA 事件。

（12）锁相环（PLL）控制器

某些 C6000 DSP 中的锁相环（PLL）控制器具有可用软件配置的 PLL 乘法器控制器、除法器和复位控制器。PLL 控制器接收来自 CLKIN 引脚或片上振荡器输出信号 OSCIN 的输入时钟，具体情况由 CLKMODE0 引脚上的逻辑状态确定。PLL 控制器提供了很大的灵活性和便利，通过可用软件配置的乘法器和除法器进行输入信号的内部修改。产生的时钟输出被传递至 C6000 DSP 内的 DSP 内核、外设以及其他内部模块。

第 3 章　中断控制

中断就是要求 CPU 暂停当前的工作，转而去处理外界异步事件，处理完以后，再回到被中断的地方继续原来的工作。这些中断源可以是片内的（如定时器等），也可以是片外的，如 A/D 转换及其他片外装置。显然，一个中断服务包括保存当前处理现场，完成中断任务，恢复各寄存器和现场，然后返回继续执行被暂时中断的程序。

3.1　中断类型和中断信号

DM642 的 CPU 有 3 种类型中断，即 RESET（复位）、不可屏蔽中断（NMI）和可屏蔽中断（INT4～INTl5）。这 3 种中断优先级别不同，其优先顺序见表 3-1。

表 3-1　中断优先级

优 先 级	中 断 名 称	中 断 类 型
最高	RESET	复位
	NMI	不可屏蔽
	INT4	可屏蔽
	INT5	可屏蔽
	INT6	可屏蔽
	INT7	可屏蔽
	INT8	可屏蔽
	INT9	可屏蔽
	INT10	可屏蔽
	INT11	可屏蔽
	INT12	可屏蔽
	INT13	可屏蔽
	INT14	可屏蔽
最低	INT15	可屏蔽

复位 RESET 具有最高优先级，不可屏蔽中断为第 2 优先级，相应信号为 NMI 信号，最低优先级中断为 INT15。RESET、NMI 和一些 INT4～INTl5 信号反映在 DM642 芯片的引脚上，有些 INT4～INT15 信号被片内外设所使用，有些可能无用，或在软件控制下使用。

1．复位（RESET）

复位是最高级别中断，复位与其他类型中断在以下方面是不同的：
- RESET 是低电平有效信号，而其他的中断是边沿有效信号；
- 产生 RESET 中断，低电平必须保持 10 个时钟周期；
- 复位取消所有的指令执行，并使所有的寄存器恢复默认设置；
- 复位中断服务程序的指令包的存放地址必须为 0；
- 复位不受跳转指令的影响。

复位中断后，CPU 恢复到一个确定的状态下，程序从地址 0 处开始执行。

2．不可屏蔽中断（NMI）

NMI 优先级别为 2，它通常用来向 CPU 发出严重硬件问题的警报，如电源故障等。中断使能寄存器（IER）的 NMIE 位用来控制 NMI。NMIE=1 时，使能 NMI 中断；NMIE=0 时，禁止 NMI 中断。要注意的是，通过指令 NMIE 只能置 1，不能清 0。NMIE 在复位或一个 NMI 发生时被清零。如果 NMIE=0，所有可屏蔽中断（INT4～INT15）也都被禁止。

3．可屏蔽中断（INT4～INT15）

C6000 有 12 个可屏蔽中断，可以用于外围芯片、片内外设等，也可由软件控制或者不用。当一个可屏蔽中断发生时，要满足下列条件，CPU 才能响应该中断：
- 控制状态寄存器（CSR）中的全局中断使能位 GIE=1；
- 中断使能寄存器（IER）中的 NMIE=1；
- IER 中的相应中断使能位 IEm=1；
- 中断标志寄存器（IFR）中没有更高优先级别的中断标志位为 1。

3.2 中断服务表（IST）

IST（Interrupt Service Table）是一个 512KB 的内存块，由 16 个连续的中断服务取指包（ISFP）组成，每个 ISFP 占 32 个字节，包含 8 条指令。图 3-1 示出了 IST 的地址和内容。

3.2.1 中断服务取指包（ISFP）

每个 ISFP 最多存放 8 条中断服务指令。当中断服务程序很小时，可以把它放在一个单独的取指包内，如图 3-1 所示。其中，为了中断结束后能够返回主程序，FP 中包含一条指向中断返回指针的分支转移（B IRP）。接着是一条 NOP 5 指令，这条指令使跳转目标能够有效地进入流水线的执行级。若没有这条指令，CPU 将会在跳转之前执行下一个 ISFP 中的 5 个执行包。

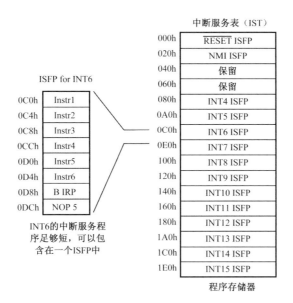

图 3-1　中断服务取指包

如果中断服务程序太长不能放在单一的 FP 内,这就需要跳转到另外中断服务程序的位置上。图 3-2 示出了一个 INT4 的中断服务程序例子。由于程序太长,一部分程序放在以地址 1234h 开始的内存内。因此,在 INT4 的 ISFP 内有一条跳转到 1234h 的跳转指令。因为跳转指令有 5 个延迟间隙,所以把 B 1234h 放在了 ISFP 中间。另外,尽管 1220h～1230h 与 1234h 的指令并行,但 CPU 不执行 1220h～1230h 内的指令。

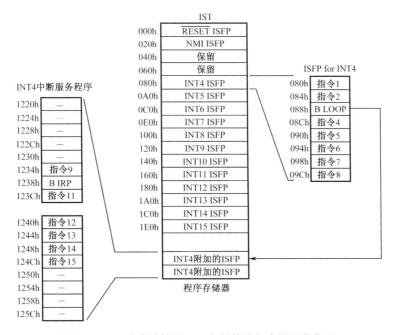

图 3-2　IST 中有跳转到 IST 之外的附加中断服务代码

3.2.2　中断服务表指针寄存器（ISTP）

中断服务表指针寄存器（ISTP）用于定位中断服务程序入口。ISTP 中的字段 ISTB 确定 IST 的基地址；HPEINT 字段确定当前响应的中断。ISTP 的格式如图 3-3 所示。表 3-2 描述了各字段含义及如何使用它们。

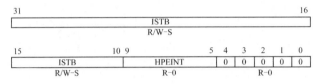

图 3-3　中断服务表指针寄存器（ISTP）

表 3-2　ISTP 各字段描述

字　段	字 段 名	描　　　述
4:0		设置为 0
9:5	HPEINT	IER 寄存器使能的当前最高优先级中断的序号（相应为 IFR 的位数）。如果没有中断挂起和使能，HPEINT 的值为 00000b
31:10	ISTB	IST 的基地址，复位时置 0。复位完成后，可通过改写 ISTB 重新定位 IST

复位取指包必须定位于地址 0 处，而 IST 中的其余取指包可放在 256 个字范围内的任何程序存储单元内。IST 的位置由中断服务表基值（ISTB）确定。例 3-1 给出了一个将中断服务表重新定位的例子。

例 3-1　中断服务表的重新定位

（1）将 IST 重定位到 800h

① 将地址 0h～200h 的原 IST 复制到地址 800h～A00h 中；

② 将 800h 写到 ISTP 寄存器。

```
MVK 800h, A2
MVC A2, ISTP
ISTP=800h=1000 0000 0000 b
```

（2）ISTP 引导 CPU 到重新定位的 IST 中确定相应的 ISFP

假设：IFR=BBC0h=1011 1011 1000 0000b

IER=1230h =0001 0010 0011 0000b

IFR 中的 1 表示挂起的中断，IER 中的 1 表示被使能的中断。INT9 和 INTl2 是 2 个需要处理的中断。因为 INT9 的优先级别高于 INTl2，因此 HPEINT 的编码应为 INT9 的值 01001b，而 HPEINT 为 IST 中的 5～9 位，故 ISTP=1001 00100000b=920h=INT9 的地址。

3.3　中断控制寄存器

DM642 芯片有 8 个中断控制寄存器管理中断服务，见表 3-3。

表 3-3　DM642 芯片中断控制寄存器列表

缩　写	寄存器名称	描　　　述
CSR	控制状态寄存器	控制全局使能或禁止中断
IER	中断使能寄存器	使能或禁止中断处理
IFR	中断标志寄存器	显示出有中断请求但尚未得到服务的中断
ISR	中断设置寄存器	人工设置 IFR 中的标志位
ICR	中断清除寄存器	人工清除 IFR 中的标志位
ISTP	中断服务表指针	指向中断服务表的起始地址
NRP	NMI 中断返回指针	包含从不可屏蔽中断返回的地址,该中断返回通过 B NRP 指令完成
IRP	中断返回指针	包含从可屏蔽中断返回的地址,该中断返回通过指令 B IRP 完成

1. 控制状态寄存器（CSR）

在 2.1.2 节中介绍过,CSR 包含控制和状态位,其中 GIE（GIE,Global Interrupt Enable）和 PGIE（Previous GIE）用于控制中断。GIE=1 时,使能所有可屏蔽中断;GIE=0 时,禁止所有的可屏蔽中断。PGIE 保存先前的 GIE 值,即在响应可屏蔽中断时,保存 GIE 的值,而 GIE 被清 0。这样在处理一个可屏蔽中断期间,就防止了另外一个可屏蔽中断的发生。当从中断返回时,通过 BIRP 指令,从 PGIE 中恢复 GIE。

2. 中断使能寄存器（IER）

中断使能寄存器（IER）控制每一个中断源是否使能。IER 的格式如图 3-4 所示。通过 IER 中相应某个中断位置 1 或者清 0 可以使能或禁止某个中断。

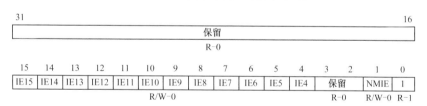

图 3-4　中断使能寄存器（IER）

IER 的位 0 对应于复位,该位只可读（值为 1）不可写,由于位 0 总为 1,所以复位总被使能。位 IE4~IEl5 写 1 或写 0 分别使能或禁止相关中断。NMIE=0 时,禁止所有非复位中断;NMIE=l 时,GIE 和相应的 IER 位一起控制 INTl5~INT4 中断使能。对 NMIE 写 0 无效,只有复位或 NMI 发生时它才清 0。

3. 中断标志寄存器（IFR）

中断标志寄存器（IFR）包括 INT4~INTl5 和 NMI 的状态。当一个中断发生时,IFR 中的相应位被置 1,否则为 0。读取 IFR,可检查中断状态。图 3-5 示出了 IFR 的格式,它们的高 16 位与 IER 一样,为保留位。

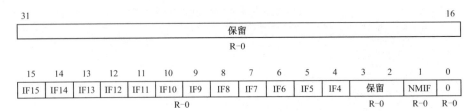

图 3-5　中断标志寄存器（IFR）

4. 中断设置寄存器（ISR）和中断清除寄存器（ICR）

中断设置寄存器（ISR）和中断清除寄存器（ICR）可以用程序设置和清除 IFR 中的可屏蔽中断位，其格式如图 3-6 和图 3-7 所示，它们的高 16 位与 IER 一样，为保留位。对 ISR 的 IS4～ISl5 位写 1 会引起 IFR 对应中断标志位置 1；对 ICR 的 IC4～ICl5 位写 1 会引起 IFR 对应标志位置 0。对 ISR 和 ICR 的任何位写 0 无效，设置和清除 ISR 和 ICR 的任何位都不影响 NMI 和复位。从硬件来的中断有优先权，它废弃任何对 ICR 的写入。当同时对 ICR 和 ISR 的同一位写入时，对 ISR 写入优先。

图 3-6　中断设置寄存器（ISR）

图 3-7　中断清除寄存器（ICR）

5. 不可屏蔽中断返回指针寄存器（NRP）

NRP 保存从不可屏蔽中断返回时的指针，该指针引导 CPU 返回到原来程序执行的正确位置。当 NMI 服务完成时，为返回到被中断的原程序中，在中断服务程序末尾必须安排一条跳转到 NRP 指令。NRP 是一个 32 位可读写的寄存器，NMI 产生时，它将自动保存被 NMI 打断而未执行的程序流程中第 1 个执行包的 32 位地址。因此，虽然可以对这个寄存器写值，但任何随后而来的 NMI 中断处理将刷新该写入值。

6. 可屏蔽中断返回指针寄存器（IRP）

IRP 包含从可屏蔽中断返回时的指针。当一个可屏蔽中断处理完成后，该指针命令 CPU 返回到与程序执行的正确位置。当一个可屏蔽中断服务完成时，为返回到被中断的程序流，在中断服务程序末尾必须安排一条分支转移 IRP 指令。

3.4　中断性能和编程注意事项

3.4.1　中断捕获和处理

C64x 的非复位中断（INTm）的响应过程如图 3-8 所示。非复位中断信号每时钟周期被检测，且不受存储器阻塞（扩展 CPU 周期）影响。一个外部中断引脚上（周期 1）存在一个由低到高的变换，信号到达 CPU 边界（周期 3）将会花费两个时钟周期。当中断进入 CPU 时，它就被捕获（周期 4）。捕获后的两个时钟周期，中断相对应的 IFR 标志位被设置（周期 6）。如果执行包 n+3（CPU 周期 4）中有对 ICR 的 m 位写 1 的指令（即清 IFm），这时中断检测逻辑置 IFm 为 1 优先，指令清零无效。若 INTm 未被使能，IFm 将一直保持 1 直到对 ICR 的 m 位写 1 或 INTm 处理发生。若 INTm 为最高优先级别的挂起中断，且在 CPU 周期 4 有 GIE=1，NMIE=1，IER 中的 IEm 为 1，则 CPU 响应 INTm 中断。在图 3-9 中，CPU 周期 6～12 期间和图将发生下列中断处理：

- 紧接着的非复位中断处理被禁止；
- 如果中断是除 NMl 之外的非复位中断，GIE 的值会转入到 PGIE，GIE 被清除；
- 如果中断是 NMI，NMIE 被清 0；
- n+5 以后的执行包被废除。在特定流水阶段废除的执行包不修改任何 CPU 状态；
- 被废除的第 1 个执行包（n+5）的地址送入 NRP（对于 NMI）或者 IRP（对于 INT4～15）；
- 跳转到 ISTP 指定的地址，由 INTm 对应的 ISFP 指向的指令被强制进入流水线在 CPU 周期 7 期间到达 El 节拍；
- 在 CPU 周期 7 期间，IACK 和 INUMX 信号建立，通知芯片外部正在处理中断；
- CPU 周期 8，IFm 被清除。

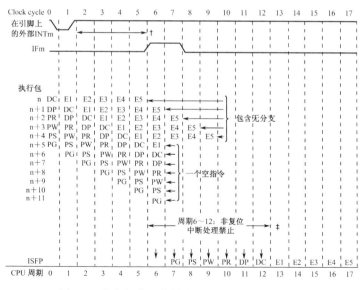

图 3-8　非复位中断的捕获和处理（流水线操作）

复位过程和非复位中断类似，限于篇幅不再赘述。

3.4.2　中断性能

（1）总开销：CPU 响应中断的总开销是 7 个 CPU 周期，如图 3-8 所示，在 6～12 周期。该周期期间没有新指令进入 E1 流水节拍。

（2）等待时间：DSP 的中断等待时间是 11 个周期（复位为 21 个周期），即从中断激活到执行中断服务程序需要 11 个 CPU 周期。

（3）中断间隔：对于特定的中断，2 次发生中断的最小间隔是 2 个时钟周期。2 次处理间隔则取决于中断服务所需要的时间和嵌套中断是否使能。

（4）流水线和中断的相互影响。

代码并行与中断不存在冲突。但以下 3 种情况会和中断发生相互影响：

① 转移指令：如果在图 3-8 中任何 n～n+4 执行包内包含转移指令或者处在跳转延迟期间，则非复位中断被延迟。

② 存储器阻塞：存储器阻塞扩展了 CPU 周期，所以存储器阻塞会延迟中断处理。

③ 多周期 NOP 指令：当发生中断时，多周期 NOP（包括 IDLE）指令操作同其他指令相同。但有一个例外，就是当一个中断引起指令取消发生时，多周期 NOP（包括 IDLE）指令恰处在第 1 个周期。在这种情况下，下一个执行包的地址将存放到 NRP 或者 IRP 中，这就阻止了返回到被中断的 NOP 或 IDLE 指令处。

3.4.3　中断编程注意事项

1. 寄存器分配

中断处理开始后，CPU 取消所有未进入流水线 E1 节拍的指令。被取消的指令，在中断返回后，重新被取指。这时，要考虑寄存器的使用问题，避免意外的执行结果，举例如下。

例 3-2　不采用单任务编程的代码：A1 多任务

```
LDW    .D1 *A0, A1;
ADD    .L1 A1, A2, A3
NOP    3
MPY    .M1 A1, A4, A5        ; 使用新的 A1
```

例 3-2 中假设进入程序之前，A1=0。A0 指向数值为 10 的地址。A1 在开始执行 LDW 指令 4 个周期后才被修改为 10，而 ADD 指令在 LDW 指令的延迟间隙内，该程序的原意是利用 LDW 指令的延迟间隙，将 A1 的原值与 A2 相加后送到 A3。所以执行 ADD 的正确结果应是 A2+A1（值为 0）送 A3。如果一个中断发生在 LDW 与 ADD 之间，当中断结束后返回到 ADD，这时 A1 不再为 0，而是 10，执行 ADD 的结果为 A2+A1（值为 10）送 A3，显然是不正确的结果。

例 3-3　使用单任务编程的代码

```
LDW    .D1 *A0, A6
```

```
ADD     .Ll     Al, A2, A3
NOP     3
MPY     .M1     A6, A4, A5          ; 使用 A6
```

例 3-3 中采用单值分配方法可解决这一问题。因为 Al 仅分配 1 个值,作为 ADD 的一个输入,与 LDW 结果无关,不管是否有中断发生,Al 值不变,故不会产生错误结果。

2. 嵌套中断

当 CPU 进入一个可屏蔽中断服务程序时,清 GIE=0,其他可屏蔽中断被禁止。然而,NMIE 没有清零,故 NMI 可以中断一个可屏蔽中断的执行过程,但 NMI 和可屏蔽中断均不可中断一个 NMI。

如果希望一个可屏蔽中断服务程序被另一个更高级别的中断所中断,实现中断嵌套,就需要由软件将 GIE 置 1,允许其他中断。在 GIE 置 1 前,需要保存 IRP (或 NRP);保存 IER;保存 CSR。

3. 手动中断处理

可以通过中断查询,转入中断处理程序。即通过程序检测 IFR 和 IER 的状态,然后跳转到 ISTP 指向的地址。例 3-4 给出了手动中断处理方式代码。

例 3-4 手动处理中断

```
MVC     ISTP, B2                  ; 获取响应的 ISFP 地址
EXTU    B2, 23, 27, B1            ; 提取 t HPEINT
||[B1]  B       B2                ; 分支转移到中断
[B1]    MVK     1, A0             ; 设置 ICR 字
[B1]    MVK     RET_ADR, B2       ; 产生返回地址
[B1]    MVKH    RET_ADR, B2;
[B1]    MVC     B2, IRP           ; 保存返回地址
[B1]    SHL     A0, B1, B1        ; 创建 ICR 字
[B1]    MVC     B1, ICR           ; 清除中断标志
RET_ADR:        (中断服务程序代码)
```

4. 陷阱

陷阱和中断类似,不同的是陷阱由软件建立和控制。陷阱的条件可以存储在 Al、A2、B0、B1 和 B2 的任何条件寄存器内,当陷阱条件为真,一条转移指令使 CPU 转入陷阱处理程序,处理结束后返回。例 3-5 和例 3-6 分别为陷阱调用和返回代码,代码中 A1 为陷阱条件。程序开始时,B0 存放陷阱处理程序首地址,在跳转延迟间隙期间,B0 保存 CSR 内容,以便返回时恢复 CSR。例 3-5 中的第 7 条指令后的 Bl 保存陷阱返回地址。

例 3-5 调用一个中断陷阱代码的顺序

```
[A1]    MVK TRAP_HANDLER, B0              ; 加载 32 位的陷阱地址
[A1]    MVKH TRAP_HANDLER, B0
```

```
[A1]    B  B0              ：分支转移到陷阱处理程序 r
[A1]    MVC CSR, B0         ：读 CSR
[A1]    AND   -2, B0, B1   ：禁止中断：GIE=0
[A1]    MVC   B1, CSR       ：写入 CSR
[A1]    MVK TRAP-RETURN, B1 ：加载 32 位的返回地址
[A1]    MVKH TRAP_RETURN, B1
TRAP_RETURN：（陷阱处理后的代码）
```

例 3-6 中断陷阱返回的代码顺序

```
B        B1        ：返回
MVC      B0, CSR   ：恢复 CSR
NOP 4              ：延迟时间段
```

3.5 中断选择器和外部中断

中断系统是 TMS320DM642 处理器的重要组成部分。DM642 的 DSP 内核支持 16 个优先级别的中断，DM642 中断源多于 16 个。默认情况下 INT0～INT15 与中断事件之间的映射关系见表 3-4，中断编号 INT4～INT15 和中断事件之间的映射关系可以通过程序调整。

表 3-4 DM642 DSP 中断

CPU 中断编号	中断选择控制寄存器	选择器值（二进制）	中断事件	中断源
INT0			RESET	
INT1			NMI	
INT2			保留	保留，不用
INT3			保留	保留，不用
INT4	MUXL[4:0]	00100b	GPINT4/EXT_INT4	GP0 中断 4/外部中断 4
INT5	MUXL[9:5]	00101b	GPINT4/EXT_INT5	GP0 中断 5/外部中断 5
INT6	MUXL[14:10]	00110b	GPINT4/EXT_INT6	GP0 中断 6/外部中断 6
INT7	MUXL[20:16]	00111b	GPINT4/EXT_INT7	GP0 中断 7/外部中断 7
INT8	MUXL[25:21]	01000b	EDMA_INT	EDMA 通道（0～63）中断
INT9	MUXL[30:26]	01001b	EMU_DTDMA	EMU DTDMA
INT10	MUXH[4:0]	00011b	SD_INTA	EMIFA SDRAM 计时器中断
INT11	MUXH[9:5]	01010b	EMU_RTDXRX	EMU 实时数据交换（RTDX）
INT12	MUXH[14:10]	01011b	EMU_RTDXTX	EMU RTDX 发送
INT13	MUXH[20:16]	00000b	DSP_INT	HPI/PCI 到 DSP 中断
INT14	MUXH[25:21]	00001b	TINT0	定时器 0 中断
INT15	MUXH[30:26]	00010b	TINT1	定时器 1 中断
		01100b	XINT0	McBSP0 发送中断
		01101b	RINT0	McBSP0 接收中断

续表

CPU中断 编号	中断选择控制 寄存器	选择器值 （二进制）	中断事件	中断源
		01110b	XINT1	McBSP1 发送中断
		01111b	RINT1	McBSP1 接收中断
		10000b	GPINT0	GP0 中断 0
		10001b	保留	保留，不用
		10010b	保留	保留，不用
		10011b	TINT2	定时器 2 中断
		10100b	保留	保留，不用
		10101b	保留	保留，不用
		10101b	ICINT0	I2C0 中断
		10111b	保留	保留，不用
		11000b	EMAC_MDIO_INT	EMAC/MDIO 中断
		11001b	VPINT0	VP0 中断
		11010b	VPINT1	VP1 中断
		11011b	VPINT2	VP2 中断
		11100b	AXINT0	McASP0 发送中断
		11101b	ARINT0	McASP0 接收中断
		11110b ～11111b	保留	保留

3.5.1　DM642 可用的中断源

INT0 被 DSP 的复位中断源占用，优先级别最高，INT15 优先级别最低。高优先级的中断优先享有中断处理权。INT0 是不可屏蔽中断，不能通过软件使能或禁止，INT1 被 NMI 中断占用，INT2 和 INT3 保留未用。剩下的 12 个可屏蔽中断（INT4～INT15）的中断源可以通过修改中断选择控制寄存器 MUX 和 HMUXL 来进行编程。

3.5.2　中断选择寄存器

中断选择寄存器见表 3-5，其中中断多路复用寄存器决定了 DM642 中断源与 CPU 从 4 到 15 中断（INT4～INT15）的映射关系。外部中断极性寄存器设置了外部中断的极性。

表 3-5　中断选择寄存器

地　址	缩　写	名　称	描　述
019C000h	MUXH	中断复用高位寄存器	选择 CPU 中断 10～15（INT10～15）
019C004h	MUXL	中断复用低位寄存器	选择 CPU 中断 4～9（INT4～9）
019C008h	EXTPOL	外部中断极性寄存器	设置外部中断的极性（EXT4～7）

1. 外部中断极性寄存器

外部中断极性寄存器，如图 3-9 所示，允许用户改变 4 个外部中断（EXT_INT4～7）的极性。XIP 值为 0 时，一个从低到高的上升沿触发一个中断；XIP 值为 1 时，一个从高到低的下降沿触发一个中断。XIP 的默认值是 0。

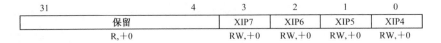

31			4	3	2	1	0
保留				XIP7	XIP6	XIP5	XIP4
R,+0				RW,+0	RW,+0	RW,+0	RW,+0

图 3-9　外部中断极性寄存器（EXPOL）

2. 中断复用寄存器

中断复用寄存器（图 3-10 所示的中断复用低位寄存器和图 3-11 所示的中断复用高位寄存器）中的 INTSEL 域，允许映射中断源为特定的中断。INTSEL14～INTSEL15 相对于 CPU 中断 INT4～INT15。通过设定 INTSEL 域为所期望的中断选择号，如表 3-4 所示，可以映射任何中断源到任何 CPU 中断。

31	30	26	25	21	20	16
保留	INTSEL9		INTSEL8		INTSEL7	
R,+0	RW,+01001		RW,+01000		RW,+00111	

15	14	10	9	5	4	0
保留	INTSEL6		INTSEL5		INTSEL4	
R,+0	RW,+00110		RW,+00101		RW,+00100	

图 3-10　中断复用低位寄存器（MUXL）

31	30	26	25	21	20	16
保留	INTSEL15		INTSEL14		INTSEL13	
R,+0	RW,+00010		RW,+00001		RW,+00000	

15	14	10	9	5	4	0
保留	INTSEL12		INTSEL11		INTSEL10	
R,+0	RW,+01011		RW,+01010		RW,+00011	

图 3-11　中断复用高位寄存器（MUXH）

例 3-7　中断选择器使用方法

```
*（int*）019C008=0x0008;   // EXT_INT4～5 为上升沿触发，EXT_INT7 为下降沿触发；
*（int*）019C000=（*（int*）019C000&0xffe0）|0x13;   //定时器 2 中断为 INT10
```

第 4 章 外部存储器接口（EMIF）

本章介绍 EMIF 控制寄存器及其控制域，同时描述如何复位 EMIF。在详述不同存储器接口的同时，也用图表显示了 EMIF 和每种所支持的存储器的连接关系。

4.1 概述

C6000 DSP 的外部存储器接口（EMIF）支持各种外部器件的无缝接口，包括流水线的同步突发 SRAM（SBSRAM）、同步 DRAM（SDRAM）、异步器件（SRAM、ROM 和 FIFO 等），以及外部共享存储器件。

C64x 的 EMIF 用可编程同步模式取代 SBSRAM 模式增加灵活性，可以支持下列类型器件的无缝接口：ZBTSRAM、同步 FIFO、流水线式和直通式 SBSRAM。C64x 具有两个 EMIF 接口（EMIFA 和 EMIFB），EMIFA 是 64 位数据接口，EMIFB 是 16 位数据接口。DM642 只有 EMIFA 接口。C64x 的 EMIF 特点见表 4-1。

表 4-1　TMS320C64x 的 EMIF 特点

特　征	EMIFA	EMIFB
总线宽度/位	64	16
存储空间数	4	4
可寻址空间	1024MB	256MB
同步时钟	独立的 ECLKIN，1/4×CPU 时钟或 1/6×CPU 时钟	独立的 ECLKIN，1/4×处理器时钟或 1/6×处理器时钟
支持的宽度	8/16/32/64 位	8/16 位
CE1 空间支持的存储类型	所有类型存储器	所有类型存储器
控制信号	所有控制信号复用	所有控制信号复用
系统的同步存储器	所有同步信号	所有同步信号
额外的寄存器	SDEXT CEXSEC	SDEXT CEXSEC
PDT 传输方式支持	√	√
ROM/FLASH	√	√
异步存储器访问	√	√
流水线 SBSRAM 访问	√	√
流过 SBSRAM 访问	√	√
ZBT SRAM 访问	√	√
标准同步 FIFO	√	√
FWFT FIFO	√	√

图 4-1 所示是 C64x 的 EMIF 信号示意图，各信号的说明见表 4-2。除了 SDCKE 信号只适用于 EMIFA 之外，这些信号均适用于 EMIFA 和 EMIFB。C64x 的 EMIF 接口是 C621x的 EMIF 的增强版，它具有 C621x/C671x 的所有特性，并增加了以下新的特性：

- EMIFA 具有 64 位的数据总线宽度，EMIFB 具有 16 位的数据总线宽度；
- EMIF 时钟 ECLKOUTx 基于 EMIF 的输入时钟在片内产生。设备复位时，EMIF 的输入时钟可以选择以下 3 种时钟源：1/4×CPU 时钟，1/6×CPU 时钟或外部 ECLKIN。所有与 C64x 接口的存储器都要工作在 ECLKOUTx 之下。ECLKOUT1 频率等于 EMIF 输入时钟，ECLKOUT2 可编程为 EMIF 输入时钟的 1、2 或 4 分频；
- SBSRAM 控制器被一个更加灵活的可编程同步存储器控制器替代，它的控制引脚相应地也被同步控制引脚替代；
- PDT 引脚提供外部设备到外部设备的传输支持。

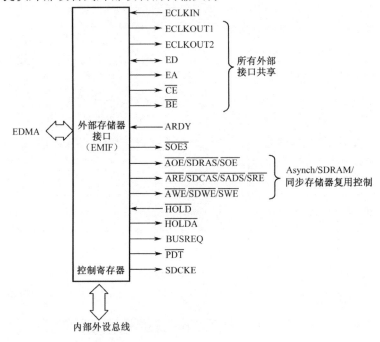

图 4-1　C64x 的 EMIF 接口信号

表 4-2　EMIF 信号说明

引　　脚	（I/O/Z）	说　　明
ECLKIN	I	EMIF 时钟输入，可以选择是否提供
ECLKOUT1	O/Z	按 EMIF 输入时钟（ECLKIN，1/4 CPU 时钟，或者 1/6 CPU 时钟）输出的 EMIF 时钟
ECLKOUT2	O/Z	按 EMIF 输入时钟的 1、2 或 4 分频输出的 EMIF 时钟
ED[63：0]	I/O/Z	EMIF 的 64 位数据总线
EA[22：3]	O/Z	EMIF 的外部地址输出
$\overline{CE}$[3：0]	O/Z	分别为存储器空间 CE3、CE2 、CE1 及 CE0 的低电平有效的片选
$\overline{BE}$[7：0]	O/Z	EMIF 字节使能信号控制信号
ARDY	I	高电平有效的异步输入准备好信号，用来对慢速存储器和外部设备插入等待状态

引　脚	(I/O/Z)	说　　　明
$\overline{AOE}$	O/Z	用于异步存储器接口的低电平有效的异步输出使能
$\overline{AWE}$	O/Z	用于异步存储器接口的低电平有效的写选通信号
$\overline{ARE}$	O/Z	用于异步存储器接口的低电平有效的读选通信号
$\overline{SDRAS}$	O/Z	用于 SDRAM 存储器接口的行地址选通信号
$\overline{SDCAS}$	O/Z	用于 SDRAM 存储器接口的列地址选通信号
$\overline{SDWE}$	O/Z	用于 SDRAM 存储器接口的写使能信号
SDCKE	O/Z	SDRAM 时钟使能信号（用于自刷新模式）。如果系统中没有 SDRAM，SDCKE 可作为通用输出使用
SADS / SRE	O/Z	同步存储器地址选通或读使能（在 CE 空间二级控制寄存器中被 RENEN 选择）
$\overline{SOE}$	O/Z	同步存储器输出使能
$\overline{SOE3}$	O/Z	用于 CE3 的同步存储器输出使能（专用于无缝的 FIFO 接口）
$\overline{SWE}$	O/Z	同步存储器写使能
$\overline{HOLD}$	I	低电平有效的外部总线保持（三态）请求信号
$\overline{HOLDA}$	O	低电平有效的外部总线保持请求响应信号
BUSREQ	O	总线请求信号，高电平有效。显示等待处理的刷新或储存器的访问
$\overline{PDT}$	O/Z	EMIF 外设数据传输，允许外设直接访问

4.2 EMIF 寄存器

EMIF 和它所支持的存储器接口的控制通过 EMIF 中存储器映射的寄存器来操作，包括配置各个空间的储存器类型，设置相应的接口时序等。这些存储器映射的寄存器见表 4-3。

表 4-3 EMIF 存储器映射寄存器

寄存器名称	缩　写	地　　　址	
		EMIFA	EMIFB
EMIF 全局控制寄存器	GBLCTL	0180 0000h	01A8 0000h
EMIF CE1 空间控制寄存器	CE1CTL	0180 0004h	01A8 0004h
EMIF CE0 空间控制寄存器	CE0CTL	0180 0008h	01A8 0008h
EMIF CE2 空间控制寄存器	CE2CTL	0180 0010h	01A8 0010h
EMIF CE3 空间控制寄存器	CE3CTL	0180 0014h	01A8 0014h
EMIF SDRAM 控制寄存器	SDCTL	0180 0018h	01A8 0018h
EMIF SDRAM 时序寄存器	SDTIM	0180 001Ch	01A8 001Ch
EMIF SDRAM 扩展控制寄存器	SDEXT	0180 0020h	01A8 0020h
EMIF CE1 空间控制第二寄存器	CE1SEC	0180 0044h	01A8 0044h
EMIF CE0 空间控制第二寄存器	CE0SEC	0180 0048h	01A8 0048h
EMIF CE2 空间控制第二寄存器	CE2SEC	0180 0050h	01A8 0050h
EMIF CE3 空间控制第二寄存器	CE3SEC	0180 0054h	01A8 0054h

4.2.1 全局控制寄存器（GBLCTL）

GBLCTL 用来完成对所有 CE 空间的公共参数配置，如图 4-2 所示。表 4-4 列出了详细的寄存器字段的介绍。

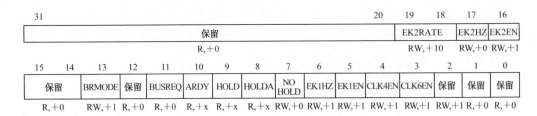

图 4-2   全局控制寄存器

表 4-4   EMIF 全局控制寄存器字段描述

字　　段	说　　明
CLK4EN	CLKOUT4 使能信号。 CLK4EN=0：CLKOUT4 保持高电平；CLK4EN=1：CLKOUT4 使能为时钟 对于 C64x，CLKOUT4 引脚与 GP1 引脚复用，复位时 CLKOUT4 使能并且进行计时，复位后 CLKOUT4 可通过 GPIO 使能寄存器 GPEN 被配置为 GP1
CLK6EN	CLKOUT6 使能信号。 CLK6EN=0：CLKOUT6 保持高电平；CLK6EN=1：CLKOUT6 使能为时钟 对于 C64x，CLKOUT6 引脚与 GP2 引脚复用，复位时 CLKOUT6 使能并且进行计时，复位后 CLKOUT6 可通过 GPIO 使能寄存器 GPEN 被配置为 GP2
EK1EN	ECLKOUT1 使能。 EK1EN = 0：ECLKOUT1 保持低电平；EK1EN = 1：ECLKOUT1 使能为时钟
EK2EN	ECLKOUT2 使能。 EK2EN = 0：ECLKOUT2 保持低电平；EK2EN = 1：ECLKOUT2 使能为时钟
EK1HZ	ECLKOUT1 高阻抗控制位。 EK1HZ = 0：ECLKOUT1 在保持期间继续输出时钟； EK1HZ = 1：ECLKOUT1 在保持期间为高阻状态
EK2HZ	ECLKOUT2 高阻抗控制位。 EK2HZ = 0：ECLKOUT2 在保持期间继续输出时钟； EK2HZ = 1：ECLKOUT2 在保持期间为高阻状态
EK2RATE	ECLKOUT2 频率。ECLKOUT2 运行在以下状况： ECLK2RT=00：1×EMIF 的输入时钟频率（ECLKIN，CPU/4 时钟，或 CPU/6 时钟） ECLK2RT=01：1/2×EMIF 的输入时钟频率（ECLKIN，CPU/4 时钟，或 CPU/6 时钟） ECLK2RT=10：1/4×EMIF 的输入时钟频率（ECLKIN，CPU/4 时钟，或 CPU/6 时钟）
NOHOLD	外部 HOLD 无效 NOHOLD = 0：保持使能；NOHOLD = 1：保持无效
HOLDA	HOLDA = 0：HOLDA 输出为低电平，外部设备拥有 EMIF； HOLDA = 1：HOLDA 输出为高电平，外部设备没有 EMIF
HOLD	HOLD = 0：HOLD 输入为低电平，外部设备请求 EMIF； HOLD = 1：HOLD 输入为高电平，没有外部设备请求 EMIF
ARDY	ADRY = 0：ADRY 输入为低，外部器件没有准备好； ADRY = 1：ADRY 输入为高，外部器件准备好
BUSREQ	BUSREQ = 0：BUSREQ 输出为低，没有进入等待状态的访问/刷新； BUSREQ = 1：BUSREQ 输出为高，访问/刷新进入等待状态或正在进行
BRMODE	总线请求模式。 BRMODE = 0：BUSREQ 表明存储器请求进入等待状态或正在处理中； BRMODE = 1：BUSREQ 表明存储器请求进入等待状态或自刷新正在处理中

对于 C64x，BRMODE 字段决定了 BUSREQ 是否能表示存储器的刷新状态。如果 BRMODE=1，BUSREQ 仅仅表示存储器访问状态；如果 BRMODE=1，BUSREQ 不仅表示存储器访问，还表示存储器的刷新情况。

4.2.2　EMIF CE 空间控制寄存器（CExCTL）

CExCTL 与 EMIF 支持的 CE 存储器空间相关。EMIF 具有和外部的 4 个 CE 信号相关的 4 个 CE 空间控制寄存器。CExCTL 如图 4-3 所示，具体各位的意义见表 4-5。

CExCTL 中的 MTYPE 为相应 CE 空间识别存储器类型。如果 MTYPE 选择了同步存储器类型（对于 C64x 的可编程同步存储器），这些寄存器剩下的区字段无效。如果选择了非同步类型（ROM 或者异步的），这些剩下的区字段指定了地址形状以及访问该空间的控制信号。对于 C64x，CExCTL 中可编程的数值以 CLKOUT1 的时钟周期为基准。

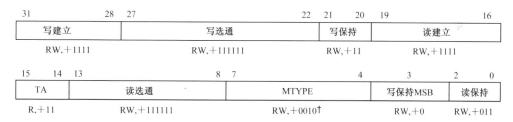

图 4-3　TMS320C64x EMIF CE 空间控制寄存器（CExCTL）

表 4-5　EMIF CE 空间控制寄存器（CExCTL）字段描述

字　　段	说　　明
读建立时间 写建立时间	建立宽度。在读选通或写选通下降沿之前确定地址（EA）、片选（CE）及字节使能（BE[3:0]）的设置时间的时钟周期数。对异步读存取来说，也是 ARE 下降沿之前 AOE 的建立时间
读选通　写选通	选通宽度。读选通和写选通的时钟周期数
读操作保持 写操作保持	保持宽度。写操作选通或读操作选通上升沿后地址（EA）和字节选通（BE[3:0]）保持的时钟周期数。对于异步读操作访问，这也是 ARE 下降沿之后 AOE 的保持时间
MTYPE	MTYPE = 0000b: 8 位宽异步接口；MTYPE = 0001b: 16 位宽异步接口 MTYPE = 0010b: 32 位宽异步接口；MTYPE = 0011b: 32 位宽 SDRAM； MTYPE = 0100b: 32 位宽可编程同步存储器；MTYPE = 1000b: 8 位宽 SDRAM； MTYPE = 1001b: 16 位宽 SDRAM；MTYPE = 1010b: 8 位宽可编程同步存储器； MTYPE = 1011b: 16 位宽可编程同步存储器；MTYPE = 1100b: 64 位宽异步接口； MTYPE = 1101b: 64 位宽 SDRAM；MTYPE = 1110b: 64 位宽可编程同步存储器
TA	转换时间（Turn-around time）（仅限 C621x/C671x/C64x）。对不同的 CE 空间（仅限于异步存储器），反转时间控制一次读操作和一次写操作之间或者多个读操作之间的 ECLKOUT 周期的个数

4.2.3　EMIF CE 空间第二控制寄存器（CExSEC）

CExSEC 结构如图 4-4 所示，具体各位的意义见表 4-6。CExSEC 只适用于 C64x 可编程同步存储器接口，用来控制可编程同步存储器访问的周期时序，还控制用于特定的 CE 空间同步的时钟。

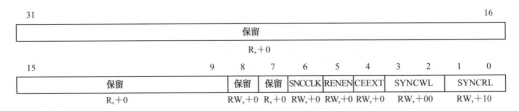

图 4-4　CE 空间第二控制寄存器

表 4-6　CE 空间第二控制寄存器字段描述

字　　段	说　　明
SYNCRL	同步接口数据读取等待时间。 SYNCRL = 00b：　0 周期读取等待时间；SYNCRL = 01b：　1 周期读取等待时间； SYNCRL = 10b：　2 周期读取等待时间；SYNCRL = 11b：　3 周期读取等待时间
SYNCWL	同步接口数据写入等待时间。 SYNCWL = 00b：　0 周期写入等待时间；SYNCWL = 01b：　1 周期写入等待时间； SYNCWL = 10b：　2 周期写入等待时间；SYNCWL = 11b：　3 周期写入等待时间
CEEXT	CE 扩展存储器。 CEEXT = 0：在最后一个命令被发布后，CE 无效（当所有的数据已被锁存时非必要）； CEEXT = 1：在读周期时，当 SOE 有效时，CE 信号有效而且它将保持有效，直到 SOE 无效，SOE 定时由 SYNCRL 控制（只适用于 CE 选通 OE 的同步有缝读操作）
RENEN	读使能信号。 RENEN = 0：　ADS 模式。SADS/SRE 信号起 SADS 信号的作用。对于读、写和取消选定操作，SADS 有效。在一个命令结束后，EDMA（用于 SBSRAM 或 ZBT SRAM 接口）中如果没有新的命令进入等待状态，发布取消选定命令； RENEN = 1：读使能模式。SADS/SRE 起 SRE 信号的作用。仅对于读操作 SRE 为低电平。没有取消选定周期被发出（用于 FIFO 接口）
SNCCLK	同步周期。 SNCCLK = 0：此 CE 空间的控制数据/信号与 ECLKOUT1 同步； SNCCLK = 1：此 CE 空间的控制数据/信号与 ECLKOUT2 同步

4.2.4　SDRAM 控制寄存器（SDCTL）

SDCTL 用于控制所有 CE 空间的 SDRAM 参数，CE 空间通过 CECTL 控制寄存器的 MTYPE 字段指定 SDRAM 类型。因为 SDRAM 控制寄存器控制全体 SDRAM 空间，每个空间必须包含相同刷新、时序和寻址特性的 SDRAM。这个寄存器的字段如图 4-5 所示，其各位的意义见表 4-7。在读写 SDRAM 期间，不应修改这些寄存器。

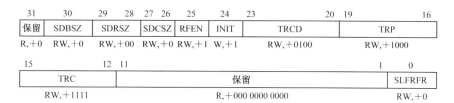

图 4-5　EMIF SDRAM 控制寄存器

表 4-7　SDRAM 控制寄存器字段描述

字　段	说　　明
TRC	以 EMIF 周期为基准，指定在 SDRAM 的 t_{RC} 值：TRC $= t_{RC} / t_{cyc}^{\dagger} - 1$
TRP	以 EMIF 周期为基准，指定 SDRAM 的 t_{RP} 值：TRC $= t_{RP} / t_{cyc}^{\dagger} - 1$
TRCD‡	以 EMIF 周期为基准，指定 SDRAM 的 t_{RCD} 值：TRCD $= t_{RCD} / t_{cyc}^{\dagger} - 1$
INIT	强制当前所有 SDRAM 初始化。INIT = 0：没有影响；INIT = 1：初始化为 SDRAM 配置的每一 CE 空间的 SDRAM。在 SDRAM 初始化操作之后，EMIF 自动将 INIT 改回 0
RFEN	刷新使能。 RFEN = 0：SDRAM 刷新无效；RFEN = 1：SDRAM 刷新有效
SDCSZ	SDRAM 列尺寸。 SDCSZ = 00：9 列地址引脚（每行 512 个单元）；SDCSZ = 01：8 列地址引脚（每行 256 个单元） SDCSZ = 10：10 列地址引脚（每行 1024 个单元）；SDCSZ = 11：保留
SDRSZ	SDRAM 行尺寸。 SDRSZ = 00：11 行地址引脚（每行 1024 个单元）；SDRSZ = 01：12 行地址引脚（每 4096 个单元） SDRSZ = 10：13 行地址引脚（每行 8192 个单元）；SDRSZ = 11：保留
SDBSZ	SDRAM 存储体尺寸。 SDBSZ = 0：一个存储体选择引脚（两个存储体）；SDBSZ = 1：两个存储体选择引脚（4 个存储体）
SLFRFR	自刷新模式。SLFRFR = 0：自刷新模式无效；SLFRFR = 1：自刷新模式有效 如果没有使用 SDRAM：SLFRFR = 0：通用输出 SDCKE=1；SLFRFR = 1：通用输出 SDCKE=0

对 SDRAM 初始化之后，EMIF 自动将 INIT 字段清零。在未复位时，CE 空间不设置为 SDRAM，所以 INIT 字段将很快从 1 变为 0。在 INIT 位返回到 1 之前，CPU 将对 SDRAM 扩展寄存器和所有的 CE 空间控制寄存器进行初始化。

对于 C64x，SLFRFR 位使能自刷新模式。在这种模式下，EMIF 为了能在最小的功耗下保持有效的数据而将外部 SDRAM 设置为工作在一个低功耗的模式下。如果系统中不用 SDRAM，那么 SLFRFR 位可作为一个通用输出控制 SDCKE。

4.2.5　SDRAM 时序寄存器（SDTIM）

SDTIM 根据 EMIF 时钟周期控制刷新周期。图 4-6 和表 4-8 说明了 SDRAM 时序寄存器的字段。PERIOD 字段可有选择地向 CPU 发出一个中断。因此，如果系统中没用 SDRAM，这个计数器可作为一个通用定时器使用。此计数器的字段可被 CPU 读取。当计数器为 0 时，它自动被重新加载周期而 SDINT（EDMA 的同步事件和 CPU 的中断源）也被重新确定。

31	26	25	24	23	12	11	0
保留		XRFR		COUNTER		PERIOD	
R,＋0000 00		RW,＋00		R,＋0101 1101 1100		RW,＋0101 1101 1100	

图 4-6　SDRAM 时序寄存器

表 4-8　EMIF SDRAM 时序寄存器字段说明

字　段	说　　明
PERIOD	以 EMIF 周期为基准的刷新周期
COUNTER	刷新计数器的当前值
XRFR	刷新计数器结束时，控制对 SDRAM 的刷新次数。 00：一次刷新；01 两次刷新；10：三次刷新；11 四次刷新

对于 C64x，计数器（COUNTER）字段和周期（PERIOD）字段的初始值为 0x5DC（1500 个时钟周期）。对于一个 10ns 的 EMIF 周期时间，刷新操作之间有一个 15μs 的间隔。SDRAM 的每次刷新通常需要 15.625μs。

4.2.6　SDRAM 扩展寄存器（SDEXT）

C64x 的 SDRAM 扩展寄存器允许对 SDRAM 的许多参数编程，图 4-7 和表 4-9 所示解释了 SDRAM 扩展寄存器。可编程性具有两个优点：第一，允许各种 SDRAM 的接口操作，对配置和速度特性没有限制；第二，允许 EMIF 实现来自外部 SDRAM 无缝数据传输。

31	21	20	19	18	17	16	15	14	12	11	10	9	8	7	6	5	4	3	1	0
保留		WR2RD		WR2DEAC		WR2WR		R2WDQM		RD2WR		RD2DEAC		RD2RD		THZP		TWR		TRRD		TRAS		TCL

$R,+0$　$RW,+1$　$RW,+01$　$RW,+1$　$RW,+10$　$RW,+101$　$RW,+11$　$RW,+1$　$RW,+10$　$RW,+01$　$RW,+1$　$RW,+111$　$RW,+1$

图 4-7　SDRAM 扩展寄存器

表 4-9　SDRAM 扩展寄存器字段说明

字　段	说　　明
TCL	以 EMIF 周期为基准，指定 SDRAM 的 CAS 等待时间。 TCL = 0：CAS 等待时间 = 2 ECLKOUT 周期；TCL = 1：CAS 等待时间 = 3 ECLKOUT 周期
TRAS	以 EMIF 周期为基准，指定 SDRAM 的 t_{RAS} 值：TRAS $= t_{RAS} / t_{cyc}{}^{\ddagger} - 1$
TRRD	以 EMIF 周期为基准，指定 SDRAM 的 t_{RRD} 值： TRRD = 0: TRRD = 2 ECLKOUT 周期；TRRD = 1: TRRD = 3 ECLKOUT 周期
TWR	以 EMIF 周期为基准，指定 SDRAM 的 t_{WR} 值：TWR $= t_{WR} / t_{cyc}{}^{\ddagger} - 1$
THZP	以 EMIF 周期为基准，指定 SDRAM 的 t_{HZP}（也称为 t_{ROH}）值：THZP $= t_{HZP} / t_{cyc}{}^{\ddagger} - 1$
RD2RD	指定 SDRAM 的 READ to READ 命令之间（相同的 CE 空间）的 EMIF 周期数： RD2RD = 0: READ to READ = 1 ECLKOUT 周期；RD2RD = 1: READ to READ = 2 ECLKOUT 周期

续表

字　段	说　明
D2DEAC	SDRAM 的 READ to DEAC/DCAB 命令中所包含的 EMIF 周期数。 RD2DEAC =（#READ to DEAC/DCAB 的周期数）−1
RD2WR	SDRAM 的 READ to WRITE 命令中所包含的 EMIF 周期数。 RD2WR =（# READ to WRITE 的周期数）−1
R2WDQM	指定 BEx 信号必须在 WRITE 命令中断 READ 之间为高的 EMIF 周期数。 R2WDQM =（# BEx 为高的周期数）−1
WR2WR	指定 SDRAM 的 WRITE to WRITE 命令之间的最小 EMIF 周期数。 WR2WR =（# WRITE to WRITE）−1
WR2DEAC	指定 SDRAM 的 WRITE to DEAC/DCAB 命令之间的最小 EMIF 周期数。 WR2DEAC =（# WRITE to DEAC/DCAB 的周期数）−1
WR2RD	指定 SDRAM 的 WRITE to READ 命令之间的最小 EMIF 周期数。 WR2RD =（# of cycles WRITE to READ）−1

4.3 存储器宽度和字节对齐

C64x 的 EMIFA 支持 8/16/64 位宽度的存储器。表 4-10 总结了 C64x 器件 EMIFA 的寻址范围，它们支持大终端（big-endian）和小终端（little-endian）模式。

表 4-10　TMS320C64x EMIFA 的可寻址存储器范围

存储器类型	存储器宽度	CE 空间最大可寻址范围	EA[22:3]的地址输出	说　明
ASRAM	×8	1MB	A[19:0]	字节地址
	×16	2MB	A[20:1]	半字地址
	×32	4MB	A[21:2]	字地址
	×64	8MB	A[22:3]	双字地址
SBSRAM	×8	1MB	A[19:0]	字节地址
	×16	2MB	A[20:1]	半字地址
	×32	4MB	A[21:2]	字地址
	×64	8MB	A[22:3]	双字地址
SDRAM	×8	32MB	详见 4.4 节	字节地址
	×16	64MB	详见 4.4 节	半字地址
	×32	128MB	详见 4.4 节	字地址
	×64	256MB	详见 4.4 节	双字地址

C64x 可自动完成外部访问宽度低于 64 位（EMIFA）或 16 位（EMIFB）数据的打包和解包处理。图 4-8 是不同字长的数据在 C64x EMIF 上的位置。不同宽度的外部存储器始终要求右对齐总线的 ED[7:0]一侧。终端模式决定了字节通道 0（ED[7:0]）是按字节地址 0（little-endian）还是按字节地址 N（big-endian）存取，此处 2^N 是存储器宽度字节。

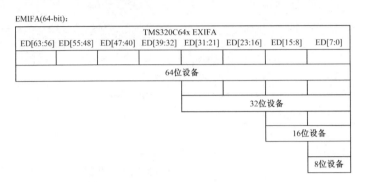

图 4-8   TMS320C64x 端点模式字节对齐

4.4   SDRAM 接口

表 4-11 给出了 C6000 EMIF 所支持的 SDRAM 的控制命令。表 4-12 给出了 SDRAM 控制命令的信号真值表。图 4-9 所示是 C64x EMIF 和 64 位 SDRAM 的接口。表 4-13 列出了从 C6000 得到的所有可能的 SDRAM 配置。表 4-14 总结了引线的连接和 SDRAM 操作所特有的相关信号。

C64x 能同时激活 SDRAM 中的 4 个不同的页。这些页都能存在于一个单独的 CE 空间的不同组中，也可以跨越多个 CE 空间。在每个组中，一次只能打开一页，C64x 能连接任何拥有 8 到 10 个列地址引脚、11 到 13 个行地址引脚和两个组或 4 个组的 SDRAM 上。

表 4-11   EMIF SDRAM 控制命令

命 令	功 能
DCAB	关闭所有的存储体（bank），也称为预加载（PRECHARGE）
DEAC	关闭单个存储体
ACTV	激活所选的存储体，并选择存储器的某一行
READ	输入起始列地址，开始读操作
WRT	输入起始行地址，开始写操作
MRS	模式寄存器组，设置 SDRAM 模式寄存器
REFR	用内部地址进行自动刷新循环
SLFREFR	自刷新模式

表 4-12   SDRAM 命令真值表

SDRAM	CKE	CS	RAS	CAS	W	A[19:16]	A[15:11]	A10	A[9:0]
EMIFA	SDCKE	CE	SDRAS	SDCAS	SDWE	EA[22:19]	EA[18:14]	EA13	EA[12:3]
ACTV	H	L	L	H	H	0001b 或 0000b	存储体/行	行	行
READ	H	L	H	L	H	X	存储体/列	L	列
WRT	H	L	H	L	L	X	存储体/列	L	列
MRS	H	L	L	L	L	L	L/模式	模式	模式

续表

SDRAM	CKE	CS	RAS	CAS	W	A[19:16]	A[15:11]	A10	A[9:0]
EMIFA	SDCKE	CE	SDRAS	SDCAS	SDWE	EA[22:19]	EA[18:14]	EA13	EA[12:3]
DCAB	H	L	L	H	L	X	X	H	X
DEAC	H	L	L	H	L	X	存储体/X	L	X
REFR	H	L	L	L	H	X	X	X	X
SLFREFR	L	L	L	L	H	X	X	X	X

注：表中存储体（Bank）= 存储地址；行（Row）= 行地址；列（Col）= 列地址；L=低；H=高

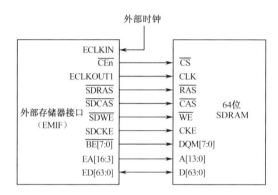

图 4-9　TMS320C64x EMIF 与 64 位 SDRAM 接口

表 4-13　TMS320C64x 兼容 SDRAM

SDRAM 大小	组	宽 度	深 度	设备 /CE	地址使能空间		列 地 址	行 地 址	组 选 择	预 加 载
16M 位	2	×4	2M	16	32M	SDRAM	A9–A0	A10–A0	A11	A10
						EMIFA	EA12–EA3	EA13–EA3	EA14	EA13
						EMIFB	EA10–EA1	EA11–EA1	EA12	EA11
	2	×8	1M	8	16M	SDRAM	A8–A0	A10–A0	A11	A10
						EMIFA	EA11–EA3	EA13–EA3	EA14	EA13
						EMIFB	EA9–EA1	EA11–EA1	EA12	EA11
	2	×16	512K	4	8M	SDRAM	A7–A0	A10–A0	A11	A10
						EMIFA	EA10–EA3	EA13–EA3	EA12	EA11
64M 位	4	×4	4M	16	128M	SDRAM	A9–A0	A11–A0	A13–A12	A10
						EMIFA	EA12–EA3	EA14–EA3	EA16–EA15	EA13
						EMIFB	EA10–EA1	EA12–EA1	EA14–EA13	EA11
	4	×8	2M	8	64M	SDRAM	A8–A0	A11–A0	A13–A12	A10
						EMIFA	EA11–EA3	EA14–EA3	EA16–EA15	EA13
						EMIFB	EA9–EA1	EA12–EA1	EA14–EA13	EA11
	4	×16	1M	4	32M	SDRAM	A7–A0	A11–A0	A13–A12	A10
						EMIFA	EA10–EA3	EA14–EA3	EA16–EA15	EA13
						EMIFB	EA8–EA1	EA12–EA1	EA14–EA13	EA11
	4	×32	512K	2	16M	SDRAM	A7–A0	A10–A0	A12–A11	A10
						EMIFA	EA10–EA3	EA13–EA3	EA15–EA14	EA13
						EMIFB	–	–	–	–

续表

SDRAM 大小	组	宽度	深度	设备/CE	地址使能空间		列地址	行地址	组选择	预加载
128M 位	4	×8	4M	8	128M	SDRAM	A9–A0	A11–A0	A13–A12	A10
						EMIFA	EA12–EA3	EA14–EA3	EA16–EA15	EA13
						EMIFB	EA10–EA1	EA12–EA1	EA14–EA13	EA11
	4	×16	2M	4	64M	SDRAM	A8–A0	A11–A0	A13–A12	A10
						EMIFA	EA11–EA3	EA14–EA3	EA16–EA15	EA13
						EMIFB	EA9–EA1	EA12–EA1	EA14–EA13	EA11
	4	×32	1M	2	32M	SDRAM	A7–A0	A11–A0	A13–A12	A10
						EMIFA	EA10–EA3	EA14–EA3	EA16–EA15	EA13
						EMIFB	EA8–EA1	EA12–EA1	EA14–EA11	EA11
256M 位	4	×8	8M	8	256M	SDRAM	A9–A0	A12–A0	A14–A13	A10
						EMIFA	EA12–EA3	EA15–EA3	EA17–EA16	EA13
						EMIFB	EA10–EA1	EA13–EA1	EA15–EA14	EA11
	4	×16	4M	4	128M	SDRAM	A8–A0	A12–A0	A14–A13	A10
						EMIFA	EA11–EA3	EA15–EA3	EA17–EA16	EA13
						EMIFB	EA9–EA1	EA13–EA1	EA15–EA14	EA11

表 4-14 SDRAM 的信号描述

EMIF 信号	SDRAM 信号	SDRAM 功能
$\overline{SDRAS}$	$\overline{RAS}$	行地址选通和控制输入。被 CLK 上升沿锁存以确定当前操作。在此 CLK 边沿，仅当 $\overline{CS}$ 为低电平时有效
$\overline{SDCAS}$	$\overline{CAS}$	列地址选通和控制输入。被 CLK 上升沿锁存以确定当前操作。在此 CLK 边沿，仅当 $\overline{CS}$ 为低电平时有效
$\overline{SDWE}$	$\overline{WE}$	写选通和命令输入。被 CLK 上升沿锁存以确定当前操作。在此 CLK 边沿，仅当 $\overline{CS}$ 为低电平时有效
$\overline{BEx}$	DQMx	数据/输出屏蔽。DQM 是一个输入/输出缓冲器基本控制信号。当其为高电平时，读过程中置输出处于高阻态而失效和禁止写。DQM 执行读操作有一个 2 时钟循环等待时间，执行写操作有一个 0 时钟循环的等待时间。DQM 引脚主要用于字节选通且与 $\overline{BE}$ 输出相连
$\overline{CE3},\overline{CE2},$ $\overline{CE1},\overline{CE0}$	$\overline{CS}$	片选和控制使能信号。在 SDRAM 时钟命令下 $\overline{CS}$ 须处于激活状态（低）
SDCKE	CKE	CKE 时钟使能信号。对于 C64x，当允许自刷新模式时，SDCKE 被连到 CKE 上使 SDRAM 的能量消耗最小化
ECLKOUT	CLK	SDRAM 时钟输入信号。在 C64x 上，使用 ECLKOUT1，其速度为 EMIF 输入时钟速度（ECLKIN，1/4 CPU 时钟或者 1/6 CPU 时钟）

4.4.1 SDRAM 初始化

当某一个 CE 空间设置为 SDRAM 空间后，必须首先进行初始化。SDRAM 初始化需要向 EMIF SDRAM 控制寄存器中的 INIT 位写入 1。整个初始化过程包括下面几个步骤：

① 发送一个 DCAB 命令到所有配置为 SDRAM 的 CE 空间。

② 发出 8 条刷新命令。

③ 发送一条 MRS 命令到所有配置为 SDRAM 的 CE 空间。

4.4.2　C64x 页面边界监测

SDRAM 是分页类型的存储器，EMIF 的 SDRAM 控制器会检测访问 SDRAM 时行（row）地址的情况，避免访问时发生行越界（row houndaries crossed）。为了完成这一任务，EMIF 自动保存当前打开的页的地址，然后与以后存取的地址进行比较。

对所有的 C6000 设备，结束当前的访问不会引起 SDRAM 中已经激活的行被立即关闭。EMIF 维持当前有效行的打开状态，直到有必要关闭。这样做的好处是，可以减少关闭/重新打开间的切换时间，使接口在存储器访问的控制过程中可以充分利用地址信息。

C64x 最多可以同时打开 4 页 SDRAM。它们可以全部在一个 CE 空间内，或者分布在所有的的 CE 空间里。组地址位前的逻辑地址位被用做页面比较部分，所以向外部 SDRAM 发出行/列命令时，组地址位前的逻辑地址位就会起作用了。这就增加了设计的灵活性，也避免了内部的地址混淆现象。对于 32 位、16 位或 8 位 EMIFA 接口，逻辑地址的 BE 部分被削减成对应的 2 位、1 位和 0 位。从而 ncb/nrb/nbb（和页面寄存器）相应地进行移位。

必要时，C64x 的 EMIF 会应用一个随机页面替换策略，当总的外部 SDRAM 的组（不是器件）的总数超过 4 的时候，就会使用这种策略，因为 EMIF 仅仅包含 4 个页面寄存器，当 SDRAM 的多个 CE 空间被使用时，这也会发生。当 SDRAM 的组小于或等于 4 时，页面实行替换策略。图 4-10 所示为一个 64 位的逻辑地址是如何映射到页面寄存器的。

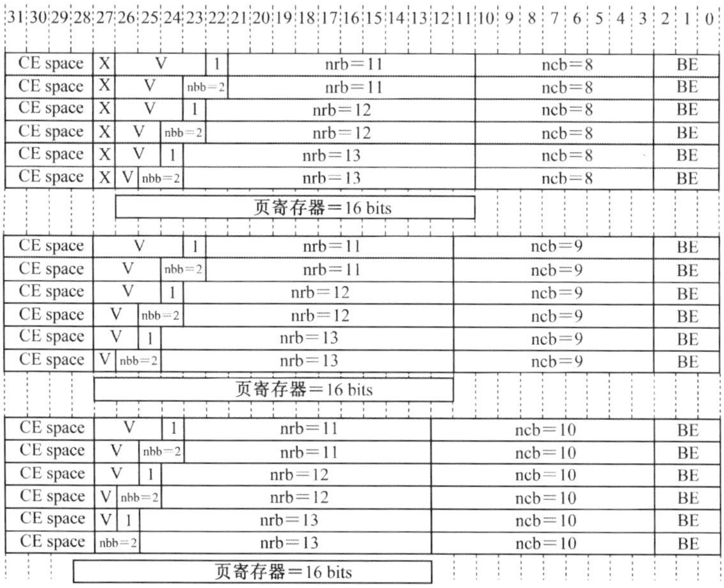

31 30 29 28 27 26 25 24 23 22 21 20 19 18 17 16 15 14 13 12 11 10 9 8 7 6 5 4 3 2 1 0

CE space	X	V	1	nrb=11	ncb=8	BE
CE space	X	V	nbb=2	nrb=11	ncb=8	BE
CE space	X	V	1	nrb=12	ncb=8	BE
CE space	X	V	nbb=2	nrb=12	ncb=8	BE
CE space	X	V	1	nrb=13	ncb=8	BE
CE space	X	V	nbb=2	nrb=13	ncb=8	BE
		页寄存器=16 bits				

CE space	V	1	nrb=11	ncb=9	BE
CE space	V	nbb=2	nrb=11	ncb=9	BE
CE space	V	1	nrb=12	ncb=9	BE
CE space	V	nbb=2	nrb=12	ncb=9	BE
CE space	V	1	nrb=13	ncb=9	BE
CE space	V	nbb=2	nrb=13	ncb=9	BE
	页寄存器=16 bits				

CE space	V	1	nrb=11	ncb=10	BE
CE space	V	nbb=2	nrb=11	ncb=10	BE
CE space	V	1	nrb=12	ncb=10	BE
CE space	V	nbb=2	nrb=12	ncb=10	BE
CE space	V	1	nrb=13	ncb=10	BE
CE space	nbb=2	nrb=13	ncb=10	BE	
	页寄存器=16 bits				

注：ncb 为列地址数，nrb 为行地址位数；nbb 为组地址数

图 4-10　TMS320C64x 对于 EMIFA 逻辑地址到页面寄存器的映射

4.4.3　地址移位

因为行地址与列地址输出使用相同的 EMIF 引脚，所以 EMIF 接口要对行地址与列地址进行相应的移位处理。表 4-15 列出了字节地址位之间的关系及 C64x 上 EA 引脚行列地址形式。另外，对于 SDRAM，输入地址也是控制信号。

表 4-15 TMS320C64x 对于 8 位、16 位和 32 位接口位地址到 EA 的映射

列地址位	接口总线宽度	DRAM命令	EA22	EA21	EA20	EA19	EA18	EA17	EA16	EA15	EA14	EA13	EA12	EA11	EA10	EA9	EA8	EA7	EA6	EA5	EA4	EA3
			A19	A18	A17	A16	A15	A14	A13	A12	A11	A10	A9	A8	A7	A6	A5	A4	A3	A2	A1	A0
8	8	RAS	L	L	L	H/L	23	22	21	20	19	18	17	16	15	14	13	12	11	10	9	8
		CAS	L	L	L	H/L	23	22	21	20	19	L	L	L	7	6	5	4	3	2	1	0
	16	RAS	L	L	L	H/L	24	23	22	21	20	19	18	17	16	15	14	13	12	11	10	9
		CAS	L	L	L	H/L	24	23	22	21	20	L	L	L	8	7	6	5	4	3	2	1
	32	RAS	L	L	L	H/L	25	24	23	22	21	20	19	18	17	16	15	14	13	12	11	10
		CAS	L	L	L	H/L	25	24	23	22	21	L†	L	L	9	8	7	6	5	4	3	2
	64	RAS	L	L	L	H/L	26	25	24	23	22	21	20	19	18	17	16	15	14	13	12	11
		CAS	L	L	L	H/L	26	25	24	23	22	L†	L	L	10	9	8	7	6	5	4	3
9	8	RAS	L	L	L	H/L	24	23	22	21	20	19	18	17	16	15	14	13	12	11	10	9
		CAS	L	L	L	H/L	24	23	22	21	20	L†	L	8	7	6	5	4	3	2	1	0
	16	RAS	L	L	L	H/L	25	24	23	22	21	20	19	18	17	16	15	14	13	12	11	10
		CAS	L	L	L	H/L	25	24	23	22	21	L†	L	9	8	7	6	5	4	3	2	1
	32	RAS	L	L	L	H/L	26	25	24	23	22	21	20	19	18	17	16	15	14	13	12	11
		CAS	L	L	L	H/L	26	25	24	23	22	L†	L	10	9	8	7	6	5	4	3	2
	64	RAS	L	L	L	H/L	27	26	25	24	23	22	21	20	19	18	17	16	15	14	13	12
		CAS	L	L	L	H/L	27	26	25	24	23	L†	L	11	10	9	8	7	6	5	4	3
10	8	RAS	L	L	L	H/L	25	24	23	22	21	20	19	18	17	16	15	14	13	12	11	10
		CAS	L	L	L	H/L	25	24	23	22	21	L†	9	8	7	6	5	4	3	2	1	1
	16	RAS	L	L	L	H/L	26	25	24	23	22	21	20	19	18	17	16	15	14	13	12	11
		CAS	L	L	L	H/L	26	25	24	23	22	L†	10	9	8	7	6	5	4	3	2	2
	32	RAS	L	L	L	H/L	27	26	25	24	23	22	21	20	19	18	17	16	15	14	13	12
		CAS	L	L	L	H/L	27	26	25	24	23	L†	11	10	9	8	7	6	5	4	3	3
	64	RAS	L	L	L	H/L	28	27	26	25	24	23	22	21	20	19	18	17	16	15	14	13
		CAS	L	L	L	H/L	28	27	26	25	24	L†	12	11	10	9	8	7	6	5	4	3

在 C64x 地址移位进程中将用到下面的一些特征：

（1）地址移位完全受列的大小来控制，而不受组和行大小的影响。高于组选择位的地址位被内部使用以决定是否打开一个页面。

（2）在 RAS 周期内，高于预加载位的地址位（对于 EMIFA 是 EA[18:14]；对于 EMIFB 是 EA[16:12]）被 SDRAM 控制器内部锁定。以保证在执行 READ 和 WRT 命令时选通正确的组（bank）。这样 EMIF 保持依照在行和列地址显示出的这些值。

（3）对于 EMIFA，EA13 是预加载引脚。

4.4.4　SDRAM 刷新

由 RFEN 位控制是否由 EMIF 完成对 SDRAM 的刷新。如果 RFEN 为 0，所有 EMIF 刷新将失效，必须用外部设备来实现刷新。如果 RFEN 为 1，EMIF 会控制向所有的 SDRAM 空间发出的刷新命令。在 REFR 命令之前，会自动插入一个 DCAB 命令，以保证刷新过程中所有选通 SDRAM 都处于未激活状态。DCAB 命令之后，EMIF 开始按照 PERIOD 位设置的周期值进行定时刷新。C64x REFR 的请求被视为较高的优先级，而且紧急刷新与定时刷新没有任何区别。C64x SDRAM 刷新周期拥有额外的位（bitfield）XRFR，当计数器到零时可以控制刷新的次数。这个特性可设置 XRFR 位在刷新计数器饱和时执行多达 4 次的刷新。

对于所有 C6000 设备，EMIF SDRAM 接口执行 CAS-before-RAS 刷新周期。一些 SDRAM 生产商称之为内动刷新。在 REFR 命令之前，向所有 CE 空间执行 DCAB 命令以确保所有激活的块都关闭。页面信息在 REFR 命令之前和之后都为无效。这样，刷新后的第一次存取访问都会产生页面丢失。在刷新命令之前需要一个解除激活的周期。图 4-11 显示了 SDRAM 刷新的时序。

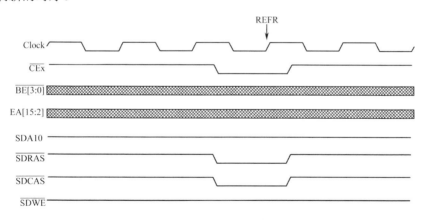

图 4-11　SDRAM 刷新

4.4.5　SDRAM 自刷新模式

SDRAM 控制寄存器（SDCTL）中的 SLFRFR 位将强迫外部 SDRAM 进入一种低功耗

状态，称为自刷新模式。在这种模式下，SDRAM 会在最少的功率消耗之下保持数据有效。当系统中有 SDRAM 时，如果向 SLFRFR 位写 1 就会进入这种模式，当 SLFRFR 位设置后，自刷新使能位 RFEN 必须同时置 0。自刷新模式下，将关闭 SDRAM 所有打开的页面（DCAB 信号会发送至所有的 CE 空间）。另外，在 SDCKE 被置为低电平的周期，会发出一个自刷新命令。

SLFRFR 位的开/关的恰当时机由用户控制。向 SLFRFR 位写 0 并立即读回 SDCTL 寄存器的值，将使 SDRAM 退出自刷新模式。只要 SLFRFR 位为 1，用户就应该确保不执行 SDRAM 访问。

在自刷新模式期间，如果系统不使用 HOLD 接口，或在系统的其他地方没有使用的 SDRAM 时钟信号（ECLKOUT1）会被关闭。退出自刷新模式之前必须重新使能 ECLKOUT1。EMIF 确保 SDRAM 在自刷新模式状态中的持续时间至少为 TRAS 周期，TRAS 在 SDEXT 寄存器中定义。另外，EMIF 可以保证从 SDCKE 的高电平到第一个 ACTV 命令之间至少有 16 个 ECLKOUT1 周期。

如果系统中没有正在使用 SDRAM，可以把 SDCKE 引脚作为一个通用的输出端使用。SLFRFR 位的翻转由 SDCKE 引脚控制,如果检测到一个挂起外总线的申请,那么在 HOLDA 确认此信号之前，EMIF 将使 SDCKE 输出有效（只要满足 TRAS 的需要），而且通过对 SLFRFR 位清零将 SDRAM 从复位中唤醒。如果系统中没有正在使用的 SDRAM,那么 HOLD 信号将不会影响 SDCKE 位的输出和 SLFRFR 字段的状态。

系统中，SDRAM 的 SLFRFR 位的效果总结如下：
- 在未保持而产生自刷新模式进入/退出时，写入 SLFRFR；
- 在保持期间写入 SLFRFR：写入 SLFRFR 忽略，位不写；
- 如果在 SLFRFR 为 1 期间出现 HOLD 申请，那么至少有 TRAS 个周期，EMIF 确保已处于自刷新模式中。然后 EMIF 退出自刷新模式（使 SLFRFR 无效）。16 个 ECLKOUT1 周期之后，EMIF 将会确认 HOLD 申请。

注意：为了 SLFRFR 能正确地操作，EMIF 的 SDCKE 信号必须连接至 SDRAM 的 CKE 信号。

4.4.6　模式寄存器的设置

TMS320C64x 处理器外部存储器接口（EMIF）在 MRS 命令执行时，使用的模式寄存器值为 0023h 或者 0022h。寄存器值及其描述如图 4-12 所示，其含义见表 4-16。0023h 和 0022h 都为读和写操作定义了一个默认长度为 4 个字的脉冲。实际上，具体使用哪个值还要看在 SDRAM 扩展寄存器中定义的 CASL 参数。如果长度为 3 的 CAS 等待时间，MRS 周期将写入 0023h，长度为 2 则写入 0022h。图 4-13 所示的是 MRS 命令执行的时序图。

13	12	11	10	9	8	7
EA16	EA15	EA14	EA13	SDA10	EA11	EA10
保留				写突发长度	保留	
0000				0	00	

6	5	4	3	2	1	0
EA9	EA8	EA7	EA6	EA5	EA4	EA3
读等待时间			S/I	突发长度		
010 or 011			0	010		

注：如果 CASL = 1, 则位 4 为 1；如果 CASL = 0, 则位 4 为 0

图 4-12　TMS320C64x 模式寄存器值（0023h）

表 4-16　C64x 模式寄存器所选择的 SDRAM 结构

字　段	CASL = 0	CASL = 1
写突发长度	4 个字	4 个字
读延迟	2 个周期	3 个周期
连续/交错突发形式	连续	连续
突发长度	4 个字	4 个字

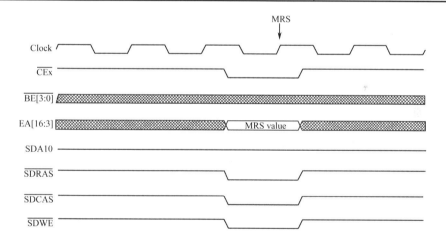

图 4-13　SDRAM 模式寄存器设置：MRS 命令

4.4.7　时序要求

TMS320C64x 处理器适用额外的可编程的时序参数，这些参数是通过 SDRAM 控制寄存器和 SDRAM 扩展寄存器来设置的，见表 4-17。TMS320C64x 处理器允许用户设置另外的 SDRAM 控制器的功能参数。这些参数列在表 4-9 中 SDRAM 扩展寄存器组描述的下面。这些参数并不是十分清楚地在数据手册中的时间参数表中列出，但是用户必须相信这些参数被设置在正确的数值上。推荐的 SDRAM 控制寄存器的数值列在表 4-18 中。

表 4-17　TMS320C64x SDRAM 的时序参数

参　数	控　制　内　容	相对于 EMIF 时钟周期的值
t_{RC}	REFR 命令到 ACTV、MRS 或是下一个 REFR 命令之间的时间	TRC + 1
t_{RCD}	ACTV 命令到 READ 或 WRT 命令之间的时间	TRCD + 1
t_{RP}	DCAB 命令到 ACTV、MRS 或者 REFR 命令之间的时间	TRP + 1
t_{CL}	SDRAM 的 CAS 延迟时间	TCL + 2
t_{RAS}	ACTV 命令道 DEAC/DCAB 命令之间的时间	TRAS + 1
t_{RRD}	ACTV 组 A 到 ACTV 组 B 之间的时间（同一 CE 空间）	TRRD + 2
t_{WR}	写恢复，C6000 最后一个数据输出（写操作）到 DEAC/DCAB 命令之间的时间	TWR + 1
t_{HZP}	DEAC/DCAB 命令到 SDRAM 输出高阻之间的时间	THZP + 1

表 4-18　TMS320C64x 命令到命令参数的推荐值

参　数	说　明	相对于 EMIF 时钟周期的值	CL=2 时的推荐值	CL=3 时的推荐值
READ 到 READ	READ 命令到 READ 命令的间隔周期数，用于随机地址的读操作中断突发读操作	RD2RD + 1	RD2RD = 0	RD2RD = 0
READ 到 DEAC	与 t_{HZP} 一起使用，用于确定 READ 命令和 DEAC/DCAB 命令之间的最短时间	RD2DEAC + 1	RD2DEAC = 1	RD2DEAC = 1
READ 到 WRT	READ 命令到 WRT 命令的间隔周期数，具体值取决于 t_{CL}，应当等于 CAS 延迟+2（EMIF 时钟周期），以便在写命令前插入一个转换周期	RD2WR + 1	RD2WR = 3	RD2WR = 4
WRT 中断 READ 之前，BEx 为高的时间	允许写操作打断读操作之前，BEx 信号保持高的周期数	R2WDQM + 1	R2WDQM = 1	R2WDQM = 2
WRT 到 WRT	WRT 命令和 DEAC/DCAB 命令之间的周期数	WR2WR + 1	WR2WR = 0	WR2WR = 0
WRT 到 DEAC	WRT 命令和 DEAC/DCAB 命令之间的周期数	WR2DEAC + 1	WR2DEAC = 1	WR2DEAC = 1
WRT 和 READ	WRT 命令到 READ 的间隔周期数	WR2RD + 1	WR2RD = 0	WR2RD = 0

4.4.8　SDRAM 休眠（DCAB 和 DEAC）

SDRAM 有效页关闭（DCAB）命令在硬件复位或 EMIF SDRAM 的控制寄存器的 INIT 位置 1 之时执行。SDRAM 总是在 REFR 和 MRS 之前要求这个周期。对于 C620x/C670x 来说，需要越过页边界的时候，DCAB 就会发生。在 DCAB 命令中，SDA10 被拉高，这样所有的 SDRAM 组就无效了。图 4-14 为 SDRAM 有效页关闭的时序图。

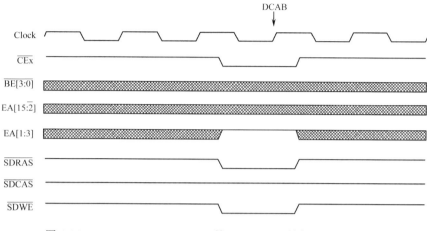

图 4-14 TMS320C6000 SDRAM 的 DCAB——所有 SRAM 组无效

4.4.9 激活（ACTV）

EMIF 在读或写一个新的 SDRAM 行之前会自动地运行 ACTV 命令。ACTV 命令打开一个存储器页，允许接下来以最快的存取方式去操作访问（读或写）。当 EMIF 允许 ACTV 命令运行时，在读或写操作完成之前会产生长度为 t_{RCD} 的延迟。图 4-15 给出一个 SDRAM 写操作之前的 ACTV 命令的例子。在这个例子中，t_{RCD}=3 个 EMIF 时钟周期。SDRAM 读操作的 ACTV 命令也是一样的。对当前活动行或 SDRAM bank 进行读或写的效率要高于对随机地址的读或写，因为每次访问一个新页的时候都要执行 ACTV 命令。

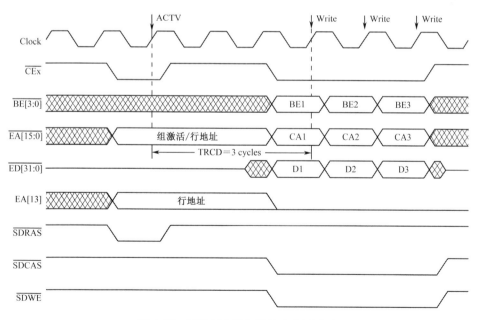

图 4-15 SDRAM 写之前的 ACTV 命令

4.4.10 SDRAM 读

C64x 的突发长度为 4，它与 C621x/C671x 的 SDRAM 读操作不同的是：ACTV 命令执行时，EA19 在不使用 PDT 访问时被拉高，在使用 PDT 时被拉低。对于一个 PDT 访问，PDT 高电平在 SDRAM 读的数据阶段被确认。

图 4-16 显示了 C64x SDRAM 执行 3 个双字（EMIFA）或者半字（EMIFB）读脉冲。在 ACTV 命令执行时，SDRAS 拉低，EA19 也被拉低。在以后访问同一打开的页面时，不执行 ACTV 命令。

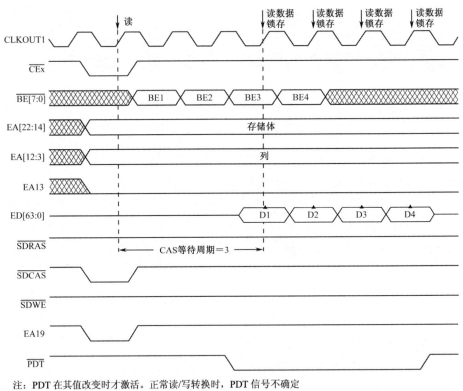

注：PDT 在其值改变时才激活。正常读/写转换时，PDT 信号不确定

图 4-16   TMS320C64x SDRAM 读脉冲

4.4.11 SDRAM 写

C64x 同样也使用 4 个长度的脉冲时间。与 C621x/C671x SDRAM 写不同之处是：在 ACTV 时，EA19（EMIFA）或 EA17（EMIFB）被拉高为非 PDT 访问；置为低时为 PDT 访问；在初期写数据被置为一个周期。图 4-17 显示 C64x PDT 访问 3 个双字（EMIFA）或半字（EMIFB）写操作的时序。在以后访问同一打开的页面时，将不执行 ACTV 命令。

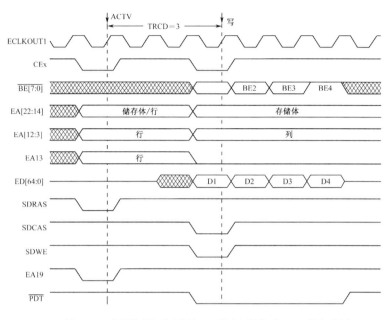

注：　PDT在其值改变时才激活。正常读/写转换时，PDT信号不确定

图 4-17　TMS320C64x SDRAM 写

4.5　SBSRAM 接口

C6000 的 EMIF 与工业标准的同步突发静态存储器 SRAM（SBSRAM）直接接口。这个存储器接口可以进行高速存储器接口而不受像 SDRAM 上那样的限制。特别是因为 SBSRAM 是 SRAM 器件，所以能在单个的周期内随机存取相同的指令。除了支持 SBSRAM 接口外，C64x 上的可编程同步接口还支持其他的同步接口。这部分只讨论 C6x 的 SBSRAM 接口。对于 C64x，SBSRAM 工作频率为 ECLKOUT1 或者 ECLKOUT2。

SBSRAM 的片选信号有效时，4 个 SBSRAM 控制引脚被 EMIF 时钟的上升沿被锁存，以确定当前的操作。这些引脚列于表 4-19 中。

表 4-19　EMIF SBSRAM 引脚

EMIF 信号	SBSRAM 信号	SBSRAM 功能
$\overline{SADS}/\overline{SRE}$	ADSC	地址选通
$\overline{SOE}$	OE	输出使能
$\overline{SWE}$	WE	写使能
ECLKOUT1/ECLKOUT2	CLK	SBSRAM 时钟

C64x EMIF 与 SBSRAM 的接口连接如图 4-18 所示。C64x 的接口不支持 SBSRAM 的突发特征。在 C64x 的每一个周期，SBSRAM 的一个地址被选通。C64x 还支持通过编程控制读或写的等待时间，从而来灵活处理不同的同步存储器的接口。

由于 SBSRAM 的结构是潜伏模式，读数据和控制信息都需要两个周期，因此 EMIF 在读和写命令之间插进一个周期以保证在 ED[31:0]总线上没有冲突。EMIF 争取使上述问题最小化。

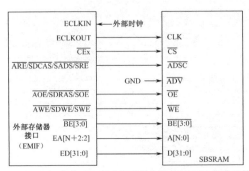

注 1：ECLKOUTx 是由 CExSEC 寄存器中的 SNCCLK 位选择的

注 2：与 64 位数据总线接口时，用 BE[1:0]、EA[N+1:1]及 ED[15:0]；

　　　与 16 位数据总线接口时，用 BE[7:0]、EA[N+3:3]及 ED[63:0]

图 4-18　TMS320C64x 的 SRSRAM 接口

4.5.1　SBSRAM 读

图 4-19 显示了 C64x 的延迟两个读周期的六单元（EMIFA 的双字，EMIFB 的半字）读的时序。每次存取通过把 SADS 置为低，选通一个 SBSRAM 的新地址。C64x 的 EMIF 在脉冲高低变化结束的时候会有一个取消周期。对于标准 SBSRAM 接口，CExSEC 寄存器必须设置为：SYNCRL=10b、SYNCWL=00b、CEEXT=0 和 RENEN=0。

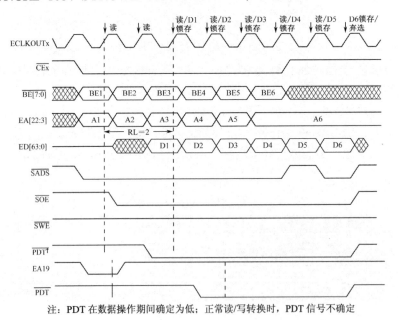

注：PDT 在数据操作期间确定为低；正常读/写转换时，PDT 信号不确定

图 4-19　TMS320C64x SBSRAM 的六单元读时序

4.5.2　SBSRAM 写

图 4-20 给出了 C64x 到 SBSRAM 的六单元（对 EMIFA 是双字，对 EMIFB 是半字）写

时序。每次存取选通一个 SBSRAM 的新地址。C64x 的 EMIF 在脉冲高低转化的时候会有一个取消周期。

C64x 的 SBSRAM 写接口 CExSEC 寄存器设置参见 4.6.1 节。

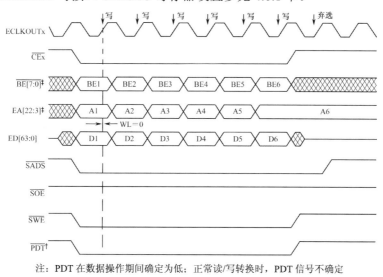

注：PDT 在数据操作期间确定为低；正常读/写转换时，PDT 信号不确定

图 4-20　TMS320C64x SBSRAM 六单元写时序

4.6　可编程同步接口

C64x EMIF 提供了一个可编程同步接口，可以取代 SBSRAM 接口。可编程接口支持与如下器件的无缝接口：

- 流水线式和直通式 SBSRAM；
- 零总线转换（ZBT）和同步流水线 SRAM；
- 标准及 FWFT 模式的同步 FIFO。

可编程接口由 CE 空间第二控制寄存器（CExSEC）配置。CExSEC 的位字段控制着周期计时及用于可编程同步接口同步的时钟。

为了支持不同的同步存储器类型，SBSRAM 突发的每一个周期发出一个新的命令。在突发的结尾发送一个取消选择周期。SBSRAM 接口要使 SADS 有效，那么 CExSEC 寄存器的 RENEN 应该设为 0。表 4-20 列出了 TMS320C64x 可编程同步接口的引脚。

表 4-20　TMS320C64x 可编程同步接口的引脚

EMIF 信号	信 号 功 能
$\overline{\text{SADS}}$/$\overline{\text{SRE}}$	地址选通/读使能（由 RENEN 选择）
$\overline{\text{SOE}}$	输出使能
$\overline{\text{SOE3}}$	CE3 输出使能，SOE3 没有和其他信号混在一起（有利于无缝 FIFO 接口）
$\overline{\text{SWE}}$	写使能
ECLKOUT1	同步接口时钟，以 1/×EMIF 输入时钟主频运行
ECLKOUT2	同步接口时钟，以 1/×、1/2×或 1/4×EMIF 输入时钟主频运行

4.6.1　ZBT SRAM 接口

可编程同步模式支持 ZBT SRAM 接口。对于 ZBT SRAM 接口，CExSEC 寄存器必须按照如下设置：SYNCRL=10b、SYNCWL=10b、CEEXT=0 和 RENEN=0。图 4-21 所示为 TMS320C64x ZBT SRAM 接口。

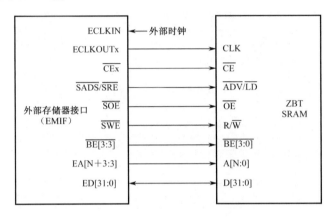

图 4-21　TMS320C64x ZBT SRAM 接口

ZBT SRAM 读操作和 SBSRAM 读操作相同。

ZBT SRAM 写操作控制信号波形和标准 SRAM 信号波形一样。然而，SYNCWL=10b 使得写数据被延迟了两个周期。图 4-22 显示了 ZBT SRAM 写时序。

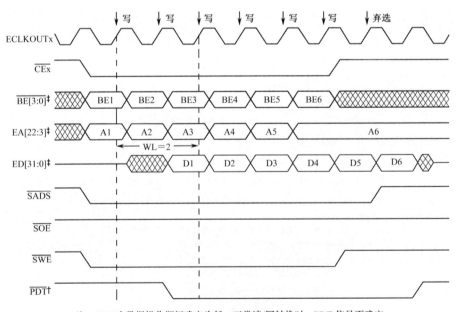

注：PDT 在数据操作期间确定为低；正常读/写转换时，PDT 信号不确定

图 4-22　TMS320C64x ZBT SRAM 6 单元写时序

4.6.2　同步 FIFO 接口

可编程同步模式支持标准计时同步 FIFO 接口，还支持 FWFT FIFO 接口。对于同步 FIFO 接口，CExSEC 寄存器的如下字段必须设置为：RENEN =1，SADS/SRE 与信号 SRE 作用一样。

图 4-23 显示了有缝的同步 FIFO 接口。图 4-24 及图 4-25 显示了 CE3 空间中无缝的同步 FIFO 接口，使用专用 SOE3 引脚，ECLKOUTx 是由 CExSEC 寄存器中的 SNCCLK 位选择的。

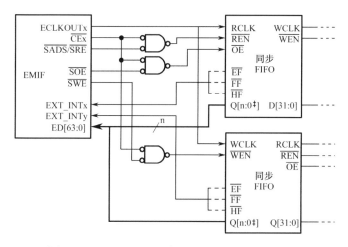

图 4-23　TMS320C64x 有缝的读写同步 FIFO 接口

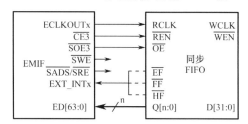

注：该接口不能执行 CE3 写，因为会使 CE3 激活而造成数据争用

图 4-24　TMS320C64x 在 CE3 空间的无缝同步 FIFO 读接口

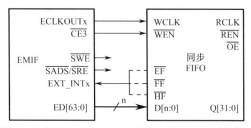

注：该接口不能执行 CE3 读，因为会使 CE3 激活而造成数据争用

图 4-25　TMS320C64x 在 CE3 空间的无缝同步 FIFO 写接口

图 4-26 所示为从标准的同步 FIFO 读取 C64x 6 个字的时序。CExSEC 寄存器设置如下：

SYNCRL=01b、RENEN=1、CEEXT=0（无缝 FIFO 接口）或 CEEXT=1（有缝 FIFO 接口），以及 RENEN=1。

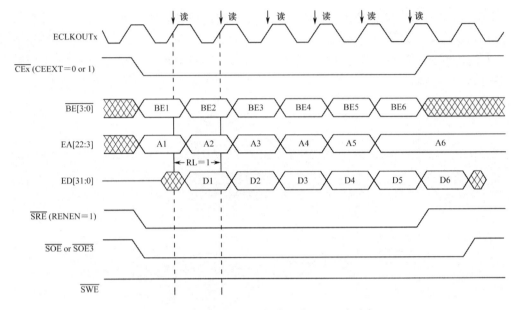

图 4-26　TMS320C64x 标准同步 FIFO 读时序

图 4-27 所示为 C64x 6 个字写入标准的同步 FIFO 的时序。CExSEC 寄存器设置如下：SYNCRL=00b、RENEN=1。

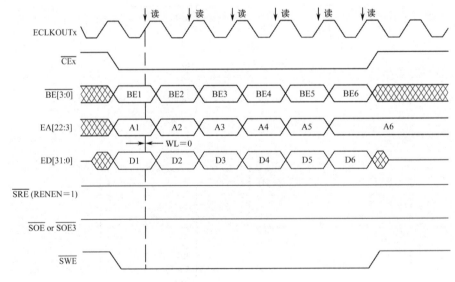

图 4-27　TMS320C64x 标准同步 FIFO 写时序

图 4-28 显示了从 FWFT 同步 FIFO 读取 C64x 6 个字节的时序。CExSEC 寄存器设置如下：SYNCRL=00b、RENEN=1、CEEXT=0（无缝 FIFO 接口）或 CEEXT=1（有缝 FIFO 接口）。

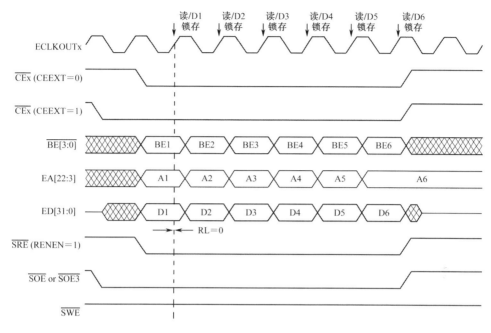

图 4-28　TMS320C64x FWFT 同步 FIFO 读时序

在读命令前，SYNCRL=0 使得 SOE（或 SOE3）信号在读取命令开始之前执行了一个周期。如果 CEEXT=1，CE 信号如同 SOE 信号在同一时刻执行。

FWFT 同步 FIFO 写入时序同标准的同步 FIFO 写入时序是一致的。

4.7　异步接口

异步接口（Asynchronous Interface）提供了用于与多种存储器和外部设备接口的可配置的存储器周期类型，如 SRAM、EPROM 和 FLASH 存储器，同样也包括 FPGA 和 ASIC 的设计。表 4-21 列出了异步接口的引脚。

表 4-21　EMIF 异步接口引脚

EMIF 信号	信 号 功 能
$\overline{AOE}$	输出使能，在一次读访问的整个时间内激活（低电平有效）
$\overline{AWE}$	写使能。在一个写传输选通时间内激活（低电平有效）
$\overline{ARE}$	读使能。在一个读传输选通时间内激活（低电平有效）
ARDY	Ready 信号。用于向存储器周期插入等待状态的输入信号

图 4-29 所示为 SRAM 的接口，图 4-30 所示为 ROM 的接口。就像 CExCTL 寄存器的 MTYPE 上描述的，C64x 在任何 CE 空间上宽度可低于 32 位。C64x 上的异步接口信号允许

更长的读保持时间，以兼容 8、16、32 位接口。TA 允许用户控制写的时间间隔来避免总线的争夺。

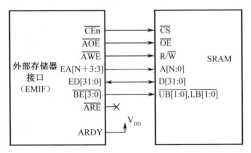
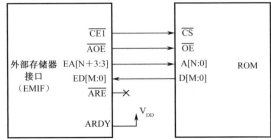

注：ROM 的宽度 M 可以为 8、16 或 32

图 4-29　EMIF 到 32 位 SRAM 的接口　　　图 4-30　EMIF 到 ROM 的接口

表 4-22 是 C64x 异步接口（ASRAM）的总结。.

表 4-22　TMS320C64x ASRAM 接口总结

	C64x	
	EMIFA	EMIFB
接口宽度	64，32，16，8 位	16, 8 位
内同步	ECLKOUT1	ECLKOUT1
控制信号	ASRAM 控制信号被 SDRAM 和可编程同步控制信号复用	ASRAM 控制信号被 SDRAM 和可编程同步控制信号复用
存储器端点模式	支持 big-endian 和 little-endian	支持 big-endian 和 little-endian

4.7.1　可编程 ASRAM 参数

C64x EMIF 允许为异步访问进行高级编程。可编程参数包括：

- 建立时间（Setup）：从存储器访问周期开始到读/写选通有效之前；
- 选通时间（Strobe）：读/写选通从无效到有效；
- 保持时间（Hold）：从读/写选通无效到该访问周期结束。

这些参数可以根据 ECLKOUT 周期来编程。读/写访问可以得到不同的建立时间、选通时间和保持时间参数。

ASRAM 的最小值如下；

- SETUP≥1（0 被认为是 1）；
- STROBE≥1（0 被认为是 1）；
- HOLD≥0。

4.7.2　异步读操作

图 4-31 显示了对异步读操作的建立、选通及保持时间参数的编程，分别以 2、3 及 1

配置。异步的读进程如下：

（1）在建立时间的开始阶段：

- $\overline{\text{CE}}$激活（低电平）；
- $\overline{\text{AOE}}$激活（低电平）；
- $\overline{\text{BE}[3:0]}$有效（低电平）；
- EA 有效。

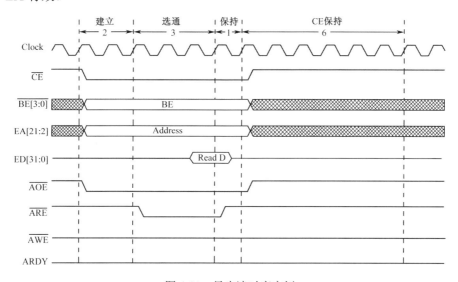

图 4-31　异步读时序实例

（2）在 Strobe 阶段时，$\overline{\text{ARE}}$激活（低电平）。

（3）在保持时间开始时：

- $\overline{\text{ARE}}$被抑制（高电平）；
- 在保持周期的开始时和 $\overline{\text{ARE}}$ 信号由低到高之前的器件，数据在 CLKOUT1 或 ECLKOUT 时钟的上升沿被采样；

（4）在保持周期结束时：

- 只要下个周期时没有另一次读访问相同的 CE 空间，$\overline{\text{AOE}}$ 和 $\overline{\text{CE}}$ 变无效；
- 对于 C64x，$\overline{\text{CEn}}$ 信号仅仅在所编程的保持周期之后就会变成高电平。

4.7.3　异步写操作

图 4-32 显示了两个背对背异步写周期，ARDY 信号被置高。建立、选通和保持时间分别被编程为 2、3 和 1。

（1）在建立期间开始：

- $\overline{\text{CE}}$激活（低电平）；
- $\overline{\text{BE}[3:0]}$BE 有效（低电平）；
- EA 有效；

- ED 有效。

（2）在选通时间的开始，$\overline{AWE}$ 有效（低电平）。

（3）在保持时间的开始，$\overline{AWE}$ 无效（低电平）。

（4）在保持时间结束时：

- 只要下个周期时没有另一次读访问相同的 CE 空间，ED 变为高阻态，$\overline{CE}$ 变无效；
- 对于 C64x，$\overline{CEn}$ 信号在所编程的保持周期之后就会变高。

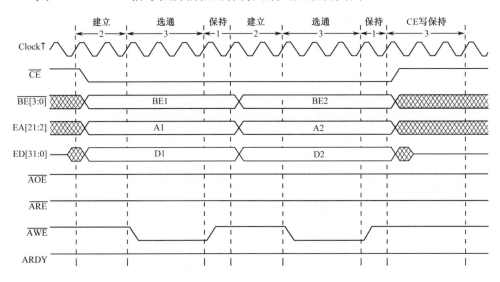

图 4-32　异步写时序实例

4.7.4　输入准备

除了可编程访问外，可以通过使 ARDY 输入无效来插入额外的周期到选通周期中。准备输入与内部 CPU 时钟同步 ECLKOUT1（C64x），该同步能避免在不稳定时的一个异步 ARDY 输入。对于 TMS320C64x 设备的操作，ARDY 在可编程的选通周期结束时被 ECLKOUT 时钟周期第一次采样。如果采样为低，那么选通周期被扩展，并且 ARDY 在下一个 ECLKOUT 时钟被采样。因此，为了有效使用 CE 控制 ARDY 对外部逻辑无效，选通的最小值为 3。

4.8　外围设备数据传输接口（PDT）

通常情况下，DSP 的片外设备之间传输数据需要执行 2 个 EMIF 操作：EMIF 首先从源设备读取设备，然后向目的设备写。源设备和目的设备都挂接在相同的 DSP 外总线上，因此可以对数据传输过程进行优化。PDT 传输就是这样一种优化的结果，允许用户直接从外部设备（如 FTFO）到另一外部存储器（如 SDRAM）传输数据，每次传输只占用 1 个总线周期。典型地，存储设备通过 $\overline{CEx}$ 信号被映射到一个可寻址的地址。外围设备通常为非存储映射设备（不能利用$\overline{CEx}$信号）；它由$\overline{PDT}$信号和任选的其他控制信号的组合激活（通过外部逻辑）。

　　PDT 传输分为 PDT 写和 PDT 读。PDT 写操作是从外设到存储器的数据传输（存储器是物理可写的）；PDT 读是从存储器到外设的数据传输（存储器是物理可读的）。对于 PDT 读操作，EMIF 忽略了在外部总线上读出的数据；对于 PDT 写操作，在传输过程中 EMIF 数据总线为了允许外设或存储器控制总线而处于三态。

　　EMIF 在 PDT 的传输过程中，为 PDT 读操作产生通常的读控制信号，为 PDT 写操作产生通常的写控制信号。例如，从 CE0 空间的 SDRAM 进行 PDT 读操作时，EMIF 选通$\overline{CE0}$有效，并驱动相应的 SDRAM 控制信号。如果在 PDT 传输中涉及 SDRAM 控制信号（包括 PDT 地址），则产生 PDT 控制信号$\overline{PDT}$。$\overline{PDT}$在传输期间保持为低。驱动 EMIF 数据输出（ED 引脚）进入高阻。

　　要进行 PDT 传输，在 EDMA 可选参数中恰当的设置 PDTS 和 PDTD 位，详见第 5 章"EDMA 控制器"。

　　图 4-33 和图 4-34 给出了 2 个 PDT 传输接口设计。图中接口没有应用任何外部辅助逻辑，可以单周期完成 FIFO 与 SDRAM 间的数据传输。

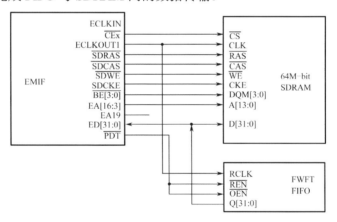

图 4-33　PDT 从 FIFO 到 SDRAM 的写传输

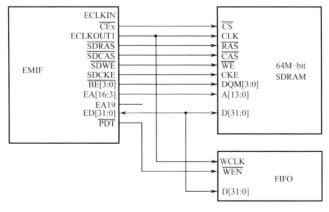

图 4-34　从 SDRAM 到 FIFO 的 PDT 读操作

4.9 复位 EMIF

$\overline{\text{RESET}}$ 引脚可以使所有的寄存器值变为它们的复位状态。复位时，所有输出都被驱动到无效状态，时钟输出（SDCLK、SSCLK、CLKOUT1 和 CLKOUT2）除外，在 $\overline{\text{RESET}}$ 有效期间，时钟输出属性如下：

- SSCLK，SDCLK：置高或低；
- CLKOUT1：除非 PLL 配置引脚值改变，否则继续计时；
- 其它 CLKOUTx：对于 C64x，所有 CLKOUT 继续计时；
- ECLKOUTn：对于 C64x，复位过程中，EMIF 全局控制寄存器 EK1HZ 和 EK2HZ 位将决定 ECLKOUT1 和 ECLKOUT2 的状态。

4.10 HOLD 接口

HOLD 提供了一套握手仲裁机制，应用于 EMIF 与其他外设共享外部总线的场合。如果不需要 HOLD 功能，可以在 EMIF 全局控制寄存器中禁止。它使用 3 种信号：

（1）$\overline{\text{HOLD}}$：输入，申请挂起外总线。该信号在片内由 CPU 时钟同步。$\overline{\text{HOLD}}$ 信号是 EMIF 所能收到的优先级最高的申请，EMIF 会在完成当前的存取操作，芯片片选信号转无效以及 SDRAM 存储体转无效的操作后，尽快使总线进入高阻态。只要外部设备想控制总线，就必须继续使 $\overline{\text{HOLD}}$ 为低电平。如果存储空间中有 SDRAM，它们会保持无效状态，HOLD 信号释放后再进行刷新。

（2）$\overline{\text{HOLDA}}$：HOLD 响应输出信号。EMIF 在将有关的输出引脚置为高阻后，输出 $\overline{\text{HOLDA}}$ 有效，通知总线其他设备可以使用总线。EMIF 置所有输出到高阻抗状态，但 BUSREQ、$\overline{\text{HOLDA}}$ 和时钟输出信号除外（包括 CLKOUT1，CLKOUT2，ECLKOUT，SDCLK 和/或 SSCLK，取决于设备）。

（3）BUSREQ：总线请求输出信号。当 EMIF 正在处理有关申请或有申请正在等候处理时，BUSREQ 变为有效。BUSREQ 与 $\overline{\text{HOLD}}$/$\overline{\text{HOLDA}}$ 信号的状态或等待处理的存取类型无关。如果需要，此信号可以用来通知外部主机释放对总线的控制。

4.11 存储器请求优先级

C64x 有更少的接口申请者，这是因为数据存储器控制器（DMC）、程序存储器控制器（PMC）和 EDMA 的访问申请都转由 EDMA 控制器处理。其他申请者还有保持接口和内部 EMIF 操作，包括模式寄存器的设置和刷新。

C64x EMIF 的申请优先级见表 4-23。

表 4-23　TMS320C64x EMIF 申请优先级

优先级	申请者
最高级	外部保持
	模式寄存器设置
	自刷新
最低级	EDMA

4.12　写 EMIF 寄存器时的边界条件

EMIF 中有一些内部寄存器，它们能改变存储器类型、异步存储器时序、SDRAM 刷新、SDRAM 设置初值（MRS COMMAND）、时钟速度、仲裁类型、HOLD/NHOLD 状态等。以下操作可能产生不正确的数据读和写：

（1）当对有效的 CE 空间进行一次外部访问时，写入 CE0、CE1、CE2 或 CE3 空间控制寄存器。

（2）当任一外部操作正在进行时，在 CE 空间控制寄存器中改变存储器类型，如当 SDRAM 初始化有效时，改变 SDRAM 类型。

（3）当 $\overline{HOLD}$ 信号有效时，改变 NHOLD 在配置中的状态。

（4）当 $\overline{HOLD}$ 或 $\overline{HOLDA}$ 有效时，发出一个 SDRAM INIT（MRS）信号。①可以对 EMIF 全局控制寄存器在设置 SDRAM INIT 之前进行读操作，以确定 HOLD 功能是否有效。GBLCTL 必须在 SDRAM INIT 位被写入后立即读取，以确保两个事件不会同时发生。②GBLCTL 能提供对 HOLD/HOLDA、DMC/PMC/DMA 有效访问和错误访问的检测情况。

4.13　时钟输出使能

对于 C64x，对 EMIF 和设备时钟的操作是非常灵活的。可通过设置 EMIF 全局控制寄存器（GBLCTL）中相应的位（CLK4EN，CLK6EN，EK1EN，EK2EN）实现 CLKOUTx 和 ECLKOUTx 的禁用操作。对于普通同步接口，ECLKOUT2 可设为 1×,1/2×或 1/4×ECLKIN 的频率。另外，在保持期间，可利用 GBLCTL 中的 EK1HZ 和 EK2HZ 位设置输出 EMIF 时钟动作。

在 C64x 中，CLKOUT4 和 CLKOUT6 引脚分别被通用的输入/输出（GPIO）引脚 GP1 和 GP2 所复用。当通过设置 GPIO 使能寄存器（GPEN）将这些引脚置为与 GPIO 引脚相同时，将忽略 GBLCTL 中相应的 CLKxEN 位。表 4-24 给出了 EMIF 输出时钟操作。

表 4-24　EMIF 输出时钟（ECLKOUTx）操作

EKxEN	EKxHZ	ECLKOUTx 动作
0	0	ECLKOUTx 保持低电平
0	1	ECLKOUTx 低电平，除了保持期间为高阻
1	0	ECLKOUTx 计时
1	1	ECLKOUTx 计时，除了保持期间为高阻

4.14 EMIF 配置实例

1. SDRAM 接口

SDRAM 属于结构比较复杂的存储器,前面用很大篇幅讲述了 SDRAM 的控制命令以及时序等方面的内容。实际使用中不用过多研究这方面的内容,只要知道其引脚如何与 DM642 相连,再通过查阅 SDRAM 的手册配置好 EMIF 的几个 SDRAM 控制寄存器即可。这里以 MT48LC4M32B2 为例说明 DM642 与 SDRAM 的硬件接口和软件编程。

MT48LC4M32B2 是美光公司生产的 128Mb 的 SDRAM,其构架为 1024×32×4,每个 bank 行地址数目是 12,列地址数目是 8。由于 DM642 的数据线是 64 位宽,所以在硬件设计时选用两片 SDRAM 来构成 64 位的数据存储器。查阅表 4-13 可知,MT48LC4M32B2 是 C64x DSP 兼容的 SDRAM,CE 空间最大的器件数是 2。另外,对照该表还可以得到如图 4-35 所示与 DM642 相接的硬件电路原理图。

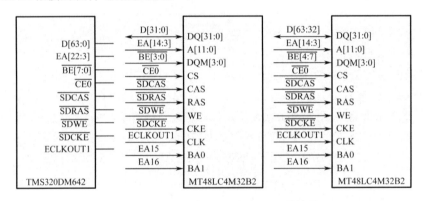

图 4-35 DM642 和 MTLC4M32B2 的连接

2. ROM 接口

与 C2000 系列的 DSP 不同,C6000 的 DSP 没有用来存储程序的片上 FLASH,需要外扩一片 ROM,在上电复位后通过 CE1 空间载入程序代码。AT29L010 是 AMD 公司提供的一种 FLASH 芯片,容量为 1Mb。该芯片可以与 DM642 直接相连接,如图 4-36 所示。

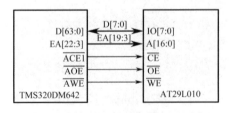

图 4-36 DM642 和 AT29L010 的连接

3. SBSRAM 接口

CY7C1480V33 具有增强的外围电路和 2 位的计数器用来实现内部突发操作,其容量为

2M×36b，总线操作最高支持达 250MHz。图 4-37 所示是该芯片与 DM642 连接的电路图。

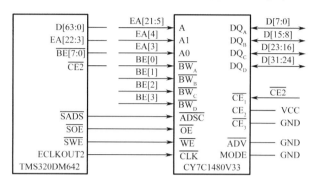

图 4-37 DM642 和 CY7C1480V33 的连接

4. EMIF 配置程序代码

假设 DM642 的 CPU 工作在 600MHz，EMIF 输入时钟源是 CPU/6。这里选择 MT48LC4M32B2-7，FLASH 选择 AT29L010A-20。下面是调试好的 EMIF 寄存器配置的程序代码。

```
#include <csl.h>
#include <csl_emifa.h>
EMIFA_Config emifaCfg0 = {
    0x0009207C,         //GBLCTL，时钟 1，2，4，6 都使能，2 是 CPU/2
    0xFFFFFFD3,         //CECTL0，表明 CE0 使用 64 位的 SDRAM，
    0xFFFFFF03,         // CECTL1，表明 CE1 使用 8 位的 ROM，
                        //程序只在上电加载，故可按照最慢配置
    0x FFFFFF43,        //CECTL2，表明 CE2 使用 32 位的 SBSRAM
    0x6326CC22,         //CECTL3，
    0x57116000,         //SDCTL，2 个 bank 引脚，  12 个行引脚；8 个列引脚
                        // TRC=6；TRP=1；TRCD=1；
    0x0008061A,         //SDTIM，刷新时间：0x61a×10ns=15.62μs
    0x00054549,         //SDEXT，TCL=1，TRAS=4，TRRD=0，TER=1，THZP=2
    0x00000042,         //CESEC0，
    0x00000042,         //CESEC1，
    0x00000042,         //CESEC2，表明 SBSRAM 同步时钟使用的是 CLKOUT2，
                        //2 周期读取等待时间
    0x00000042          //CESEC3，
};
    EMIFA_config（&emifaCfg0）；   //配置参数到 EMIF 接口
```

注意：上面的代码用到了 TI 公司为 C6000 系列 DSP 产品提供的 CSL（Chip Support Library，CSL）函数。CSL 主要用于配置、控制和管理 DSP 片上外设，这方面的详细介绍参见 12.3 节。

第5章　EDMA 控制器

本章介绍 TMS320C64x 的增强的 DMA 控制器（EDMA），讨论 EDMA 的传输参数、类型和性能，同时也对 CPU 用来快速数据请求的快速 DMA（QDMA）进行介绍。

5.1　概述

EDMA 控制所有二级高速缓存/内存控制器和 C64x DSP 外设之间的数据传输，如图 5-1 所示。这些数据传输包括高速缓存取、非高速缓存访问、用户可编程数据传输和主机访问等。

C64x 中的 EDMA 控制器与 C620x/C670x 器件中的 DMA 控制器具有不同的结构。与 DMA 控制器相比，EDMA 控制器提供几种增强功能，包括提供了 64 个通道、优先级可编程功能及连接数据传输链的功能。EDMA 控制器允许读/写任何可寻址存储器空间的数据移动操作，包括内部存储器（L2 SRAM）、外设及外部存储器。

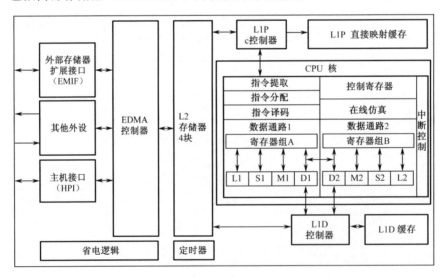

图 5-1　具有 EDMA 的 TMS320C64x 框图

图 5-2 所示是 EDMA 控制器的结构框图，主要由以下几个部分组成：

- 事件和中断处理寄存器；
- 事件编码器；
- 参数 RAM（PaRAM）；
- 地址产生硬件电路。

事件寄存器捕获 EDMA 事件，一个事件相当于一个同步信号，由它来触发一个 EMDA 通道开始数据传输。如果多个事件同时发生，通过事件编码器可以解决事件优先级的问题。在 EDMA 参数 RAM 中存储与事件相关的传输参数，这些参数被送给地址产生硬件，从而产生对 EMIF/外设来读/写操作所需要的地址。

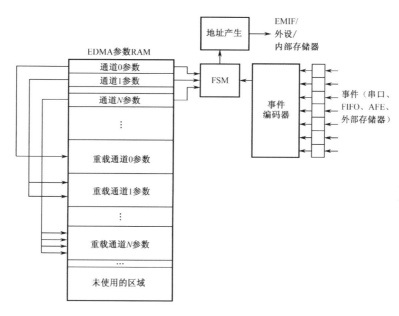

图 5-2　EDMA 控制器结构框图

快速 DMA（QDMA）是 C64x 中新增加的一个功能。EDMA 控制器能够接收来自 CPU 的 QDMA 请求，执行快速、高效的数据传输。QDMA 传输非常适合于需要快速数据传输的应用场合，比如在紧耦合循环算法中的数据存取。

为了方便以后的讲解，先介绍一下 EDMA 传输中的几个术语。

（1）单元传输（element）：单个数据单元从源地址向目的地址传输。如果需要，每一数据个单元都可以由同步事件触发传输。

（2）帧（frame）：1 组数据单元组成 1 帧，1 帧中的数据单元可以是相邻连续存放的，也可以是间隔存放的。帧传输可以选择是否由同步事件控制。

（3）阵列（array）：1 组连续的单元组成 1 个阵列，在 1 个阵列中的数据单元不允许间隔存放。一个阵列数的传输可以选择是否由同步事件控制。

（4）块（block）：多个帧或者多个阵列的数据组成 1 个数据块。

（5）一维（1D）传输：多个帧组成一个 1D 块。每块中的帧数取值范围为 1～65536（相应的 FRMCNT 值为 0～65535）。每帧中的单元个数的取值范围为 1～65535。每一单元或每一帧传输都可以一次完成。

（6）二维（2D）传输：一组阵列组成 2D 块。第一维为一个阵列中连续单元的帧数，第二维为阵列的个数。一块中阵列个数的取值范围为 1～65536（相应的 FRMCNT 值为 0～65535）。每一阵列或者整个块传输可以一次完成。

5.2 事件处理和 EDMA 控制寄存器

EDMA 控制器中的 64 个通道（C64x）中的每一个通道都有一个特定的事件与之同步，这些事件触发与相应通道有关的数据传输。表 5-1 是执行事件处理的控制寄存器列表，它们控制对事件的不同处理。

表 5-1   EDMA 控制寄存器

寄存器名称	缩　写	地　址
事件极性高位寄存器	EPRH	01A0 FF9Ch
事件极性低位寄存器	EPRL	01A0 FFDCh
通道中断挂起高位寄存器	CIPRH	01A0 FFA4h
通道中断挂起低位寄存器	CIPRL	01A0 FFE4h
通道中断使能高位寄存器	CIERH	01A0 FFA8h
通道中断使能低位寄存器	CIERL	01A0 FFE8h
通道连接使能高位寄存器	CCERH	01A0 FFACh
通道连接使能低位寄存器	CCERL	01A0 FFECh
事件高位寄存器	ERH	01A0 FFB0h
事件低位寄存器	ERL	01A0 FFF0h
事件使能高位寄存器	EERH	01A0 FFB4h
事件使能低位寄存器	EERL	01A0 FFF4h
事件清除高位寄存器	ECRH	01A0 FFB8h
事件清除低位寄存器	ECRL	01A0 FFF8h
事件设置高位寄存器	ESRH	01A0 FFBCh
事件设置低位寄存器	ESRL	01A0 FFFCh
优先级列队分配寄存器 0	PQAR0	01A0 FFC0h
优先级列队分配寄存器 1	PQAR1	01A0 FFC4h
优先级列队分配寄存器 2	PQAR2	01A0 FFC8h
优先级列队分配寄存器 3	PQAR3	01A0 FFCCh
优先级列队状态寄存器	PQSR	01A0 FFE0h

限于篇幅，这里只给出事件低位寄存器（ERL）和事件高位寄存器（ERH）的结构，基本上控制寄存器的每一位对应一个事件的控制。ER 寄存器的描述如图 5-3 所示。

事件寄存器（ER）捕获所有事件（包括事件被禁止的情况）。事件使能寄存器（EER）可以使能（置 1）/禁止事件（清 0）。不论事件是否被使能，EDMA 都会捕获该事件，以保证 EDMA 不会遗漏发生的任何事件。这类似于中断使能和中断标志之间的关系。一旦重新使能某个在 ER 中记录有效的时间，EDMA 控制器按照优先级对该事件进行处理。

CPU 可以通过写 "1" 到事件清除寄存器（ECR）的某位清除 ER 中相应的事件。"0" 为无效操作。

CPU 可以通过写 "1" 到事件设置寄存器（ESR）来设置事件，相应位使得相应事件被设置，在这种情况下事件不需要被使能，这提供了一个调试手段，可以同时允许系统 CPU 触发 EDMA 请求。

31	30	29	28	27	26	25	24	23	22	21	20	19	18	17	16
EVT31	EVT30	EVT29	EVT28	EVT27	EVT26	EVT25	EVT24	EVT23	EVT22	EVT21	EVT20	EVT19	EVT18	EVT17	EVT16
R,+0	R,+0	R,+0	R,+0	R,+0	R,+0	R,+0	R,+0	R,+0	R,+0	R,+0	R,+0	R,+0	R,+0	R,+0	R,+0

15	14	13	12	11	10	9	8	7	6	5	4	3	2	1	0
EVT15	EVT14	EVT13	EVT12	EVT11	EVT10	EVT9	EVT8	EVT7	EVT6	EVT5	EVT4	EVT3	EVT2	EVT1	EVT0
R,+0	R,+0	R,+0	R,+0	R,+0	R,+0	R,+0	R,+0	R,+0	R,+0	R,+0	R,+0	R,+0	R,+0	R,+0	R,+0

（a）ERL对应事件0～31

31	30	29	28	27	26	25	24	23	22	21	20	19	18	17	16
EVT63	EVT62	EVT61	EVT60	EVT59	EVT58	EVT57	EVT56	EVT55	EVT54	EVT53	EVT52	EVT51	EVT50	EVT49	EVT48
R,+0	R,+0	R,+0	R,+0	R,+0	R,+0	R,+0	R,+0	R,+0	R,+0	R,+0	R,+0	R,+0	R,+0	R,+0	R,+0

15	14	13	12	11	10	9	8	7	6	5	4	3	2	1	0
EVT47	EVT46	EVT45	EVT44	EVT43	EVT42	EVT41	EVT40	EVT39	EVT38	EVT37	EVT36	EVT35	EVT34	EVT33	EVT32
R,+0	R,+0	R,+0	R,+0	R,+0	R,+0	R,+0	R,+0	R,+0	R,+0	R,+0	R,+0	R,+0	R,+0	R,+0	R,+0

（b）ERH对应事件32～63

图 5-3　事件寄存器（ERL，ERH）

通过设置事件极性寄存器（EPR）相应位为 "1"，C64x 事件极性可以被变为下降沿触发（由高到低）。

EDMA 事件输入的同步事件同时发生时，事件处理的顺序通过事件编码器解决。这种机制仅仅选择同时发生的事件而对事件的实际优先级没有影响。实际优先级由存储在 EDMA 控制器参数 RAM 中的参数所决定。对于同时到达的事件，最高事件序数的通道首先提交其传输请求。

5.3　传输参数与参数 RAM

5.3.1　参数 RAM（PaRAM）

EDMA 控制器是基于 RAM 结构的。参数 RAM（PaRAM）的容量是 2KB，总共可以存放 85 组 EDMA 传输控制参数。多组参数还可以彼此连接起来，从而实现某些复杂数据流的传输，例如循环缓存和数据排列等。

PaRAM 的内容见表 5-2，包括：

- 64 个 EDMA 通道对应的入口参数，每组参数包括 6 个字（24 字节）；
- 用于重载/链接的传输参数组，每组参数包括 24 字节；
- 未使用的 8 字节 RAM 可以作为高速暂存区域。如果整个或者部分 EDMA 通道对应的事件被禁止的话，那这部分就可以作为高速暂存 RAM。如果事件被使能，由用户提供传输参数。

表 5-2　EDMA 参数 RAM 内容

地　　址	参　　数
01A0 0000h – 01A0 0017h	事件 0 的参数（6 个字）
01A0 0018h – 01A0 002Fh	事件 1 的参数（6 个字）
01A0 0030h – 01A0 0047h	事件 2 的参数（6 个字）
01A0 0048h – 01A0 005Fh	事件 3 的参数（6 个字）
01A0 0060h – 01A0 0077h	事件 4 的参数（6 个字）
01A0 0078h – 01A0 008Fh	事件 5 的参数（6 个字）
01A0 0090h – 01A0 00A7h	事件 6 的参数（6 个字）
01A0 00A8h – 01A0 00BFh	事件 7 的参数（6 个字）
01A0 00C0h – 01A0 00D7h	事件 8 的参数（6 个字）
01A0 00D8h – 01A0 00EFh	事件 9 的参数（6 个字）
01A0 00F0h – 01A0 0107h	事件 10 的参数（6 个字）
01A0 0108h – 01A0 011Fh	事件 11 的参数（6 个字）
01A0 0120h – 01A0 0137h	事件 12 的参数（6 个字）
01A0 0138h – 01A0 014Fh	事件 13 的参数（6 个字）
01A0 0150h – 01A0 0167h	事件 14 的参数（6 个字）
01A0 0168h – 01A0 017Fh	事件 15 的参数（6 个字）
01A0 0180h – 01A0 0197h	事件 16 的参数（6 个字）
01A0 0198h – 01A0 01AFh	事件 17 的参数（6 个字）
...	...
01A0 05D0h – 01A0 05E7h	事件 62 的参数（6 个字）
01A0 05E8h – 01A0 05FFh	事件 63 的参数（6 个字）
01A0 0600h – 01A0 0617h	事件 N 的重载/链接参数（6 个字）
01A0 0618h – 01A0 062Fh	事件 M 的重载/链接参数（6 个字）
...	...
01A0 07E0h – 01A0 07F7h	事件 Z 的重载/链接参数（6 个字）
01A0 07F8h – 01A007FFh	草稿区

　　一旦捕获某个时间，它的传输参数从 PaRAM 中前 64 个入口读入。然后这些参数被送入地址产生硬件逻辑单元。

5.3.2　EDMA 传输参数入口

　　图 5-4 给出了每个 EDMA 事件的传输参数入口（6 个 32 位字或 24 字节）的结构。对 EDMA 参数 RAM 的访问只能通过外设总线，这些参数见表 5-3。

图 5-4　EDMA 事件参数

表 5-3　EDMA 通道参数

偏移地址	参　数	1D 传输	2D 传输
0	通道选项	传输配置选项	
4	通道源地址	被传输数据的源地址	
8	单元计数	每个帧单元计数	每个阵列单元计数
10	帧计数（1D） 阵列计数（2D）	每块的帧数减一	每块的阵列数减一
12	通道目的地址	被传输数据的目的地址	
16	单元索引	在一帧中数据单元的偏移地址	
18	帧索引　（1D） 阵列索引（2D）	在一个块中帧的地址偏移	在一个块中阵列的地址偏移
20	链接地址	包含被链接的参数集的 PaRAM 地址	
22	单元计数重载	每帧计数结束处被重载的计数值	

5.3.3　EDMA 传输参数

1．选项参数（OPT）

EDMA 通道传输参数入口中的 OPT 的结构如图 5-5 所示。表 5-4 介绍了 C64x 的选项参数各位的定义。

31　29	28　27	26	25　24	23	22　21	20	19　16
PRI	ESIZE	2DS	SUM	2DD	DUM	TCINT	TCC
RW,+0	RW,+0	RW,+0	RW,+0	RW,+0	RW,+0	RW,+0	RW,+0

15	14　13	12	11	10　5	4	3	2	1	0
保留	TCCM	ATCINT	保留	ATCC	保留	PDTS	PDTD	LINK	FS
R,+0	RW,+00	RW,+0	R,+0	RW,+0	R,+0	R,+0	R,+0	R,+0	R,+0

图 5-5　OPT 定义

表 5-4 C64x 的 EDMA 通道选项参数描述

位	字　段	描　　述
31:29	PRI	EDMA 事件优先级。 PRI=000b：保留，加急优先权，对 C64x，这个级别对 CPU 和 EDMA 传输请求有效； PRI=001b：高优先权 EDMA 传输；PRI=010b：中优先权 EDMA 传输（C64x）； PRI=011b：低优先权 EDMA 传输（C64x）；PRI=100b - 111b：保留
28:27	ESIZE	单元大小。 ESIZE=00b：32 位（字）；ESIZE=01b：16 位（半字）； ESIZE=10b：8 位（字节）；ESIZE=11b：保留
26	2DS	源维数。 2DS = 0：一维；2DS = 1：二维
25:24	SUM	源地址更新模式。 SUM = 00b：固定地址模式，源地址不改变；SUM = 01b：根据 2DS 和 FS 位段源地址递增； SUM = 10b：根据 2DS 和 FS 位段源地址递减； SUM = 11b：根据 2DS 和 FS 位段源地址被单元索引/帧索引改变

续表

位	字 段	描 述
23	2DD	目的单元维数。 2DD = 0：一维目的单元；2DD = 1：二维目的单元
22:21	DUM	目的地址更新模式。 DUM = 00b：固定地址模式，目的地址不改变；DUM = 01b：根据 2DD 和 FSD 位段目的地址递增； DUM = 10b：根据 2DD 和 FSD 位段目的地址递减； DUM = 11b：根据 2DD 和 FSD 位段目的地址被单元索引/帧索引修改目的地址
20	TCINT	传输完成中断。 TCINT=0：传输完成提示为无效；TCINT=1：信道传输完成时相应的 CIPR 位被设置
19:16	TCC	传输完成代码。 TCC=0000b - 1111b：在 CIPR 中，4 位码设置为相关码，对于 C64x，4 位 TCC 编码与 TCCM 字段合起来成为一个 6 位的传输完成代码
14:13	TCCM	传输完成代码最高两位（仅 C64x）。 对于 C64x，TCCM 字段与 4 位的 TCC 合起来成为 6 位传输完成代码 TCCM:TCC = 000000b - 111111b；当前设置运行结束后，6 位代码用来设置 CIPRL 或 CIPRH 中相应的位，使 TCINT = 1
12	ATCINT	可选的传输完成码中断（仅 C64x）。 ATCINT = 0：可选的传输完成指示为无效，一旦中间传输完成，CIPR 位不可能被设置； ATCINT = 1：一旦块中相应中间传输完成，CIPR 中的相应位被设置
10:5	ATCC	可选的传输完成代码（仅 C64x）。 ATCC = 000000b - 111111b：6 位代码在 CIPRL 或 CIPRH 设置相关位
3	PDTS	外围设备传输（PDT）源模式（仅 C64x）。 PDTS = 0：PDT 读无效；PDTS = 1：PDT 读使能
2	PDTD	外围设备传输（PDT）目的模式（仅 C64x）。 PDTD = 0：PDT 写无效；PDTD = 1：PDT 写使能
1	LINK	链接。 LINK=0：连链接时间参数无效，不会重新装载进入； LINK=1：连链接时间参数可用，当前设置运行结束后，通道入口根据指定链接地址重新装载参数
0	FS	帧同步。 FS=0：通道由单元/阵列同步；FS=1：通道由帧同步

2．SRC/DST 地址（SRC/DST）

32 位，用于存放 EDMA 访问的源和目的的起始字节地址。SRC/DST 地址可以由 OPT 中的 SUM/DUM 位设定修改方式。

3．单元计数（ELECNT）

16 位无符号数，存放 1 帧中（1D 传输）或 1 个阵列（2D 传输）中的单元个数。单元计数的有效值为 1~65535，等于 0 时，则 EDMA 不执行传输。

4．帧/阵列计数（FRMCNT）

16 位无符号数，它确定一个 1D 块中帧的个数或 2D 块中阵列的个数。最大值为 65536。因此，计数为 0 时实际上是一个帧/阵列，计数为 1 实际上是两个帧/阵列。

5．单元索引（ELEIDX）和帧/阵列索引（FRMIDX）

16 位有符号数，作为修改地址的索引值。单元索引为一帧中的下一个单元提供地址偏移量。单元索引仅用于 1D 传输，因为 2D 传输不允许数据单元间隔存放。帧/阵列索引用于控制下一帧/阵列的地址索引值。

6．单元计数重载（ELERLD）

6 位无符号单元计数，用于每帧最后一个数据传输之后，重新加载传输计数值。这个参数仅用于 1D 单元传输中。

7．链接地址（LINK）

16 位，EDMA 提供一种链接多组 EDMA 传输参数的机制，可以实现类似于 EDMA 自动初始化的功能。当设定可选参数中 LINK=1 时，可以由链接地址确定下一个 EDMA 事件采用参数的装载/重载地址，从而将很多组 EDMA 传输参数形成 EDMA 传输链。由于整个 EDMA 参数 RAM 都位于 010A0xxxxh 区间，因此只需要 16 位确定低位地址就足够了。

5.4　EDMA 传输分类

EDMA 提供两种类型的数据传输：一维和二维数据传输，由事件选项参数中的 2DD 和 2DS 位进行选择。2DD 设置为"1"表示为对目的地址的二维传输；同样，2DS 为"1"表示为对源地址的二维传输。它支持所有 2DS 和 2DD 的组合。

传输的维数决定了帧数据的结构。在一维传输中，帧由多个单独的单元组成；在二维传输中，块由多个阵列组成，每个阵列由多个单元组成。

5.4.1　一维传输

对于一维传输，一组确定个数的单元组成一帧。主要是对单个单元进行传输。EDMA 通道可设为传输多个帧（或多帧组成的块），但是每帧单独处理。帧计数为一维传输中帧的个数，一维传输也可以看作二维，第二个维数为 1。图 5-6 所示为一个单元计数为 m 的一维数据帧。

一个块中的单元可以全部定位于一个地址、连续的地址或单元之间可配置的偏移量地址。一帧中的单元可以间隔一个指定的距离（由单元索引 ELEIDX 确定），每一帧的第一个单元与前一帧的特定单元的距离为一个序列长度（由帧索引 FRMIDX 确定）。当一个帧传输完成后，单元计数归 0。因此对于多帧传输，在传输参数中单元计数需要被单元重载段（ELERLD）重新装载。当 FS=0 时，每次数据传送只传送一个单元的数据；当 FS=1 时，每次数据传送只传送一帧的数据。

1．单元同步的一维传输（FS=0）

如果将一个通道设为单元同步的一维传输，参数表中的源地址和目的地址在每个单元传输请求递交后自动更新。因此单元索引（ELEIDX）和帧索引（FRMIDX）是基于单元地址的差值来设定的。图 5-7 给出了一个单元同步的一维传输，每帧 4 个单元（ELECNT=4），共 3 帧（FRMCNT=2）。

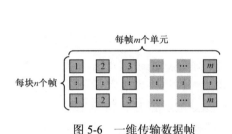

图 5-6　一维传输数据帧　　　图 5-7　单元同步的 1D 传输（FS=0）

一旦接收到通道特定的同步事件，帧中的每个单元从其源地址传送到目的地址。当通道接收到一个同步事件后，就会对 EDMA 服务发出一个请求，接着 EDMA 控制器将参数 RAM 中的单元计数（ELECNT）减 1。当一个通道同步事件发生及 ELECNT=1（表示为帧中最后一个单元），EDMA 控制器首先发出事件触发的传输请求，然后单元计数重载发生（重载 ELERLD 中 16 位值），帧计数（FRMCNT）减 1。由单元索引（ELEIDX）计算帧中下一个单元的地址，与此相似，帧索引（FRMIDX）加在帧中最后的单元地址上得到下一帧的起始地址。地址改变和计数改变由更新模式的类型决定。

如果链接使能（LINK=1），发送最后一个传输请求后，完成传输参数的重新装载（取于 EDMA 参数 RAM 参数重载空间），从而为下一事件的发生设置参数。

2．帧同步的一维传输（FS=1）

帧同步的一维传输允许一个通道请求完成整帧单元的数据传输。帧索引不再表示一帧的最后一个单元地址和下一帧的第一个单元地址的差，而是两帧启动地址间的差。一个帧同步的一维传输在功能上与一个阵列同步的二维传输是相同的（假设 ELEIDX 等于每个单元的字节数）。图 5-8 表示为帧同步的一维传输。

在这种方式中，帧中的单元传输未被同步，而帧传输是由通道事件同步的。FS 位应设置为"1"以便能帧同步传输。由单元索引（ELEIDX）来标示帧中的间隔单元。帧索引（FRMIDX）用来与帧中启动单元地址相加得到下一个帧的启动地址。单元计数重载（ELERLD）不用于帧同步的一维传输（FS=1）。地址改变和计数改变由更新模式的类型决定。

如果链接使能（LINK=1），在发送最后的传输请求到地址产生硬件后完成传输参数重新装载（取于 EDMA 参数 RAM 参数重载空间）。

5.4.2　二维传输

二维传输在图像处理等应用中是很有用的，这个应用要求在接收到一个同步事件时传输连续的单元序列（如阵列）。这意味着在一个阵列中单元间没有间隔或索引，因此单元索引（ELEIDX）不用于二维传输。一个阵列中的单元数组成了传输的第一维，一组阵列形成了第二维（称为块），阵列间可以相互偏移固定的距离。图 5-9 表示为一个阵列数为 n 单元数目为 m 的二维数据传输块。

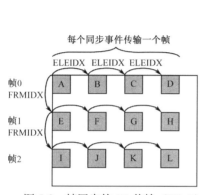

图 5-8　帧同步的 1D 传输（FS=1）

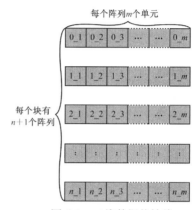

图 5-9　二维数据传输块

阵列的偏移量由阵列索引决定（FRMIDX），具体数值由传输的同步类型决定。当阵列同步（FS=0）传输时，每次提交一个阵列；或者当块同步时（FS=1），传输每次提交一个块。

1．阵列同步二维传输（FS=0）

一个设置为执行阵列同步二维传输的通道，在每个阵列的传输请求被提交后自动更新目的地址和源地址。阵列索引（FRMIDX）为块中阵列起始地址间的差，如图 5-10 所示。FRMIDX 用于除了固定地址模式外的其他所有地址更新模式（SUM/DUM=00b）。

当接收到一个同步事件时，一个阵列被传输。如图 5-10 所示的阵列，其中单元个数为4（ELECNT =4），传输的阵列数为 3（FRMCNT=2）。每次阵列传输后帧计数（FRMCNT）递减。帧索引与每个阵列的起始地址相加得到下一个阵列的起始地址。实际地址和计数的修改于选择的更新模式（SUM/DUM）。

当 FRMCNT 减至 0，同时链接使能（LINK=1），在最后的传输请求发送到地址产生硬件功能单元后完成传输参数的重新装载（取于 EDMA 参数 RAM 参数重载空间）。

2．块同步的二维传输（FS=1）

对于二维传输，当通道同步事件发生并且 FS=1 时，则传输整个块的数据。块同步使得阵列索引（FRMIDX）由地址产生/传输逻辑实现，这个地址更新为用户可见，并不反映在参数 RAM 中，地址在每个单元突发后更新。首先根据 SUM/DUM 的设置更新地址，如果单元为某个阵列中的最后一个，那么更新模式就会被选择 SUM/DUM≠00b)，地址根据阵列索引设置。在地址更新发生后，下一阵列的地址作为索引值附加在当前地址上。FRMIDX等于一个块中阵列间的距离，如图 5-11 所示。

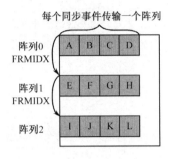

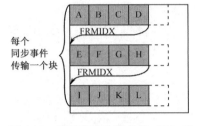

图 5-10　阵列同步的二维传输（FS=0）　　　图 5-11　块同步的二维传输（FS=1）

如果链接使能（LINK=1），只要下一个块同步事件到达，则下一个 EDMA 块传输即被执行。

5.5　单元大小和对齐

事件传输参数 OPT 中的 ESIZE 段允许用户设定 EDMA 传输时使用的单元大小。在传输中，EDMA 控制器可以传输 32 位字、16 位半字或者 8 位字节。传输地址必须根据单元大小边界对齐，字访问必须对齐于一个字（4 的倍数），半字访问必须对齐于半字（2 的倍数）未对齐的值可能会导致不确定的操作。

EDMA 单元大小最大为 32 位，然而，下面的数据通路为 64 位：

- L2 SRAM；
- EMIFA（64 位 EMIF，C64x）。

当传输一个突发单元到一个 64 位宽的外设（例如 L2 SRAM 或 EMIFA）或从这个外设接收一个突发单元时，如果单元大小为 32 位的字（ESIZE=00b），则一个 64 位的单元以最大化可能的带宽被传输。

当 EDMA 对具有 64 位数据宽度的外设执行一个固定模式的访问（SUM 或 DUM 等于一个定值）时，必须要小心。这些外设包括 L2 SRAM、EMIF 和 TCP/VCP。

如果使用如下参数设置 EDMA：

- 单元大小 32 位（ESIZE=00h）；
- 固定地址模式（选项参数 SUM 或 DUM=00b）；
- 帧同步访问（选项参数 FS=1），或二维源或地址传输（2DS 或 2DD 设置为 1）；
- 单元个数大于 1（ELECNT>1）；
- 源或目的的总线宽为 64 位。

则程序员必须确保如下的条件是正确的：

- 单元计数必须是 2 的倍数；

- 帧/阵列索引位段必须是 2 的倍数。

如果上述条件不能满足，则操作是不确定的。

使用以上 EDMA 结构设置访问 64 位的数据总线是以 64 位为固定边界的。比如，当执行对 L2 SRAM 或 EMIFA 固定地址模式 N 个 32 位访问（ELECNT=N, N>1）时，EDMA 实际上执行对固定的双字地址的 $N/2$ 个 64 位访问。因此实际上传输的是 64 位双字。

在以上情况下写入 64 位数据总线，固定双字地址字 0 和字 1 被更新。比如，一个 32 位值写入 L2 SRAM 的地址 0x00000000，则这个新数据更新字 0(地址为 0x00000000)字 1(地址为 0x00000004)。

在以上情况下从一个 64 位数据总线读出，固定双字地址的字 0 和字 1 都被提取。比如，当执行一个 EDMA 字传输，通过 32 位 EMIF 读取 L2 SRAM 固定地址 0x00000000 的数据到一个外部存储器，从 L2 SRAM 提取的数据将以形式字 0，字 1，的顺序显示在 EMIFA 的 ED[31:0]管脚上。

上面考虑的仅仅适用于 64 位宽的数据总线的访问。对于 EDMA 固定地址模式访问到一个 32 位内部寄存器或一个 32/16/8 位外部存储器，地址固定以一个 32 位字为边界，按指定的字地址执行读和写。

5.6　EDMA 的传输操作

5.6.1　EDMA 传输启动

EDMA 有 2 种启动方式，一种由 CPU 启动；另一种是触发事件启动。每个 EDMA 通道的启动是相互独立的。

（1）CPU 启动 EDMA

CPU 可以写入 ESR 以启动一个 EDMA 传输。写一个"1"到 ESR 相应的位触发一个 DMA 通道事件。与通常的事件相同，EDMA 参数 RAM 中对应于此事件的传输参数传递到地址产生硬件功能单元，从而执行访问 EMIF、L2 存储器或外设的请求。CPU 初始化的 DMA 传输为非同步数据传输，对于 CPU 初始化的 EDMA 传输，这些事件使能位不需要在 EER 中设置，这是因为 CPU 写入 ESR 是作为实时事件处理的。

（2）事件触发 EDMA

一旦事件编码器捕获到一个触发事件并在 ER 寄存器中锁存，将导致它的传输参数传至地址产生硬件单元，执行所请求的访问。尽管事件引起这个传输，但事件本身必须首先由 CPU 使能，写"1"到 EER 相应的位使能一个事件。

触发 EDMA 的同步事件可以源于外设、外部硬件中断或某个 EDMA 传输完成。EDMA 通道关联的可编程同步事件见表 5-5。事件和通道是固定的，每个 EDMA 通道都有与它相关的事件。举例来说，如果在 EER 中的 bit4（事件 4）被设置，那么外部中断 EXT_INT4

就能够触发 EDMA 通道 4 的一次传输。事件的优先级能够通过存储在 EDMA 参数 RAM 中的传输参数独立设定。

表 5-5　C64x 的 EDMA 通道同步事件

EDMA 通道号	事 件 缩 写	时 间 描 述
0	DSPINT	主机到 DSP 中断
1	TINT0	Timer 0 中断
2	TINT1	Timer 1 中断
3	SD_INTA	EMIFA SDRAM 时间中断
4	GPINT4/EXT_INT4	GPIO 事件 4/外部中断 4
5	GPINT5/EXT_INT5	GPIO 事件 5/外部中断 5
6	GPINT6/EXT_INT6	GPIO 事件 6/外部中断 6
7	GPINT7/EXT_INT7	GPIO 事件 7/外部中断 7
8	GPINT0	GPIO 事件 0
9	GPINT1	GPIO 事件 1
10	GPINT2	GPIO 事件 2
11	GPINT3	GPIO 事件 3
12	XEVT0	McBSP0 传送事件
13	REVT0	McBSP0 接收事件
14	XEVT1	McBSP1 传送事件
15	REVT1	McBSP1 接收事件
16	–	无
17	XEVT2	McBSP2 传送事件
18	REVT2	McBSP2 接收事件
19	TINT2	Timer 2 中断
20	SD_INTB	EMIFB SDRAM 时间中断
21	PCI	PCI Wakeup 中断
22:27	–	无
28	VCPREVT	VCP 接收中断
29	VCPXEVT	VCP 发送中断
30	TCPREVT	TCP 接收中断
31	TCPXEVT	TCP 发送中断
32	UREVT	Utopia 接收事件
33:39		无
40	UXEVT	UTOPIA 传送事件
41:47	–	无
48	GPINT8	GPIO 事件 8
49	GPINT9	GPIO 事件 9
50	GPINT10	GPIO 事件 10
51	GPINT11	GPIO 事件 11
52	GPINT12	GPIO 事件 12
53	GPINT13	GPIO 事件 13
54	GPINT14	GPIO 事件 14
55	GPINT15	GPIO 事件 15
56:63	–	无

5.6.2　传输计数与地址更新

（1）单元和帧/阵列计数更新

EDMA 参数 RAM 中有 2 个 16 位无符号的单元计数（ELECNT）和帧/阵列计数（FRMCNT），另外还有 16 位有符号的单元索引（ELEIDX）和帧索引（FRMIDX）。帧或阵列（二维传输）中单元计数最大值为 65535，块中帧数的最大值为 65536。

对应于某个事件相关的传输，数据单元和帧计数的更新取决于传输类型（1D 或 2D），以及同步方式的设置，表 5-6 总结了这些不同的计数更新方式。

表 5-6　EDMA 单元和帧/阵列计数更新

同 步 方 式	传 输 模 式	单元计数更新	帧/阵列计数
单元　（FS=0）	1D（2DS&2DD=0）	−1（如果 ELECNT=1 重载）	−1（如果 ELECNT=1 重载）
阵列　（FS=0）	2D（2DS|2DD=1）	无	−1
帧　（FS=1）	1D（2DS&2DD=0）	无	−1
块　（FS=1）	2D（2DS|2DD=1）	无	无

对单元同步（FS=0），一维传输的单元计数重载是一种特殊的情况。在这种情况下，根据 SUM/DUM 段的设置，地址由单元大小或单元/帧索引更新。因此，EDMA 控制器通过跟踪单元计数来更新地址。当一个单元同步事件发生在帧的结尾时（ELECNT=1），EDMA 控制器发送传输请求后，用参数 RAM 中单元计数段重载 ELECNT。当单元个数为 1 且帧计数非零时单元计数重载发生。对于所有其他类型的传输，不使用 16 位单元计数重载段，因为地址产生硬件直接跟踪地址。

（2）源地址/目的地址的更新

根据 EDMA 传输参数 OPT 中的 SUM/DUM 段，源或目的地址可以独立改变。表 5-7 所示的各种地址更新模式可产生不同的数据结构，源和目的地址是否更新取决于帧/块同步（FS）是否使能或传输的维数（2DS/2DD）。所有地址更新在当前传输请求发送后发生，使用这些更新设置下次传输的 EDMA 传输参数。表 5-7 所示为地址更新模式。

表 5-7　地址更新模式

SUM/DUM	1D	2D
00: 无	所有单元位于同一地址	一个阵列中的所有单元位于同一地址
01: 递增	所有单元都是相邻的，后续单元比前面单元位于更高的地址	数组中的单元都是相邻的，后续单元比前面单元位于更高的地址，阵列根据 FRMIDX 进行偏移
10: 递减	所有单元都是相邻的，后续单元比前面单元位于更高的地址	数组中的单元都是相邻的，后续单元比前面单元位于更高的地址，阵列根据 FRMIDX 进行偏移
11: 索引	帧中所有的单元通过 ELEIDX 彼此偏移，帧通过 FRMIDX 进行偏移	保留

源或目的地址的更新取决于源或目的操作所选择的传输类型。比如，从一维源到二维目的传输要求源地址以帧为单位更新（而非以单元为单位），提供到目的地址的二维型数据。表 5-8 所示为每个 FS、2DD/2DS 和 SUM 参数组合所对应的源地址的更新计算量。表 5-9 所示为目的地址参数更新计算量。

表 5-8　EDMA SRC 源地址参数更新

| 帧同步 | 传输类型 | 源地址更新模式 | | | |
		00	01	10	11
FS=0	00	不变	+ESIZE	−ESIZE	+ ESIZE 或+FRMISX
	01	不变	+（ELECNT×ESIZE）	−（ELECNT×ESIZE）	保留
	10	不变	+FRMIDX	+FRMIDX	保留
	11	不变	+FRMIDX	+FRMIDX	保留
FS=1	00	不变	+（ELECNT×ESIZE）	−（ELECNT×ESIZE）	+FRMIDX
	01	不变	不变	不变	保留
	10	不变	不变	不变	保留
	11	不变	不变	不变	保留

表 5-9　EDMA DST 目的地址参数更新

| 帧同步 | 传输类型 | 目的地址更新模式 | | | |
		00	01	10	11
FS=0	00	不变	+ESIZE	−ESIZE	+ESIZE 或+FRMISX
	01	不变	+（ELECNT×ESIZE）	−（ELECNT×ESIZE）	保留
	10	不变	+FRMIDX	+FRMIDX	保留
	11	不变	+FRMIDX	+FRMIDX	保留
FS=1	00	不变	+（ELECNT×ESIZE）	−（ELECNT×ESIZE）	+FRMIDX
	01	不变	不变	不变	保留
	10	不变	不变	不变	保留
	11	不变	不变	不变	保留

注意，当源或目的操作均为一个 2D 传输时，传输为块同步（FS=1），这表示整块数据以一个同步事件进行传输。因此在这种情况下，地址更新不可用，更新为用户可见。如果 LINK=1，且满足表 5-10 所列的链接条件，则地址更新不发生，而链接直接被复制为事件参数。

5.6.3　EDMA 传输链接

EDMA 传输控制器所提供的传输链接这种传输方式尤其适用于复杂的排序、循环缓存等应用领域。当 LINK=1 时，每完成一个传输，EDMA 链接功能用 16 位链接地址指向的参数更新当前传输参数。由于整个 EDMA 参数 RAM 位于 0x01A0xxxxh 区域内，因此 16 位链接地址对应于低 16 位的物理地址，可以确定段内下一传输参数入口的地址位置。链接地址必须以 24 字节为边界。一个 EDMA 链接传输的实例如图 5-12 所示。

只有当 LINK=1，且事件的当前参数无效时，链接地址才能变为有效态。当 EDMA 控制器完成关联的请求时，一个事件的传输参数被设为无效态。表 5-10 所示为当链接参数被执行时通道完成的条件，这里实际上对链接传输的长度没有限制，但是最后的传输参数入口应该设置 LINK=0，这样在最后的传输后链接传输停止。最后的传输参数入口应该链接到一个 NULL 参数序列。

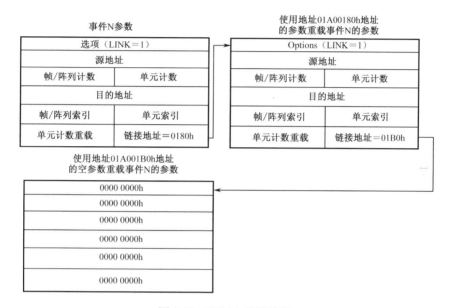

图 5-12　EDMA 传输链接

表 5-10　通道完成条件

LINK=1	1D 传输	2D 传输
单元/阵列同步（FS=0）	帧计数=0 和单元计数=1	帧计数=0
帧同步（FS=1）	帧计数=0	始终可以

如果将一个传输参数入口链接到其本身，则可以重复地自动装载，从而能够循环缓存和重复传输。在一个 EDMA 通道当前传输参数无效后，传输参数被重载，传输重新开始。

一旦相对于一个事件的通道完成条件满足，位于链接地址的传输参数被读入 64 个事件参数空间（C64x）中的对应事件的传输参数入口，此时 EDMA 为下次传输准备就绪。为了消除在参数重载过程中可能产生的时延，EDMA 控制器不在此时对事件寄存器监控，但是，事件仍被 ER 获取，在参数重载完成后被处理。

5.6.4　EDMA 传输的终止

在最后一次传输后，可以通过链接一个 NULL 值的传输参数入口来终止传输。一个 NULL 值传输参数被定义为一个 EDMA 传输参数，其中所有的参数都被设置为 0。多个

EDMA 传输能够链接到相同的 NULL 值的传输参数入口，这样在 EDMA 参数 RAM 中只要求有一个 NULL 值的传输参数入口。图 5-13 是一个 EDMA 传输终止的实例。

事件N参数		空参数位于地址01A007E0
选项（LINK＝1）		0000 0000h
源地址		0000 0000h
帧/阵列计数	单元计数	0000 0000h
目的地址		0000 0000h
帧/阵列索引	单元索引	0000 0000h
单元计数重载	链接地址＝07E0h	0000 0000h

图 5-13　终止 EDMA 传输

5.7　EDMA 中断的产生

EDMA 控制器负责向 CPU 产生数据传输完成的中断。EDMA 向 CPU 只产生一个中断（EDMA_INT），它代表 64 个通道（C64x）的中断。

当一个 EDMA 通道选项参数 OPT 中的 TCINT 位设置为"1"，并且设定了某个传输完成码，那么 EDMA 控制器就会设置通道中断挂起寄存器（CIPR）中的一个相应位，如图 5-14 所示。C64x 有两个通道中断挂起寄存器：通道中断挂起低位寄存器（CIPRL）和通道中断挂起高位寄存器（CIPRH）。为了向 CPU 产生一个 EDMA_INT 中断，在通道中断使能寄存器（CIER）中设置相应的中断使能位，这个寄存器如图 5-15 所示，因为 C64x 有 64 个通道，它有两个通道中断使能寄存器：通道中断使能低位寄存器和通道中断使能高位寄存器。

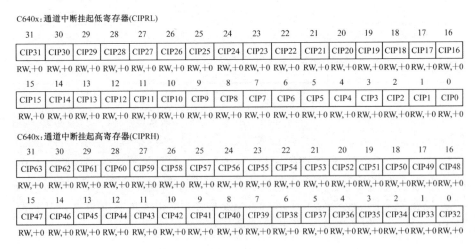

图 5-14　通道中断挂起寄存器（CIPRL，CIPRH）

对于任一通道，为了配置 EDMA（或 QDMA）能够中断 CPU：

- 在 CIER 寄存器中，设置 CIEn 为"1"；
- 在选项参数 OPT 中，设置 TCINT 为"1"；

- 在选项参数 OPT 中，设置传输完成代码为 n。

如果 CIER 位无效，即使 TINT=1，通道完成事件将仍然能够被 CIPR 寄存器捕获。如果 CIER 中的某一位有效，则相应的通道中断将被送往 CPU。CPU 接收到中断后，执行相应的中断服务子程序（ISR）。

在拥有 64 个通道的 C64x 中，传输完成代码扩展为适应 64 个通道的 6 位值，C64x 的 6 位传输完成代码由 TCCM 字段和 OPT 中的 TCC 字段组成。传输完成代码直接映射到 CIPR 中的相应位，对于 C64x，表 5-11 给出了说明。例如，假如 TCC=1100b（TCCM=00），CIPRL[12] 在传输完成之后被设置为 1，并且只有当 CIER[12]=1 时才产生一个 CPU 中断。通道号与传输完成代码之间并不需要一个直接的关联，这将允许多个通道拥有同样的传输完成代码以使 CPU 执行相同的 ISR。同样，相同的通道也可以根据传输情况设置不同的传输完成代码。

C64x:通道中断使能低寄存器(CIERL)

31	30	29	28	27	26	25	24	23	22	21	20	19	18	17	16
CIE31	CIE30	CIE29	CIE28	CIE27	CIE26	CIE25	CIE24	CIE23	CIE22	CIE21	CIE20	CIE19	CIE18	CIE17	CIE16
RW,+0	RW,+0	RW,+0	RW,+0	RW,+0	RW,+0	RW,+0	RW,+0	RW,+0	RW,+0	RW,+0	RW,+0	RW,+0	RW,+0	RW,+0	RW,+0

15	14	13	12	11	10	9	8	7	6	5	4	3	2	1	0
CIE15	CIE14	CIE13	CIE12	CIE11	CIE10	CIE9	CIE8	CIE7	CIE6	CIE5	CIE4	CIE3	CIE2	CIE1	CIE0
RW,+0	RW,+0	RW,+0	RW,+0	RW,+0	RW,+0	RW,+0	RW,+0	RW,+0	RW,+0	RW,+0	RW,+0	RW,+0	RW,+0	RW,+0	RW,+0

C64x:通道中断使能高寄存器(CIERH)

31	30	29	28	27	26	25	24	23	22	21	20	19	18	17	16
CIE63	CIE62	CIE61	CIE60	CIE59	CIE58	CIE57	CIE56	CIE55	CIE54	CIE53	CIE52	CIE51	CIE50	CIE49	CIE48
RW,+0	RW,+0	RW,+0	RW,+0	RW,+0	RW,+0	RW,+0	RW,+0	RW,+0	RW,+0	RW,+0	RW,+0	RW,+0	RW,+0	RW,+0	RW,+0

15	14	13	12	11	10	9	8	7	6	5	4	3	2	1	0
CIE47	CIE46	CIE45	CIE44	CIE43	CIE42	CIE41	CIE40	CIE39	CIE38	CIE37	CIE36	CIE35	CI34	CIE33	CIE32
RW,+0	RW,+0	RW,+0	RW,+0	RW,+0	RW,+0	RW,+0	RW,+0	RW,+0	RW,+0	RW,+0	RW,+0	RW,+0	RW,+0	RW,+0	RW,+0

图 5-15　通道中使能起寄存器（CIER，CIERL，CIERH）

表 5-11　C64x 传输完成代码

TCC 选项（TCINT=1）	CIPR 位设置	TCC 选项（TCINT=1）	CIPR 位设置
000000b	CIP0	100000b	CIP32
000001b	CIP1	100001b	CIP33
000010b	CIP2	100010b	CIP34
000011b	CIP3	100011b	CIP35
000100b	CIP4	100110b	CIP36
...	...	...	...
...	...	...	...
...	...	...	...
011110b	CIP30	111110b	CIP62
011111b	CIP31	111111b	CIP63

1. CPU 对 EDMA 的中断服务

EDMA 通道数据传输完成会在 CIPR 中设置相应的比特位，CPU 的中断服务子程序 ISR

读取 CIPR，从而确定特定通道已经完成并且执行必要的指令，同时 ISR 清除 CIPR 中的相应比特位。相应比特位置"1"可以清除标志，置"0"没有影响。

当某个中断完成后，其他的通道的数据传输事件也可能已经发生，这时 CIPR 中的相应比特位也会进行相应设置，CIPR 中这些设定位的每一个都可能需要不同类型的服务，ISR 检查所有挂起的中断，直到所有挂起中断被服务。

在向 CIPR 写操作后，如果 CIPR 和 CIER 的位逻辑与（AND）为非 0，则 CPU 的中断标志寄存器（IFR）的中断标志被设置。这个执行会防止丢失当 ISR 退出时发生的中断，但是会引起多次进入 ISR。因为 ISR 被写入以便连续处理和清除每个 CIPR 位，所以会发生对 ISR 额外调用。这就是因为清除 CIPR 位的写操作设置了额外的 IFR。第二次调用 ISR 时，CIPR 位可以清除为 0。如前所述，ISR 会读取 CIPR 并且确定任何事件/通道是否完成并且执行哪些必要操作。为了避免额外的中断，可以在 ISR 结束时立刻清除所有被处理的 CIPR 位。

2. TMS320C64x 可选的传输完成码中断

除了传输完成中断，C64x 的 EDMA 允许在块间传输完成时执行通道中断，这称作为可选的传输完成码中断。例如，在一维单元同步传输中，每个单元传输完成后可能发生这种中断。

两个新的字段：可选传输完成中断（ATCINT）和可选传输完成码（ATCC），被添加到可选参数 OPT 中。可选传输中断的功能类似于传输中断的功能。ATCC 可被设置成 000000b 到 111111b 中间的任意值。

为了激活可选的传输完成码中断，EDMA 的通道传输参数设置如下：

- CIER 中的 CIEn 设成"1"；
- 通道参数中 ATCINT 设成"1"；
- ATCC 设成"n"。

当可选的传输完成码中断被 ATCINT 激活时，当前通道中每个中间传输完成都将产生一个中断（如果 CIER 进行了设置，该中断将发送给 CPU。当整个通道传输完成时（完成条件见表 5-10），如果传输完成中断已被 TCINT 激活，则传输完成中断将代替原来的中断，因为该模式中没有中间传输，所以可选的传输完成码中断并不适应于二维阵列同步传输。

5.8 事件链接 EDMA 通道

事件链接 EDMA 通道功能可以使得一个 EDMA 通道传输完成后链接另一个通道的传输。事件链接与通道链接是不同的。EDMA 的通道链接只是用链接参数重载当前传输参数，而事件链接并不修改或更新任何通道参教，它只是简单地为链接通道提供一个同步信号。通道链使能寄存器（CCER）如图 5-16 所示。

C64x:通道链使能低寄存器(CCERL)

31	30	29	28	27	26	25	24	23	22	21	20	19	18	17	16
CCE31	CCE30	CCE29	CCE28	CCE27	CCE26	CCE25	CCE24	CCE23	CCE22	CCE21	CCE20	CCE19	CCE18	CCE17	CCE16
RW,+0	RW,+0	RW,+0	RW,+0	RW,+0	RW,+0	RW,+0	RW,+0	RW,+0	RW,+0	RW,+0	RW,+0	RW,+0	RW,+0	RW,+0	RW,+0

15	14	13	12	11	10	9	8	7	6	5	4	3	2	1	0
CCE15	CCE14	CCE13	CCE12	CCE11	CCE10	CCE9	CCE8	CCE7	CCE6	CCE5	CCE4	CCE3	CCE2	CCE1	CCE0
RW,+0	RW,+0	RW,+0	RW,+0	RW,+0	RW,+0	RW,+0	RW,+0	RW,+0	RW,+0	RW,+0	RW,+0	RW,+0	RW,+0	RW,+0	RW,+0

C64x:通道链使能高寄存器(CCERH)

31	30	29	28	27	26	25	24	23	22	21	20	19	18	17	16
CCE63	CCE62	CCE61	CCE60	CCE59	CCE58	CCE57	CCE56	CCE55	CCE54	CCE53	CCE52	CCE51	CCE50	CCE49	CCE48
RW,+0	RW,+0	RW,+0	RW,+0	RW,+0	RW,+0	RW,+0	RW,+0	RW,+0	RW,+0	RW,+0	RW,+0	RW,+0	RW,+0	RW,+0	RW,+0

15	14	13	12	11	10	9	8	7	6	5	4	3	2	1	0
CCE47	CCE46	CCE45	CCE44	CCE43	CCE42	CCE41	CCE40	CCE39	CCE33	CCE37	CCE36	CCE35	CCE34	CCE33	CCE32
RW,+0	RW,+0	RW,+0	RW,+0	RW,+0	RW,+0	RW,+0	RW,+0	RW,+0	RW,+0	RW,+0	RW,+0	RW,+0	RW,+0	RW,+0	RW,+0

图 5-16　通道链使能寄存器（CCERL，CCERH）

1. TMS320C64x EDMA 传输链

C64x EDMA 的 64 个传输完成码中的任何一个可用来触发另一个通道的传输。为了使 EDMA 控制器可以用一个事件来链接通道，TCINT 位应设置为 1。另外，在通道链接使能寄存器（CCER）中的相应位加以设置以触发下一个被 TCC 指定的通道。例如，对 EMA 的通道 4 设置 CCERL[17]=1，TCCM:TCC=0x010001b，EXT_INT4 上的外部中断初始化 EDMA 传输。一旦通道 4 传输完成，EDMA 控制器将初始化（TCINT=1）下一个被 EDMA 通道 17 指定的传输。这是因为 TCCM:TCC=0x010001b 是 EDMA 通道 17 的同步信号，通道 4 完成后，相应的 CIPR 第 17 位将被设置，并向 CPU 产生 EDMA_INT 中断（假定 CIER[17]=1）。如果不希望 CPU 中断，那么 CIER[17]必须设置为 0。如果不希望通道 17 传输，CCER[17]应设置为 0

2. TMS320C64x 可选的传输链

可选传输完成中断字段（ATCINT）与可选传输完成码（ATCC）的应用使得 C64x EDMA 可以在块间传输完成时执行通道链接功能。当可选传输链使能后，下一个 EDMA 通道在当前通道每个块间传输完成时将被同步。当整个通道传输完成时，传输完成链接将生效。可选传输完成链接不能应用于二维块同步传输，这是因为该模式下不存在中间传输。可选传输完成链接使得一个通道一旦发出命令就可以触发其他通道的传输，而不是每块一次。

为了使能可选传输链，进行如下设置：

- ATCINT 置"1"；
- ATCC 值设置成所需链接的下一个 EDMA 通道的通道号；
- 设置通道链接使能寄存器中的相应位。

5.9　C64x 外围设备传输

C64x EDMA 支持外围设备传输模式（PDT），它可以提供一个有效的方式在外围设备与外部存储设备（它们共享同一数据引脚）间传输大量数据。在普通操作中，该类传输需要一个 EMIF 读取外部数据以及一个 EMIF 写数据操作。当 PDT 被激活时，数据直接被外部源驱动，并通过同一数据总线写入。

PDT 传输根据 EMIF 上的内存进行分类。PDT 写为从外围到内存的传输，为了激活 PDT 写，设 EDMA 可选参数 OPT 中的 PDTD=1。PDT 读为内存到外围的传输，为了激活 PDT 读，设 EDMA 可选参数 OPT 中的 PDTS=1。PDT 写与 PDT 读是互斥的，也就是说，PDTS 与 PDTD 不能同时设置成 1。

5.10　资源仲裁与优先级处理

EDMA 通道选项参数 OPT 中的 PRI 位可以控制 EDMA 通道优先级。表 5-12 列出了可用优先级。系统最高优先级为级别 0，称为紧急优先级。需要避免将所有的请求都设置成高优先级，增加系统的负担。在同一优先级提交太多的申请会阻塞 EDMA。

表 5-12　数据请求可编程优先级

PRI（31:29）	C64x 优先级	C64x 请求器
000b	0 级，紧急级	L2, EDMA, QDMA
001b	1 级，高级别	L2, EDMA, QDMA
010b	2 级，中间级别	L2, EDMA, QDMA 和/或 HPI/PCI
011b	3 级，低级别	L2, EDMA, QDMA
100b － 111b	保留	保留

优先级队列状态寄存器（如图 5-17 所示）用于显示各个优先级上传输请求队列是否为空。PQSR 中的状态位 PQ 提供队列的状态。PQ[3:0]中任意一位为 1，则表明对应的优先级队列中没有任何对待处理的请求。

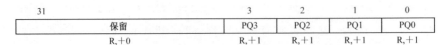

图 5-17　优先级队列状态寄存器（PQSR）

PQSR 寄存器主要用于竞争、多任务应用中的任务切换以及提交高优先级请求。对于竞争情况，PQ0 用来确保在刷新任何内存窗口前所有经由 L2 的冲突请求已经响应，另外一个应用是决定在合适的时间进行任务切换。例如，当确定进程中没有 EDMA 传输请求会写数据到 L2 SRAM 时，为 L2SRAM 分配新的任务。最后，PQSR 中的 PQ 位可在低优先级上公正地分配或递交请求，这取决于哪个优先级队列为空，因此一个低优先级请求可以升级为高优先级请求，以避免同一个优先级上因有过多的申请而造成相互阻塞。

C64x 拥有 4 个传输请求队列：Q0、Q1、Q2 与 Q3。不同优先级传输请求被排列成对应的队列，具体见表 5-13，表 5-13 是每一个队列资源的分配情况。EDMA 申请队列的长度可以在 PQARx 寄存器（如图 5-18 所示）中设置，L2 控制器的申请可以设置在任何一个优先级上。

表 5-13　C64x 传输请求队列

队　列	优先级（PRI）	队列总长（固定）	请求器可用的队列最大长度	
Q0	0，紧急级	16	L2 /QDMA	6 （L2ALLOC0 中可编程）
			EDMA	2 （PQAR0 中可编程）
Q1	1，高级别	16	EDMA	6 （PQAR1 中可编程）
			L2 /QDMA	2 （L2ALLOC1 中可编程）
Q2	2，中间级	16	EDMA	2 （PQAR2 中可编程）
			L2 QDMA	2 （L2ALLOC2 中可编程）
			HPI/PCI	4
Q3	4，低级别	16	EDMA	6 （PQAR3 中可编程）
			L2 /QDMA	2 （L2ALLOC3 中可编程）

31		3	2	1	0
保留			PQA2	PQA1	PQA0
R，+0			PW，+1PW，+1PW，+1		

图 5-18　优先队列分配寄存器 0/1/2/3（PQAR0/1/2/3）　（仅适于 C64x）

需要注意的是，写 PQARx 寄存器操作只能在相应的传输申请队列为空时执行。

5.11　EDMA 性能

EDMA 可以用单周期执行单元传输，只要源与目地址具有两个不同的资源。以下情况会限制 EDMA 的性能。

- 当 EDMA 提交另一个请求道一个已满的优先级队列，会发生 EDMA 延迟；
- EDMA 以低于 CPU 的优先级访问 L2SRAM 存储器。

当执行突发传输时，EDMA 带宽被完全利用，仅仅当 EDMA 传输为如下配置时，可以获得突发传输

- 传输/同步类型是阵列/帧/块同步传输（非单元同步）
- 单元大小为 32 位（ESIZE=00b）
- 寻址模式为递增、递减或固定（选项参数中 SUM 或 DUM=00/01/10b）

当 EDMA 执行不满足上述条件的所有传输的一个单元传输时，自能利用一部分带宽。

对于上面所说的突发传输类型，突发长度由 ELECNT 位段指定的传输的 1D 部分确定，对于阵列或帧同步传输，传输的 1D 部分是每个同步事件中被传输的数据量。对于块同步传输，每个同步事件中传输完整的 2D 传输，无论如何，突发传输只能在 1D 传输中执行。如果 1D 长度（ELECNT）编程为较小的值，则性能会相应降低，并且在最坏的情况下（ELECNT=1），性能和单个单元传输的性能一致。

5.12　快速 DMA（QDMA）

QDMA 几乎支持 EDMA 所有的传输模式，而且 QDMA 递交传输请求的速度远快于 EDMA。在实际应用中，EDMA 适合完成与外设之间固定周期的数据传输。如果需要 CPU 直接搬移一块数据，则更适合采用 QDMA。

5.12.1　QDMA 寄存器

QDMA 的操作由 2 组寄存器进行控制。第 1 组的 5 个寄存器定义了 QDMA 传输所需要的所有参数（如图 5-19 所示），这些参数类似于 EDMA 传输参数 RAM 中的内容。只是由于 QDMA 用于快速一次性传输，因此没有重载/链接控制参数。第 2 组的 5 个寄存器是第 1 组寄存器的"伪映射"寄存器，如图 5-20 所示。图 5-21 给出了 QDMA 寄存器选项参数寄存器。

尽管 QDMA 的机制并不支持事件链接，但支持中断完成机制，这样使得 QDMA 传输完成可以与 EDMA 事件进行链接。QDMA 完成中断的使能与设置方式与 EDMA 完成中断是一样的，QDMA 传输请求具有与 EDMA 一样的优先级限制。

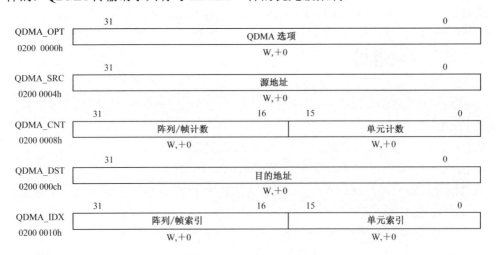

图 5-19　QDMA 寄存器

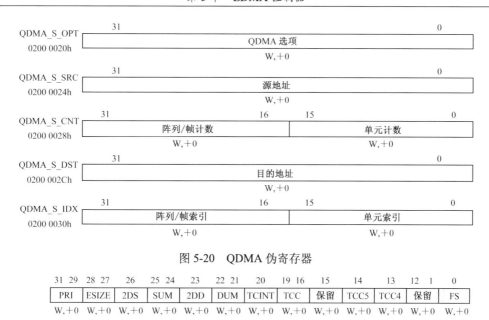

图 5-20　QDMA 伪寄存器

31 29	28 27	26	25 24	23	22 21	20	19 16	15	14	13	12 1	0
PRI	ESIZE	2DS	SUM	2DD	DUM	TCINT	TCC	保留	TCC5	TCC4	保留	FS
W,+0	W,+0	W,+0	W,+0	W,+0	W,+0	W,+0	W,+0	W,+0	W,+0	W,+0	W,+0	W,+0

图 5-21　QDMA 寄存器参数

QDMA 中,"伪映射"寄存器是第 1 组的 5 个寄存器的副本。QDMA 的最大特点是由"伪映射"寄存器完成传输申请的提交工作,QDMA 寄存器的值在传输过程中保持不变。对 QDMA 的写操作与通常的寄存器操作一样,写"伪映射"寄存器时,相同的内容会自动写入对应的 QDMA 寄存器,同时发出 DMA 传输申请。因此一个典型的 QDMA 操作顺序应当是:

QDMA_SRC = SOME_SRC_ADDRESS; //设置源地址

QDMA_DST = SOME_DST_ADDRESS; //设置目的地址

QDMA_CNT = （NUMFRAME-1）<<16　|　NUM_ELEMENTS; //阵列帧计数

QDMA_IDX = 0x00000000;　　　　　　　　　　　　　//没有索引

QDMA_S_OPT = 0x21B0001;　//设置帧同步 1D 源 to 2D 目的, 完成码是 8, 提交传输

上面的例子中, QDMA_SRC、QDMA_DST、QDMA_CNT 和 QDMA_IDX 都是直接设置 QDMA 寄存器。通过写入"伪映射"寄存器 QDMA_S_OPT 可以设置剩余的选项寄存器, 同时, 传输申请被提交。

5.12.2　QDMA 的性能

QDMA 的内部机制保证了申请具有非常高的提交效率。首先,写到 QDMA 寄存器类似于对 L2 缓存的操作。一个 QDMA 传输请求只需要 1～5 个 CPU 周期(对于 5 个 QDMA 寄存器中每一个进行一个周期写操作)来递交,这取决于需要配置的寄存器数。与此相比, EDMA 的第 1 个申请需要在 36 个周期后才能被发出(6 个 EDMA 传输参数,每个需要 6 个周期的写操作)。所以, QDMA 尤其适合应用于需要紧耦合循环代码中。

除此之外,传输申请发出后,所有的 QDMA 物理寄存器保留它们的数值,因此如果第

二次传输中有相同的参数设置，它们就不需要用 CPU 来进行重新设置。只有改变了的寄存器必须重写，最后的参数写到合适的伪寄存器递交请求。最终的结果是，在顺序 QDMA 请求的处理时间可少到一次请求只需 1 个周期。

5.12.3 QDMA 阻塞与优先级

QDMA 可能在几种条件下发生阻塞。一旦对一个伪寄存器进行写操作，以后对 QDMA 寄存器的写操作将被阻塞，直到完成当前的申请提交工作。通常这种情况会持续 2～3 个 EDMA 周期。L2 控制器包括一个写缓存，因此通常此延迟不会被 CPU 发觉。

QDMA 与 L2 缓存共享 1 个传输申请模块，因此缓存的传输操作可能也会阻塞 QDMA 的传输申请。在这种冲突中，L2 控制器优先权更高。

与 EDMA 类似，QDMA 在低优先级上具有可编程优先级。QDMA_OPT 寄存器中的 PRI 位指定了 QDMA 的优先级。当 EDMA 请求与 QDMA 请求同时发生时，QDMA 请求会首先递交。但这只是适应于请求递交的次序。两者间的存取优先级由各自的 PRI 设置决定。

5.13 EDMA 应用实例

下面的实例是 EDMA 在视频图像处理中的一个典型应用。视频端口 0 设定为捕获模式，捕获视频大小 288×352。视频端口设定为两行数据触发一次 EDMA 事件，每帧图像触发 144 次 EDMA 事件，每帧图像结束触发一个 EDMA 中断，通知 CPU 处理图像。由于图像是连续的，还需要用到 EDMA 的链接。EDMA 参数及 EDMA 中断设置的代码如下。

（1）EDMA 参数设置

```
#include <csl.h>
#include <csl_edma.h>
#define CIERL 0x01a0ffe8
EDMA_Handle hEDMAVP0Y;
EDMA_Handle hEDMAVP0Cb;
EDMA_Handle hEDMAVP0Cr;
EDMA_Config cfgedmaVP0Y={
  0x20302003,  //高优先级，32-bit 单元尺寸，1 维传输，源地址不变，目的地址加 1
               //开放 EDMA 中断 TCINT,TCC= 16 ,帧同步 FS=1
  0x74000000,  //Y FIFO 地址
  x008f00b0,   //144 帧，每帧 176 单元
  0x00022000,  //IRAM
  0x00000000,  //索引
  0x00000648   //单元计数重载和链接地址
};
```

```
void VP0_EDMA (void)
{
 * (int*) 0x01A00648=0x20302003;
 * (int*) 0x01A0064c=0x74000000;
 * (int*) 0x01A00650=0x008f00B0;
 * (int*) 0x01A00654=0x00022000;
 * (int*) 0x01A00658=0x00000000;
 * (int*) 0x01A0065c=0x00000648;    //链接地址是自己，就会不断循环捕获图像
 hEDMAVP0Y=EDMA_open (EDMA_CHA_VP0EVTYA,EDMA_OPEN_RESET);
 EDMA_config (hEDMAVP0Y,&cfgedmaVP0Y);
 EDMA_enableChannel (hEDMAVP0Y);
}
```

（2）EDMA 中断设置

```
void main ()
{
   ...                           //模块及 DM642 初始化
 * (int*) CIERL=0x00010000;       //开放 EDMA 中断 CIE16
 HWI_enable ();                   //设置 GIE 位
 C64_enableIER (0x100);           //使能 EDMA 事件中断
}
```

（3）EDMA 中断处理函数

```
void edma_int (void)
{
 * (int*) CIRL=0x00010000;        //EDMA 中断必须手工清掉这个标志
   ...                           //中断处理部分的代码
}
```

第6章 视频端口/VCXO 内插控制口

6.1 概述

本节简介 TMS320C6000 DSP 系列的视频端口外设，包括视频端口的功能、FIFO 配置及信号映射整体的说明。

6.1.1 视频端口

视频端口外设可以作为一个视频捕获端口、视频显示端口或者流传输接口（TSI）捕获端口。它提供如下功能。

（1）视频捕获模式

- 捕获速率最高可达 80MHz；
- 支持从数字摄像机或者模拟摄像机（用一个视频解码器）输入双通道 8/10 位数字视频。在 YCbCr 4:2:2 格式下输入 8 位或 10 位分辨率的数字视频，并在 ITU-R BT.656 格式下进行多路复用；
- 支持在 YCbCr 4:2:2 的格式下一条 Y/C16/20 位数字视频输入的通道（Y 和 Cb/Cr 分开输入），支持 SMPTE 260M、SMPTE 274M、SMPTE 296M、ITU-BT.1120 等，以及较老的 CCIR601 接口；
- 支持 YCbCr 4:2:2 到 YCbCr 4:2:0 水平变换和在 8 位 4:2:2 模式 1/2 缩放变换；
- 双通道 A/D 直接接口精度达到 10 位，单通道 A/D 直接接口精度达到 20 位。

（2）视频显示模式

- 显示速率最高达到 110 MHz；
- 支持单通道连续数字视频输出。数字视频输出是复用在 ITU-R BT.656 格式下的分辨率为 8/10 位的 YCbCr 4:2:2 复合像素数据；
- 支持在 YCbCr 4:2:2 格式下一条 Y/C 16/20 位数字视频输入的通道（Y 和 Cb/Cr 独立输出）。支持 SMPTE 260M、SMPTE 274M、SMPTE 296M、ITU-BT.1120 等；
- 支持 YCbCr 4:2:0 到 YCbCr 4:2:2 水平变化和 8 位 4:2:2 模式下的 2 倍输出；
- 允许 BT.656 和 Y/C 模式下对输出限幅进行编程；
- RAM-DAC 接口的单通道原始数据输出最高达 20 位，双通道同步原始数据输出；
- 支持同步外部视频控制器或其他视频显示接口；
- 利用外部时钟，帧定时发生器提供的可编程图像定时，包括水平和垂直消隐、有效视频起始标志（SAV）、有效视频结束标志（EAV）的代码插入和图像的行/帧的定时脉冲；

- 产生图像行及场的消隐信号和帧同步信号。

（3）TSI 捕获模式

从前端设备来的流传输接口（TSI），例如解调器或者在 8 位平行格式下达到 30MB/s 速度的前向纠错设备。

（4）每个通道端口产生多达 3 个事件，并有一个到 DSP 的中断。

图 6-1 所示是视频端口功能模块的框图。端口有 A 和 B 两个通道。5120 字节捕获/显示缓冲区在两通道间是分开的。两个通道通常被配置为视频捕获或者视频显示模式。分开的数据流水线控制 BT.656、Y/C、原始视频和 TSI 模式下视频捕获/显示的分析，以及格式化。

对于视频捕获操作，视频端口可以作为两个 8/10 位通道（输入 BT.656 或者原始视频捕获）；或者作为一个单通道（输入 8/10 位 BT.656，8/10 位原始视频，16/20 位 Y/C 视频，16/20 位原始视频，或者 8 位的 TSI）。

对于视频显示操作，视频接口可以作为一个单通道（输出 8/10 位 BT.656，8/10 位原始视频，16/20 位 Y/C 视频，16/20 位原始视频）。它也可以作为一个锁定了同样定时的双通道 8/10 位 RAW 模式。在单通道操作期间，通道 B 是不被使用的。

本文描述了一个 20 位视频端口工具提供的所有特征集合。其中一些设计提供了更进一步的特征，如视频捕获模式或视频显示模式。同样，一些设计限定了视频接口的宽度是 8 位或者 10 位。在这种情况下，不支持更宽的视频端口的模式，如 16 位 raw、20 位 raw 以及 Y/C。如果希望了解更多细节，参见 TI 手册《TMS320C64x DSP Video Port/VCXO Interpolated Control（VIC）Port Reference Guide》，文档号为 SPRU629D。

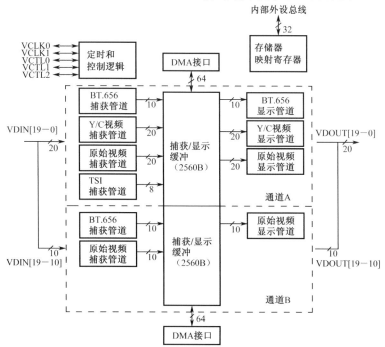

图 6-1 视频端口框图

6.1.2 视频口 FIFO

视频端口包含一个用来存储从视频端口进/出数据的 FIFO。视频端口利用 DMA 来完成 FIFO 和外部或片上存储器之间的数据搬移。设置为 FIFO 服务的 DMA 是正确操作视频端口的关键。用户可以通过设置门限（FIFO 在捕获时达到确定的满/显示模式时低于确定满）来触发 DMA 事件。通常 FIFO 的尺寸相对较大，这样就允许 DMA 有足够的时间来响应传输请求。下面简要地描述 DMA 和不同的 FIFO 配置之间的相互作用。

1．DMA 接口

视频端口数据传输利用 DMA 来完成。DMA 的请求基于缓冲门限。DMA 的传送尺寸由用户编程设计的 DMA 参数来决定。一般情况下会优先选取一整行的数据作为传输大小，因为按照帧缓存的排列有最大的灵活度。在最高速率显示的操作模式中会选取半行甚至 1/4 行数据作为 DMA 请求。

所有的请求都是基于缓冲门限。对于视频捕获模式，只要在缓冲区中的采样数达到门限，就产生 DMA 请求。为了保证所有从缓冲区中读出的所有捕获的数据，传输尺寸必须等于门限值并且数据的总量必须是多个传输大小的倍数。

对于视频显示操作，只要 FIFO 中至少有双字为单位的门限数目的空间就产生 DMA 请求。这就意味着传送大小必须等于门限，才能被放入可利用的空间当中。数据帧的总量必须是多个传输大小的倍数或者留在缓冲区当中的像素在场的尾部（这个位置在下场的头部）。

2．视频捕获 FIFO 的配置

在视频捕获操作时，捕获模式决定视频端口 FIFO 的四个模式中的一种配置。图 6-2 显示在 BT.656 下，FIFO 分为 A 和 B 两个通道。每个 FIFO 都独立计时，通道 A 使用总线 VDIN[9:0]接收数据，通道 B 使用总线 VDIN[19:10]接收数据。每个通道的 FIFO 被分为 Y、Cb，以及 Cr 等具有独立写指针和读寄存器（YSRCx、CBSRCx 和 CRSRCx）的缓冲。

对于 8/10 位原始视频，如图 6-3 所示。FIFO 分成 A 和 B 两个通道，每个 FIFO 都使用独立计时，通道 A 使用总线 VDIN[9:0]接收数据，通道 B 使用总线 VDIN[19:10]接收数据。每个通道拥有独立的写指针和读寄存器（YSRCx）。FIFO 的配置与 TSI 捕获模式相同，但禁止使用通道 B。

在 Y/C 视频捕获时，FIFO 配置为单通道，并分成具有独立写指针 Y、Cb 和 Cr，以及读寄存器（YSRCA、CBSRCA 和 CRSRCA）的缓冲区。图 6-4 显示了如何使用一半总线从 VDIN[9:0]接收数据 Y 并且使用另一半总线从 VDIN[19:10]接收数据 Cb/Cr。

在 16/20 位原始视频下，如图 6-5 所示。FIFO 作为单缓冲区来进行配置。FIFO 从 VDIN[19:0]总线接收 16/20 位数据。FIFO 有独立的读指针和写寄存器（YSRCA）。

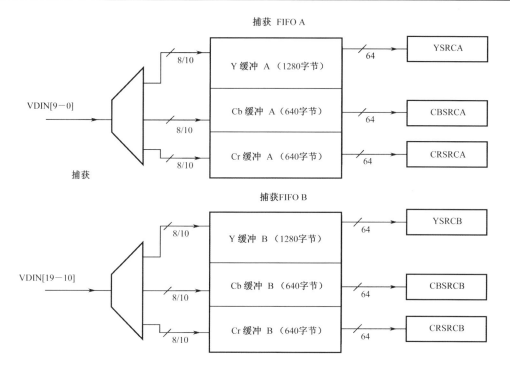

图 6-2　BT.656 视频捕获 FIFO 配置

图 6-3　8/10 位原始视频捕获和 TSI 视频捕获 FIFO 配置

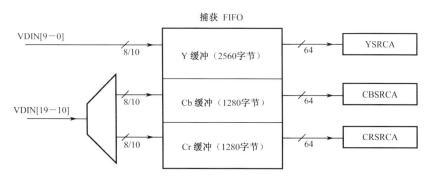

图 6-4　Y/C 视频捕获 FIFO 配置

图 6-5　16/20 位原始视频捕获 FIFO 配置

3. 视频显示 FIFO 配置

在视频显示模式下，显示模式决定视频端口 FIFO 的五个模式中的一种配置。BT.656 模式下，数据单一地由通道 A 输出，如图 6-6 所示。数据由 VDOUT[9:0]输出。FIFO 被分成具有独立的读指针和写寄存器（YDSTA、CBDST 和 CRDST）的 Y、Cb，以及 Cr 缓冲。

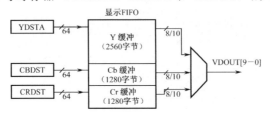

图 6-6 BT.656 视频显示 FIFO 配置

在 8/10 位原始视频下，FIFO 作为单个缓冲来进行配置，如图 6-7 所示。FIFO 通过总线 VDOUT[9:0]进行数据输出。FIFO 具有一个写指针和读寄存器（YDSTA）。

图 6-7 8/10 位原始视频显示 FIFO 配置

对于锁定的原始视频，FIFO 被分成通道 A 和通道 B。通道与相同的时钟和控制信号锁在一起，如图 6-8 所示。每个通道使用单缓冲和写寄存器（YDSTx）。

图 6-8 8/10 位锁原始视频显示 FIFO 配置

在 16/20 位原始视频下，FIFO 作为单缓冲器进行配置。FIFO 在 VDOUT[19:0]上输出数据，如图 6-9 所示。FIFO 具有独立的读指针和写寄存器（YDSTA）。

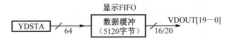

图 6-9 16/20 位原始视频显示 FIFO 配置

Y/C 视频显示下，FIFO 作为单通道配置，被分成 Y、Cb 及 Cr，具有独立的读指针和写寄存器（YDSTA、CBDST 和 CRDST）的缓冲器，如图 6-10 所示。总线 VDOUT[9:0]输出数据 Y，总线 VDOUT[19:10]输出数据 Cb/Cr。

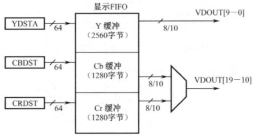

图 6-10 Y/C 视频显示 FIFO 配置

6.1.3 视频端口引脚映射

视频捕获模式下引脚功能的详细说明见表 6-1。视频显示模式下引脚功能的详细说明见表 6-2。除 VCLK0 和 VCLK1 以外，所有未使用的引脚都可以作为通用输入/输出（GPIO）引脚进行配置。

表 6-1 视频捕获信号映像

视频端口信号	I/O	用　法					
		BT.656 捕获模式		Y/C 捕获模式	原始数据捕获模式		TSI 捕获模式
		双通道	单通道		8/10 位	16/20 位	
VDATA[9:0]	I/O	VDIN[9:0]（In）Ch A	VDIN[9:0]（In）Ch A	VDIN[9:0]（In）（Y）	VDIN[9:0]（In）Ch A	VDIN[9:0]（In）	VDIN[7:0]（In）
VDATA[19:10]	I/O	VDIN[19:10]（In）Ch B	未使用	VDIN[19:10]（In）（Cb/Cr）	VDIN[19:10]（In）Ch B	VDIN[19:10]（In）	未使用
VCLK0	I	VCLKINA（In）	VCLKINA（In）	VCLKINA（In）	VCLKINA（In）	VCLKINA（In）	VCLKINA（In）
VCLK1	I/O	VCLKINB（In）	未使用	未使用	VCLKINB（In）	未使用	未使用
VCTL0	I/O	CAPENA（In）	CAPENA/AVID/HSYNC（In）	CAPENA/AVID/HSYNC（In）	CAPENA（In）	CAPENA（In）	CAPENA（In）
VCTL1	I/O	CAPENB（In）	VBLNK/VSYNC（In）	VBLNK/VSYNC（In）	CAPENB（In）	未使用	PACERR（In）

表 6-2 视频显示信号映像

视频端口信号	I/O	用　法				
		显示模式		原始数据捕获模式		
		BT.656 显示模式	Y/C 显示模式	8/10 位	16/20 位	8/10 位双同步
VDATA[9:0]	I/O	VDOUT[9:0]（Out）	VDOUT[9:0]（Out）（Y）	VDOUT[9:0]（Out）	VDOUT[9:0]（Out）	VDOUT[9:0]（Ch A）
VDATA[19:10]	I/O	未使用	VDIN[19:10]（Out）（Cb/Cr）	未使用	VDIN[19:10]（Out）	VDIN[19:10]（Out）（Ch B）
VCLK0	I	VCLKIN（In）	VCLKIN（In）	VCLKIN（In）	VCLKIN（In）	VCLKIN（In）
VCLK1	I/O	VCLKOUT（Out）	VCLKOUT（Out）	VCLKOUT（Out）	VCLKOUT（Out）	VCLKOUT（Out）
VCTL0	I/O	HSYNC/HBLNK/CSYNC/FLD（Out）或 HSYNC（In）	HSYNC/HBLNK/CSYNC/FLD（Out）或 HSYNC（In）	HSYNC/HBLNK/CSYNC/FLD（Out）或 HSYNC（In）	HSYNC/HBLNK/CSYNC/FLD（Out）或 HSYNC（In）	HSYNC/HBLNK/CSYNC/FLD（Out）或 HSYNC（In）
VCTL1	I/O	VSYNC/HBLNK/CSYNC/FLD（Out）或 VSYNC（In）	VSYNC/HBLNK/CSYNC/FLD（Out）或 VSYNC（In）	VSYNC/HBLNK/CSYNC/FLD（Out）或 VSYNC（In）	VSYNC/HBLNK/CSYNC/FLD（Out）或 VSYNC（In）	VSYNC/HBLNK/CSYNC/FLD（Out）或 VSYNC（In）
VCTL2	I/O	CBLNK/FLD（Out）或 FLD（In）	CBLNK/FLD（Out）或 FLD（In）	CBLNK/FLD（Out）或 FLD（In）	CBLNK/FLD（Out）或 FLD（In）	CBLNK/FLD（Out）或 FLD（In）

1. 捕获模式下 VDIN 总线用法

捕获模式决定了 VDIN 总线数据的用法和排列，如表 6-3 所示。

表 6-3　在捕获模式下 VDIN 数据总线的用法

数 据 总 线	捕 获 模 式								TSI 模式
	BT.656		Y/C		原始数据捕获模式				
	10 位	8 位	10 位	8 位	10 位	8 位	16 位	20 位	
VDIN19	B	B	A（C）	A（C）	B	B	A	A	
VDIN18	B	B	A（C）	A（C）	B	B	A	A	
VDIN17	B	B	A（C）	A（C）	B	B	A	A	
VDIN16	B	B	A（C）	A（C）	B	B	A	A	
VDIN15	B	B	A（C）	A（C）	B	B	A	A	
VDIN14	B	B	A（C）	A（C）	B	B	A	A	
VDIN13	B	B	A（C）	A（C）	B	B	A	A	
VDIN12	B	B	A（C）	A（C）	B	B	A	A	
VDIN11	B		A（C）			B		A	
VDIN10	B		A（C）			B		A	
VDIN9	A	A	A（Y）	A（Y）	A	A	A	A	A
VDIN8	A	A	A（Y）	A（Y）	A	A	A	A	A
VDIN7	A	A	A（Y）	A（Y）	A	A	A	A	A
VDIN6	A	A	A（Y）	A（Y）	A	A	A	A	A
VDIN5	A	A	A（Y）	A（Y）	A	A	A	A	A
VDIN4	A	A	A（Y）	A（Y）	A	A	A	A	A
VDIN3	A	A	A（Y）	A（Y）	A	A	A	A	A
VDIN2	A	A	A（Y）	A（Y）	A	A	A	A	A
VDIN1	A		A（Y）			A		A	
VDIN0	A		A（Y）			A		A	

注 A——通道 A 捕获；　C——通道色度；Y——通道亮度；B——通道 B 捕获。

2. 显示模式下 VDOUT 总线用法

显示模式决定了 VDOUT 数据总线的使用和排列，如表 6-4 所示。

表 6-4　显示模式下 VDOUT 数据总线的用法

数 据 总 线	捕 获 模 式							
	BT.656		Y/C		双同步原始数据		原始数据	
	10位	8位	10位	8位	8位	10位	16位	20位
VDOUT19			A（C）	A（C）	B	B	A	A
VDOUT18			A（C）	A（C）	B	B	A	A
VDOUT17			A（C）	A（C）	B	B	A	A
VDOUT16			A（C）	A（C）	B	B	A	A
VDOUT15			A（C）	A（C）	B	B	A	A
VDOUT14			A（C）	A（C）	B	B	A	A
VDOUT13			A（C）	A（C）	B	B	A	A
VDOUT12			A（C）	A（C）	B	B	A	A
VDOUT11			A（C）			B		
VDOUT10			A（C）			B		A
VDOUT9	A	A	A（Y）	A（Y）	A	A	A	A
VDOUT8	A	A	A（Y）	A（Y）	A	A	A	A
VDOUT7	A	A	A（Y）	A（Y）	A	A	A	A
VDOUT6	A	A	A（Y）	A（Y）	A	A	A	A
VDOUT5	A	A	A（Y）	A（Y）	A	A	A	A
VDOUT4	A	A	A（Y）	A（Y）	A	A	A	A
VDOUT3	A	A	A（Y）	A（Y）	A	A	A	A
VDOUT2	A	A	A（Y）	A（Y）	A	A	A	A
VDOUT1	A		A（Y）			A		A
VDOUT0	A		A（Y）			A		A

注：A——通道 A 显示；C——通道色度；Y——通道亮度；B——通道 B 显示。

6.2　视频端口

本节讨论视频口的基本操作，包括复位源和类型、DMA 操作、外部时钟输入、视频端口吞吐量和潜伏期，以及视频口寄存器等方面的内容。

6.2.1　复位操作

1．上电复位

上电复位是由芯片级复位操作引起的异步硬件复位。这个复位由输入到视频端口的上电复位启动。当输入状态被激活时，端口将所有的输入输出（VD[19:0]、VCTL0、VCTL1、VCTL2、VCLKI）置于高阻状态。

2. 外设总线复位

外设总线复位是由芯片级复位操作引起的一个异步硬件复位。这个复位被外设总线复位启动并输入到视频端口。这个复位能够在内部使用来禁止视频端口的低功耗操作。当输入有效时，端口将进行如下操作：

- 将所有的 I/O（VD[19:0]、VCTL0、VCTL1、VCTL2、VCLKI）置高阻状态；
- 刷新所有的 FIFO（复位指针）；
- 复位所有的端口、捕获、显示，以及 GPIO 寄存器到默认值，适当的模块时钟（VCLK0、VCLK1、STCLK）沿同步发生时，才开始从复位中释放逻辑；
- 将 PCR 中的 PEREN 位清 0；
- 将 VPCTL 中的 VPHLT 位置为 1；
- VCLK0、VCLK1 和 STCLK 不工作以节省外设电源；
- 确认外设总线访问（返回 RREADY/WREADY）以防止 DMA 加锁（任何读操作返回值，而写操作的数据接收或抛弃）；
- 外设总线 MMR 接口仅允许访问这些 GPIO 寄存器（PID、PCR、PFUNC、PDIR、PIN、PDOUT、PDSET、PDCLR、PIEN、PIPOL、PISTAT、PICLR）；
- 除非 PFUNC 位使能 GPIO，I/O 端口（VD[19:0]、VCTL0、VCTL1、VCTL2、VCLK1）保持高阻态。

如果软件设置 PCR 中的 PEREN 位而 VPCTL 中的 VPHLT 保持设置。

- 端口使能 VCLK0、VCLK1 和 STCLK（允许逻辑复位）；
- 确认外设总线方式（返回 RREADY/WREADY）阻止 DMA 加锁（读出器返回任何值，写入器接收或丢弃数据）；
- 外设总线 MMR 接口允许访问寄存器；
- I/O 端口（VD[19:0]、VCTL0、VCTL1、VCTL2、VCLK1）保持高阻状态，直到 PFUNC 位激活；
- 设置 VPCTL 位（直到 VPHLT 位清零）。

3. 软件端口复位

通过设置 VPCTL 的 VPRST 位可以完成对整个视频端口都有效的软件端口复位。除了不清空 PCR 中的 PEREN 位，它等同于外设总线的复位。这个复位如下：

- 所有的端口逻辑执行异步复位（通道逻辑保持复位直到端口输入时钟脉冲发生）；
- 除了 VPHLT 位被置 1 外，其他 VPRTS 位置 0。

一旦端口被配置且 VPHLT 位被清 0，就禁止设置其他的 VPCTL 位（除了 VPRST）。此时如果选择了显示模式，VCLK1 输出可能使能。通过 VDCTL 选择内部/外部发生，除非使能 GPIO，否则 VCTL0-2 保持高阻状态。

4. 捕获通道复位

在一条独立捕获通道，通过设置 VCxCTL 中 RSTCH 位可以执行一个软件复位。这个复位需要通道 VCLKIN 进行转换。在捕获通道复位下：

- 没有新的 DMA 事件发生；
- 确认外设总线通道（返回 RREADY）来阻止 DMA 的锁定；
- 设定捕获通道寄存器为默认值；
- 刷新捕获通道的 FIFO（复位指针）；
- VCxCTL 的 VCEN 位被清 0；
- 在进行完上面的操作后，RSTCH 位自动清 0。

一旦配置端口并且设置了 VCEN 位，那么就禁止其他 VCxCTL 位（除了 VCEN，RSTCH，BLKCAP），并且捕获计数器开始计数。当 BLKCAP 清空后，数据捕获和事件可能发生。

5. 显示通道复位

在显示通道中，通过设置 VDCTL 中的 RSTCH 位可以执行一个软件复位。这个复位需要 VCLKIN 通道进行转换。在显示通道复位下：

- 没有新的 DMA 事件发生；
- 需要确认外设总线访问（返回 RREADY）以防止 DMA 锁定。（数据将被写入到 FIFO 中或者丢掉）；
- 设定通道显示寄存器为默认值；
- 刷新显示通道的 FIFO（复位指针）；
- VDCTL 的 VDEN 位被清 0；
- 在进行完上面的操作后，RSTCH 位自清 0。

一旦配置端口并且设置了 VDEN 位，那么就禁止其他 VDCTL 位（除了 VDEN、RSTCH、BLKDIS），并且捕获计数器开始计数。驱动数据输出（初始值、空值、适合的控制码）和驱动任何控制输出。当 BLKDIS 位清空，将开始发生事件和显示 FIFO 数据。

6.2.2　中断操作

在下列任何事件发生后，视频端口将产生一个到 DSP 内核的中断：

- 设置捕获完成位（CCMPx）；
- 设置捕获溢出位（COVRx）；
- 设置同步字节错误位（SERRx）；
- 设置垂直中断位（VINTxn）；
- 设置短域检测位（SFDx）；
- 设置长域检测位（LFDx）；
- 设置 STC 绝对时间位（STC）；
- 设置 STC 已耗嘀嗒计数器位（TICK）；
- 设置完全显示位（DCMP）；
- 设置欠载运行显示位（DUND）；
- 设置非应答完全显示位（DCNA）；

- 设置 GPIO 中断位（GPIO）。

中断信号只是一个脉冲而不是一个保持的状态。在从 0 到 1 或更多 VPIS 转换中，设置标志位数目的时候才产生中断脉冲，而设置别的标志位并不会产生中断脉冲。

通过视频端口的中断使能寄存器（VPIE）屏蔽中断，可以用独立中断使能和 VIE 全局使能位。在视频端口中断状态寄存器（VPIS）中，用独立状态位可以清中断。如果其他标志位仍被设置，中断标志位清空重新使能另一个中断脉冲。也即在 VPIS 的任意位写入 1，脉冲发生被重新使能，按以下步骤将接收到上面的脉冲。

① 读 VPIS。

② 按照服务条例程序设置位。

③ 通过写入 VPIS 的私有位为 1 来清空这些位置。

④ 通过 ISR 返回，如果设置（或者保留）VPIS 位，将产生其他中断。

6.2.3　DMA 操作

视频端口使用每个通道多达 3 个 DMA 事件来处理总共可能的 6 个事件。每个 DMA 事件使用专用的 DMA 事件输出。这些输出包括：

- VPYEVTA；
- VPCbEVTA；
- VPCrEVTA；
- VPYEVTB；
- VPCbEVTB；
- VPCrEVTB。

1. 捕获 DMA 事件产生

捕获 DMA 事件的产生基于捕获 FIFO 的状态。如果当前没有等待处理的 DMA 事件，且 FIFO 达到了 VCTHRLDn 确定的门限，那么将产生一个 DMA 事件。一旦一个事件被请求，另一个 DMA 事件可能不会产生，直到未完成事件开始进行（DMA 事件发出的第一个 FIFO 读指令）。在请求 DMA 事件完成前，如果捕获 FIFO 的值超过 2 倍的 VCTHRLDn 值，那么将产生另一个 DMA 事件。因此，也许会有多于 1 个 DMA 事件未完成。

输出数据计数器对 DMA 读取的数据进行计数。无论什么时候载入一个新的 DMA 服务，这个计数器就会载入 VCTHRLDn 的值。计数器开始通过 DMA 对 FIFO 的双字读操作进行递减计数，当计数器等于 0 的时候 DMA 完成。

在 BT.656 和 Y/C 模式下，有三组 FIFO。每组都有 Y、Cb、Cr 三个组成部分。每个 FIFO 产生独自的 DMA 事件，因此 DMA 事件状态和每个 FIFO 的门限都各自独立。Cb 和 Cr FIFO 使用 1/2 门限。

因为捕获 FIFO 可能保持多个门限，这将在场间边界带来问题。由于场 1 和场 2 拥有不同的门限，FIFO 的数据总量需要产生一个 DMA 事件来改变当前捕获域和任意未完成的

DMA 请求。同样地，载入输出数据计数器的门限需要改变事件的 DMA 域（不是当前捕获域）。为了防止混淆这些场的边界，VCxEVTCT 寄存器将设计标示每个场的产生事件数目。事件计数器将记录产生多少事件并且标示所产生事件门限的尺寸和传出数据计数器的值。当最后一个场 1 的事件产生，逻辑 DMA 开始寻找 FIFO>THRSHLD1+THRSHLD2 来预产生场 2 的事件。一旦场 1 的活动结束，则开始寻找 FIFO>2×THRSHLD2（假定场 2 的事件尚未完成）。

最初的一些器件需要把 THRSHLD1 和 THRSHLD2 设定为相同的值。如果想在 2 个场使用不同的值，请对照最新的器件勘误表。

2. 显示 DMA 事件产生

显示 DMA 事件的产生基于 FIFO 中可用空间的总量。VDTHRLDn 的值表明 FIFO 有多少空间接收另一个 DMA。如果 FIFO 至少有 VDTHRLDn 可利用位置，那么将产生一个 DMA 事件。一旦一个 DMA 事件收到请求，将产生另一个 DMA 事件直到第一个 DMA 事件已经开始（由初始的 DMA 事件写入 FIFO）。如果第一次 DMA 服务开始，FIFO 当中有至少 2 倍的门限空间（并且显示活动计数器没有过期），将产生另一个 DMA 活动。因此，可能会有 1 个 DMA 事件没有完成。

输入数值计数器在每个 DMA 事件服务的开始载入 VDTHRLDn 值（或 VDTHRLDn/2 的 Cb 和 Cr FIFOs）并递减计数输入的 DMA 双字节。当计数器为 0 时，DMA 事件结束。

DMA 事件计数器用来记录每个场 DMA 事件发生的数量，如同 VDDISPEVT 寄存器一样。DISPEVT1 或者 DISPEVT2 的值（当前显示域决定）在每个场开始载入。随着 DMA 活动的产生计数器开始递减至 0，此时不再产生 DMA 事件直到下一个场开始。一旦场的最后一行数据收到请求，那么逻辑 DMA 将不再产生新的事件直到完成整个场，以防止 CPU 需要修改 DMA 的地址指针。

3. DMA 的尺寸和门限限制

视频端口 FIFO 有 64 位宽，并且总是在同一时间进行 64 位读/写。因此，DMA 访问的字长总是偶数。通常，门限的大小设置为行长。Cb 和 Cr 值（1/2VCTHRLDx/VCTHRLD）经常四舍五入到 2 倍字长。

例如，在 712（Y）的行长，8 位 BT.656 捕获模式下，设置行长为 VCTHRLD=712 像素×1 字节/像素×双字/8 字节=89 双字。Cb 和 Cr FIFO 控制一半数据（44.5 双字）因此他们的门限设为 45 双字。因此，Cb 和 Cr DMA 在每行的最后多传送额外的 4 字节。

如果要求门限是多倍行长的（例如 2 行），那么选择的行长在舍入之后必须是一个偶数，这样才能保证被 2 整除。如果不是这样，那么 Cb 和 Cr FIFO 的传输将产生冲突。如上所述，我们同样考虑在 8 位 BT.656 捕获模式下 712（Y）的行长，如果门限被设置为 2 行，那么 VCTHRLD 为 2×89=178 双字。实际上 Cb/Cr = 44.5 双字也就是需要长度为 45。那么传输 2 行需要 2×45=90 双字。然而，对于这个 VCTHRLD 而言，DMA 逻辑计算 Cb/Cr 的门限大小为 178/2= 89 双字，少了 1 个双字。通过将行长递增到 720 像素或减少到 704 像素来修正这个值（同时忽视额外捕获的像素）。

如果确定门限是少于行长的（例如 1/2 行），那么选择的行长在舍入之后必须是一个偶数，这样才能保证被 2 整除（也可以说必须满足 DMA/行×8）。考虑在 8 位 BT.656 捕获模式下 624（Y）的行长。如果门限设定为 1/2 行长，那么有 VCTHRLD=（624/2）/8= 39 双字。DMA 逻辑计算 Cb/Cr 的门限大小为 39/2= 20 双字。然而，2 个这样的 Cb/Cr DMA 活动将传输 40 双字，这将大于 Cb/Cr 的长度（624/2）/8= 39 双字。通过将行长递增到 640 像素或减少到 608 像素来修正这个值，或者将门限调整为 1/3 行长（VC7HRLD=（624/3）/8=26 双字且 Cb/Cr 门限为 26/2=13 双字，Cb/Cr 的准确值为 3 x13= 39 双字）。

4．DMA 接口操作

当视频端口设置为捕获模式（或者 TSI 模式）时，DMA 接口将只接收读请求。写请求被认为是错误的并丢弃。当视频端口设置为显示模式时，DMA 接口只接收写请求，读请求被认定为错误并返回任意数据。

当视频端口复位后，不能激活（PEREN 位清空），不能停止（设置 VPHALT 位）或处于活跃态（VCEN 或 VDEN 位清空），然后端口确认所有 DMA 通道错误以防止总线被锁定。

视频端口的 DMA 事件的产生和 DMA 的接口通道是紧密相连的。没有正确设计的 DMA 尺寸将使 DMA 和 FIFO 在捕获和显示数据时产生偏差而最终可能导致 FIFO 产生上溢或下溢。同样的情况，如果另一个系统 DMA 在捕获或显示期间没有给视频端口正确编址，视频端口将无法判断这是一个错误的 DMA。因为所有的监视器是一个 DMA 通道并使 FIFO 进行读和写，这样错误的 DMA 将导致 FIFO 产生读溢出或者写溢出。

6.2.4　视频端口控制寄存器

表 6-5 中列出了视频端口控制寄存器。对于这些寄存器的存储地址映射参看具体器件手册。在外设配置寄存器（PERCFG）中使能视频端口后，在访问视频端口寄存器前存在 64 个 CPU 周期延迟。

表 6-5　视频端口控制寄存器

寄存器名称	寄存器缩写	偏移地址*
视频端口控制寄存器（Video Port Control Register）	VPCTL	C0h
视频端口状态寄存器（Video Port Status Register）	VPSTAT	C4h
视频端口中断寄存器（Video Port Interrupt Enable Register）	VPIE	C8h
视频端口中断状态寄存器（Video Port Interrupt Status Register）	VPIS	CCh

*在设备或端口的说明书中对这些寄存器的绝对地址有详细的说明。绝对地址=基准地址+偏移。请查看设备说明书的数据表格确认这些寄存器的地址

1. 视频端口控制寄存器（VPCTL）

视频端口控制寄存器（VPCTL）（如图 6-11 所示）决定了视频端口的基本操作。表 6-6 描述了它的各个字段的含义。并非所有的端口控制位组合都是唯一的。

控制位编码见表 6-7。利用捕获通道 A 控制寄存器（VCACTL）和视频显示控制寄存器（VDCTL）可以选择附加模式。

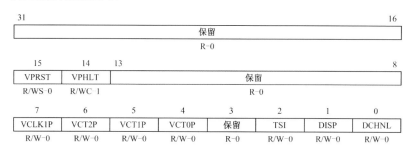

图 6-11　视频端口控制器（VPCTL）

表 6-6　视频端口控制器（VPCTL）描述

位	域	符 号 值	值	描 述
31-16	保留	-	0	保留。总是读出 0，写入的值没有效果
15	VPRST			视频端口软件复位使能位。VPRST 写 0 时无效
		NONE	0	
		RESET	1	清空所有的 FIFO 并且设置所有的端口寄存器初始化值。VCLK0 和 VCLK1 被配置为输入，所有的 VDATA 和 VCTL 引脚被置高阻状态。在复位完成后自动清除
14	VPHLT			视频端口暂停位，在软件和硬件复位时被设置。其他 VPCTL 位（包括 VPRST）能在 VPHLT 为 1 时改变。VPHLT 在写 1 以后被清除。写 0 没有影响
		NONE	0	
		DISPLAYED	1	
13-6	保留	-	0	保留。总是读出 0，写入的值没有效果
7	VCLK1P			VCLK1 引脚极性位。在捕获模式中没有影响
		NONE	0	
		REVERSE	1	在显示模式中翻转 VCLK1 输出时钟极性
6	VCT2P			VCTL2 引脚极性。不影响 GPIO 操作。如果 VCTL2 引脚在视频捕获则作为 FLD 输入，VCTL2 优先级不受影响；域翻转是由视频捕获通道 x 控制寄存器（VCxCTL）FINV 位控制的
		NONE	0	
		ACTIVELOW	1	表明 VCTL2 控制信号（输入或输出）是低电平
5	VCT1P			VCTL1 引脚极性位。不影响 GPIO 操作
		NONE	0	
		ACTIVELOW	1	表明 VCTL1 控制信号（输入或输出）是低电平

続表

续表

位	域	符 号 值	值	描 述
4	VCT0P			VCTL0 引脚极性位。不影响 GPIO 操作
		NONE	0	
		ACTIVELOW	1	表明 VCTL0 控制信号（输入或输出）是低电平
3	保留	-	0	保留。总是读出 0，写入的值没有效果
2	TSI			TSI 捕获模式设置位
		NONE	0	TSI 捕获模式不被使能
		CAPTURE	1	TSI 捕获模式使能
1	DISP			显示模式选择位。VDATA 引脚配置为输出，VCLK1 引脚配置为 VCLKOUT 输出
		NONE	0	使能捕获模式
		CAPTURE	1	使能显示模式
0	DCHNL			双通道操作选择位。如果 VPSTAT 中的 DCDIS 位被设置，则这个位强制为 0
		SINGLE	0	单通道操作使能
		DUAL	1	双通道操作使能

表 6-7　视频端口操作模式选择

VPCTL 位			操 作 模 式
TSI	DISP	DCHNL	
0	0	0	单通道视频捕获。BT.656,Y/C 或原始图像模式是通过 VCACTL 来选择的。视频捕获通道 B 不用
0	0	1	双通道视频捕获。BT.656 或原始 8/10 位是通过 VCACTL 和 VCVCTL 来选择的。仅仅在 DCDIS 为 0 时操作有效
0	1	X	单通道视频捕获。BT.656,Y/C 或原始图像模式是通过 VDACTL 来选择的。视频捕获通道 B 仅仅在双通道同步原始图像模式时使用
1	X	X	单通道 TSI 捕获

2．视频端口状态寄存器（VPSTAT）

视频端口状态寄存器（VPSTAT）显示视频端口的当前状况，如图 6-12 所示。表 6-8 描述了它的各个字段的含义。

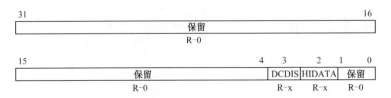

图 6-12　视频端口状态寄存器（VPSTAT）

表 6-8　视频端口状态寄存器描述

位	域	符 号 值	值	描　述
31-4	保留	-	0	保留。保留位总是读出 0，写入的值没有效果
3	DCDIS			双通道禁止位，默认值通过芯片配置来决定
		ENABLE	0	双通道操作被使能
		DISABLE	1	端口混合选择阻止双通道操作
2	HIDATA			高数据总线。HIDATA 不影响视频端口操作，另外告诉 VDATA 引脚由视频端口 GPIO 寄存器来控制。HIDATA 在 DXDIS 有效时被设置。默认值由芯片配置决定
		NONE	0	
		USE	1	表明有另一个外设使用 VDATA[9:0]并且视频端口通道 A（VDOUT[9:0]）被混合到（VDIN[9:0]）中
1-0	保留	-	0	保留。保留位总是读出 0，写入的值没有效果

3．视频端口中断寄存器（VPIE）

视频端口中断寄存器（VPIE）使能视频端口到 DSP 的中断源，如图 6-13 所示。表 6-9 描述了它的各个字段的含义。

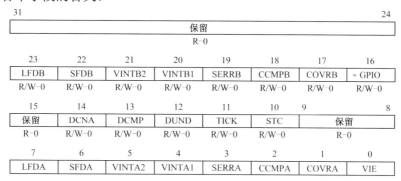

图 6-13　视频端口中断寄存器

表 6-9　视频端口中断寄存器描述

位	域	符 号 值	值	描　述
31-24	保留	-	0	保留。保留位总是读出 0，写入的值没有效果
23	LFDB			在通道 B 被检测的长域使能位
		DISABLE	0	中断禁止
		ENABLE	1	中断使能
22	SFDB			在通道 B 被检测的长域使能位
		DISABLE	0	中断禁止
		ENABLE	1	中断使能
21	VINTB2			通道 B 域 2 垂直中断使能位
		DISABLE	0	中断禁止

位	域	符 号 值	值	描 述
		ENABLE	1	中断使能
20	VINTB1			通道 B 域 1 垂直中断使能位
		DISABLE	0	中断禁止
		ENABLE	1	中断使能
19	SERRB			通道 B 域 2 同步错误中断使能位
		DISABLE	0	中断禁止
		ENABLE	1	中断使能
18	CCMPB			捕获完成通道 B 域中断使能
		DISABLE	0	中断禁止
		ENABLE	1	中断使能
17	COVRB			捕获溢出通道 B 域中断使能
		DISABLE	0	中断禁止
		ENABLE	1	中断使能
16	GPIO			视频端口通用 I/O 中断使能位
		DISABLE	0	中断禁止
		ENABLE	1	中断使能
15	保留	-	0	保留。总是读出 0，写入的值没有效果
14	DCNA			显示完成非应答位
		DISABLE	0	中断禁止
		ENABLE	1	中断使能
13	DCMP			显示完成中断使能位
		DISABLE	0	中断禁止
		ENABLE	1	中断使能
12	DUND			显示欠载运行中断使能位
		DISABLE	0	中断禁止
		ENABLE	1	中断使能
11	TICK			系统时钟滴答中断使能位
		DISABLE	0	中断禁止
		ENABLE	1	中断使能
10	SIC			系统时钟中断使能位
		DISABLE	0	中断禁止
		ENABLE	1	中断使能
9-8	保留	-	0	保留。保留位总是读出 0，写入的值没有效果
7	LFDA			在通道 A 被检测的长域使能位
		DISABLE	0	中断禁止

续表

位	域	符 号 值	值	描　　述
		ENABLE	1	中断使能
6	SFDA			在通道 A 被检测的短域使能位
		DISABLE	0	中断禁止
		ENABLE	1	中断使能
5	VINTA2			通道 A 域 2 垂直中断使能位
		DISABLE	0	中断禁止
		ENABLE	1	中断使能
4	VINTA1			通道 A 域 1 垂直中断使能位
		DISABLE	0	中断禁止
		ENABLE	1	中断使能
3	SERRA			通道 A 同步错误中断使能位
		DISABLE	0	中断禁止
		ENABLE	1	中断使能
2	CCMPA			通道 A 捕获完成中断使能位
		DISABLE	0	中断禁止
		ENABLE	1	中断使能
1	COVRA			通道 A 捕获超负荷运行中断使能位
		DISABLE	0	中断禁止
		ENABLE	1	中断使能
0	VIE			视频端口全局中断使能位。必须设置后才能给 DSP 中断
		DISABLE	0	中断禁止
		ENABLE	1	中断使能

4．视频端口中断状态寄存器（VPIS）

视频端口中断状态寄存器（VPIS）显示了视频端口中断到 DSP 的状态，如图 6-14 所示。表 6-10 是对 VPIS 各位的描述。如果设置了 VPIE 中相应的位，被设置的中断将向 DSP 发送。VPIS 的所有位通过写入 1 进行清空，写入 0 无任何影响。

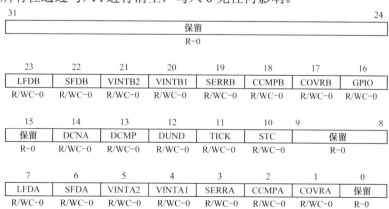

图 6-14　视频端口中断状态寄存器（VPIS）

表 6-10　视频端口中断状态寄存器描述

位	域	符 号 值	值	描 述
31-24	保留	-	0	保留。总是读出 0，写入的值没有效果
23	LFDB			在通道 B 被检测的长域使能位（长域只在 VCBCTL 中的 VRST 位被清零时检测：当 VRST=1 时长域总是被检测）
		NONE	0	没有中断被检测到
		CLEAR	1	检测到中断，位被清除
22	SFDB			在通道 B 被检测的短域中断检测位 BT.656 或 Y/C 捕获模式：当短域检测使能并且 VCOUNT 在 VCOUNT=YSTOP 之前被复位时 SFDB 被置位 原始数据模式或 TSI 捕获模式或显示模式：没有使用
		NONE	0	没有中断被检测到
		CLEAR	1	检测到中断，位被清除
21	VINTB2			通道 B 域 2 垂直中断检测位。 BT.656 或 Y/C 捕获模式：当在域 2 产生一个垂直中断时 VINTB2 被置位 原始数据模式或 TSI 捕获模式或显示模式：没有使用
		NONE	0	没有中断被检测到
		CLEAR	1	检测到中断，位被清除
20	VINTB1			当在域 1 产生一个垂直中断时 VINTB2 被置位。 BT.656 或 Y/C 捕获模式：当在域 1 产生一个垂直中断时 VINTB1 被置位 原始数据模式或 TSI 捕获模式或显示模式：没有使用
		NONE	0	没有中断被检测到
		CLEAR	1	检测到中断，位被清除
19	SERRB			通道 B 域 2 同步错误中断检测位。 BT.656 或 Y/C 捕获模式：通道 B 同步奇偶性错误。SERRB 要求复位通道（RSTCH）或端口（VPRST） 原始数据模式或 TSI 捕获模式或显示模式：没有使用
		NONE	0	没有中断被检测到
		CLEAR	1	检测到中断，位被清除
18	CCMPB			通道 B 捕获完成中断检测位。（直到 DMA 转换完成数据才注释进内存）BT.656 或 Y/C 捕获模式：在依靠 VCBCTL 中的 CON、FRAME、CF1 和 CF2 控制位捕获到 anentire 域或者帧后 CCMPB 被置位 原始数据模式：当 VCBSTAT 中的 FRMC 被置位时 RDFE 没有被置位而 CCMPB 被置位 TSI 捕获模式：当 VCBSTAT 中的 FRMC 被置位时 CCPMB 被置位
		NONE	0	没有中断被检测到
		CLEAR	1	检测到中断，位被清除
17	COVRB			通道 B 捕获溢出中断检测位。当 FIFO 中的数据在被读出之前被覆盖掉时 CCVRB 被置位
		NONE	0	没有中断被检测到
		CLEAR	1	检测到中断，位被清除

位	域	符 号 值	值	描 述
16	GPIO			视频端口一般用途 I/O 中断位
		NONE	0	没有中断被检测到
		CLEAR	1	检测到中断，位被清除
15	保留	-	0	保留。保留位总是读出 0，写入的值没有效果
14	DCNA			显示全部没有确认的。如果 F1D、F2D 或 FRMD 位引起显示全部中断没有在下一个域或帧开始之前清除
		NONE	0	没有中断被检测到
		CLEAR	1	检测到中断，位被清除
13	DCMP			全部视频表明进入帧还没有被驱动出端口 DMA 完全中断可以用来确定什么时候最后的数据已经被从 FIFO 内存传输出来 依据 VDCTL 中的 CON、FRAME、DF1 和 DF2 控制位决定在显示和进入帧 DCMP 被置位
		NONE	0	没有中断被检测到
		CLEAR	1	检测到中断，位被清除
12	DUND			显示负载运行。说明显示 FIFO 数据用尽
		NONE	0	没有中断被检测到
		CLEAR	1	检测到中断，位被清除
11	TICK			系统时钟滴答中断使能位 BT.656，Y/C 捕获模式或原始数据模式：没有使用 TSI 捕获模式：当 TSICTL 中的 TCKEN 位被置位并且设想的系统时间发生 TICK 被置位
		NONE	0	没有中断被检测到
		CLEAR	1	检测到中断。位被清除
10	SIC			系统时钟中断检测位 BT.656，Y/C 捕获模式或原始数据模式：没有使用 TSI 捕获模式：当系统时钟达到程序设定事件 TSICTLCMPL 和 TSISTCMPM 寄存器 STEN 位被置位是 STC 置位
		NONE	0	没有中断被检测到
		CLEAR	1	检测到中断，位被清除
9-8	保留	-	0	保留。保留位总是读出 0，写入的值没有效果
7	LFDA			在通道 A 被检测的长域检测（长域只在 VCACTL 中的 VRST 位被清零和 VRST=1 时被检测到） BT.656 或 Y/C 捕获模式：当短域检测使能并且 VCOUNT 在 VCOUNT=YSTOP 之前被复位 SFDA 被置位 原始数据模式或 TSI 捕获模式或显示模式：没有使用
		NONE	0	没有中断被检测到
		CLEAR	1	检测到中断，位被清除
6	SFDA			在通道 A 中断检测短域检测 BT.656 或 Y/C 捕获模式：当短域检测使能并且 VCOUNT 在 VCOUNT=YSTOP 之前被复位 SFDA 被置位 原始数据模式或 TSI 捕获模式或显示模式：没有使用

续表

位	域	符 号 值	值	描 述
		NONE	0	没有中断被检测到
		CLEAR	1	检测到中断，位被清除
5	VINTA2			在通道 A 域 2 垂直中断检测 BT.656 或 Y/C 捕获模式：当垂直中断在域中发生时 VINTA2 被置位 原始数据模式或 TSI 捕获模式或显示模式：没有使用
		NONE	0	没有中断被检测到
		CLEAR	1	检测到中断，位被清除
4	VINTA1			通道 A 域 1 垂直中断检测位 BT.656 或 Y/C 捕获模式或任何显示模式：当垂直中断在域中发生时 VINTA1 被置位 原始数据模式或 TSI 捕获模式或显示模式：没有使用
		NONE	0	没有中断被检测到
		CLEAR	1	检测到中断，位被清除
3	SERRA			通道 A 同步错误中断检测位 BT.656 或 Y/C 捕获模式：通道 A 同步错误。SERRA 一般需要复位通道（RSTCH）或者端口（VPRST） 原始数据模式或 TSI 捕获模式或显示模式：没有使用
		NONE	0	没有中断被检测到
		CLEAR	1	检测到中断，位被清除
2	CCMPA			通道 A 完全捕获检测位（知道 DMA 转换完成数据不在内存） BT.656 或 Y/C 捕获模式：当捕获到一个域或帧依据 CON、FRAME、CF1、CF2 控制位 VCACTL CCMPA 被置位 原始数据模式：如果 RDFE 未被置位且当 F1C、 F2C 或 FRMC 被置位时 CCMPA 被置位。如果 RDEF 位没有被置位，当 FRMC 被置位 CCMPA 被置位 TSI 捕获模式：当 FRMC 被置位时 CCMPA 被置位
		NONE	0	没有中断被检测到
		CLEAR	1	检测到中断，位被清除
1	COVRA			通道 A 捕获负载中断检测位。当在 FIFO 中的数据在被读出之前覆盖时 COVRA 被置位
0	保留	-	0	保留。保留位总是读出 0，写入的值没有效果

6.3 视频捕获端口

视频捕获通过采样输入引脚的信号并保存到视频口 FIFO 的方式来工作。当捕获的数据量达到编程的门限水平，会触发一个 DMA 把数据从 FIFO 搬运到 DSP 的内存空间。某些情况下，色度和亮度是分开的，需要多个 FIFO 和 DMA。

视频端口能够捕获隔行和逐行扫描的数据。隔行捕获可以逐场也可以逐帧方式工作。捕获窗口指定了每帧需要捕获的数据。帧和场同步能够使用内嵌的同步代码执行，也可以通过可配置的控制输入完成与不同解码器和 ADC 的无缝接口。

6.3.1　视频捕获模式选择

视频捕获模块可以运行在表 6-11 所列的九种模式之一。流传输接口（TSI）选择通过视频端口控制寄存器（VPCTL）的 TSI 位。CMODE 位在视频捕获通道 x 控制寄存器（VCxCTL）。Y/C 和 16/20 位初始捕获模式可能仅在 VPCTL 的 DCDIS 位被清 0 时选择通道 A。当作为一个原始视频捕获通道时不执行数据选择或数据解释。16/20 位原始捕获模式用来从 A/D 转换器接收数据识别高于 8 位的数据（例如，医学成像）。

表 6-11　视频捕获模式选择

TSI 位	CMODE 位	模　式	描　　　述
0	000	8 位 ITU-R BT.656 捕获	数字视频输入是 YCbCr 4∶2∶2，8 位分辨率 ITU-R BT.656 格式多路复用
0	001	10 位 ITU-R BT.656 捕获	数字视频输入是 YCbCr 4∶2∶2，10 位分辨率 ITU-R BT.656 格式多路复用
0	010	8 位原始捕获	原始 8 位数据捕获，采样率高于 80MHz
0	011	10 位原始捕获	原始 8 位数据或 10 位数据捕获，采样率高于 80MHz
0	100	8 位 Y/C 捕获	数字视频输入是 YCbCr 4∶2∶2，8 位分辨率在平行 Y 和 Cb/Cr 复用通道
0	101	10 位 Y/C 捕获	数字视频输入是 YCbCr 4∶2∶2，10 位分辨率在平行 Y 和 Cb/Cr 复用通道
0	110	16 位原始捕获	原始 16 位数据捕获，采样率高于 80MHz
0	111	20 位原始捕获	原始 20 位数据捕获，采样率高于 80MHz
1	010	TSI 捕获	8 位平行 TSI 捕获，采样率大于 30MHz

6.3.2　BT.656 视频捕获模式

在 BT.656 模式捕获一个复合数据流中的 8 位或 10 位 4:2:2 亮度和色度数据。视频数据按照 Cb，Y，Cr，Y，Cb，Y，Cr……的顺序传输，序列中 Cb，Y，Cr 表示复合亮度和色度采样，紧随其后的 Y 值表示下一个亮度采样。捕获后的数据流将会被分解，每个分量都会写入各自的 FIFO 中，最后分别传输到 DSP 内存中相应的 Y、Cb 和 Cr 缓冲区（这通常称为平面格式）。采样的大小（8 或 10 位）和选择的 DSP 终端模式决定了采样的封装和顺序。

ITU-BT.656 标准可以进行 8 位或 10 位采样。当使用 10 位采样时，最低的 2 位将作为小数。因此对于 8 位数据的处理，输入数据将从高位（9～2）排列，最后两位将会忽略。

在 BT.656 视频捕获模式中，将保留高 8 位全为 1（FF.0h、FF.4h、FF.8h、FF.Ch）或全为 0（00.0h、00.4h、00.8h、00.Ch）的数据字节作为数据标识，因此 256 个 8 位字中只有

254 个（1024 个 10 位字中只有 1016 个）可以用作表示信号值。

1．BT.656 捕获通道

如果通道的数量是偶数，那么视频端口可以支持捕获两个 BT.656 数据流，或分别捕获一个 BT.656 数据流和一个原始数据流。在后一种情况下，BT.656 流既可以出现在通道 A，也可以出现在通道 B。无论是哪种情况，BT.656 数据流必须包含时序基准码，而且相应的时序控制（VCTL）输入必须作为 CAPEN 信号使用。

如果将端口配置为单通道方式，那么只会在通道A上进行捕获。另一半未使用的VDATA总线可以用于 GPIO 或其他外围设备。对于单通道方式，不包含时序控制标记码的非标准BT.656 数据流可以使用时序控制（VCTL）输入信号。

2．BT.656 时序基准码

对于标准数字视频，有两种基准信号：一种在每个视频数据块起始（有效视频的起始，SAV），另一种在每个视频块的末尾（有效视频的结尾，EAV）。具体实现时，每个行以 SAV 码开始，以紧随其后的 EAV 码结束。每个时序基准信号由四个采样序列组成，格式为：FF.0h 00.0h 00.0h XY.0h（保留 FFh 和 00h，在时序基准码中使用）。前三个字节是固定的前同步码。第四个字节包含了定义的场标记、场消隐的状态和行消隐的状态。表 6-12 所示列举了在时序基准信号内对这些位的赋值。注意：即使是 10 位方式，也要忽略最低的两位，表 6-13 所示是 BT.656 保护位的说明。

表 6-12　BT.6.56 视频时序基准码

数　据　位	第一个字节（FFh）	第二个字节（00h）	第三个字节（00h）	第四个字节（XYh）
9（MSB）	1	0	0	1
8	1	0	0	F（场）*
7	1	0	0	V（垂直消隐）&
6	1	0	0	H（水平消隐）$
5	1	0	0	P3（保护位 3）#
4	1	0	0	P2（保护位 2）#
3	1	0	0	P1（保护位 1）#
2	1	0	0	P0（保护位 0）#
1	X	x	X	X
0	X	x	X	X

* 处于场 1 期间 F=0，处于场 2 期间 F=1；

& 处于场消隐期间 V=1，其他时间 V=0；

$ SAV 中 H=0，在 EAV 中 H=1；

P0、P1、P2 和 P3：取决于 F、V 和 H 的状态，参见表 6-13。

表 6-13　BT.656 保护位

行 信 息 位			保 护 位			
F	V	H	P3	P2	P1	P0
0	0	0	0	0	0	0
0	0	1	1	1	0	1
0	1	0	1	0	1	1
0	1	1	0	1	1	0
1	0	0	0	1	1	1
1	0	1	1	0	1	0
1	1	0	1	1	0	0
1	1	1	0	0	0	1

利用保护位，端口可以在接收的视频时序基准码上实现 DEDSEC（双错误检测，单错误纠错）功能。表 6-14 列举了基于保护位生成的 F、H 和 V 纠错值。"-"表示无法纠正的双重位错误。如果检测到这种错误，就要设置视频端口中断状态寄存器（VPIS）的 SERRx 位。

表 6-14　保护位纠错

保留的 P3-P0 位	保留的 F、H、V 位							
	000	001	010	011	100	101	110	111
0000	000	000	000	-	000	-	-	111
0001	000	-	-	111	-	111	111	111
0010	000	-	-	011	-	101	-	-
0011	-	-	010	-	100	-	-	111
0100	000	-	-	011	-	-	110	-
0101	-	001	-	-	100	-	-	111
0110	-	011	011	011	100	-	-	011
0111	100	-	-	011	100	100	100	-
1000	000	-	-	-	-	-	101	110
1001	-	001	010	-	-	-	-	111
1010	-	101	010	-	101	101	-	101
1011	010	-	010	010	-	101	010	-
1100	-	001	110	-	110	-	110	110
1101	001	001	-	001	-	001	110	-
1110	-	-	-	011	-	101	110	-
1111	-	001	010	-	100	-	-	-

3. BT.656 图像窗口和捕获

BT.656 格式是一种隔行扫描格式，由两个场组成。视频端口既可以捕获其中任意一个场，也可以两个都捕获。捕获到的图像是每个场的子集，既可以比有效视频区域大，也可以比有效视频区域小。VCxSTRT1 和 VCxSTOP1 寄存器定义了场 1 中捕获到的图像的位置；VCxSTRT2 和 VCxSTOP2 寄存器定义了场 2 中被捕获图像的位置。VCXSTART 和 VCXSTOP 位定义了场中水平窗口相对于 HCOUNT 像素计数器的位置。VCYSTART 和 VCYSTOP 位定义了场中垂直窗口相对于 VCOUNT 像素计数器的位置，如图 6-15 所示。

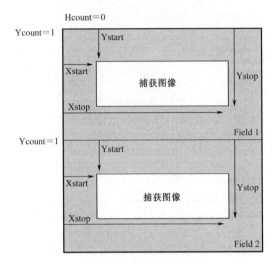

图 6-15　视频捕获参数

如果使能了捕获功能，那么每个色度采样期间（每隔一个 VCKLIN 上升沿）HCOUNT 都会增加。只要当 VCOUNT=YSTART, HCOUNT=XSTART 时就会启动行捕获。直到 HCOUNT=XSTOP, 行捕获才会停止。当 HCOUNT=VCXSTOP 和 VCOUNT=VCYSTOP 时，就完成了一次场的捕获过程。

表 6-15 所示显示了通用摄像标准、每秒场的数目、每个场有效行的数目和每行有效像素的数目。

表 6-15　通用视频源参数

视　频　源	有效行数量（场 1/场 2）	有效像素数量	场频率（Hz）
平方像素 60Hz/525 行	240/240	640	60
BT.601 60Hz/525 行	244/243	720	60
平方像素 50Hz/525 行	288/288	768	50
BT.601 50Hz/625 行	288/288	720	50

BT.656 视频捕获模式把 FIFO 缓冲区分成三个部分（三个缓冲区）。第一个部分包含 1280 个字节，用于存储 Y 数据采样。另外两个部分分别存储 Cb 和 Cr 数据采样。Cb 和 Cr 采样缓冲区各自包含 640 个字节。输入的视频数据流要分成 Y、Cb 和 Cr 数据流。如果选择放大模式，Y、Cb 和 Cr 缓冲区都要填满。这三个缓冲区都有与之对应的内存映射区，分别是 YSRC、CBSRC 和 CRSRC。YSRC、CBSRC 和 CRSRC 区都是只读的，DMA 使用它们访问存放在 FIFO 中的视频数据采样。

如果开启视频捕获功能（清除 VCxCTL 中的 BLKCAP 位），那么捕获窗口中的像素都会进入 Y、Cb 和 Cr 缓冲区。视频捕获模块使用 YEVT、CbEVT 和 CrEVT 事件通知 DMA 传输器从捕获缓冲区把数据复制到 DSP 内存。通过设置 VCxTHRLD 中的 VCTHRLDn 位，可以产生双倍字数量所需要的事件。每当发生 YEVT 事件，DMA 就把 YSRC 区作为源地址，把数据从 Y 缓冲区移动到 DSP 内存中。每当发生 CbEVT 事件，DMA 就把 CBSRC 区作为源地址，把数据从 Cb 缓冲区移动到 DSP 内存中。每当发生 CrEVT 事件，DMA 就把 CRSRC 区作为源地址，把数据从 Cr 缓冲区移动到 DSP 内存中。

注意：因为每 4 个 Y 采样，同时只有 2 个 Cb 采样和 2 个 Cr 采样，所以从 Cb 和 Cr 缓冲区传输的大小是从 Y 缓冲区传输大小的一半。

4．BT.656 数据采样

对输入数据采样，只有在 CAPEN 输入有效的时钟周期内，HCOUNT 计数器才会增加。当 CAPEN 无效时，将会忽略所有输入。只有当有效 CAPEN 序列 FFh、00h、00h 连续出现 3 次时，才会识别时序基准码。如果 FFh 或第一个 00h 后不是 00h 采样，那么时序基准识别逻辑就要重置，再次寻找 FFh。对于包含无效 CAPEN 的非采样数据，因为不作为有效输入，所以在时序基准码的中间不会引起识别逻辑的重置。

5．BT.656 FIFO 封装

捕获到的数据在写入捕获 FIFO 之前，总要用 64 位格式进行封装。捕获数据大小和器件终端模式决定了封装和字节顺序。对于小端（默认情况）模式，数据从右至左封装在 FIFO 中；对于大端模式，数据从左至右封装在 FIFO 中。

8 位 BT.656 模式为色彩分离使用 3 个 FIFO。在每个字中封装 4 个采样，如图 6-16 所示。

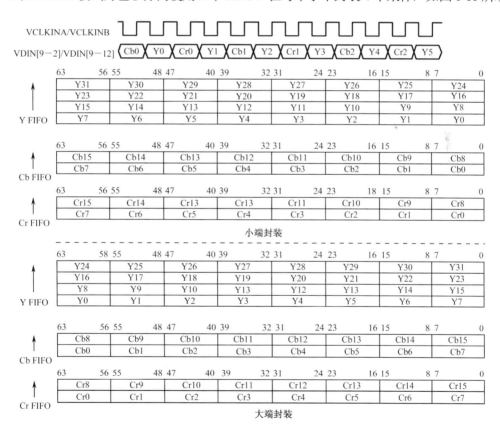

图 6-16　8 位 BT.656 FIFO 封装

10 位 BT.656 模式为色彩分离使用 3 个 FIFO。利用 0 或符号位扩展，在每个字中封装 2 个采样，如图 6-17 所示。

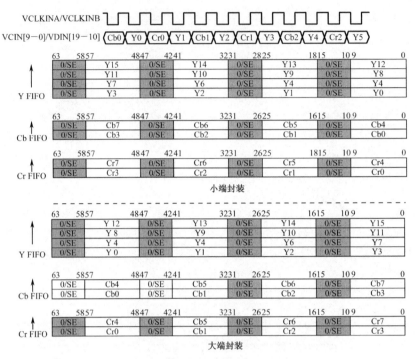

图 6-17　10 位 BT.656 FIFO 封装

10 位 BT.656 密集模式为色彩分离使用 3 个 FIFO。利用 0 扩展提供增加的 DMA 带宽，在每个字中封装 2 个采样，如图 6-18 所示。

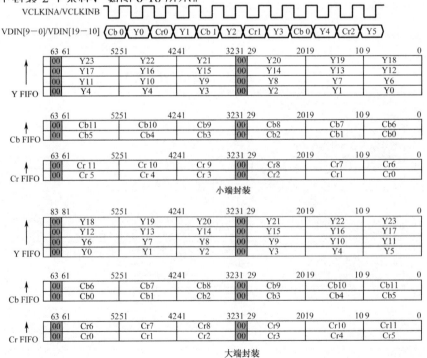

图 6-18　10 位 BT.656 密集 FIFO 封装

6.3.3　Y/C 视频捕获模式

Y/C 捕获模式类似于 BT.656 捕获模式，但是捕获的是 8 位或 10 位 4:2:2 分离的亮度和色度数据流。一个数据流包含 Y 采样；另一个数据流，每隔一个 Y 采样，包含复合的 Cb 和 Cr 采样。为了向 DSP 内存中的 Y、Cb 和 Cr 传输数据，把 Y 采样写入 Y FIFO 中，色度采样拆分后，分别写入 Cb 和 Cr FIFO。采样尺寸（8 位或 10 位）和器件终端模式决定了拆分和采样的顺序。

Y/C 捕获模式支持标准，例如 SMPTE260 和 SMPTE296，还有包含 EAV 和 SAV 码的 BT.1120。还支持使用单一控制信号的 SDTV YCbCr 模式（有时也称为 CCIR601 模式）。

与 BT.656 捕获模式相同，保留高 8 位全为 1 或全为 0 的数据字节作为数据标识，因此 256 个 8 位字中只有 254 个（1024 个 10 位字中只有 1016 个）可以用来表示信号值。

1. Y/C 捕获通道

因为 Y/C 模式需要全部的 VDATA 总线，所以只支持单通道模式。如果设置了 VPCTL 中的 DCHDIS 位，则不能选择 Y/C 模式。Y/C 捕获模式只占用通道 A。嵌入时序基准码和外部控制输入都可以使用。

2. Y/C 时序基准码

许多高分辨率 Y/C 接口标准都提供嵌入时序基准码。在并行的亮度和色度数据流上都会出现时序基准码，除此之外，其他的特性都与 BT.656 标准一样。

3. Y/C 图像窗口和捕获

SDTV Y/C 格式是一种隔行扫描格式，与 BT.656 一样，它也由两个区域组成。HDTV Y/C 既可以是隔行扫描也可以是连续扫描。对于隔行扫描捕获，捕获窗口的编程方法与 BT.656 模式相同。对于连续扫描格式，只使用场 1。

如果开启了捕获功能，那么在 Y/C 模式下每个色度采样期间（每个 VCLKIN 上升边界）HCOUNT 都会增加。只要当 YCOUNT=YSTART，HCOUNT=XSTART，就启动行捕获。到 HCOUNT=XSTOP，行捕获才会停止。当 HCOUNT=VCXSTOP 和 YCOUNT=VCYSTOP 时，就完成了一次场的捕获过程。

Y/C 视频捕获模式把 FIFO 缓冲区分成 3 个部分（3 个缓冲区）。第一个部分包含 2560 个字节，用于存储 Y 数据采样。另外两个部分分别存储 Cb 和 Cr 数据采样。Cb 和 Cr 采样缓冲区各自包含 1280 个字节。输入的视频数据流要分成 Y、Cb 和 Cr 数据流。如果选择放大模式，Y、Cb 和 Cr 缓冲区都要填满。这三个缓冲区都有与之对应的内存映射区，分别是 YSRC、CBSRC 和 CRSRC。YSRC、CBSRC 和 CRSRC 区都是只读的，DMA 使用它们访问存放在 FIFO 中的视频数据采样，每次必须读取 64 位。

如果开启视频捕获功能，那么捕获窗口中的像素都会进入 Y、Cb 和 Cr 缓冲区。视频捕获模块使用 YEVT、CbEVT 和 CrEVT 事件通知 DMA 传输器从捕获缓冲区把数据复制到

DSP 内存。通过设置 VCxCTL 中的 VCTHRLDn 位（Y/C 模式下 VCTHRLDn 的值必须是偶数），可以产生像素数量所需要的事件。在收到新的 VCTHRLD 像素后，捕获模块将产生事件。每当发生 YEVT 事件，DMA 就把 YSRC 区作为源地址，把数据从 Y 缓冲区移动到 DSP 内存中。每当发生 CbEVT 事件，DMA 就把 CBSRC 区作为源地址，把数据从 Cb 缓冲区移动到 DSP 内存中。每当发生 CrEVT 事件，DMA 就把 CRSRC 区作为源地址，把数据从 Cr 缓冲区移动到 DSP 内存中。注意：因为每 4 个 Y 采样，同时就有 2 个 Cb 采样和 2 个 Cr 采样，所以从 Cb 和 Cr 缓冲区传输的大小是从 Y 缓冲区传输大小的一半。

当数据到达时，立刻就产生这三个 DMA 事件。当请求的 DMA 开始第一次读取各自的 FIFO 时，每个事件还会再次使用。

4. Y/C FIFO 封装

捕获到的数据在写入捕获 FIFO 之前，总要用 64 位格式进行封装。捕获数据大小和器件终端模式决定了封装和字节顺序。对于小端（默认情况）模式，数据从右至左封装在 FIFO 中；对于大端模式，数据从左至右封装在 FIFO 中。

8 位 Y/C 模式为色彩分离使用 3 个 FIFO。在每个字中封装 4 个采样，如图 6-19 所示。

10 位 Y/C 模式为色彩分离使用 3 个 FIFO。利用 0 或符号位扩展，在每个字中封装 2 个采样，如图 6-20 所示。

10 位 Y/C 密集模式为色彩分离使用 3 个 FIFO。利用 0 扩展提供增加的 DMA 带宽，在每个字中封装 2 个采样，如图 6-21 所示。

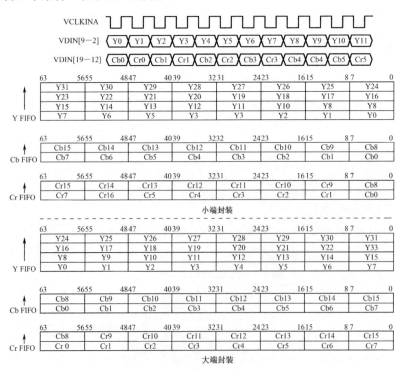

图 6-19　8 位 Y/C FIFO 封装

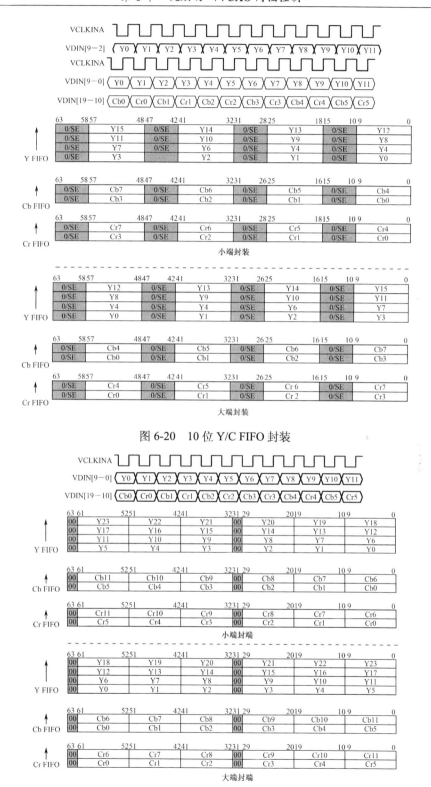

图 6-20 10 位 Y/C FIFO 封装

图 6-21 10 位 Y/C 密集 FIFO 封装

6.3.4　BT.656 和 Y/C 模式下场和帧方式

因为 DMA 用于从捕获 FIFO 向内存传输数据，所以在内存中捕获场和帧的传输和存储方式有很多灵活的方法。在某些情况下，例如一个 DMA 结构，可以在不需要 DSP 干涉的条件下提供一组循环的内存缓冲区用于存储连续的场数据流。在其他情况下，每次捕获场或帧之后，DSP 都需要修改 DMA 指针地址。在某些应用中，只需要捕获一个场，而完全忽略其他的场；或者为了有时间处理前一个帧，需要忽略某个帧。视频端口提供可编程的方法，从不同方面控制捕获过程，这样也可以对这些情况及时定位。

1．捕获决定和通告

目前不支持间断捕获和单帧捕获。

视频端口把每个场的捕获过程都作为一次独立的操作。为了适应不同的捕获情况、DMA 结构和处理流程，视频端口采样了一种灵活的捕获和 DSP 通告方法。这种方法要编程设置 VCxCTL 中的 CON、FRAME、CF1 和 CF2 位。CON 位负责控制多个场或帧的捕获。当 CON=1 时，开启连续捕获方式，视频端口捕获输入场时（假设已经设置了 VCEN 位）不需要与 DSP 交互。这种方式需要使用具有循环缓冲区的 DMA 结构作为捕获 FIFO。当 CON=0 时，关闭连续捕获模式，视频端口根据每个捕获场中其他的捕获控制位（FRAME、CF1 和 CF2）的状态，设置 VCxSTAT 中场或帧的捕获完成位（FIC、F2C 或 FRMC）。只要设置了捕获完成位，在捕获操作停止之前，最多只能再收到一个场或帧。这样直到 DSP 有机会更新 DMA 指针或处理捕获到的场之后，后续的场才能覆盖前面的场。当捕获停止时，视频端口不再捕获数据（对停止的场）。然后视频端口依次检查后续场相应的捕获完成位，如果已经清除了视频完成位，就继续进行捕获。表 6-16 列举了捕获操作对 CON、FRAME、CF1 和 CF2 位的编码形式。

表 6-16　BT.656 和 Y/C 模式捕获操作

VDCTL 位				操　作
CON	FRAME	DF1	DF2	
0	0	0	0	保留
0	0	0	1	不连续场 1 捕获。只捕获场 1。场 1 捕获后会设置 F1C 位和 CCMPx。在继续进行捕获之前，DSP 必须清除 F1C 位（在下一个场 1 开始前，DSP 可以利用场 2 全部的时间清除 F1C 位），也可以用于单个逐行帧捕获（在下一个帧开始前，DSP 可以利用垂直消隐的时间清除 F1C）
0	0	1	0	不连续场 2 捕获。只捕获场 2。场 2 捕获后会设置 F2C 位和 CCMPx。在继续进行捕获之前，DSP 必须清除 F2C 位（在下一个场 2 开始前，DSP 可以利用场 2 全部的时间清除 F2C 位）
0	0	1	1	不连续场 1 和场 2 捕获。两个场都要捕获。场 1 捕获后会设置 F1C 位和 CCMPx。在下一个场捕获发生之前，DSP 必须清除 F1C 位（在下一个场 1 开始前，DSP 可以利用场 2 全部的时间清除 F1C 位）场 2 捕获后要设置 F2C 位和 CCMPx。在继续进行捕获发生之前，DSP 必须清除 F2C 位（在下一个场 2 开始前，DSP 可以利用场 1 全部的时间清除 F2C 位）

续表

VDCTL 位				操　作
CON	FRAME	DF1	DF2	
0	1	0	0	不连续帧捕获。捕获两个场的帧。场 2 捕获后要设置 FRMD 位和 DCMPx 位。除非 FRMD 位被清除，否则在下一个帧完成后，捕获就会停止（DSP 可以利用下一个帧全部的时间清除 FRMD 位）
0	1	0	1	不连续逐行帧捕获。捕获场 1。场 1 捕获后要设置 FRMD 位和 CCMPx。除非清除 FRMD 位，否则在下一个帧完成后，捕获就会停止（DSP 可以利用下一个帧全部的时间清除 FRMD 位）
0	1	1	0	保留
0	1	1	1	单帧捕获。捕获场 1。场 1 捕获后要设置 FRMC 位和 CCMPx。除非清除 FRMC 位，否则在下一个帧完成后，捕获就会停止（DSP 可以利用下一个帧全部的时间清除 FRMC 位）
1	0	0	0	保留
1	0	0	1	连续场 1 捕获。只捕获场 1。场 1 捕获后会设置 F1C 位和 CCMPx（可以关闭 CCMPx 中断）。无论 F1C 的状态怎样，视频端口都会连续捕获场 1
1	0	1	0	连续场 2 捕获。只捕获场 2。场 2 捕获后会设置 F2C 位和 CCMPx（可以关闭 CCMPx 中断）。无论 F2C 的状态怎样，视频端口都会连续捕获场 2
1	0	1	1	保留
1	1	0	0	连续帧捕获。捕获两个场的帧。场 2 捕获后会设置 FRMC 位和 CCMPx（可以关闭 CCMPx 中断）。无论 FRMC 的状态怎样，视频端口都会连续捕获帧
1	1	0	1	连续逐个帧捕获。捕获场 1。场 1 捕获后会设置 FRMC 位和 CCMPx（可以关闭 CCMPx 中断）。无论 FRMC 的状态怎么样，视频端口都会连续捕获帧（除了用位代替位，功能上与场 1 捕获模式一样）
1	1	1	0	保留
1	1	1	1	保留

*目前不支持间断捕获和单帧捕获。

2．垂直同步

视频端口利用捕获窗口确定在每个场中捕获哪种输入数据采样。捕获模块利用垂直行计数（VCOUNT）标记当前接收的是哪个视频行。行计数器比较当前场的相应捕获窗口起始（VCYSTART1 或 VCYSTART2）和终止（VCYSTOP1 或 VCYSTOP2）的值，确定当前的行是否在捕获窗口中。为了正确排列场中的捕获窗口，捕获模块必须知道捕获窗口的第一行在场中相应的位置，以及何时要重置行计数器。不同类型的捕获模式，计数器的重置点也不同，因此可以使用垂直同步信号。视频端口可以利用编程设置 VCxCTL 中的 EXC 和 VRST 位，来触发垂直计数器重置。表 6-17 列举了这些位的编码形式。注意：只有单通道模式（通道 A）才能使用 Vmode 2 和 3。

表 6-17　垂直同步编程

| Vmode | VCxCTL | | 垂直计数器重置点 |
	EXC	VRST	
0	0	0	在 V=0 的 EAV 码之后，第一个 V=1 的 EAV 码——垂直消隐期间的起始。每个 EAV 码，VCOUNT 都要增加
1	0	1	在 V=1 的 EAV 码之后，第一个 V=0 的 EAV 码——第一个有效行。每个 EAV 码，VCOUNT 都要增加
2	1	0	在 VCTL1 输入有效边界后，当 HCOUNT 重置时——垂直同步终止或垂直同步期间。注意：必须把 VCTL1 配置为垂直控制信号。当 HCOUNT 重置时，VCOUNT 都要增加
3	1	1	在 VCTL1 输入无效边界后，当 HCOUNT 重置时——垂直同步终止或垂直同步期间。注意：必须把 VCTL1 配置为垂直控制信号。当 HCOUNT 重置时，VCOUNT 都要增加

　　BT.656 和 Y/C 捕获都使用 Vmode 0，这也是大多数数字视频标准，该标准在垂直消隐起始处对捕获行进行计数。BT.656 和 Y/C 也可以使用，但是要从第一个有效视频行计数。这样在某些情况下，场检测会更加方便，而且可以把位设置为 1。但是也会影响前一个场垂直消隐的终止，比对当前场垂直消隐起始的影响更大。当捕获 VBI 数据时，这会产生问题。Vmode 0 和 Vmode 1 中对 VCOUNT 的操作如图 6-22 所示。

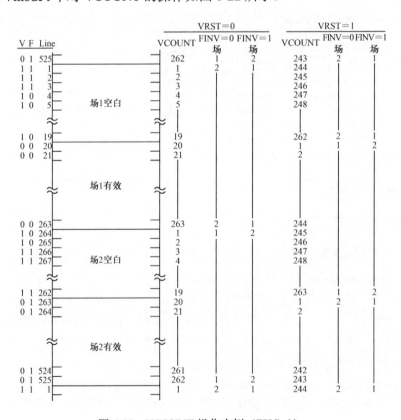

图 6-22　VCOUNT 操作实例（EXC=0）

不内嵌 EAV/SAV 码的 BT.656 或 Y/C 捕获则使用 Vmode 2 和 Vmode 3，这两种模式可以根据 VCTL1，把有效或无效的垂直控制信号的边界合并。这可能是从视频解码器发出的 VBLNK 或 VSYNC 信号。

3. 水平同步

水平同步确定何时将水平像素或水平采样计数器重置。利用 VCxCTL 中的 EXC 和 HRST 位，可以对触发行起始的事件进行编程。表 6-18 列举了这些位的编码形式。

表 6-18　水平同步编程

Hmode	VCxCTL		垂直计数器重置点
	EXC	HRST	
0	0	0	EAV 码（H=1）——水平消隐的起始
1	0	1	SAV 码（H=1）——有效视频的起始
2	1	0	VCTL0 输入有效——水平消隐的起始或水平同步期间 注意：必须把 VCTL0 配置为水平控制信号
3	1	1	在 VCTL0 输入无效边界——行上第一个有效像素或水平同步的终止 注意：必须把 VCTL0 配置为水平控制信号

BT.656 和 Y/C 捕获（嵌入控制信号）都使用 Hmode 0，相应地把水平消隐期间作为每个行的起始。因为这与大多数以第一个有效像素开始计数的标准不同，所以只有捕获 SAV 码之前的 HANC 数据时才会使用这种 Hmode 0。默认使用的是 Hmode1 模式，符合大多数的数字视频标准，该标准把第一个有效像素作为 pixel0。这样会影响前一个行终止的水平消隐期间，比对行起始的影响更大，但是这只会在捕获 HANC 数据时才会发生。其他模式中，Y/C 方式下在每个 VCLKIN 边界上 HCOUNT 都会增加；而在 BT.656 方式下，只有当 CAPEN 有效时，在每个 VCLKIN 边界上 HCOUNT 才会增加。Hmode 1 和 Hmode 2 中对 HCOUNT 的操作，如图 6-23 所示。

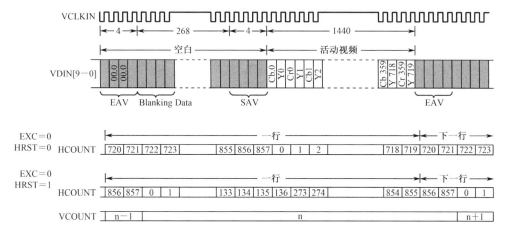

图 6-23　HCOUNT 操作实例（EXC=0）

未嵌入 EAV/SAV 码的 BT.656 或 Y/C 捕获则使用 Hmode 2 和 Hmode 3，这两种模式可以根据 VCTL0 输入，把水平消隐期间的起始与第一个有效像素或水平同步的起始与终止合并。当 VCTL0 配置为水平控制输入时，没有外部 CAPEN 信号，因此该信号被认为是一直有效的。图 6-24 显示了在 VCTL 作为 HSYNC 或 AVID 时，对 HCOUNT 的操作。

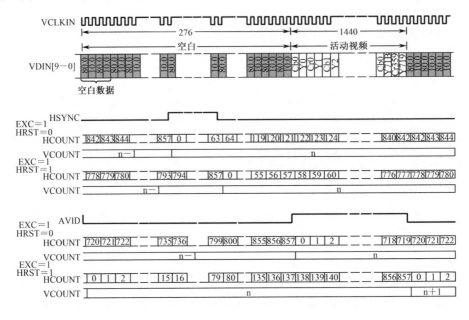

图 6-24　HCOUNT 操作实例（EXC=1）

4. 场验证

为了与源数据流完全同步和捕获正确的场，需要执行场验证。可以通过以下三种方法之一进行场验证：EAV、场指示器输入和场检测逻辑。VCxCTL 中的 EXC、FLDD 和 FINV 位，决定了使用哪种场验证方法，见表 6-19。

表 6-19　场验证方法

VCxCTL 位		说　明
EXC	FLDD	场验证方法
0	0	EAV 码
0	1	EAV 码
1	0	使用 FID 输入
1	1	使用场控制（从 HSYNC 和 VSYNC 输入）

在 BT 656 标准和许多 Y/C 标准中，嵌入在数据流中的 EAV 和 SAV 码中包含一个场验证（F）位。在 EAV 场检测方法中要检测每个场第一个行的 EAV 的 F 位。如果 F=0，则将当前场定义为场 1。如果 F=1，则将当前场定义为场 2。根据定义场第一个行和捕获视频流的方式，场起始处 F 的值不能作为当前场的标识。利用 VCxCTL 中的 FINV 位，可以将检测场值取反。例

如在 BT.656 525/60 方式下，在场的第四行要将 F 位设置为 0，用于表示场 1。如果 VRST 置位，行计数器要在场中第一行（第一个 EAV 中 V=1 的行）开始计数，这时 F 位仍然表示场 2（F=1），因此需要将 F 位取反。如果通过设置 VRST 位从第一个有效行开始计数（第一个 EAV 中 V=0 的行），这时 F 的值已经变为表示场 1（F=0），因此不需要取反。

场指示器方法直接使用 FID 输入确定当前场。这种方法用于未嵌入 EAV 和 SAV 码的 Y/C 数据流。在每个场起始处要对 FID 输入进行采样。如果 FID=0，则场 1 起始；如果 FID=1，则场 2 起始。每个场的起始位置由 VCxCTL 中 VRST 位定义，VBLANK 输入决定了垂直消隐的起始或终止。在 FID 输入具有相反极性或场验证变更滞后于场起始的系统中，这种方法会使用 F1NV 位。

基于区间检测逻辑，场检测方法要用到 HYSNC 和 VSYNC。在只提供 HYSNC 和 VSYNC 的 BT.656 或 Y/C 系统中才使用这种方法。场检测逻辑在 VSYNC 有效边界上对 HYSNC 的状态进行采样。如果 VSYN 边界上 HSYNC 有效，则表示场 1；如果 VSYN 边界上 HSYNC 无效，则表示场 2。因为时序的微小变化，所以转换与转换不会完全一致。检测逻辑应该对 HSYNC 采用一个 ±64 的时钟窗口。如果在 64 个周期内都出现了 HYSNC 和 VSYNC 的前沿，则表示场 1；否则表示场 2。低电平有效同步信号如图 6-25 所示。

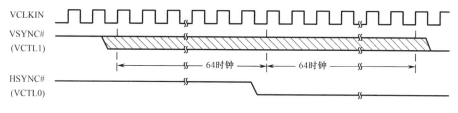

图 6-25　场检测时序

5. 长短场检测

当捕获场比预期的短或长的时候，就利用长短场检测逻辑通知 DSP。通过 VCxCTL 中的 SFDE 和 LFDE 位可以开启这种检测逻辑。在这种情况下，VPIS 中的 SFD 和 LFD 位表示出现了短或长场，并且会触发 DSP 中断。

如果在捕获场终止前检测到垂直消隐，那么就会检测到短场。如果垂直同步使用 EAV 码（EXC=O），那么当出现 V=1 的 EAV 码或 VCOUNT= VCYSTOPn 时，就会检测到短场。如果垂直同步使用 VCTL1 输入（EXC=1），那么当 VCOUNT=（VCYSTOPn）之前出现 VCTL1 有效边界，就会检测到短场。

如果在捕获场终止后出现了 1 行以上的垂直消隐，就会检测到长场。当 VCOUNT=VCYSTOPn+1 时，也会检测到长场。只有将 VCxCTL 中的 VRST 位清 0，才会检测到长场；当 VRST=1 时，总是能检测到长场。在对底部进行裁剪的场中，如果捕获窗口是场的垂直子集，则不能使用长区间检测。如果垂直同步使用 VCTL1，那么 VCTL1 信号必须用 VBLNK（垂直消隐）表示正确的长区间检测。如果是垂直同步输入，那么总是会检测长场。即使把 VCYSTOPn 设置为最后一个有效行，VCOUNT 出现在 VSYNC 有效之前的垂直前沿行计数的同时，通常还是会增加到 VCYSTOPn+1。

6.3.5 视频输入滤波

对输入的 8 位 BT.656 或 Y/C 数据，视频输入滤波器负责执行简单的硬件缩放和重新采样。对于 10 位或原始数据显示模式，滤波硬件则不起作用。为了正确执行滤波操作，必须把 VCxCTL 中通道的 EXC 位清 0（使用嵌入的时序基准码），而且在有效视频窗口期间 CAPEN 输入绝不能变为无效。

1. 输入滤波器方式

输入滤波器有四种工作方式：不滤波，1/2 倍缩放，色度重新采样和色度重新采样的½倍缩放。VDCTL 的 CMODE，SCALE 和 RESMPL 位决定了滤波器的工作方式。

表 6-20 列举了输入滤波器的可选方式。当选择 8 位 BT.656 或 Y/C 捕获方式时（CMODE=x00），设置 SCALE 位可以选择缩放方式，设置 RESMPL 位可以选择色度重新采样方式。如果没有选择 8 位 BT.656 或 Y/C 捕获方式（DMODE≠x00），那么就不能进行滤波。

表 6-20　可选的输入滤波方式

CMODE	VCxCTL 位		滤波操作
	RESMPL	SCALE	
x00	0	0	不滤波
x00	0	1	1/2 倍滤波
x00	1	0	色度重新采样（完全比例）
x00	1	1	色度重新采样的 1/2 倍缩放
x01	x	x	不滤波
x01	x	x	不滤波

2. 色度重新采样方式

色度重新采样方式在采样点中段计算色度值，而相应的输入亮度基于输入复合色度采样得到。

根据采样点上相应的输出亮度采样计算色度值，而亮度采样是基于输入时离散的色度采样得到的。滤波器可以完成 YCbCr 4:2:2 和 YCbCr 4:2:0 格式之间水平部分的转换。垂直部分的转换必须借助软件完成。

色度重新采样滤波器利用亮度采样点计算 Cb 和 Cr 的隐含值，亮度采样点基于附近的复合 Cb 和 Cr 采样来确定，结果的取值范围在 01h 到 FEh 之间。色度重新采样如图 6-26 所示。

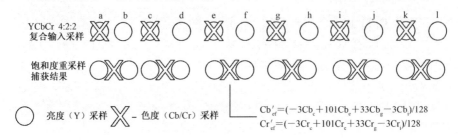

$$Cb'_{ef}=(-3Cb_c+101Cb_e+33Cb_g-3Cb_i)/128$$
$$Cr'_{ef}=(-3Cr_c+101Cr_e+33Cr_g-3Cr_i)/128$$

图 6-26　色度重新采样

3. 1/2 倍缩放方式

1/2 倍缩放方式用于把亮度和色度输出数据的水平分辨率缩小一半。对于只要求 CIF 或更低分辨率的应用，这样就可以把视频捕获缓冲区所需的内存减少一半，并减少写缓冲区所需的带宽。垂直缩放必须用软件实现。非水平缩放的情况，载入所需的带宽也会减少 50%。

缩放滤波器的亮度滤波取决于是否也开启了色度重新采样。可以改变亮度滤波器，而色度滤波器保持不变。结果的取值范围在 01h 到 FEh 之间，数据发送到 Y、Cb 和 Cr 捕获缓冲区。复合捕获的缩放如图 6-27 所示，色度重新采样如图 6-28 所示。

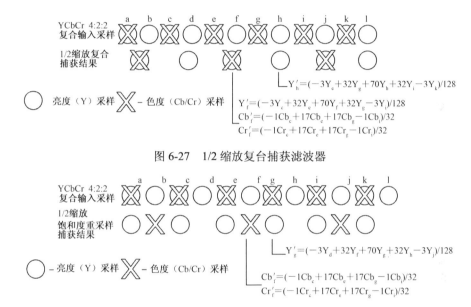

图 6-27 1/2 缩放复台捕获滤波器

图 6-28 1/2 缩放色度重采样滤波器

注意：因为对输入只能进行 1/2 倍缩放，所以即使捕获到完整的 BT.656 水平行（720 像素），也无法达到真实的 CIF 水平分辨率。在 BT.656 行内可以选择 704 像素大小的窗口捕获 CIF 格式的行。利用 VCXSTARTn 和 VCXSTOPn 位，可以编程决定窗口的大小和位置。

注意：当选择 1/2 倍缩放时，输入数据在进行缩放之前要附加水平时序。在进行缩放之后，写入 FIFO 的数据要附加 VCTHRLD 值。

4. 边界像素复制

滤波器能利用之前和之后的采样。因为在 SAV 码之前没有采样，所以在 BT.656 或 Y/C 激活前会出现滤波伪像（filtering artifacts）；同样道理，因为在 EAV 码之后没有采样，所以在 BT.656 有效行终止处也会出现滤波的伪像。为了让伪像减少到最小，0 号采样之前的 m 个（m 是任意滤波器使用前采样的最大值）采样要作为 0 号采样左侧的镜像，离最后一个采样最近的 m 个采样要作为最后一个采样右侧的镜像。

边界像素复制如图 6-29 所示，这里假定 $m=30$ 采样 a 是 SAV 码之后的第一个采样 a，因此采样 b 至采样 d 作为采样 a 左侧的镜像，滤波器利用它们的值计算出该行前一个像素。因此采样 n-l 至采样 n-3 作为最后一个采样 n 右侧的镜像，作为该行最后的几个像素。

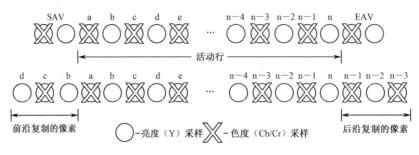

图 6-29　边缘像素复制

注意：只有捕获到完整的 BT.656 流，边界像素复制才有效。如果大于 0，那么滤波器只能使用—部分前沿的复制像素。同样道理，如果小于 EAV 之前采样的数量，那么滤波器只能使用一部分后沿的复制像素，或者根本无法使用。

图 6-30 是一个捕获窗口小于 BT.656 有效行的例子。采样 a 是水平捕获窗口中的第一个采样，采样 n 是最后一个采样。在本例中，第一个采样位置上的任意滤波都使用 m 个前沿的捕获像素（这里 $m=3$），最后一个采样位置上的任意滤波都使用 m 个后沿的捕获像素。（从实现的角度看，镜像和滤波还是分别以 SAV 和 EAV 作为起始和终止，但是 VCXSTART 之前或 VCXSTOP 之后的采样绝不能存放在 YCbCr 缓冲区中。）

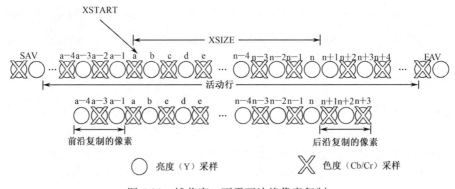

图 6-30　捕获窗口不需要边缘像素复制

6.3.6　辅助数据捕获

BT.656 和一些 Y/C 规范中规定在水平和垂直消隐场中可以携带辅助（非视频）数据。水平辅助（Horizontal Ancillary，HANC）数据出现在 EAV 和 SAV 码之间。垂直辅助（Vertical Ancillary，VANC）数据出现在垂直消隐的一部分有效水平行期间（例如在 V=l 的 SAV 码之后），因此也称为垂直消隐期（Vertical Blanking Interval，VBI）数据。

1．水平辅助（HANC）数据捕获

捕获 HANC 数据没有特殊的规定。（当利用 EAV 码重置 HCOUNT 时）通过编程设置 VCXSTRT 使 HANC 数据出现在 SAV 码之前，或者（当利用 SAV 码重置 HCOUNT 时）设置 VCXSTOP 使 HANC 数据出现在 EAV 码之后，都可以通过普通视频捕获机制捕获到 HANC 数据。

注意：EAV 码和后续的 HANC 数据仍然各自存放在 YCbCr 缓冲区中。软件必须通过解析 Y、Cb 和 Cr 内存缓冲区来确定是否存在 HANC 数据和是否重建 HANC 数据。编程设置的值和 DMA 的大小必须要包含额外采样。当捕获到 HANC 数据时，为了防止数据作废，必须关闭缩放和色度重采样。

2．垂直辅助数据（VANC）捕获

VANC（也称为 VBI）数据通常用于文字和字幕。捕获 VBI 数据没有特殊的规定。通过编程设置 VCYSTART 使 VBI 数据出现在第一个行有效视频之前，就可以利用普通视频捕获机制捕获到 VBI 数据。（必须利用 V=1 的 EAV 码将 VCOUNT 重置。）

注意：VBI 数据分别存放在 YCbCr 缓冲区中。软件必须通过解析 Y、Cb 和 Cr 内存缓冲区来确定是否存在 VBI 数据和是否重建 VBI 数据。编程设置的值和 DMA 的大小必须要包含额外采样。当捕获 VBI 数据时，为了防止滤波器将数据作废，必须关闭缩放和色度重采样。

6.3.7　原始数据捕获模式

在原始数据捕获模式中，只有当 CAPEN 信号有效时才能采样数据。按照发送方的时钟进行捕获，不需要任何解释，也不需要基于数据的值启动或终止捕获。

为确保与帧起始位保持初始捕获同步，可以设置同步开启位（Setup Synchronization Enable，简称为 SSE）。如果设置了 SSE 位，那么当把 VCEN 位设置为 1 时，直到检测到在两个垂直消隐中间后，视频端口才会开始捕获数据。如果把 SSE 位清 0，那么当设置 VCEN 位时，会立即开始捕获数据。

捕获的数字视频数据存放在大小为 2560（双通道方式）或 5120（单通道方式）字节的 FIFO 中。内存映射点 YSRCx 与 Y 缓冲区相关。YSRCx 点是一个只读寄存器，用于访问存储在缓冲区中的视频数据采样。

利用 VCxSTOPn 可以设置捕获数据的大小。VCXSTOP 和 VCYSTOP 位可以设置 24 位的数据大小，其中 VCXSTOP 设置低 12 位，VCYSTOP 设置高 12 位。当捕获数据的大小达到由 VCXSTOP 和 VCYSTOP 组合成的值后，捕获过程就完成了，并且会设置相应的 F1C，F2C 或 FRMC 位。

在缓冲区中已经捕获到规定数量的新采样后，视频端口会产生一个 YEVT。采样的数量

需要产生一个可编程的 YEVTx，并且可以通过 VCxTHRLD 中的 VCTHRLDn 位设置。每产生一个 YEVT，DMA 都要把数据从缓冲区移动到 DSP 内存。当把数据从缓冲区移动到 DSP 内存时，DMA 要使用 YSRCx 点作为源地址。

1. 原始数据捕获通知

只有通过 CAPEN 控制，原始数据模式才能捕获单个信息数据包。利用 VCTL2 上的 FID 输入，只能获得通道 A 的场信息。如果设置了 VCACTL 中的 RDFE 位，且当 DCOUNT=0 和 CAPENA 有效时，为了确定当前的场，视频端口要在每个数据块的起始对输入进行采样。这种情况与在 BT.656 模式下对 VCxCTL 中的 CON，FRAME，CF1 和 CF2 位的使用一样。

对于通道 B 方式或未设置 VCACTL 中 RDFE 位的情况，没有可用的场信息。为了适应不同的 DMA 结构和处理流程，捕获时会有一定的灵活性，并且仍会提供 DSP 通知，每个原始数据包都类似于一个逐行扫描视频帧。原始数据模式对 CON 和 FRAME 位的使用略微有些不同，参见表 6-21。

表 6-21　原始数据模式捕获方式

VCxCTL 位				方　　式
CON	FRAME	DF2	DF1	
0	0	x	x	非连续帧捕获。在数据块捕获后，会设置 FRMC 位和 CCMPx。除非清除 FRMC，否则在下一个帧完成后捕获将会停止。DSP 可以利用下一个帧全部的时间清除 FRMC
0	1	x	x	单帧捕获。在数据块捕获后，会设置 FRMC 位和 CCMPx。除非清除 FRMC，否则在下一个帧完成后捕获将会停止
1	0	x	x	连续帧捕获。在数据块捕获后，会设置 FRMC 位和 CCMPx（可以关闭 CCMPx 中断）。无论 FRMC 处于什么状态，端口都会连续捕获帧
1	1	x	x	保留

CON 位控制多个帧的捕获。当 CON=1 时，将开启连续捕获，视频端口不需要与 DSP 交互，就可以捕获输入的帧（假设已经设置了 VCEN 位）。具有循环缓冲区的 DMA 结构可以用于捕获 FIFO。当 CON=0 时，将关闭连续捕获，视频端口会根据每个捕获到的帧，设置 VCxSTAT 中的帧捕获完成位（FRMC）。只要设置了捕获完成位，在捕获操作停止（由 FRAME 位的状态决定）前最多能接收到一个帧。这样会防止后续的数据覆盖前面的帧，直到 DSP 更新 DMA 指针或处理这些场。

2. 原始数据 FIFO 封装

捕获到的数据在进入捕获 FIFO 缓冲区前总要封装为 64 位字。封装和字节顺序依赖于捕获数据的大小和设备的端模式。小端（默认情况）模式下，数据从右至左封装；大端模式下，数据从左至右封装。

8 位原始模式只使用 1 个数据 FIFO 缓冲区。将 4 个采样封装到 1 个字中，如图 6-31 所示。

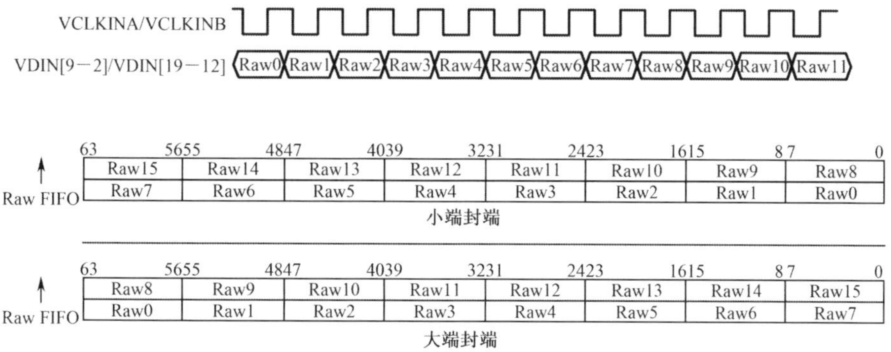

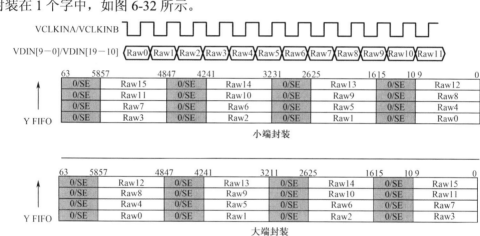

图 6-31　8 位原始数据 FIFO 封装

在 10 位原始数据模式下，所有的数据都存放在 1 个 FIFO 中。2 个采样利用 0 或符号扩展封装在 1 个字中，如图 6-32 所示。

图 6-32　10 位原始数据 FIFO 封装

在 10 位密集原始数据模式下，所有的数据都存放在 1 个 FIFO 中。3 个采样通过 0 扩展封装在 1 个字中，如图 6-33 所示。

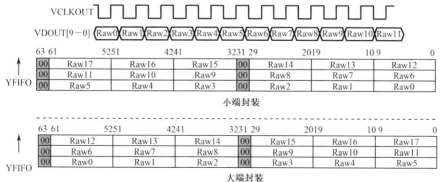

图 6-33　10 位密集原始数据 FIFO 封装

在 16 位原始模式下，所有的数据都存放在 1 个 FIFO 中。2 个采样封装在 1 个字中，如图 6-34 所示。

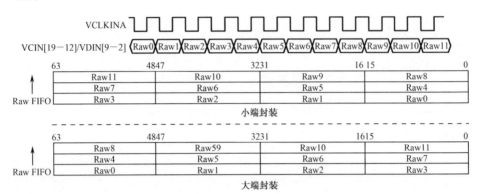

图 6-34　16 位原始数据 FIFO 封装

20 位原始模式下，所有的数据都存放在 1 个 FIFO 中。1 个采样正好封装在 1 个字中，0 或扩展的符号，如图 6-35 所示。

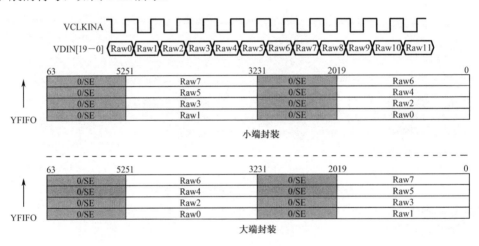

图 6-35　20 位原始数据 FIFO 封装

6.3.8　TSI 捕获模式

流传输接口（Transport Stream Interface，TSI）捕获模式负责捕获 MPEG-2 传输数据。

1．TSI 捕获特性

视频端口 TSI 捕获模式支持下列特性：

- 利用 front-end 设备的 PACSTRT 输入，支持 SYNC 检测；
- 在输入的上升沿进行数据捕获；
- 并行数据接收；

- 最大数据传输率为 30MB/s；
- 可编程的数据包大小；
- 利用硬件计数器机制为输入数据包添加时间戳；
- 可编程的数据包错误过滤；
- DSP 中断，基于绝对系统时间或系统时钟周期。

视频端口不会执行下列功能，这些功能应该由软件执行：

- PID 过滤；
- 数据解析；
- 数据乱序。

2. TSI 数据捕获

在输入数据总线上可以接收 8 位并行数据。在 VCLKIN 的上升沿进行数据捕获。通常情况下数据由 188 个字节的数据包组成，第一个字节为 SYNC，也可称为前同步码。捕获数据包的长度由 VCASTOP 的值决定。

只有当 CAPEN 信号有效时，数据总线上的数据才能认为有效并被捕获。如果 PACSTRT（和 CAPEN）有效，那么 TSI 数据捕获将从 SYNC 字节开始。对 SYNC 字节的值没有要求。当 CAPEN 有效时，每个 VCLK 上升沿都会捕获数据，直到已经捕获到了完整的数据包，而额外的 PACSTRT 转变都将被忽略。当 24 位捕获字节计数器等于 VCYPOS 中的值和 VCASTOP 的 VCXSTOP 位时，数据包就结束了。捕获到的数据包括 SYNC 字节和有效数据，如图 6-36 所示。

在捕获完一个数据包之后，视频端口等待下一个 DACSTRT 有效时开始捕获另一个数据包。接收到的数据包在写入 FIFO 前要封装在 64 位字中。

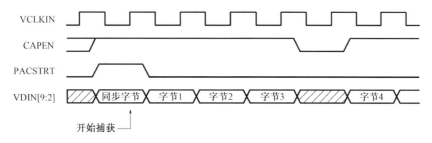

图 6-36　并行 TSI 捕获

3. TSI 捕获错误检测

在 TSI 捕获期间，视频端口会检查两种类型的错误。第一种是输入的数据包错误，通过有效 PACERR 信号表示。如果在一个数据包的前 8 个字节期间 PACERR 是有效的，并且开启了错误数据包过滤（即设置了 TSICTL 中的 ERRFILT 位），那么视频端口将会忽略（不捕获输入数据），直到收到下一个 PACERR。如果没有开启错误数据包过滤，或者在数据包的前 8 个字节之后 PACERR 变为有效时，那么将会捕获整个数据包，并且设置在数据包末尾嵌入的时间戳中的 PERR 位。

第二种检测到的错误是早期错误。如果在没有捕获到完整的数据包（通过在 VCASTOP 内编程，决定数据包的大小）之前就检测到一个有效的 PACSTRT，那么就会出现这种错误。端口仍然会继续捕获预先设定大小的数据包，但是会设置嵌入在数据包末尾的时间戳中的 PSTERR 位。当捕获完成后，在开始捕获另一个数据包之前，端口先要等待后续的 PACSTRT。

4．系统时钟同步

在实时数字数据传输系统中，同步是编码和显示数据的一个重要方向。通过传输被选择的数据包中的适应区域的时序信息，可以在 MPEG-2 传输数据包中定位同步信息。在接收系统中，这个值可以作为比较的基准时钟。可编程时钟基准（Program Clock Reference，PCR）头格式，如图 6-37 所示。在 48 位的数据流中传输一个 42 位的值，该值由表示时钟采样频率为 90kHz 的 33 位 PCR 区域和表示时钟采样频率为 27MHz 的 9 位 PCR 扩展区域组成。PCR 表示在传输解码器中，从数据流中读取场所需的期望时间。传输数据包通过传输编码器进行同步。

图 6-37　可编程时钟基准（PCR）头格式

视频端口与插入控制合作，通过数据流中的解码器基准时钟，可以利用软硬件配合的方法进行本地系统时钟（System Time Clock，为 STC）同步。

视频端口维持一个硬件计数器，用于记录系统时间。该计数器由系统时钟（STCLK）输入驱动，而系统时钟输入又由外部 VCXO 驱动。该计数器分为两个区域：频率为 90 kHz 的 33 位区域和频率为 27MHz 的 9 位区域。9 位计数器计数范围是 0 到 299，频率是 27MHz。9 位计数器每次变为 0 时，33 位计数器都要加 1。这相当于在数据流中传输 PCR 时间戳。为了兼容 MPEG-1 32 位 PCR，通过编程把 VCCTL 中的 CTMODE 位设置为 1，也可以把 33 位区域计数器的频率设置为 27MHz。在这种情况下，不会使用计数器的 PCR 扩展部分。系统时钟计数器的操作方式，如图 6-38 所示。

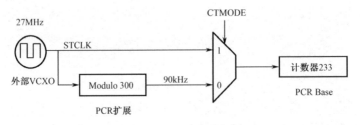

图 6-38　系统时钟计数操作

当收到数据包时，将会捕获一个计数器的快照，在接收 FIFO 中每个数据包的末尾都要嵌入这种快照，也可称为时间戳。软件利用这种时间戳决定本地系统时钟与编码器时钟之间的偏差。只要接收一个携带 PCR 头部的数据包，软件就会把数据包的时间戳与 PCR 的值进行比较。软件实现的 PLL 利用 PCR 中的编码器的时钟对 STCLK 进行同步。该算法会驱动 VIC 把 VDAC 输出到提供 STCLK 的外部 VCXO 中。

软件利用第一个数据包的 PCR 头部初始化系统时钟计数器。完成初始化之后，如果在后续数据包的 PCR 值中检测到一个间断，计数器可以再次初始化。

通过系统时钟寄存器（TSISTCLKL 和 TSISTCLKM），DSP 随时可以获取系统时间。通过对 DSP 编程，只要达到指定的时间或经过指定的系统时钟周期，视频端口就可以中断DSP。

5．TSI 数据捕获通知

因为 TSI 模式只捕获数据包，所以不需要区域控制。为了适应不同的 DMA 结构和处理流程，捕获时会有一定的灵活性。每个 TSI 数据包都类似于一个逐行扫描视频帧。TSI 模式对 VCACTL 的 CON 和 FRAME 位的使用略微有些不周，参见表 6-22。

表 6-22　原始数据模式捕获方式

	VCxCTL 位			方　式
CON	FRAME	DF2	DF1	
0	0	x	x	非连续数据包捕获。在数据包捕获后，会设置 FRMC 位和 CCMPx。除非清除 FRMC，否则在下一个帧完成后捕获将会停止。DSP 可以利用下一个帧全部的时间清除 FRMC
0	1	x	x	单个数据包捕获。在数据包捕获后，会设置 FRMC 位和 CCMPx。除非清除 FRMC，否则在下一个帧完成后捕获将会停止
1	0	x	x	连续数据包捕获。在数据包捕获后，会设置 FRMC 位和 CCMPx（可以关闭 CCMPx 中断）。无论 FRMC 处于什么状态，端口都会连续捕获数据包
1	1	x	x	保留

CON 位控制多个数据包的捕获。当 CON =1 时，将开启连续捕获，视频端口不需要与DSP 变互，就可以捕获输入的数据包（假设已经设置了 VCEN 位）。具有循环缓冲区的 DMA 结构可以用于捕获 FIFO。当 CON=0 时，将关闭连续捕获，视频端口会根据每个捕获到的数据包，设置 VCASTAT 中的帧捕获完成位（FRMC）。只要设置了捕获完成位，在捕获操作停止（由 FRAME 位的状态决定）前最多能接收到一个数据包。这样会防止后续的数据覆盖前面的数据包，直到 DSP 有机会更新 DMA 指针或处理这些数据包。

6．写入 FIFO

已经捕获的 TSI 数据包和相关的时间戳都要写入接收 FIFO。首先写入数据包，接着写入时间戳。FIFO 控制器同时控制这两种写操作。FIFO 数据封装如图 6-39 所示。

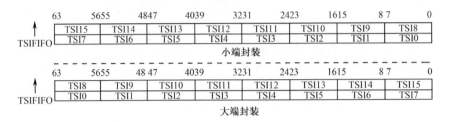

图 6-39　TSI FIFO 数据封装

获取硬件计数器的时间戳可以作为时间捕获电路信号进行同步。FIFO 写控制器保存一个数据包中接收的字节数，FIFO 写数据总线上既有时间戳，也有数据包。FIFO 中，时间戳和数据包的错误信息都要嵌入在每个数据包之后，并且要使用正确的端字节顺序。时间戳的格式如图 6-40 和图 6-41 所示。

图 6-40　TSI 时间戳格式（小端）

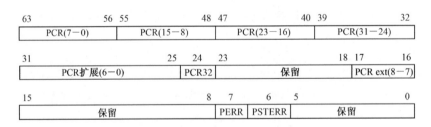

图 6-41　TSI 时间戳格式（大端）

7. 读取 FIFO

YSRCA 区与 TSI 捕获缓冲区相关。YSRCA 区是只读的伪寄存器，用于访问存储在缓冲区中的 TSI 数据采样。

通过 VCASTOP 可以设置已经捕获的数据包大小。VCXSTOP 和 VCYSTOP 位设置 24 位 TSI 数据包大小（VCXSTOP 设置低 12 位，VCYSTOP 设置高 12 位）。当数据计数器等于 VCXSTOP 和 VCYSTOP 的组合值时，捕获完成并设置 FRMC 位。

当在缓冲区中捕获到指定数量的新采样之后，视频端口会产生一个 YEVT。通过编程设置 VCATHRLD 的 VCTHRLD1 位，可以设置产生 YEVT 所需的采样数量。VCTHRLD1 要设置为数据包的大小再加上 8 个字节的时间戳。每产生 1 个 YEVT, DMA 都要把数据从缓冲区移动到 DSP 内存，当把数据从缓冲区移动到 DSP 内存时, DMA 要把 YSRCA 区的内存地址作为源地址。

6.3.9 捕获行边界条件

为了简化 DMA 传输, FIFO 缓冲区双倍字不包含超过一个显示行的数据。这样一来，无论是输出 8 个字节之后还是符合行完成条件 (IPCOUNT=IMGHSIZE)，都必须执行一次 FIFO 缓冲区读取。因此每个显示行开头都要用一个双倍字作为边界，长度不是双倍字的行在末尾处都将被删减。图 6-42 所示就是这样的一个例子。

在图 6-42 中 (8 位 Y/C 模式)，行的长度不是 1 个双倍字。当符合条件时, IPCOUNT=IMGHSIZE，将会忽略 FIFO 缓冲区双倍字剩余的字节，并输出默认的输出值（如果已经到了有效视频行的结尾，也可以输出消隐后的 EAV 码）。之后，下一个视频行从下一个 FIFO 缓冲区位置的 0 字节开始。这种方式适用于所有的显示模式。

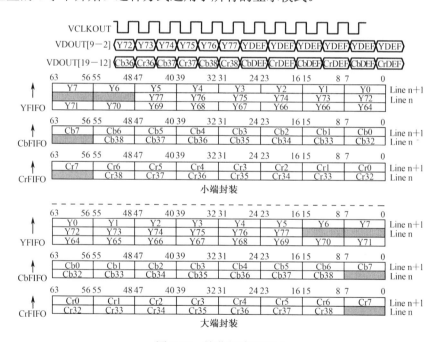

图 6-42 捕获行边界例子

6.3.10 在 BT.656 或 Y/C 模式中捕获视频

为了在 BT.656 或 Y/C 格式中捕获数据，需要按照下列步骤进行：
（1）设置 VCxSTOP1 和 VCxSTOP2 中最后一个捕获的像素（设置 VCXSTOP 和

VCYSTOP 位）。

（2）设置 VCxSTRT1 和 VCxSTRT2 中第一个捕获的像素（设置 VCXSTART 和 VCYSTART 位）。

（3）通过写 VCxTHRLD 设置捕获门限。VCTHRLD1 位指定了每次需要接收的像素数量，视频捕获模式会产生 YEVTx，CbEVTx 和 CrEVTx。VCTHRLD1 位的值必须是偶数。

（4）配置 DMA 通道把数据从 YSRCx 移动到 DSP 内存中的目的区域。通道传输要由 YEVTx 触发。8 位模式的传输要设置为 VCTHRLD 1/4，10 位模式设置为 VCTHRLD1/2，密集 10 位模式设置为 VCTHRLD 1/3。这样做的原因是每个 FIFO 字中分别封装了 4、2 或 3 个像素，并且 DMA 要把 32 位字从 YSRCx 移动到内存中。DMA 必须从一个双倍字边界开始，每次移动的字数必须是偶数。

（5）配置 DMA 通道把数据从 CBSRCx 移动到 DSP 内存中的目的区域。通道传输需要由 CbEVTx 触发。8 位模式的传输要设置为 VCTHRLD 1/8，10 位模式设置为 VCTHRLD 1/4，密集 10 位模式设置为 VCTHRLD1/6。这样做的原因是每个 FIFO 字中分别封装了 4、2 或 3 个像素，并且 DMA 要把 32 位字从 CBSRCx 移动到内存中，Cb 和 Y FIFO 中的像素各占一半。DMA 必须从一个双倍字边界开始，每次移动的字数必须是偶数。

（6）配置 DMA 通道把数据从 CRSRCx 移动到 DSP 内存中的目的区域。通道传输需要由 CrEVTx 触发。8 位模式的传输要设置为 VCrHRLD 1/8，10 位模式设置为 VCTHRLD 1/4，密集 10 位模式设置为 VCTHRLDI/6。这样做的原因是每个 FIFO 字中分别封装了 4、2 或 3 个像素，并且 DMA 要把 32 位字从 CRSRCx 移动到内存中，Cr 和 Y FIFO 中的像素各占一半。DMA 必须从一个双倍字边界开始，每次移动的字数必须是偶数。

（7）如需要，可以通过写视频端口中断开启寄存器（Video Port Interrupt Enable register，简称为 VPIE），开启溢出（COVRx）和捕获完成（CCMPx）中断。

（8）写 VCxCTL，完成如下配置：

- 设置捕获模式（对于 BT.656 输入，CMODE=00h；对于 Y/C 输入，CMODE=10x）；
- 设置需要的场或帧操作（CON, FRAME, CF2，CFI 位）；
- 设置同步和场 ID 控制（VRST, HRST, FDD，FINV，VCTL0 位）；
- 如果选择了 10 位方式，则设置 10 位封装模式（10BPK 位）；
- 如果需要且使用了 8 位数据，则开启缩放方式（SCALE 和 RESMPL）；
- 设置 VCEN 位，开启捕获。

（9）在 VCEN=1 之后第一个帧的开始处开启捕获，在第一个选中场起始处开始捕获。VCxTHRLD1 将触发产生 DMA 事件。当已经捕获到选中的场时（YCXPOS=VCXSTOP 且 VCYPOS= VCYSTOP），将设置 VCxSTAT 中的 F1C、F2C 或 FRMC 位，以及 VPIS 中的 CCMPx 位。如果开启了 VPIE 中的 CCMPx 位，这样将产生一个 DSP 中断。

（10）如果开启了连续捕获，那么在下一个选中的场或帧起始处，视频端口将再次开始捕获。如果开启了非连续的场 1 和场 2 或帧捕获，那么在捕获下一个场或帧期间，DSP 必须清除相应的完成状态位，否则后续的捕获将会关闭。如果开启了单帧捕获，那么除非 DSP 清除 FRMC 位，否则捕获将会关闭。

处理 BT.656 或 Y/C 模式时，可能会产生 FIFO 溢出，如果发生 FIFO 溢出，将设置 VPIS 中的 COVRx 位。如果通过设置 VPIE 中的 COVR 位开启了溢出中断，那么该条件将触发一次 DSP 中断。

溢出中断程序要设置 VCxCTL 中的 BLKCAP 位，并重新配置 DMA 通道设置。因为当前的帧传输失败，所以为了捕获下一个帧就必须重新配置 DMA 通道。通过设置 BLKCAP 位清理捕获 FIFO 并阻塞通道的 DMA 事件。只要设置了 BLKCAP 位，视频端口通道就会忽略 SAV 和 EAV 码异常的输入数据，但是内部的计数器仍会继续计数。

为了继续捕获，就要把 BLKCAP 位清 0。清除 BLKCAP 位将会影响后续的视频区域，阻塞 DMA 事件。

6.3.11　在原始数据模式中捕获视频

为了在原始数据模式中捕获视频，需要进行如下的步骤：

（1）通过设置 VCxSTOP1 指定捕获的图像大小（图像大小以像素为单位，低 12 位由 VCXSTOP 位设置，高 12 位由 VCYSTOP 位设置）。

（2）通过写 VCxTHRLD 设置捕获门限。每当接收的像素数量达到由 VCTHRLD1 位指定的值，视频捕获模块就产生一个 YEVTx。

（3）配置 DMA 通道，把数据从 YSRCx 移动到 DSP 内存中的目的区域。通道传输要由 YEVTx 触发。8 位模式的传输要设置为 VCTHRLD 1/4，密集 10 位模式设置为 VCTHRLD 1/3，16 位模式设置为 VCTHRLD 1/2，20 位模式设置为 VCTHRLD1，DMA 必须从一个双倍字边界开始，每次移动的字数必须是偶数。

（4）如需要，可以通过写视频端口中断开启寄存器（简称为 VPIE），开启溢出（COVRx）和捕获完成（CCMPx）中断。

（5）如果需要原始数据同步，在 VCxSTRT1 设置同步使能开始（SSE）位。

（6）写 VCxCTL：

- 设置捕获模式。对于原始数据模式，CMODE= x1x；
- 选择捕获操作（CON，FRAME 位）；
- 如果选择了 10 位模式，则设置 10 位封装模式（10BPK 位）；
- 设置 VCEN 位，开启捕获。

（7）当声明 ICAPEN 信号和 VCEN =1 时，就可以开始捕获。当 CAPENx 有效时，在每个 VCLKINx 上升前沿都会捕获数据。VCxTHRLD1 将触发 DMA 事件（YEVTx）。当已经捕获到一个完整的数据块时，即 DCOUNT 的值等于 VCYSTOP 和 VCXSTOP 的组合值时，将设置 VCxSTAT 中的 FRMC 位和 VPIS 中的 CCMPx 位。如果开启了 VPIE 中的 CCMPx 位，这样将会产生一次 DSP 中断。

（8）如果开启了连续捕获，那么当 CAPEN 有效时，在下一个 VCLKIN 的上升沿，视频端口将再次开始捕获。如果开启了非连续捕获，那么在捕获下一个场或帧期间，DSP 必须清除相应的完成状态位，否则后续的捕获将会关闭。如果开启了单帧捕获，那么除非

DSP 清除 FRMC 位，否则捕获将会关闭。

处理原始数据模式时，如果发生 FIFO 溢出，将设置 VPIS 中的 COVRx 位。如果（通过设置 VPIE 中的 COVRx 位开启溢出中断）开启了溢出中断，那么该条件将触发一次 DSP 中断。

溢出中断程序要设置 VCxCTL 中的 BLKCAP 位，并重新配置 DMA 通道设置。因为当前的帧传输失败，所以为了捕获下一个帧就必须重新配置 DMA 通道。通过设置 BLKCAP 位清理捕获 FIFO 并阻塞通道的 DMA 事件。只要设置了 BLKCAP 位，视频端口通道就会忽略输入数据，但是内部的计数器仍会继续计数。

为了继续捕获，就要把 BLKCAP 位清 0。在检测到一次原始数据同步期间之后，清除 BLKCAP 位将会影响后续帧的 CAPENx。同时在清除 BLKCAP 位的帧中，仍然会阻塞 DMA 事件。

6.3.12 在 TSI 捕获模式中捕获数据

为了在 TSI 捕获模式中捕获数据，需要按照如下步骤进行设置：

（1）通过设置 VCxSTOP1 指定捕获的数据包大小。数据包大小以像素为单位，低 12 位由 VCXSTOP 位设置，高 12 位由 VCYSTOP 位设置。

（2）通过写 VCxTHRLD 设置捕获数据包大小的门限。每当接收的字节数量达到由 VCTHRLD1 位指定的值，视频捕获模块就产生个 YEVTx。

（3）配置 DMA 通道，把数据从 YSRCA 移动到 DSP 内存中的目的区域。通道传输要由 VIDEVTA 触发。传输大小要设置为数据包的大小再加上 8 个字节的时间戳信息。DMA 必须从一个双倍字边界开始，每次移动的字数必须是偶数。

（4）写 TSICTL，完成如下配置：
- 设置 TSI 捕获模式。对于并行数据，TCMODE=0；对于连续数据，TCMODE=1；
- 选择计数器模式（ TCMODE）；
- 如需要，开启错误数据包过滤（ERRFILT）。

（5）在 Sigma-Delta 设备中：
- 通过写 SDCTL 寄存器，设置 Sigma-Delta 模块的精度；
- 通过写 SDDIV 寄存器，设置除法器计算 Sigma-Delta 插值的频率。

（6）如果需要开始一次中断，就要基于 STC 绝对时间写 TSISTCMPL，TSISTCM，TSISTMSKL 和 TSISTMSKM。

（7）如果每次 STC 的 x 周期都需要一次中断，就要写 TSITICKS。

（8）通过写 VPCTL 选择 TSI 捕获模式（TSI=1）。

（9）如需要，通过写 VPIE 开启溢出（COVRA）和捕获完成（CCMPA）中断。

（10）通过写 VCACTL 设置捕获模式（CMODE=0l0）。

（11）通过设置 VCACTL 中的 VCEN 位开启捕获。

（12）当 CAPENA 和 PACSTRT 有效时，在第一个 VCLKINA 上升前沿将开始捕获。

VCxTHRLD1 将触发 DMA 事件。当已经捕获到一个完整的数据包时，DCOUNT 的值等于 VCYSTOP 和 VCXSTOP 的组合值，将设置 VCASTAT 中的 CCMPx 位和 VPIS 中的 CCMPx 位。如果开启了 VPIE 中的 CCMPx 位，这样将会产生一次 DSP 中断。

（13）如果开启了连续捕获，那么当 CAPEN 和 PACSTRT 有效时，在下一个 VCLKIN 的上升沿，视频端口将再次开始捕获。如果开启了非连续捕获，那么在捕获下一个数据包期间，DSP 必须清除 FRMC 位，否则后续的捕获将会关闭。如果开启了单帧捕获，那么除非 DSP 清除 FRMC 位，否则捕获将会关闭。

如果发生 FIFO 溢出，将设置 VPIS 中的 COVRx 位。如果通过设置 VPIE 中的 COVRx 位开启了溢出中断，那么该条件将触发一次 DSP 中断。

溢出中断程序要设置 VCxCTL 中的 BLKCAP 位，并重新配置 DMA 通道设置。因为当前的帧传输失败，所以为了捕获下一个帧就必须重新配置 DMA 通道。通过设置 BLKCAP 位清理捕获 FIFO 并阻塞通道的 DMA 事件。只要设置了 BLKCAP 位，视频端口通道就会忽略输入数据，但是内部的计数器仍会继续计数。

为了继续捕获，就要把 BLKCAP 位清 0。清除 BLKCAP 位将会影响下一个 PACSTRT，同时，在清除 BLKCAP 位的 TSI 数据包中，仍然会阻塞 DMA 事件。

6.3.13　视频捕获寄存器

表 6-23 所示列出了视频捕获模式的控制寄存器。在视频口用户手册《TMS320C64x DSP Video Port/VCXO Interpolated Control（VIC）Port Reference Guide》中可以查到这些寄存器的内存地址及其详细说明。限于篇幅，这里不再赘述。

表 6-23　视频捕获控制寄存器

寄存器名称	缩　　写	偏移地址*
视频捕获通道 A 状态寄存器	VCASTAT	100h
视频捕获通道 A 控制寄存器	VCACTL	104h
视频捕获通道 A 场 1 起始寄存器	VCASTRT1	108h
视频捕获通道 A 场 1 终止寄存器	VCASTOP1	10Ch
视频捕获通道 A 场 2 起始寄存器	VCASTRT2	110h
视频捕获通道 A 场 2 终止寄存器	VCASTOP2	114h
视频捕获通道 A 垂直中断寄存器	VCAVINT	118h
视频捕获通道 A 门限寄存器	VCATHRLD	11Ch
视频捕获通道 A 事件计数寄存器	VCAEVTCT	120h
视频捕获通道 B 状态寄存器	VCBSTAT	140h
视频捕获通道 B 控制寄存器	VCBCTL	144h
视频捕获通道 B 场 1 起始寄存器	VCBSTRT1	148h
视频捕获通道 B 场 1 终止寄存器	VCBSTOP1	14Ch
视频捕获通道 B 场 2 起始寄存器	VCBSTRT2	150h

续表

寄存器名称	缩　写	偏移地址*
视频捕获通道 B 场 2 终止寄存器	VCBSTOP2	154h
视频捕获通道 B 垂直中断寄存器	VCBVINT	158h
视频捕获通道 B 门限寄存器	VCBTHRLD	15Ch
视频捕获通道 B 事件计数寄存器	VCBEVTCT	160h
TSI 捕获控制寄存器	TSICTL	180h
TSI 时钟初始化 LSB 寄存器	TSICLKNITL	184h
TSI 时钟初始化 MSB 寄存器	TSICLKNITM	188h
TSI 系统时钟 LSB 寄存器	TSISTCLKL	18Ch
TSI 系统时钟 MSB 寄存器	TSISTCLKM	190h
TSI 系统时钟比较 LSB 寄存器	TSISTCMPL	194h
TSI 系统时钟比较 MSB 寄存器	TSISTCMPM	198h
TSI 系统时钟比较 LSB 屏蔽寄存器	TSISTMSKL	19Ch
TSI 系统时钟比较 MSB 屏蔽寄存器	TSISTMSKM	1A0h
TSI 系统时钟滴答中断寄存器	TSITICKS	1A4h

*在设备或端口的说明书中对这些寄存器的绝对地址有详细的说明。绝对地址=基准地址+偏移。请查看设备说明书的数据表格确认这些寄存器的地址。

6.3.14　视频捕获 FIFO 寄存器

视频捕获 FIFO 寄存器在表 6-24 中列出。这些寄存器提供了捕获 FIFO 的读取访问。为了提供高速访问，这些伪寄存器应该映射到 DSP 内存空间，而不是配置寄存器空间。在器件说明书中可以查到这些寄存器的存储空间地址。视频捕获 FIFO 映射寄存器的功能见表 6-25。

表 6-24　视频捕获 FIFO 寄存器

偏移地址*	缩　写	寄存器名称
00h	YSRCA	Y FIFO 源寄存器 A
08h	CBSRCA	Cb FIFO 源寄存器 A
10h	CRSRCA	Cr FIFO 源寄存器 A
00h	YSRCB	Y FIFO 源寄存器 B
08h	CBSRCB	Cb FIFO 源寄存器 B
10h	CRSRCB	Cr FIFO 源寄存器 B

*寄存器的绝对地址由设备或端口指定，绝对地址=FIFO 基地址+偏移地址。要确定寄存器的地址可以查看器件说明书。

表 6-25　视频捕获 FIFO 寄存器功能

捕 获 模 式			
寄存器	BT.656 或 Y/C	原始数据	TSI
YSRCx	把 Y 捕获缓冲区映射到 DSP 内存中	把数据捕获缓冲区映射到 DSP 内存中	把数据捕获缓冲区映射到 DSP 内存中
CBSRCx	把 Cb 捕获缓冲区映射到 DSP 内存中	不使用	不使用
CRSRCx	把 Cr 捕获缓冲区映射到 DSP 内存中	不使用	不使用

在 BT.656 或 Y/C 捕获模式中，通过使用与内存映射的 YSRCx、CBSRCx 和 CRSRCx 寄存器，三个 DMA 分别负责把数据从 Y、Cb 和 Cr 捕获 FIFO 移动到 DSP 内存中。DMA 传输分别由 YEVT，CbEVT 和 CrEVT 事件触发。

在原始数据模式中，通过使用与内存映射的 YSRCx 寄存器，一个 DMA 通道负责把数据从 Y 捕获 FIFO 移动到 DSP 内存中。DMA 传输由 YEVT 事件触发。

在视频端口把接收数据封装在 FIFO 中的 64 位字中，DMA 总是会把这种 64 位的数据从 YSRCx、CBSRCx 和 CRSRCx 移动到内存中。

6.4　视频显示端口

视频端口外设可操作为视频捕获端口、视频显示端口或流传输接口（TSI）捕获端口。本小节讨论视频显示端口。

6.4.1 视频显示模式选择

视频显示模块可以操作在表 6-26 中列举的 8 种模式中的任一种。DMODE 位在视频显示寄存器（VDCTL）中。如果视频端口控制寄存器（VPCTL）被清零，那么只能选择 Y/C 和 16/20 位原始的显示模式。

表 6-26　可选的视频显示模式

DMODE 位	模　式	描　述
000	8 位 ITU-R BT.656 显示	数字视频输出比例为 YCbCr 4:2:2，分辨率为 8 位，使用复合 ITU-R BT.656 格式
001	10 位 ITU-R BT.656 显示	数字视频输出比例为 YCbCr 4:2:2，分辨率为 10 位，使用复合 ITU-R BT.656 格式
010	8 位原始显示	8 位数据输出
011	10 位原始显示	10 位数据输出
100	8 位 Y/C 显示	数字视频输出比例为 YCbCr 4:2:2，分辨率为 8 位，采用 Y 和 Cb/Cr 复合通道并行输出
101	10 位 Y/C 显示	数值视频输出比例为 YCbCr 4:2:2，分辨率为 10 位，采用 Y 和 Cb/Cr 复合通道并行输出
110	16 位原始显示	16 位数据输出
111	20 位原始显示	20 位数据输出

1. 图像时序

显示设备通过控制垂直回扫时序产生隔行扫描图像。视频显示模块通过发出一个数据流来产生显示的图像。图 6-43 所示是一个兼容 NTSC 的隔行扫描图像，并带有场和行的信息。图 6-44 是一个逐行扫描的图像（兼容 SMPTE 296M）。

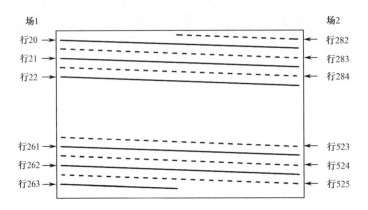

图 6-43　NTSC 兼容隔行扫描显示

图 6-44　SMPTE 296M 兼容逐行扫描显示

　　显示器上可见的像素称为有效视频区（active video area）。有效视频区在垂直和水平消隐期之后开始。视频显示模块输出的图像区可以是有效视频区的一个子集。图 6-45 所示显示的是隔行扫描视频中帧与帧、有效视频区和图像区之间的关联。图 6-46 所示显示的是运行视频中帧与帧、有效视频区和图像区之间的关联。视频显示模块产生时序帧，有效视频区包含在这些帧当中，而图像又包含在有效视频区当中。

2．视频显示计数器

为了产生图像定时，视频显示模块要使用以下 5 种计数器：
- 帧行计数器 （Frame line counter，FLCOUNT）；
- 帧像素计数器（Frame pixel counter ，FPCOUNT）；
- 图像行计数器（Image line counter，ILCOUNT）；
- 图像像素计数器（Image pixel counter，IPCOUNT）；
- 视频时钟计数器（Video clock counter，VCCOUNT）。

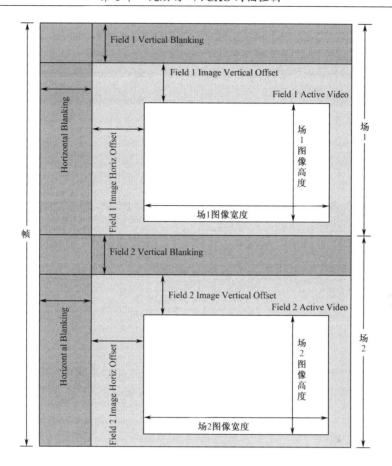

图 6-45　隔行消隐间隔和视频区域

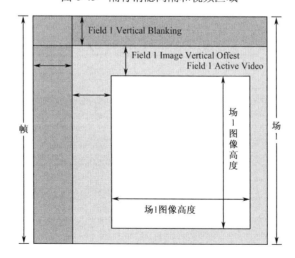

图 6-46　逐行消隐间隔和视频区域

帧行计数器（FLCOUNT）计算每个帧所有行的数目，也包括垂直消隐的行数。帧像素计数器（FPCOUNT）计算每行所有像素的数目，也包括水平消隐的像素数。帧行计数器从首个场的垂直消隐开始计数。帧像素计数器从每一行最后的水平消隐开始计数。当这两个计数器达到视频显示帧大小寄存器（Video Display Frame Size Register，VDFRMSZ）中指定的值后，它们就会被重置。

图像行计数器（ILCOUNT）和图像像素计数器（IPCOUNT）作用于可见的图像域内。图像行计数器（ILCOUNT）从每个场内首个显示图像行开始计数。图像像素计数器（IPCOUNT）从每行的首个显示图像像素开始计数。当这两个计数器达到第 n 个视频显示区域图像大小寄存器（Video Display Field n Image Size Register，VDIMGSZn）指定的图像高度和宽度值时，它们就停止计数。

根据不同显示模块的设置，视频时钟计数器（VCCOUNT）通过计算 VCLKIN 转换次数决定何时增加帧像素计数器和图像像素计数器的值。在 Y/C 模式下，每个 VCLKIN 上升沿处，帧像素计数器（FPCOUNT）和图像像素计数器（IPCOUNT）都会增加一次。在 BT.656模式下，每到 VCLKIN 的上升沿，帧像素计数器（FPCOUNT）和图像像素计数器（IPCOUNT）都会增加一次。在原始模式下，通过对视频显示门限寄存器（Video Display Threshold Register，VDTHRLD）的 INCPIX 位进行编程，帧像素计数器和图像像素计数器可以每隔1到 16 个 VCLKIN 增加一次。

帧像素计数器（FPCOUNT）和帧行计数器（FLCOUNT）通过不同的值对比来决定不同的控制信号何时生效和失效。12 位帧像素计数器（FPCOUNT）用于决定水平同步和每个扫描行的消隐信息生效和失效。帧像素计数器的状态可以反映出视频显示状态寄存器（Video Display Status Register，VDSTAT）的 VDXPOS 位。图 6-47 所示显示了水平消隐和水平同步信号的时序。

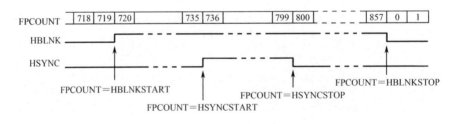

图 6-47　水平消隐和水平同步时序

在 BT.656 模式下，12 位帧行计数器（FLCOUNT）在到达 VDFRMSZ 中指定的计数值后，FLCOUNT 被复位成 1。FRMHIGHT 应该被设成 525（525/60 操作）或 625（625/50 操作）。FLCOUNT 的状态被映射到 VDSTAT 的 VDYPOS 位中。图 6-48 所示描述了当 VBLINK和 VSYNC 被激活为高电平时，垂直消隐、垂直同步和域识别信号如何被触发的。注意：信号通过相关寄存器指定 XSTART 和 XSTOP 位，可以在视频行的任何地方发生转换。在图 6-48 的例子中，VBLNK 从扫描行 VBLNKYSTART2=263（565/60 operation）开始水平计数 VBLNKXSTART2= 429。

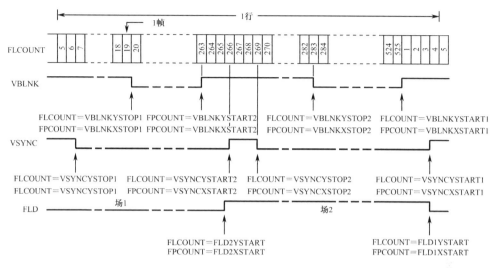

图 6-48 垂直消隐和垂直同步的时序

3. 同步信号发生

视频显示模式必须产生供内部和外部使用的各种数字控制信号。HSYNC，HBLNK，VSYNC，VBLNK 和 FLD 信号都是从像素计数器、行计数器和相关寄存器直接产生的，另外还间接产生一些信号供外部控制使用。

复合消隐（Composite Blank，CBLNK）信号由 HBLNK 和 VBLNK 信号通过逻辑或运算产生。复合同步（Composite Sync，为 CSYNC）信号由 HSYNC 和 VSYNC 通过逻辑或运算产生。这种信号还不是真正意义的模拟 CSYNC，真正的 CSYNC 必须包含 VSYNC 期间的锯齿脉冲和垂直前沿和后沿期间的补偿脉冲。最后产生有效视频（Active Video，AVID）信号，当输出有效视频数据时，有效视频信号是反转的 CBLNK 信号指示。

在 8 个同步信号中有多达 3 个可以在 VCTL0，VCTL1 和 VCTL2 上输出，它们通过视频显示控制寄存器（Video Display Control Register，VDCTL）进行选择。每种信号在输出时通过视频端口控制寄存器（Video Port Control Register，VPCTL）中的 VCTnP 位，决定信号反转或不反转。

4. 外部同步操作

利用外部同步信号，视频显示模块可以与外部视频源进行同步。设置 VCTL0 为外部水平同步（Horizontal SYNC，HSYNC）输入，当获取外部 HSYNC 时，FPCOUNT 载入 HRLD 的值，VCCOUNT 载入 CRLD 的值。设置 VCTL1 为外部垂直同步（Vertical SYNC，VSYNC）输入，当在场 1 内获取外部 VSYNC 时，FLCOUNT 载入 VRLD 的值。可以使用 VCTL2 作为外部 FLD 输入确定场，也可以使用 VSYNC 和 HSYNC 输入作为场检测逻辑。

5. 端口同步操作

当前还不能支持视频端口的这种模式或特性。

设备上一个视频端口的显示模块可以对另一个显示模块进行同步。当输出 24 或 30 位 RGB 数据时可以采用这种模式。例如，在视频端口 0 上利用双通道 8 位原始模式输出 8 位 R 和 8 位 G，而通过 VP1 与 VP0 同步，在视频端口 1 上利用 8 位原始模式输出 8 位 B。从端口和主端口必须有相同的 VCLKIN 和可编程寄存器的值。主端口必须发出控制信号复位从端口的计数器，这样两个端口才能保持同步。每个视频端口只能与前一个视频端口（端口编号减一）保持同步。图 6-49 所示是一个有三个端口设备的例子。

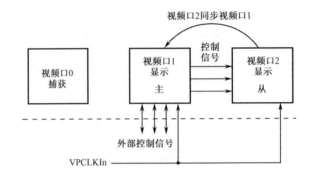

图 6-49　视频显示模型同步链

6.4.2　BT.656 视频显示模式

BT.656 显示模式可以把 8 位或 10 位、比例为 4:2:2 的视频亮度和色度数据复合在一个数据流中输出。像素将成对输出，每对像素包含两个亮度和两个色度采样。色度采样与第一对亮度采样相伴。按照序列 CbYCrY，输出像素在 VCKOUT 上升沿有效，如图 6-50 所示。

图 6-50　BT.656 输出序列

1. 显示时序参考码

在每个视频行开始时都会发出终止有效视频（End Active Video，EAV）码和起始有效视频（Starr Active Video，SAV）码。SAV 和 EAV 有固定的格式。表 6-12 给出了它们的格式。SAV 和 EAV 码定义了水平消隐区间各自的起始和终止边界，而且还包含了当前场的编号和垂直消隐区间。视频显示模块根据这些信息产生相应的保护位，并作为 SAV 和 EAV 码的一部分。表 6-14 给出了 SAV 和 EAV 所有可能的正确组合以及它们的保护位。视频显示流水线产生 SAV 和 EAV 同步信号，并根据 BT.656 规范将它们插入到输出的视频流。

图 6-51 和图 6-52 给出了 BT.656 行时序。每行以 EAV 码开始，接着是一个消隐区间和 SAV 码，最后是行的有效视频。EAV 码表示前一行有效视频的终止，SAV 表示当前行的有效视频开始。

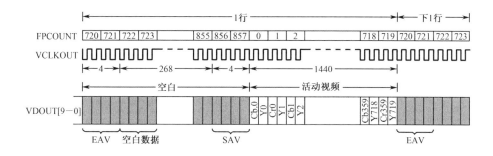

图 6-51　525/60 BT.656 水平消隐时序

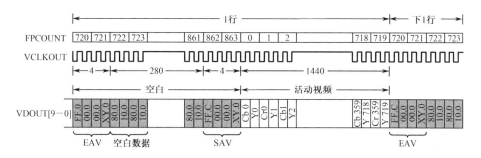

图 6-52　525/60 BT.656 垂直消隐时序

SAV 和 EAV 码用 3 个字节的前导码 FFh、00h 和 00h 标识。视频端口输出的视频数据必须避免出现这种组合，以防产生无效的同步码。可以编程设定视频显示模块的最大值和最小值，对视频数据进行截取，避免出现无效同步码的情况。

不同行中 H、V 和 F 的典型取值见表 6-27 和图 6-53 所示。

表 6-27　BT.656 帧时序

行　　号		F	V	描　　述
625/50	525/50			
624-625	1-3	1	1	场 1 垂直空白改变 EAV/SAV 码仍然显示在场 2
1-22	4-19	0	1	场 1 垂直空白改变 EAV/SAV 码到场 1
23-310	20-263	0	0	动态视频，场 1
311-312	264-265	0	1	场 2 垂直空白改变 EAV/SAV 码仍然显示在场 1
313-335	266-282	1	1	场 2 垂直空白改变 EAV/SAV 码到场 2
336-623	283-525	1	0	动态视频，场 2

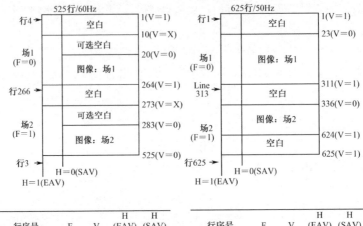

行序号	F	V	H (EAV)	H (SAV)
1—3	1	1	1	0
4—19	0	1	1	0
20—263	0	0	1	0
264—265	0	1	1	0
266—282	1	1	1	0
283—525	1	0	1	0

行序号	F	V	H (EAV)	H (SAV)
1—22	0	1	1	0
23—310	0	0	1	0
311—312	0	0	1	0
313—335	1	1	1	0
336—623	1	0	1	0
624—625	1	1	1	0

图 6-53   数字垂直 F 和 V 变换

F 和 V 只能在 EAV 序列中改动。EAV 和 SAV 序列必须分别占据数字水平消隐区间的起始和结束的 4 个字。当 FPCOUNT=HBLNKSTART 时，就插入 EAV 码；当 FPCOUNT=HBLNKSTOP 时，就插入 SAV 码。

2．消隐码

每行 EAV 和 SAV 码之间的时间代表了水平消隐间隔。在这段时间内，视频端口输出数字视频消隐值。这些值是 10.0h 的亮度（Y）采样和 80.0h 的色度（Cb/Cr）采样。在有效行垂直消隐期间（当 V=1 时，在 SAV 和 EAV 之间）也要输出这些值。另外，如果将 VDCTL 内的 DVEN 位清 0，那么在输出不属于显示图像部分的有效视频行时，也要输出消隐值。

3．BT.656 图像显示

对于 BT.656 显示模式，FIFO 缓冲区分为三个部分：第一部分 2560 个字节，用于存放 Y 输出采样；其他两个 FIFO 缓冲区每个 1280 字节，分别用于存放 Cb 和 Cr 采样。每个 FIFO 缓冲区都有与之相关的内存映射区，分别是 YDST、CBDST 和 CRDST。伪寄存器为只写模式，由 DMA 用输出数据填入 FIFO 缓冲区。视频显示模块将三个 FIFO 的数据结合在一起，生成输出的 CbYCrY 数据流。

如果视频显示可用，那么视频显示模块使用 YEVL，CbEVT 和 CrEVT 事件通知 DMA 控制器将数据放入显示 FIFO 缓冲区。通过设置 VDTHRLD（VDTHRLD 必须是偶数）内的 VDTHRLD 位，可以决定生成事件所需要像素的数量。当显示缓冲区中的数据小于

VDTHRLD 规定的像素并且 DEVTCT 计数器没有过期时,视频显示模块就会生成事件信号。YEVL 事件触发时,DMA 要利用 Y FIFO 目的寄存器（Y FIFO destination register，YDST）的内容作为目的地址把 DSP 内存中的数据移动到 Y 缓冲区。CbEVT 事件触发时,DMA 要利用 Cb FIFO 目的寄存器（Cb FIFO destination register，CBDST）的内容作为目的地址把 DSP 内存的数据移动到 Cb 缓冲区。CrEVT 事件触发时,DMA 要把 Cr FIFO 目的寄存器（Cr FIFO destination register，CRDST）的内容作为目的地址把 DSP 内存的数据移动到 Cr 缓冲区。DMA 传输到 Y 缓冲区的数据是 Cb 或 Cr 缓冲区的两倍。

4. BT.656 FIFO 拆包

显示数据进入 FIFO 缓冲区时都要封装为 64 位字，而且在发送到视频显示数据流水线前都要进行拆包，拆包和字节顺序要依靠显示数据的大小和设备的端模式，小端（默认情况）模式下，数据从右至左拆分；大端模式下，数据从左至右拆分。

8 位 BT.656 模式使用三种 FIFO 缓冲区进行色彩分离。一个字要拆分为 4 个采样，如图 6-54 所示。

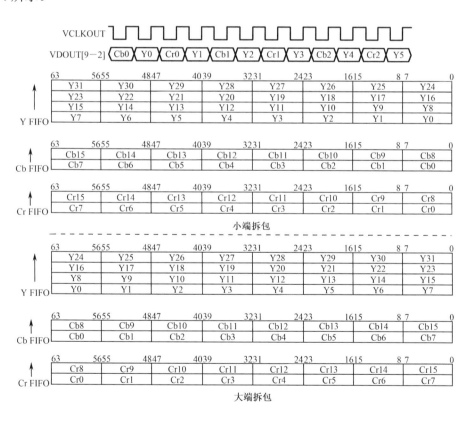

图 6-54　8 位 BT.656 FIFO 拆包

10 位 BT.656 模式中，一个字要拆分为 2 个采样，如图 6-55 所示。

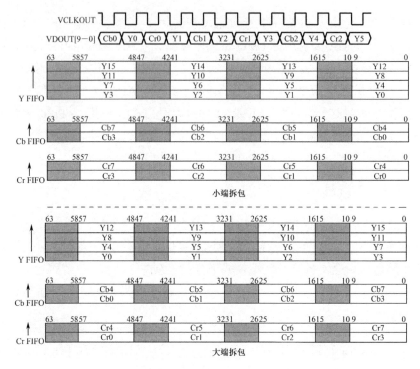

图 6-55　10 位 BT.656 FIFO 拆包

10 位 BT.656 密集填充（dense-pack）模式中，一个字要拆分为 3 个采样，如图 6-56 所示。

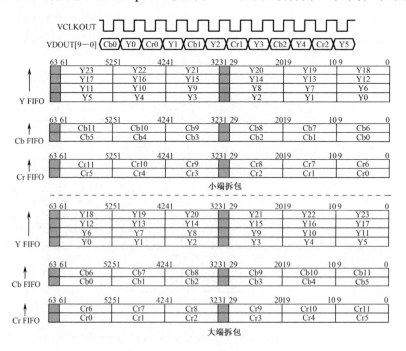

图 6-56　BT.656 密集 FIFO 拆包

6.4.3 Y/C 视频显示模式

Y/C 视频显示模式与 BT.656 显示模式类似，只是单独输出 8 位或 10 位亮度和色度数据流。一个数据流包含 Y 采样，另一个数据流每隔一个亮度采样还要包含复合 Cb 和 Cr 采样。从 Y 采样 FIFO 缓冲区中读取 Y 采样数据；从 Cb 和 Cr 采样 FIFO 缓冲区读取 Cb 和 Cr 采样数据，并与色度输出结合。采样大小（8 位或 10 位）和设备端模式决定了采样数据的拆分和顺序。

Y/C 视频显示模式可以产生嵌入 EAV 和 SAV 码的 HDTV 标准输出，例如 BT.1120，SMPTE260 或 SMPTE296，另外还可以输出单独的控制信号。

因为输出的数据为 16 或 20 位，所以视频端口数据总线的两个部分 Y/C 输出模式都需要用到。如果 VPCTL 设置了 DCHDIS 位，那么就无法选择 Y/C 模式。

1．Y/C 显示时序参考码

嵌入 EAV 和 SAV 时序码与 BT.656 模式的输出相同，时序的控制方式也相同。在 Y/C 模式下，Y 和 C 数据流（VDOUT[9:0]和 VDOUT[19:10]）都要输出时序码。图 6-57 所示是一个 BT.1120 行时序的例子。

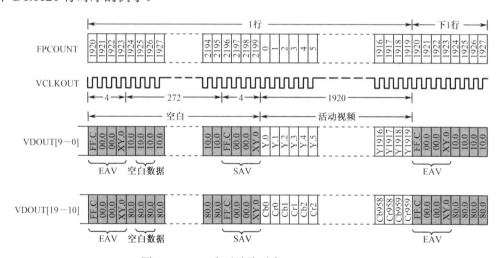

图 6-57 Y/C 水平消隐时序（BT.1120 60I）

2．Y/C 消隐码

每行 EAV 和 SAV 之间的时间代表水平消隐区间。在这段时间内，视频端口输出数字视频消隐值。消隐值是 10.0h 亮度（Y）采样和 80.0b 色度（Ch/Cr）采样。有效行期间，除非用 VBI 数据代替，否则也要输出垂直消隐值（当 V=1 时，SAV 和 EAV 之间的时间）。另外，如果 VDCTL 的 DVEN 的位为 0，那么消隐值就不属于显示图像的有效视频行的一部分。

3．Y/C 图像显示

Y/C 显示模式支持的许多标准提供隔行扫描和改进的扫描格式。对于隔行扫描显示，显示控制的编程方法与 BT.656 模式一样。对于改进的扫描格式，要根据单场的大小设置帧大小，只使用场1的大小。

Y/C 显示模式使用与 BT.656 显示模式相同的 FIFO 结构方式，并且用相同的方法产生 DMA 事件。

4．Y/C FIFO 拆包

显示数据在进入 FIFO 缓冲区时要封装成 64 位字，而在传送到显示数据流水线之前必须拆包。拆包和字节顺序要根据显示数据大小和设备端模式确定。对于小端模式（默认情况），数据从右向左拆分；对于大端模式，数据从左向右拆分。

8 位 Y/C 模式使用 3 个 FIFO 进行色彩分离。每个字要拆分为 4 个采样，如图 6-58 所示。

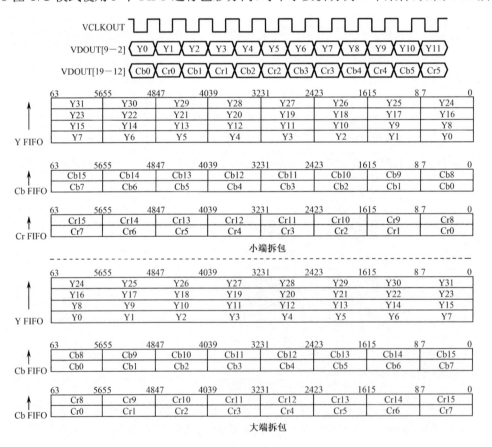

图 6-58 8 位 Y/C FIFO 拆包

对于 10 位方式，每个 FIFO 缓冲区字要拆分为 2 个采样，如图 6-59 所示。

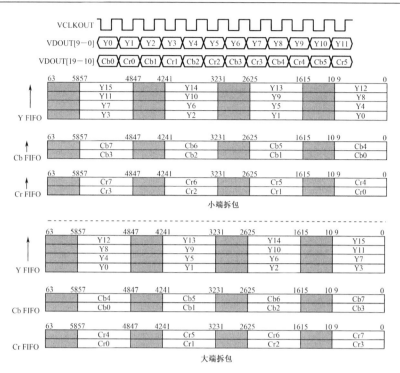

图 6-59 10 位 Y/C FIFO 拆包

在 10 位 Y/C 密集填充（dense-pack）模式下，每个 FIFO 缓冲区字要拆分为 3 个采样，如图 6-60 所示。

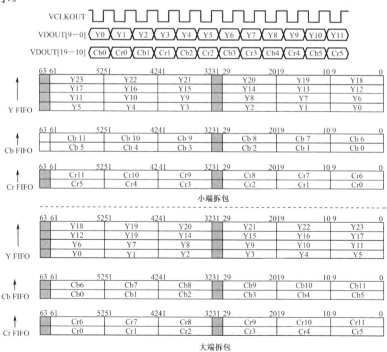

图 6-60 10 位紧密 Y/C FIFO 拆包

6.4.4　视频输出滤波

对输出的 8 位 BT.656 或 Y/C 数据，视频输出滤波器执行简单的硬件缩放和重新采样。对于 10 位或原始数据显示模式，滤波硬件则不起作用。

1．输出滤波模式

输出滤波器有四种工作方式：不滤波方式、2 倍缩放方式、色度重新采样方式和带有色度重新采样的 2 倍缩放方式。VDCTL 的 DMODE、SCALE 和 RESMPL 位决定了滤波器的工作方式。

表 6-28 列举了输出滤波器的四种可选方式。当选择 8 位 BT.656 或 Y/C 显示方式时（DMODE=x00），设置 SCALE 位可以选择缩放方式，设置 RESMPL 位可以选择色度重新采样方式。如果没有选择 8 位 BT.656 或 Y/C 显示方式（DMODE≠x00），那么就不能进行滤波。

表 6-28　可选的输出过滤方式

VDCTL 位			滤波操作
DMODE	RESMPL	SCALE	
x00	0	0	不滤波
x00	0	1	2 倍缩放
x00	1	0	色度重新采样（完全比例）
x00	1	1	色度重新采样的 2 倍缩放
x01	x	x	不滤波
x10	x	x	不滤波
x11	x	x	不滤波

2．色度重新采样方式

色度重新采样是根据相应的输出亮度采样来计算色度值的，而相应的输出亮度采样是基于输入离散色度采样得到的。滤波器可以完成离散 YCbCr 4:2:2 和复合 YCbCr 4:2:2 格式之间的转换。当把 YCbCr 4:2:0 转换为离散 YCbCr 4:2:2 格式时，垂直部分的转换必须借助软件完成。

色度重新采样过滤器利用亮度采样点计算 Cb 和 Cr 复合值，亮度采样点基于附近的离散 Cb 和 Cr 采样来确定。结果是输出前的取值范围在 01h 到 FEh 之间。色度重新采样如图 6-61 所示。

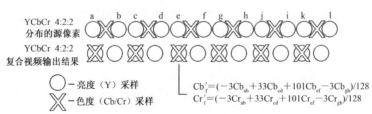

图 6-61　色度重新采样

3．缩放模式

2 倍缩放方式用于把亮度和色度输出数据的水平分辨率放大 2 倍，这样就可以按照完整大小输出 CIF 分辨率图像。垂直缩放必须用软件实现。复合数据源的缩放如图 6-62 所示，离散数据源的缩放如图 6-63 所示。

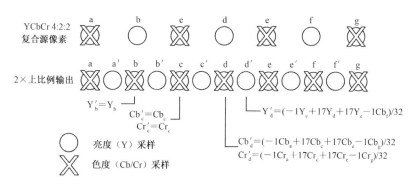

图 6-62　2 倍复合数据源放大

对于复合源每个偶数像素，源亮度像素在输出时不会改变（a、b、c 等，如图 6-62 所示）；奇数亮度像素（a′、b′、c′ 等）则利用临界的（偶数）像素，由 4 抽头滤波器生成。色度源像素输出时，每隔一个偶数像素都不会改变（如 a、c、e 等）；其他输出的偶数色度像素值则利用临界的源色度像素，由 4 抽头滤波器生成。

对于离散源数据，亮度输出与复合数据一样。色度输出要从两种不同系数中选择一个，由 4 抽头滤波器生成。这两种系数要根据与输出像素最近的源色度像素决定。注意：因为对输入只能进行 2 倍缩放，所以 CIF 源图像无法缩放后也达到完整的 BT.656 宽度输出。利用 HOFFSET 可以调整图像的水平位置。

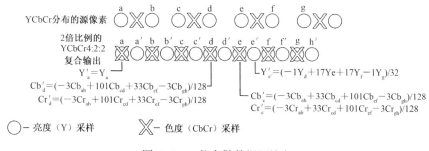

图 6-63　2 倍离散数据源放大

4．边界像素重现

因为在输出时使用 4 抽头滤波器，所以每行的第一和最后两个像素必须互为镜像。亮度滤波器（2 倍复合数据）使用镜像像素的过程，如图 6-64 所示。

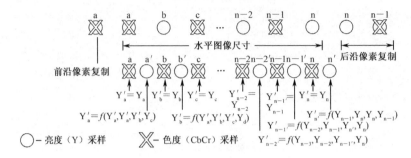

图 6-64 边界输出像素复制

把 2 倍离散亮度和色度边界分别复制为复合输出的例子，如图 6-65 和图 6-66 所示。

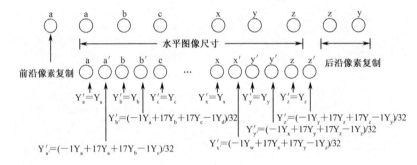

图 6-65 亮度边界复制

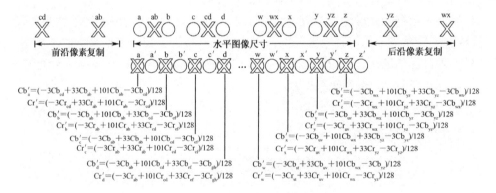

图 6-66 交替亮度边界复制

6.4.5 辅助数据显示

水平辅助（Horizontal Ancillary，HANC）和垂直辅助（Vertical ancillary，VANC，也称为消隐区间）数据不需要预先定义。

1．水平辅助（HANC）数据显示

只要在程序中设置 IMGHSIZEn，把 HANC 数据放在 SAV 码之前，普通的视频显示机制可以显示 HANC 数据。HANC 数据头必须是 FIFO 缓冲区中分离出的 YCbCr 数据的一部

分。程序中的 VCTHRLD 值和 DMA 大小必须包含额外采样值。为了防止数据丢失，在显示 HANC 数据时必须禁止缩放和色度重新采样。

2. 垂直辅助数据（VANC）显示

VANC（也称为 VBI）数据通常用于文字和字幕。显示 VBI 数据没有特殊的规定，只要在程序中设置 IMGVOFF，在有效视频的第一行之前加入 VBI 数据，普通的显示机制就可以显示 VBI 数据。注意：VBI 数据必须是 YCbCr 分离的。如果要显示 VBI 数据或防止滤波器破坏数据，就必须禁止缩放和色度重新采样。

6.4.6 原始数据显示模式

原始数据显示模式用于向 RAMDAC 或 D/A 类型设备输出数据，输出数据通常采用 RGB 格式。输出数据流中不嵌入时序信息，但输出可选的控制信号可以指定时序。原始数据显示包含一个同步双通道选项。该选项允许通道 B 采用与通道 A 相同的时钟和控制信号单独输出一个数据流。如果系统需要输出 24 位或 30 位 RGB，那么当需要使用系统中的第二个视频端口时，这种模式就能发挥作用了。

原始数据模式只使用一个 5120 字节的 FIFO 输出数据。首先 DMA 向原始数据 FIFO 填入数据，然后原始数据 FIFO 再向 Y FIFO 目的寄存器 A（YDSTA）写入数据。DMA 必须使用 YEVTA 事件。在原始同步模式下（设置 RSYNC 位），FIFO 分为大小为 2560 字节的 A 和 B 两个缓冲区。首先 DMA 向通道 B FIFO 填入数据，然后通道 B FIFO 再向 Y FIFO 目的寄存器 B（YDSTB）写入数据。利用通道 A 时序控制可以生成 YEVTA 和 YEVTB 事件。

1. 原始模式 RGB 输出支持

原始数据显示模式有特定的像素计数特性，这样就可以设置 FPCOUNT 的增长率，只有在发送 INCPIX 采样时，FPCOUNT 才会增加。如果使用该选项，那么当发送连续 RGB 采样时就可以正确跟踪显示像素。如果将 INCPIX 设置为 3，则表示一个像素要用 3 个输出采样来表示。

连续 RGB 采样输出同样也使用一个特定的 FIFO 拆分模式。当选择 8 位原始 3/4 拆分时（设置 VDCTL 的 RGBX 位），从每个字中选出 3 个输出字节，忽略第四个字节。这样视频端口就可以输出正确的数据格式，与内存中的 24 位 RGB 字的格式相同。

2. 原始数据 FIFO 拆包

显示数据进入 FIFO 缓冲区时总要封装为 64 位字，并且在送到显示数据流水线之前必须进行拆分。拆分和字节顺序依赖于显示数据的大小和设备的端模式。小端（默认情况）模式下，数据从右至左拆分；大端模式下，数据从左至右拆分。

8 位原始模式只使用一个数据 FIFO 缓冲区。每个字都拆分为 4 个采样, 如图 6-67 所示。

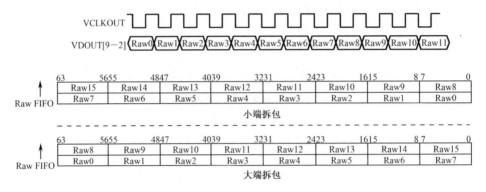

图 6-67　8 位原始数据 FIFO 拆包

对于 10 位方式, 每个 FIFO 字都要拆分为 2 个采样, 如图 6-88 所示。

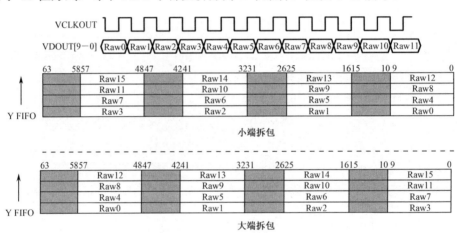

图 6-68　10 位原始数据 FIFO 拆包

在 10 位原始密集封装模式下, 每个 FIFO 字都要拆分为 3 个采样, 如图 6-69 所示。

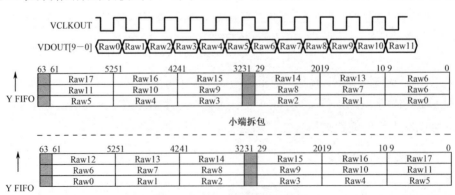

图 6-69　10 位原始密集数据 FIFO 拆包

在 16 位原始模式下，每个 FIFO 字都要拆分为 2 个采样，如图 6-70 所示。

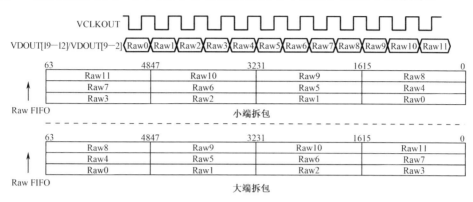

图 6-70　16 位原始数据 FIFO 拆包

在 20 位原始模式下，每个 FIFO 字都要拆分为 1 个采样，如图 6-71 所示。

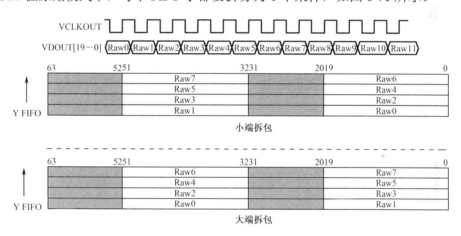

图 6-71　20 位原始数据 FIFO 拆包

在 8 位原始 3/4 模式中，每个 FIFO 字都要拆分为 3 个采样，剩下的字节将被忽略，如图 6-72 所示。

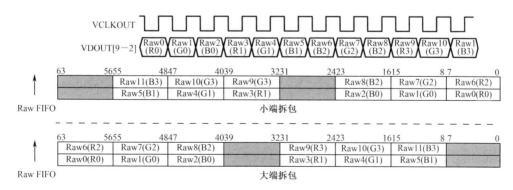

图 6-72　8 位原始数据 3/4 FIFO 拆包

在 10 位原始 3/4 模式中，每个 FIFO 字都要拆分为 3 个采样，剩下的半个字将被忽略，如图 6-73 所示。

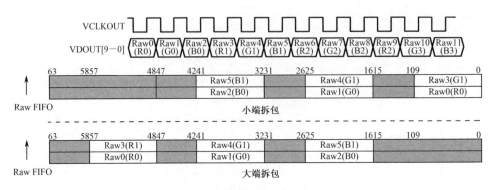

图 6-73   10 位原始数据 3/4 FIFO 拆包

6.4.7   视频显示场和帧操作

作为视频源，视频端口总要输出帧的全部数据和连续的视频控制信号。然而根据 DMA 结构，视频端口需要基于一场或一帧 DSP，以便更新视频端口寄存器或 DMA 的参数。为此，可以通过编程控制视频端口的显示过程。

1．显示确定和通告

目前不支持间断显示和单帧显示。

为了适应不同的显示场景、DMA 结构和处理流，视频端口使用一种灵活的显示和 DSP 通告系统。通过编程改变 VDCTL 中的 CON、FRAME、DF1 和 DF2 位可以实现这一功能。

CON 位可以控制显示多个场或帧。当 CON=1 时，可以显示连续视频，视频端口显示不需要与 DSP 交互就可以输出场（假定 VDEN 位已经设置）。这样使用内存中一个单独的显示缓冲区或一个可循环的 DMA 缓冲区结构作为显示 FIFO 缓冲区就可以了。当 CON=0 时，不能显示连续视频，视频端口根据其他显示控制位（FRAME、CD1 和 CD2）的状态，设置 VDSTAT 中的一个场或帧的显示完整位（F1D、F2D 和 FRMD）。只要设置了显示完整位，处理器就必须在限定的时间内更新相应的 DMA 参数，而后续的场或帧可能会输出无效的数据。在这种情况下，视频端口连续产生 DMA 请求，但是会产生一个显示完全未响应（Display Complete Not Acknowledged，DCNA）的中断，该中断表示 DMA 参数可能没有更新并且无效的数据正在向视频端口发送。

当一个场或帧无法显示时，不会发送任何该场或帧的 DMA 事件，虽然视频端口会产生全部时序，但是在显示图像窗口期间只输出默认的数据值，而不是输出显示 FIFO 缓冲区的数据。

与显示方式有关的 CON、FRAME、DF1 和 DF2 位的编码见表 6-29。

表 6-29 显示方式

VDCTL 位				方 式
CON	FRAME	DF2	DF1	
0	0	0	0	保留
0	0	0	1	不连续场 1 显示。只显示场 1，场 1 显示后会设置 F1D 位和 DCMPx 位。DSP 或 DCNA 中断出现时必须把 F1D 位清除。在下一个场 1 开始前，DSP 可以利用场 2 全部的时间将 F1D 位清除。也可用于单帧逐个显示（只作为内部时序码）。在下一个帧开始前，DSP 可以利用垂直消隐的时间将 F1D 清除
0	0	1	0	不连续场 2 显示。只显示场 2，场 2 显示后会设置 F2D 位和 DCMPx 位，DSP 或 DCNA 中断出现时必须把 F2D 位清除。在下一个场 2 开始前，DSP 可以利用场 1 全部的时间将 F1D 位清除
0	0	1	1	不连续显示场 1 和场 2，两个场都要显示，场 1 显示后会设置 F1D 位和 DCMPx 位。DSP 或 DCNA 中断出现时必须把位清除。在下一个场 1 开始前，可以利用场 2 全部的时间将 FID 位清除。场 2 显示后会设置 F2D 位和 DCMPx 位。DSP 或 DCNA 中断出现时必须把 F2D 位清除。在下一个场 2 开始前，DSP 可以利用场 1 全部的时间将 FID 位清除
0	1	0	0	不连续帧显示。两个场都要显示。场 2 显示后会设置 FRMD 位和 DCMPx 位。除非 FRMD 位被清除，否则在下一个帧完成后会引起 DCNA 中断。DSP 可以利用下一个帧全部的时间将 FRMD 清除
0	1	0	1	不连续逐个帧显示。显示场 1。场 1 显示后会设置 FRMD 位和 DCMPx 位。除非 FRMD 位被清除，否则在下一个帧完成后会引起 DCNA 中断。DSP 可以利用下一个帧全部的时间将 FRMD 清除。如果要使用外部控制信号，那么也要遵守逐步显示的格式
0	1	1	0	保留
0	1	1	1	单帧显示。两个场都要显示。场 2 显示后会设置 FRMD 位和 DCMPx 位。除非 FRMD 位被清除，否则会引起 DCNA 中断。DSP 可以利用场 2 到场 1 垂直消隐的时间将 FRMD 清除。
1	0	0	0	保留
1	0	0	1	连续场 1 显示。只显示场 1。场 1 显示后会设置 F1D 位和 DCMPx 位，可以禁止 DCMPx 中断。无论 F1D 的状态怎样，都不会发生 DCNA 中断
1	0	1	0	连续场 2 显示。只显示场 2。场 2 显示后会设置 F2D 位和 DCMPx 位，可以禁止 DCMPx 中断。无论 F2D 的状态怎样，都不会发生 DCNA 中断
1	0	1	1	保留
1	1	0	0	连续帧显示。两个场都要显示。场 2 显示后会设置 F2D 位和 DCMPx 位，可以禁止 DCMPx 中断。无论 FRMD 的状态怎样，都不会发生 DCNA 中断
1	1	0	1	连续逐个帧显示。显示场 1。场 1 显示后会设置 FRMD 位和 DCMPx 位。可以禁止 DCMPx 中断。无论 FRMD 的状态怎么样，都不会发生 DCNA 中断。除了 FRMD 位替换 F1D 位，其他的功能都与连续场 1 显示模式相同。如果要使用外部控制信号，那么也要遵守逐步显示的格式
1	1	1	0	保留
1	1	1	1	保留

注：目前还不支持间断显示和单帧显示

2．视频显示事件的产生

通过请求视频端口 DMA 事件，DMA 会把数据填入显示 FIFO 缓冲区中。VDTHRLD 值表示 FIFO 缓冲区当前所处的级别有多少空间接收另一个 DMA 的数据块。根据 DMA 的大小，FIFO 缓冲区在还未到达 VDTHRLD 级别时可以接收多条传输。一旦达到门限，只要 FIFO 缓冲区再次低于 VDTHRLD 级别，就会立刻产生 DMA 事件。

如果一个场所有的有效值已经发送到 FIFO 缓冲区，那么为了使 DSP 能改动 DMA，视频端口就要停止产生事件。因为还没有完整显示，FIFO 缓冲区在低于 YDTHRLD 之后内部的数据还会继续减少，所以显示事件计数器（Display Event Counter，DEVTCT）还会记录 YEVT 事件的请求数量。该计数器的初值是一个显示场（DISPEVT1 或 DISPEVT2）所需的事件的数量，每次请求事件时都会减少。一旦计数器减少为 0，后续的显示事件都将失效。当下一个场开始时，将重新设置 DEVTCT，显示事件也重新生效。

6.4.8 显示行边界条件

为了简化 DMA 传输，FIFO 缓冲区双倍字不包含超过一个显示行的数据。这样无论是输出 8 个字节之后还是符合行完成条件（IPCOUNT=IMGHSIZE），都必须执行一次 FIFO 缓冲区读取。因此每个显示行开头都要用 1 个双倍字作为边界，长度不是双倍字的行在末尾处都将被删除。图 6-74 所示就是这样的一个例子。

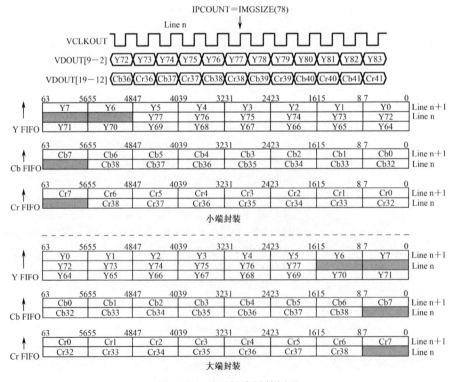

图 6-74 显示行边界的例子

在图 6-74 中（8 位 Y/C 模式），行的长度不是一个双倍字。当符合条件时，IPCOUNT=IMGHSIZE，将会忽略 FIFO 缓冲区双倍字剩余的字节，并输出默认的输出值。如果已经到了有效视频行的结尾，也可以输出消隐后的 EAV 码。之后，下一个视频行从下一个 FIFO 缓冲区位置的 0 字节开始。这种方式适用于所有的显示模式。

6.4.9　显示时序范例

以下介绍几种模式下输出显示数据的范例。

1. 隔行扫描 BT.656 时序范例

本范例是用 BT.656 模式输出一个 704×408 的隔行扫描图像，图像采用 MPEG 编码。水平输出时序如图 6-75 所示。假定从内部计数器变化到输出外部数据之间有两个 VCLK 流水线的延迟。不同显示模式实际的延迟可能比这个假定值大，也可能比假定值小。BT.656 有效行的宽度为 720 个像素。该例子中，屏幕中央的图像窗口为 704 个像素，IMGHOFFx 包含 8 个像素。

如图 6-75 所示，低态有效方式下会输出 HBLNK 和 HSYNC 信号。注意：实际情况中这两种信号只能出现一个。HBLNK 无效边界可能正好位于 856 号采样 SAV 的起始位置。如果设置了 HBDLA 位，HBLNK 无效边界也可能位于 0 号采样的位置（在 SAV 之后），但是 BT.656 模式既不使用 HBLNK，也不使用 HSYNC。

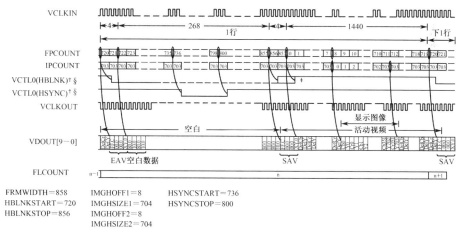

FRMWIDTH＝858　　IMGHOFF1＝8　　　HSYNCSTART＝736
HBLNKSTART＝720　IMGHSIZE1＝704　HSYNCSTOP＝800
HBLNKSTOP＝856　 IMGHOFF2＝8
　　　　　　　　 IMGHSIZE2＝704

*认为 VPCTL 中的 VCT0P 位被置，当 VDCTL 中的 VCTL0S 位置为 00 时，HSYNC 输出；
　当 VCTL0S 位置为 01 时，HBLNK 输出。

*当 VDHBLNK 中的 HBDLA 位置为 1 时，HBLNK 可调整。

*图表说明在计数器和输出信号中有一个两条流水线的延时。

图 6-75　隔行显示水平时序的例子

当显示第一个像素时（FPCOUNT=IMGHOFFx），IPCOUNT 要重新置为 0；显示最后一个像素时（IPCOUNT=IMGHSIZEx），IPCOUNT 要停止计数。在不显示期间 IPCOUNT

不需要计数，直到下一次 FPCOUNT=IMGHOFFx 的时间点 IPCOUNT 才会继续计数。当 IMGHSIZEx 或 FPCOUNT 重置后，IPCOUNT 也会立刻重置。

VDOUT 负责显示输出数据，输出的数据会在 EAV、消隐数据、SAV、默认数据和 FIFO 数据之间进行切换。这里假定设置了 VDCTL 中的 DVEN 位，以便能够进行默认输出。

隔行扫描 BT.656 垂直输出时序如图 6-76 所示。BT.656 有效场 1 的高度为 244 行，有效场 2 的高度为 243 行。图 6-76 所示例子中，在屏幕中央显示了一个 480 行的图像窗口。这样 IMGVOFFn 要包含 3 个行，而且因为在场 1 比场 2 多了一个有效行，所以在场 1 的末尾还会出现一个没有数据的行。

图 6-76 中，低态有效方式下会输出 VBLNK 和 VSYNC 信号。

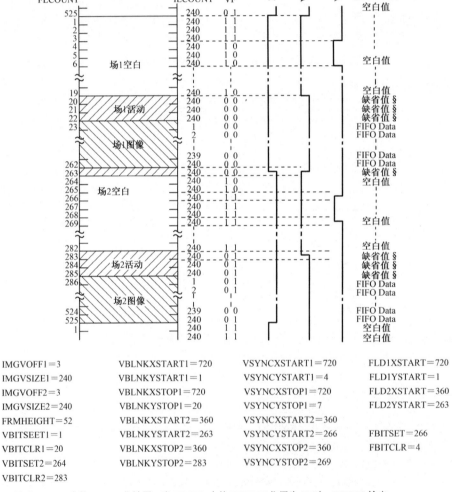

IMGVOFF1＝3	VBLNKXSTART1＝720	VSYNCXSTART1＝720	FLD1XSTART＝720
IMGVSIZE1＝240	VBLNKYSTART1＝1	VSYNCYSTART1＝4	FLD1YSTART＝1
IMGVOFF2＝3	VBLNKXSTOP1＝720	VSYNCXSTOP1＝720	FLD2XSTART＝360
IMGVSIZE2＝240	VBLNKYSTOP1＝20	VSYNCYSTOP1＝7	FLD2YSTART＝263
FRMHEIGHT＝52	VBLNKXSTART2＝360	VSYNCXSTART2＝360	
VBITSEET1＝1	VBLNKYSTART2＝263	VSYNCYSTART2＝266	FBITSET＝266
VBITCLR1＝20	VBLNKXSTOP2＝360	VSYNCXSTOP2＝360	FBITCLR＝4
VBITSET2＝264	VBLNKYSTOP2＝283	VSYNCYSTOP2＝269	
VBITCLR2＝283			

　*认为 VPCTL 中的 VCT1P 位被置，当 VDCTL 中的 VCTL1S 位置为 00 时，HSYNC 输出；
　　当 VCTL1S 位置为 01 时，HBLNK 输出。
　*如果 VDTCL 中的 DVEN 置为 1，否则将会输出空值。

图 6-76　BT.656 隔行显示垂直时序的例子

注意：实际情况中这两种信号只能出现一个。场 1 的 HBLNK 和 VSYNC 边界出现在一个有效水平行的末尾，因此它们的 XSTART/STOP 值设置为 360（消隐的起始）。

如果程序中将 VBITSET2 的值设置为 264，那么在数字消隐之前，垂直消隐要开始半个行，因此 VBLNKYSTART2 设置为 263。BT.656 模式既不使用 HBLNK，也不使用 HSYNC。

要在每个相似场起始（垂直消隐起始）时进行转换，就要建立 FLD 输出。例如要在第 4 和第 266 行进行 EAV[F]转换，需要在程序中把 FBITCIR 设置为 4，把 FBITSET 设置为 266，把 FLD1YSTART 设置为 1，把 FLD2YSTART 设置为 263。注意：如果 FLD2XSTRT 的值为 360，那么场指示器要在行输出的中途发生改变。

当显示第一行时即 FLCOUNT=VBLNKSTOPx+IMGVOFFx，ILCOUNT 要重新置为 0；当显示最后一个像素时即 IPCONT= IMGVSIZEx，ILCOUNT 要停止计数。在不显示期间 ILCOUNT 不需要计数，直到下一次 FLCOUNT=VBLNKSTOPx+IMGVOFFx 的时间点 ILCOUNT 才会继续计数；当 IMGVSIZEx 或 FPCOUNT 重置后，ILCOUNT 也会立刻重置。

有效水平输出列显示了在水平行的有效部分期间输出的数据。这里假定设置了 VDCTL 中的 DVEN 位，能够进行默认输出。

2. 隔行扫描原始显示范例

本范例使用原始数据模式输出同样的 704×408 隔行扫描图像。

水平输出时序如图 6-77 所示。假定从内部计数器变化到输出外部数据之间有两个 VCKL 流水线的延迟。不同显示模式实际的延迟可能比这个假定值大，也可能比假定值小。有效行的宽度为 720 个像素。图 6-77 中，屏幕中央的图像窗口位 704 个像素，IMGHOFFx 包含 8 个像素。

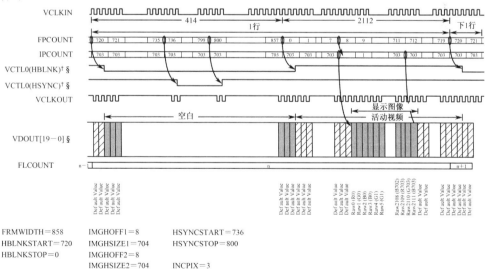

FRMWIDTH=858　　IMGHOFF1=8　　　HSYNCSTART=736
HBLNKSTART=720　IMGHSIZE1=704　HSYNCSTOP=800
HBLNKSTOP=0　　　IMGHOFF2=8
　　　　　　　　　　IMGHSIZE2=704　INCPIX=3

*认为 VPCTL 中的 VCT0P 位被置，当 VDCTL 中的 VCTL0S 位置为 00 时，HSYNC 输出；

　当 VCTL0S 位置为 01 时，HBLNK 输出。

*图表说明在计数器和输出信号中有一个两条流水线的延时。

图 6-77　原始隔行显示水平时序的例子

如图 6-77 所示，低态有效方式下会输出 VBLNK 和 VSYNC 信号。注意：实际情况中这两种信号只能出现一个。HBLNK 无效边界出现在 0 号采样上。

当显示一个像素时（FPCOUNT=IMGHOFFx），IPCOUNT 要重新置为 0；当显示最后一个像素时（IPCOUNT=IMGVSIZEx），ILCOUNT 要停止计数。因为在 VDTHRLD 中将 INCPIX 位的值设为 3，所以每隔 3 个上升边沿，IPCOUNT 和 FPCOUNT 计数器都要增加一次。

VDOUT 负责显示输出数据，输出数据会在默认数据和 FIFO 数据之间切换。像素数每增加一次，要在 VDOUT 上连续输出 3 个值。注意：在消隐和有效视频场中不显示图像的期间，都要输出默认值。

原始数据的垂直输出时序，如图 6-78 所示。该例子中同样输出一个 480 行的窗口。请注意：通常情况下，原始显示模式在显示器上都采用隔行扫描方式。该例子展示了更加复杂的隔行扫描实例。有效场 1 的高度是 242.5 行，有效场 2 的高度也是 242.5 行。在屏幕的中央显示一个 480 行的图像窗口。这样将出现包含 2 个行的 IMGVOFFn 和包含 3 个行的 IMGVOFF2，另外因为场 1 和场 2 的长度都不是整数，所以还会在场 1 的结尾和场 2 的起始处各出现没有数据的半个行。

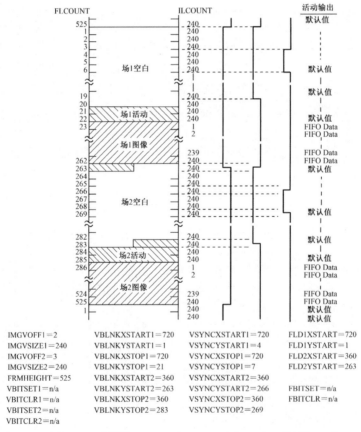

IMGVOFF1＝2	VBLNKXSTART1＝720	VSYNCXSTART1＝720	FLD1XSTART＝720
IMGVSIZE1＝240	VBLNKYSTART1＝1	VSYNCYSTART1＝4	FLD1YSTART＝1
IMGVOFF2＝3	VBLNKXSTOP1＝720	VSYNCXSTOP1＝720	FLD2XSTART＝360
IMGVSIZE2＝240	VBLNKYSTOP1＝21	VSYNCYSTOP1＝7	FLD2YSTART＝263
FRMHEIGHT＝525	VBLNKXSTART2＝360	VSYNCXSTART2＝360	
VBITSET1＝n/a	VBLNKYSTART2＝263	VSYNCYSTART2＝266	FBITSET＝n/a
VBITCLR1＝n/a	VBLNKXSTOP2＝360	VSYNCXSTOP2＝360	FBITCLR＝n/a
VBITSET2＝n/a	VBLNKYSTOP2＝283	VSYNCYSTOP2＝269	
VBITCLR2＝n/a			

*认为 VPCTL 中的 VCT1P 位被置，VBLNK 当 VDCTL 中的 VCTL1S 位置为 00 时，HSYNC 输出；
当 VCTL1S 位置为 01 时，HBLNK 输出。

图 6-78 原始隔行显示垂直时序的例子

如图 6-78 所示，低态有效方式下会输出 VBLNK 和 VSYNC 信号。场 1 的 VBLNK 和 VSYNC 边界出现在有效行的末尾，因此它们的 XSTART/XSTOP 值要设置为 720（消隐的起始）。而在场 2 中，VBLNK 和 VSYNC 边界出现在有效水平行的中间，因此它们的 XSTART/XSTOP 值要设置为 360。注意：实际情况中这两种信号只能出现一个。

如果要在每个相似场起始（垂直消隐起始）时进行转换，就要建立 FLD 输出。因为原始数据模式没有 EAV[F]，所以要把 FLD1YSTRT 设置为 1，把 FLD2YSTART 设置为 1，忽略 FBITCLR 和 FB1TSET。注意：因为把 FLD2XSTRT 设置为 360，所以场指示器要在行输出一半时发生改变。

有效水平输出列显示了在水平行的有效部分期间输出的数据。注意：因为在原始数据模式中没有消隐数据，所以所有无图像窗口行的有效区域都要输出默认数据。

3．Y/C 连续显示范例

本范例是一个采用连续显示方式的例子。在一个 1280×720/60 系统中，输出格式遵循 SMPTE 296M-2001 规格。该例要输出一个 1264×716 的连续输出图像。

水平输出时序如图 6-79 所示。假定从内部计数器变化到输出外部数据之间有两个 VCLK 流水线的延迟。不同显示模式实际的延迟可能比这个假定值大，也可能比假定值小。SMPTE 296M 60Hz 有效行的宽度为 1650 个像素。图 6-79 中，屏幕中央的图像窗口为 1264 个像素，这样将出现一个包含 8 个像素的 IMGHOFFx。

如图 6-79 所示，低态有效方式下会输出 HBLNK 和 HSYNC 信号。注意：实际情况中这两种信号只能出现一个，HBLNK 无效边界可能正好位于 1646 个像素，SAV 的起始位置。如果设置了 HBDLA 位，HBLNK 无效边界也可能位于 0 号采样的位置（在 SAV 之后），但是真正的 SMPTE 296M 模式既不使用 HBLND，也不使用 HSYNC。

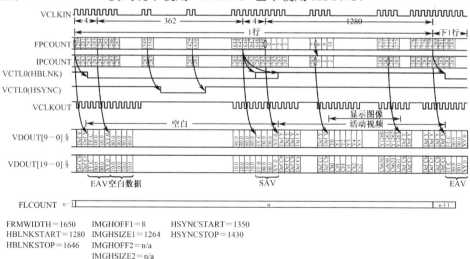

FRMWIDTH=1650	IMGHOFF1=8	HSYNCSTART=1350
HBLNKSTART=1280	IMGHSIZE1=1264	HSYNCSTOP=1430
HBLNKSTOP=1646	IMGHOFF2=n/a	
	IMGHSIZE2=n/a	

*认为 VPCTL 中的 VCT0P 位被置，当 VDCTL 中的 VCTL0S 位置为 00 时，HSYNC 输出；

　当 VCTL0S 位置为 01 时，HBLNK 输出。

*当 VBHBLNK 中的 HBDLA 位置为 1 时 HBLNK 可调整。

*图表说明在计数器和输出信号中有一个两条流水线的延时。

图 6-79　Y/C 隔行显示水平时序的例子

当显示第一个像素时（FPCOUNT=IMGHOFFx），IPCOUNT 要重新置为 0；显示最后一个像素时（IPCOUNT=IMGHSIZEx），IPCOUNT 要停止计数。在不显示期间 IPCOUNT 不需要计数，直到下一次 FPCOUNT=IMGHOFFx 的时间点 IPCOUNT 才会继续计数；当 IMGHSIZEx 或 FPCOUNT 重置后，IPCOUNT 也会立刻重置。

VDOUT 负责显示输出数据，输出数据会在 EAV、消隐数据、SAV、默认数据和 FIFO 数据之间进行切换。这里假定设置了 VDCTL 中的 DVEN 位，以便能够进行默认输出。

垂直输出时序如图 6-80 所示。SMPTE 296M 一个有效场 1 的高度是 720 行。该例子中，在屏幕中央显示了一个 716 行的图像窗口，这样会出现包含 3 个行的 IMGVOFFn，在场的末尾还会出现一个没有数据的行。

图 6-80 中，低态有效方式下会输出 VBLNK 和 VSYNC 信号。注意：实际情况中这两种信号只能出现一个。HBLNK 和 VSYNC 边界出现在一个有效水平行的末尾，因此它们的 XSTART/XSTOP 值设置为 1280（消隐的起始）。程序中场 2 垂直时序起始和终止寄存器的值要大于 750。因为 FLCOUNT 永远也无法达到这个值，所以不会发生额外的 VNLNK 或 VSYNC 转换。对于真正的 SMPTE 296 模式，既不使用 VBLKN,也不使用 VSYNC。

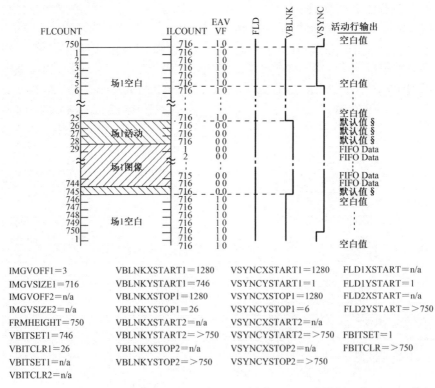

IMGVOFF1＝3　　　VBLNKXSTART1＝1280　　VSYNCXSTART1＝1280　　FLD1XSTART＝n/a
IMGVSIZE1＝716　　VBLNKYSTART1＝746　　VSYNCYSTART1＝1　　FLD1YSTART＝1
IMGVOFF2＝n/a　　VBLNKXSTOP1＝1280　　VSYNCXSTOP1＝1280　　FLD2XSTART＝n/a
IMGVSIZE2＝n/a　　VBLNKYSTOP1＝26　　VSYNCYSTOP1＝6　　FLD2YSTART＝>750
FRMHEIGHT＝750　　VBLNKXSTART2＝n/a　　VSYNCXSTART2＝n/a　　FBITSET＝1
VBITSET1＝746　　VBLNKYSTART2＝>750　　VSYNCYSTART2＝>750　　FBITCLR＝>750
VBITCLR1＝26　　VBLNKXSTOP2＝n/a　　VSYNCXSTOP2＝n/a
VBITSET1＝26　　VBLNKYSTOP2＝>750　　VSYNCYSTOP2＝>750
VBITCLR2＝n/a

*认为 VPCTL 中的 VCT1P 位被置，VBLNK 当 VDCTL 中的 VCTL1S 位置为 00 时，HSYNC 输出；
　当 VCTL1S 位置为 01 时，HBLNK 输出。

*如果 VDCTL 中的 DVEN 置为 1，否则将会输出空值。

图 6-80　Y/C 隔行显示垂直时序的例子

要在每个帧起始时进行低态转换，就要建立 FLD 输出。因为 FLD2YSTART 的值永远无法达到，所以 FLD 输出始终保持在低态。

当显示第一行时（FDCOUNT=VBLNKSTOPx+IMGVOFFn），ILCOUNT 要重新置为 0；当显示最后一个像素时（IPCOUNT=IMGVSIZEx），ILCOUNT 要停止计数。在不显示期间 ILCOUNT 不需要计数，直到下一次 FLCOUNT=VBLNKSTOPx+IMGVOFFn 的时间点 ILCOUNT 才会继续计数；当 IMGVSIZEx 或 FPCOUNT 重置后，ILCOUNT 也会立刻重置。

有效水平输出列显示了在水平行的有效部分期间输出的数据。这里假定设置了 VDCTL 中的 DVEN 位，能够进行默认输出。

6.4.10 BT.656 或 Y/C 模式下的视频显示

用 BT.656 或 Y/C 格式显示视频，需要按照如下步骤进行设置：

（1）在 VDFRMSZ 中设置帧大小。设置每个帧包含的行的数目（FRMHIGHT）以及每行包含的像素的数目（FRMWIDTH）。

（2）在 VDHBLNK 中设置水平消隐。指定水平消隐的起始（HBLNKSTART）和结束的位置（HBLNKSTOP）分别对应的帧像素计数器和像素值。

（3）在 VDVBIT1 中为场 1 设置 V 位时序。指定 V 位清除（VBITCLR1）和置位（VBITSET1）分别对应的行。

（4）如果需要外部信号 VBLNK，那么就要在 VDVBLKS1 中为场 1 设置 VBLNK 起始。指定在场 1 中 VBLNK 变为有效的位置分别对应的帧行计数器（VBNKYSTART1）和帧像素计数器（VBLNKXSTART1）的像素值。在 VDVBLKE1 中为场 1 设置 VBLNK 结束。指定在场 1 中 VBLNK 变为无效的位置分别对应的帧行计数器（VBLNKYSTOP1）和帧像素计数器（VBLNKXSTOP1）的像素值。

（5）在 VDVBIT2 中为场 2 设置 V 位时序。指定将 V 位清除（VBITCLR2）和置位（VBITSET2）分别对应的行。

（6）如果需要外部信号 VBLNK，那么就要在 VDVBLKS2 中为场 2 设置 VBLNK 起始。指定在场 2 中 VBLNK 变为有效的位置分别对应的帧行计数器（VBLNKYSTART2）和帧像素计数器（VBLNKXSTART2）的像素值。在 VDVBLKE2 中为场 2 设置 VBLNK 结束。指定在场 2 中 VBLNK 变为无效的位置分别对应的帧行计数器（VBLNKYSTOP2）和帧像素计数器（VBLNKXSTOP2）的像素值。

（7）设置 VDIMGSZn。利用设置 HSIZE 和 VSIZE 位，调整显示图像的大小。

（8）设置 VDIMOFF。利用设置 HOFFSET 和 VOFFSET，调整显示图像在有效视频区域内的位移。

（9）设置 VDFBIT 中的 F 位时序。指定将 F 位清除（FBITCLR）和置位（FBITSET）分别对应的行。

（10）如果需要外部 FLD 输出，那么就要设置视频显示场 1 时序，指定 FLD 变为无效（VDFLDT1）的位置分别对应的行和像素。设置视频显示场 2 时序，指定 FLD 变为有效（VDFLDT2）的位置分别对应的行和像素。

（11）设置 VDCLIP。对于低级视频剪辑的默认值是 16。对于高级剪辑，Y 的值为 235，Cb 和 Cr 的值为 240。

（12）配置 DMA，用于将 DSP 内存中 Y 缓冲区的数据转移到 YDSTA，内存映射的 Y 显示 FIFO 缓冲区。该传输过程要由 YEVT 触发。

（13）配置 DMA，用于将 DSP 内存中 Cb 缓冲区的数据转移到 CBDST，内存映射的 Cb 显示 FIFO 缓冲区。该传输过程要由 CbEVT 触发。传输的大小要设置为 Y 传输大小的一半。

（14）配置 DMA，用于将 DSP 内存中 Cr 缓冲区的数据转移到 CRDST，内存映射的 Cr 显示 FIFO 缓冲区。该传输过程要由 CrEVT 触发。传输的大小要设置为 Y 传输大小的一半。

（15）设置 VDDISPEVT 中的 DISPEVT1 和 DISPEVT2 位。每个 Y DMA 包含的完整双倍字除以每个场包含的完整取倍字，结果就是事件的数目。

（16）如果需要可以写 VPIE，开启（DUND）中断和完整显示（DCMP）中断。

（17）写 VDTHRLD，设置显示 FIFO 缓冲区门限（VDTHRLD 位）。

（18）写 VDCTL，完成如下设置：

- 设置显示模式（DMODE=00x 表示 BT.656 输出；10x 表示 Y/C 输出）；
- 设置所需场或帧的模式（CON、FRAME、DF1、DF2 位）；
- 选择控制输出（VCTL0S、VCTL1S、VCTL2S 位）或外部同步输入（HXS、VXS、FXS 位）；
- 如果需要并处于 8 位模式，开启缩放（SCALE 和 RESMPL 位）；
- 如果条件允许，选择 10 位拆分模式（DPK 位）；
- 设置 VDEN 位开启显示。

（19）为了使显示计数器和控制信号同步，要等待 2 个或更长的帧的时间。

（20）写 VDCTL，将 BLKDIS 位清空。

（21）当 BLKDIS=0 并且第一个选中的场开始后，在第一个帧开始时开启显示。VDTHRLD 和 DEVTCT 计数器会触发 DMA 事件。当选中的场已经显示后（FLCOUNT= FRMHEIGHT 和 FPCOUNT= FRMWIDTH），要设置相应的 F1D、F2D 或 FRMD 位，进而还要设置 VPIS 中的 DCMP 位。如果还开启了 VPIE 中的 DCMP 位，那么将会产生一个 DSP 中断。

（22）如果开启连续显示，那么在下一个场或帧起始的位置，视频端口再次开始显示。如果开启间断场1和2或帧显示，那么在显示下一个场或帧期间，DSP 必须将相应的完整状态位清除，否则会产生 DCNA 中断，并输出无效的数据。

6.4.11 原始数据模式下的视频显示

1. 在原始数据模式下视频显示的步骤

（1）在 VDFRMSZ 中设置帧大小。设置每个帧包含行的数目（FRMHIGHT）和每个行包含像素的数目（FRMWIDTH）。

（2）在 VDHBLNK 中设置水平消隐。指定水平消隐的起始（HBLNKSTART）和结束的位置（HBLNKSTOP）分别对应的帧像素计数器和像素的值。

（3）在 VDVBLKSI 中为区域 1 设置垂直消隐起始。指定区域 1 中垂直消隐起始处分别对应的帧行计数器（VBLNKYSTART1）和帧像素计数器（VBLNKXSTART1）的像素值。

（4）在 VDVBLKE1 中为场 1 设置垂直消隐结束。指定场 1 中垂直消隐结束处分别对应的帧行计数器（VBLNKYSTOP1）和帧像素计数器（VBLNKXSTOP1）的像素值。

（5）在 VDVBLKS2 中为场 2 设置垂直消隐起始。指定场 2 中垂直消隐起始处分别对应的帧行计数器（VBLNKYSTART2）和帧像素计数器（VBLNKXSTART2）的像素值。

（6）在 VDVBLKE2 中为场 2 设置垂直消隐结束。指定场 2 中垂直消隐结束处分别对应的帧行计数器（VBLNKYSTOP2）和帧像素计数器（VBLNKXSTOP2）的像素值。

（7）在 VDVSYNS1 中为场 1 设置垂直同步起始。指定场 1 中垂直同步起始处分别对应的帧行计数器（VSYNCYSTART1）和帧像素计数器（VSYNCXSTART1）的像素值。

（8）在 VDVSYNE1 中为场 1 设置垂直同步结束。指定场 1 中垂直同步结束处分别对应的帧行计数器（VSYNCYSTOP1）和帧像素计数器（VSYNCXSTOP1）的像素值。

（9）在 VDVSYNS2 中为场 2 设置垂直同步起始。指定场 2 中垂直同步起始分别对应的帧行计数器（VSYNCYSTART2）和帧像素计数器（VSYNCXSTART2）的像素值。

（10）在 VDVSYNE2 中为场 2 设置垂直同步结束。指定场 2 中垂直同步结束处分别对应的帧行计数器（VSYNCYSTOP2）和帧像素计数器（VSYNCXSTOP2）的像素值。

（11）在 VDHSYNC 中设置水平同步。指定 HSYNC 启动处（HSYNCYSTART）帧像素计数器的值和在帧像素时钟内 HSYNC 脉冲（HSYNCSTOP）的幅度。

（12）设置视频显示场 1 时序。指定在 VDFLDT1 中场 1 的第一个行和像素。

（13）设置视频显示场 2 时序，指定在 VDFLDT2 中场 2 的第一个行和像素。

（14）配置 DMA，用于将 DSP 内存中表的数据转移到 YDSTA（内存映射的显示 FIFO 缓冲区）。该传输过程要由 YEVT 触发。

（15）设置 VDDISPEVT 中的 DISPEVT1 和 DISPEVT2 位。每个 Y DMA 包含的完整双倍字除以每个场包含的完整双倍字，结果就是事件的数目。

（16）写 VPIE，开启（DUND）中断和完整显示（DCMP）中断。

（17）写 VDTHRLD，设置显示 FIFO 缓冲区门限（VDTHRLD 位）和 FPCOUNT 的增长率（INCPIX 位）。

（18）写 VDCTL，完成如下设置：

- 设置显示模式（DMODE= 01x 表示 8 或 10 位输出；11x 表示 16 或 20 位输出）；
- 设置所需场或帧的模式（CON、FRAME、DF1、DF2 位）；
- 选择控制输出（VCTL0S、VCTL1S、VCTL2S 位）或外部同步输入（HXS、VXS、FXS 位）；
- 如果条件允许，选择 10 位拆分模式（DPK 位）；
- 设置 VDEN 位开启显示。

（19）为了使显示计数器和控制信号同步，要等待 2 个或更长的帧的时间。

（20）写 VDCTL，将 BLKDIS 位清空。

（21）当 BLKDIS=0 并且第一个选中的场开始后，在第一个帧开始时开启显示。VDTHRLD 和 DEVTCT 计数器会触发 DMA 事件。当选中的场已经显示后（FLCOUNT= FRMHEIGHT 和 FPCOUNT=FRMWIDTH），要设置相应的 F1D、F2D 或 FRMD 位，进而还要设置 VPIS 中的 DCMP 位。如果还开启了 VPIE 中的 DCMP 位，那么将会产生一个 DSP 中断。

（22）如果开启连续显示，那么在下一个场或帧起始的位置，视频端口再次开始显示。如果开启间断场1和2或帧显示，那么在显示下一个场或帧期间，DSP 必须将相应的完整状态位清除，否则会产生 DCNA 中断，并输出无效的数据。

2．处理显示 FIFO 的欠载状态

在一个有效显示行期间，如果显示 FIFO 缓冲区的数据为空，那么由于处理中的 DMA 请求不能及时获取数据，所以会产生一个 FIFO 欠载状态。在 FIFO 欠载状态下，VPIS 内的 DUND 位将置为1。如果开启了欠载中断（设置 VPIE 内的 DUND 位），就会引起一次 DSP 中断。

因为通常情况视频显示是连续的实时输出，所以当 FIFO 欠载发生时数据输出并不会停止。无论是输出一段默认的消隐数据还是输出一段旧的数据，对于视频显示来说都不是好事情。为了解决这个问题，FIFO 一边继续向前移动指针，一边继续从 FIFO 中输出（旧的）数据。这样做的好处是，如果处理中的 DMA 请求推迟的时间不长，那么数据传输还有机会调回 FIFO 的读指针并显示正确的数据。如果处理中的 DMA 请求在有效的门限下无法完成服务，那么就会打乱 DMA 的请求序列，剩余的显示区域就会被破坏。

欠载中断程序要设置 VDCTL 中的 BLKDIS 位，并且要重新配置 DMA 通道。设置 BLKDIS 位将会清除通道显示 FIFO，并且阻止通道 DMA 事件到达 DMA 控制器。因为当前帧传输失败，所以为了显示下一个帧，必须正确配置 DMA。帧行和帧像素计数器会继续计数，视频显示模块会从一个设定的基准点继续正常地显示功能，在 BT.656 或 Y/C 模式下产生 SAV 或 EAV 码，发送默认数据值。之后，为了重新开启 DMA 事件，需要清除 BLKDIS 位。清除 BLKDIS 时，当前显示的帧并不会立即开启 DMA 事件，只有在此之后的帧才会触发 DMA 事件。

6.4.12 视频显示寄存器

表 6-30 所示列举了视频显示模式的控制寄存器。在视频口用户手册《TMS320C64x DSP Video Port/VCXO Interpolated Control（VIC）Port Reference Guide》中可以查到这些寄存器的内存地址及其详细说明。

表 6-30 视频显示控制寄存器

寄存器名称	缩 写	位 移 地 址
视频显示状态寄存器	VDSTAT	200h
视频显示控制寄存器	VDCTL	204h
视频显示帧大小寄存器	VDFRMSZ	208h

续表

寄存器名称	缩　写	位 移 地 址
视频显示水平消隐寄存器	VDHBLNK	20Ch
视频显示场 1 垂直消隐起始寄存器	VDVBIXS1	210h
视频显示场 1 垂直消隐终止寄存器	VDVBLKE1	214h
视频显示场 2 垂直消隐起始寄存器	VDVBLKS2	218h
视频显示场 2 垂直消隐终止寄存器	VDVBLKE2	21Ch
视频显示场 1 图像位移寄存器	VDIMGOFF1	220h
视频显示场 1 图像大小寄存器	VDIMGSZ1	224h
视频显示场 2 图像大小寄存器	VDIMGOFF2	228h
视频显示场 2 图像位移寄存器	VDIMGSZ2	22Ch
视频显示场 1 时序寄存器	VDFLDT1	230h
视频显示场 2 时序寄存器	VDFLDT2	234h
视频显示门限寄存器	VDTHRLD	238h
视频显示水平同步寄存器	VDHSYNC	23Ch
视频显示场 1 垂直同步起始寄存器	VDVSYNS1	240h
视频显示场 1 垂直同步终止寄存器	VDVSYNE1	244h
视频显示场 2 垂直同步起始寄存器	VDVSYNS2	248h
视频显示场 2 垂直同步终止寄存器	VDVSYNE2	24Ch
视频显示计数器重载寄存器	VDRELOAD	250h
视频显示事件寄存器	VDDISPEVT	254h
视频显示剪辑寄存器	VDCLIP	258h
视频显示默认显示值寄存器	VDDEFVAL	25Ch
视频显示垂直中断寄存器	VDVINT	260h
视频显示场位寄存器	VDFBIT	264h
视频显示场 1 垂直消隐位寄存器	VDVBIT1	268h
视频显示场 2 垂直消隐位寄存器	VDVBIT2	26Ch

*在设备或端口的说明书中对这些寄存器的绝对地址有详细的说明。绝对地址=基准地址+位移

表 6-31 所示列举了 BT.656 输出下，视频显示寄存器推荐的取值（十进制）范例。

表 6-31　视频显示寄存器推荐取值

寄 存 器	字 段	525/60 值	625/60 值
VDFRMSZ	FRMWIDTH	858	864
	FRMHEIGHT	525	625
VDHBLNK	HBLNJSTART		720
	HBLNKSTOP	856	862

寄 存 器	字 段	525/60 值	625/60 值
VDVBLKS1	VBLNKXSTART1	720*	720*
	VBLNKYSTART1	1*	624*
VDVBLKE1	VBLNKXSTOP1	720*	720*
	VBLNKYSTOP1	20*	30*
VDVBLKS2	VBLNKXSTART2	360*	360*
	VBLNKYSTART2	263*	311*
VDVBLKE2	VBLNKXSTOP2	360*	360*
	VBLNKYSTOP2	283*	336*
VDFLDT1	FLD1XSTART	720*	720*
	FLD1YSTART	1*	1*
VDFLDT2	FLD2YSTART	360*	360*
	FLD2YSTART	263*	313*
VDHSYNC	HSYNCSTART	736	732*
	HSYNCSTOP	800	782*
VDVSYNS1	VSYNCXSTART1	720*	720*
	VSYNCYSTART1	4*	1*
VDVSYNS1	VSYNCXSTOP1	720*	360*
	VSYNCYSTOP1	7*	3*
VDVSYNS2	VSYNCXSTART2	360*	360*
	VSYNCYSTART2	266*	313*
VDVSYNS2	VSYNCXSTOP2	360*	720*
	VSYNCYSTOP2	269*	316*
VDFBIT	FBITCLR	4	1
	FBITSET	266	313
VDVBIT1	VBITSET1	1	624
	VBITCLR1	20	23
VDVBIT2	VBITSET2	264	311
	VBITCLR2	283	336

*如果使用外部控制信号，只需要编程设置即可。

表 6-32 列举了显示 FIFO 映射的寄存器。这些寄存器提供对显示 FIFO 的 DMA 写访问。为了提供高速访问，应该把这些伪寄存器映射到 DSP 内存空间，而不是映射到配置寄存器空间。在器件说明书手册中可以查到这些寄存器的地址。

表 6-32 视频显示 FIFO 寄存器

寄存器名称	缩 写	偏移地址*
Y FIFO 目的寄存器 A	YDSTA	20h
Cb FIFO 目的寄存器	CBDST	28h
Cr FIFO 目的寄存器	CRDST	30h
Y FIFO 目的寄存器 B	YDSTB	20h

*寄存器的绝对地址由设备或端口指定，绝对地址= FIFO 基本地址+偏移地址。要确定寄存器的地址可以查看器件说明书手册。

表 6-33 列举了视频显示 FIFO 寄存器的功能。

在 BT.656 或 Y/C 显示模式下，通过与内存映射的 YDSTx、CBDST 和 CRDST 寄存器，三个 DMA 把数据从 DSP 内存分别移动到 Y、Cb 和 Cr 显示 FIFO。DMA 传输分别由 YEVT、CbEVT 和 CrEVT 事件触发。

表 6-33　视频显示 FIFO 寄存器功能

寄存器	说　　明	
	BT.656 和 Y/C	原始数据
YDSTx	把 Y 显示 FIFO 映射到 DSP 内存	把数据显示缓冲区映射到 DSP 内存
CBDST	把 Cb 显示 FIFO 映射到 DSP 内存	不使用
CRDST	把 Cr 显示 FIFO 映射到 DSP 内存	不使用

在原始数据显示模式下，通过与内存映射的 YDSTx 寄存器，只用一个 DMA 通道把数据从 DSP 内存移动到 Y 显示 FIFO，DMA 传输由 YEVT 事件触发。

视频显示 FIFO 寄存器是"只写"的。读取地址返回的是属性值，并不会影响显示 FIFO 的状态。

6.5　通用 I/O 操作

视频端口不用作显示或者捕获的引脚，可以作为通用输入/输出（GPIO）引脚。GPIO 寄存器集合包括一些必须的寄存器集合，如外设标识以及仿真控制。GPIO 寄存器在表 6-34 中列出，这些寄存器的详细说明可查看视频口的用户手册《TMS320C64x DSP Video Port/VCXO Interpolated Control（VIC）Port Reference Guide》得到。

表 6-34　视频端口寄存器

寄存器名称	缩　　写	偏移地址
视频端口外设标识寄存器	VPPID	00h
视频端口电源管理寄存器	PCR	04h
视频端口引脚功能寄存器	PFUNC	20h
视频端口 GPIO 管理控制寄存器	PDIR	24h
视频端口 GPIO 数据输入寄存器	PDIN	28h
视频端口 GPIO 数据输出寄存器	PDOUT	2Ch
视频端口 GPIO 数据配置寄存器	PDSET	30h
视频端口 GPIO 数据清除寄存器	PDCLR	34h
视频端口 GPIO 允许中断寄存器	PIEN	38h
视频端口 GPIO 中断极性寄存器	PIPOL	3Ch
视频端口 GPIO 中断状态寄存器	PISTAT	40h
视频端口 GPIO 中断清除寄存器	PICLR	44h

6.6 VCXO 内插控制端口

VCXO 内插控制（VIC）端口提供单比特内插 VCXO 控制，其分辨率从 9 位到 16 位。内插的频率取决于所需的分辨率。当在 TSI 模式下使用视频端口时，VIC 端口用于控制 MPEG 传输流的系统时钟和 VCXO，如图 6-81 所示。

VIC 端口支持以下特性：

- 单比特内插 VCXO 控制；
- 9 至 16 位的可编程精度。

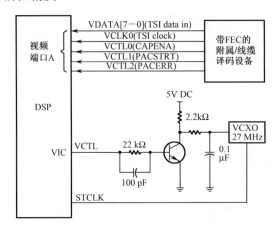

图 6-81　TSI 系统框图

（1）接口

VIC 端口的 3.3V 的输入/输出引脚如下所示：

- VCTL：输出的 VCXO 控制；
- STCLK：输入系统时间时钟。

（2）操作细节

在实时数字数据传递系统中，同步是解码和提交数据的一个重要方面。它在传送定时信息的 MPEG 传输数据包中选定字节进行编址，它在接收系统当中可以作为计时参考用。一个 27MHz 的时钟所对应的程序设计时钟（PCR）头在位流中进行传输，如图 6-82 所示，表示从传输译码器的比特流中读字节的期望时间。例如一个 42 位域，在 27MHz 从 0 到 299 的 9 bit 时钟周期，每当 9 位域达到了 299 时其他 33 位域每次增加 1。传输数据包和服务器系统时钟同步。

图 6-82　可编程时钟基准头格式

视频端口和 VIC 端口一起使用复合的软硬件来解决同步传输系统时钟（STC）和位流传输参考时钟的问题。视频端口使用一个硬件计数器来计算系统时间。这个计数器通过外部 VCXO 来输入系统时间，通过 VIC 端口进行控制。接收数据包时，视频端口捕获计数器的一个快照（时间戳）。软件通过这个时间戳来确定系统时间和服务器时间之间的偏差，然后通过 VIC 端口的 VCTL 输出来保持同步。

无论何时收到带有 PCR 的数据包，系统都会通过软件来比较这个数据包的时间戳和 PCR 值。软件通过 PLL 来保持 STCLK 和系统时间的同步。DSP 更新 VIC 输入寄存器（VICIN）和 VCTL 输出控制系统时钟 VCXO。

如果 f 表示进入位流的 PCR 频率，VCTL 输出的插入率 R 如式（6-1）所示，这里 k 由指定的 β 决定：

$$R = kf \tag{6-1}$$

k 和 β 之间的关系如式（6-2）所示：

$$k > \sqrt[3]{((\pi^2(2^\beta - 1)^2)/3)} \tag{6-2}$$

表 6-35 给出了 f 修正为 40kHz 时不同的 β 所对应的一些 k 和 R 值，一旦确定了一个适当的插入频率，时钟分频器也同时被设置。

表 6-35　插值速率取值的例子

β	k	R
9	96.0	3.8MHz
10	151.0	6.0MHz
11	240.0	9.6MHz
12	381.1	15.2MHz
13	605.0	24.2MHz
14	960.0	38.4MHz
15	1523.0	60.9MHz
16	2418.0	96.7MHz

（3）使能 VIC 端口

通过下面的步骤来使能 VIC 端口：

① 清零 VIC 控制寄存器（VICCTL）的 GO 位。

② 设置 VICCTL 的 PRECISION 位为一个期望的精度。

③ 根据精度和内插频率，设置 VIC 时钟分频寄存器（VICDIV）的位为一个适当的值。

④ 设置 VICCTL 的 GO 位为 1。

⑤ 每当新的输入内插编码可用时写入 VIC 输入寄存器（VICIN）。根据需要重复第 3 步。

（4）VIC 端口寄存器

VIC 端口寄存器在表 6-36 中列出，这些寄存器的详细说明参见视频口的用户手册《TMS320C64x DSP Video Port/VCXO Interpolated Control（VIC）Port Reference Guide》，限于篇幅，这里不再赘述。

表 6-36 VIC 端口寄存器

寄存器名称	缩　写	偏移地址
VIC 控制寄存器	VICCTL	00h
VIC 输入寄存器	VICIN	04h
VIC 时钟分频寄存器	VICDIV	08h

6.7　视频端口应用实例

下面以一个视频采集、存储及回放模块的例子来说明视频端口的使用方法。该模块视频采集回放部分电路图如图 6-83 所示。解码芯片采用的是 SAF7113，编码芯片采用的是 ADV7179。DM642 通过其 I²C 口对视频芯片进行参数配置。从 CCD 摄像头采集到的模拟视频信号经过解码芯片转换为数字视频信号，送入视频捕获口 VP0，DM642 将接收到的数字视频信号通过 IDE 接口存储到本地硬盘。视频回放时，DM642 的视频显示口 VP2 将数字视频信号经过编码芯片转换为模拟视频信号，送至显示器回放。

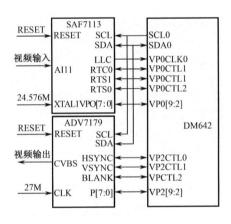

图 6-83　视频采集回放部分电路图

VP0 设定为捕获模式，捕获视频大小 288×352。视频端口设定为两行数据触发一次 EDMA 事件，每帧图像触发 144 次 EDMA 事件，每帧图像结束触发一个 EDMA 中断，通知 CPU 处理图像。VP2 设定为显示模式，输出 PAL 制式黑白图像。下面的程序都是实际工程中调试验证的代码，仔细阅读并理解这些代码是迅速掌握视频口用法的捷径。

（1）VP0 视频捕获口配置程序如下：

```
#include <csl.h>
#include <csl_vp.h>
VP_Handle hVP0;
void VP0_EDMA (void);
void VP0_init (void)
```

```
{
 VP_ConfigPort  DM642_VP0={
     0x00000000,  //VPCTL Register
     0x00000000,  //VPIE Register
     0x00000000   //VPIS Register
 };
 VP_ConfigCaptureChA DM642Capture_channelA={
     0x000E00D4, //VCACTL Register
     0x00010000, //VCASTRT1 Register YSTART1=1,XSTART1=0
     0x0120015f, //VCASTOP1 Register,YSTOP1=288,XSTOP1=352
     0x00000000, //VCASTRT2 Register YSTART2=0,XSTART2=0
     0x00000000, //VCASTOP2 Register,YSTOP2=0,XSTOP2=0
     0x00008120, //VCAVINT (vertical interrupt) Register,vertical
                 //interrupt  occurs  288th  line (every field finish)
     0x00000058, //VCATHRLD (threshold) Register ,the value to generate
                 // EDMA event 704pixels*1byte/pixel/8bytes=88
                 // 1 EDMA events per 2 line.
     0x00000090, //VCAEVTCT (event count) Register ,144 DMA events per field
   };
 hVP0=VP_open (VP_DEV0,VP_OPEN_RESET);
 VP_configPort (hVP0,&DM642_VP0);
 VP_configCaptureChA (hVP0,&DM642Capture_channelA);
             // Clear VPHLT in VP_CTL to make video port function
 VP_FSETH (hVP0, VPCTL, VPHLT, VP_VPCTL_VPHLT_CLEAR);
 VP0_EDMA ();
             //enable capture
             // set VCEN bit to enable capture
 VP_FSETH (hVP0, VCACTL, VCEN, VP_VCACTL_VCEN_ENABLE);
             // clear BLKCAP in VCA_CTL to enable capture DMA events
 VP_FSETH (hVP0, VCACTL, BLKCAP,VP_VCACTL_BLKCAP_CLEAR);
}
```

（2）VP0 视频捕获口的 EDMA 配置程序如下：

```
#include <csl.h>
#include <csl_edma.h>
#define CIERL 0x01a0ffe8
EDMA_Handle  hEDMAVP0Y;
EDMA_Handle  hEDMAVP0Cb;
EDMA_Handle  hEDMAVP0Cr;
EDMA_Config cfgedmaVP0Y={
```

```
    0x20302003,  //high priority,32-bit element size,1-D transfer,
                 SUM=0,DUM=1 (auto increment),TCINT=1,TCC= 16 ,FS=1
    0x74000000,  //Y FIFO
    x008f00b0,   //144 frames,176 elements per frame
    0x00022000,  //IRAM
    0x00000000,  //Index
    0x00000648   //Element count reload and link address
};
void VP0_EDMA (void)
{
 * (int*) 0x01A00648=0x20302003;
 * (int*) 0x01A0064c=0x74000000;
 * (int*) 0x01A00650=0x008f00B0;
 * (int*) 0x01A00654=0x00022000;
 * (int*) 0x01A00658=0x00000000;
 * (int*) 0x01A0065c=0x00000648;
 hEDMAVP0Y=EDMA_open (EDMA_CHA_VP0EVTYA,EDMA_OPEN_RESET);
 EDMA_config (hEDMAVP0Y,&cfgedmaVP0Y);
 EDMA_enableChannel (hEDMAVP0Y);
}
```

（3）**VP2 视频显示口配置程序如下：**

```
#include <csl.h>
#include <csl_vp.h>
#include "intr.h"
#define PCR 0x01c48004
VP_Handle hVP2;
void VP2_EDMA (void);
void VP2_init (void)
{
 VP_ConfigPort  DM642_VP2={
     0x00000002,   //VPCTL Register
     0x00000000,   //VPIE Register
     0x00000000    //VPIS Register
};
 VP_ConfigDisplay  DM642_Display={
     0x001500C0,//VDCTL register HBLNK VBLANK FLD
                //Video Display Default Display Value Register
     0x02710360,//recommended*/
                //Video Display Frame Size Register:625L,864P
```

```
0x035E02D0,//recommended
        //Video Display Horizontal Blanking Register
0x027002D0,//recommended
        //Video Display Field 1 Vertical Blanking Start Register
0x001702D0,//recommended
        //Video Display Field 1 Vertical Blanking End Register
0x01370168,//recommended
        //Video Display Field 2 Vertical Blanking Start Register
0x01500168,//recommended*/
        //Video Display Field 2 Vertical Blanking End Register
0x00000000,//VDIMGOFF1 register*/
        //Video Display Field 1 Image Offset Register
0x01200160,//VDIMGSZ1 register,288 lines,704 pixels
        //Video Display Field 1 Image Size Register
0x00000000,//VDIMGOFF2 register
        //Video Display Field 1 Image Offset Register
0x01200160,//VDIMGSZ2 register,288 lines,704 pixels
        //Video Display Field 2 Image Size Register
0x000102D0,//recommended
        //Video Display Field 1 Timing Register
0x01390168,//recommended
        //Video Display Field 2 Timing Register
0x00580058,//VDTHRLD register,704/8=88（0x58）
        //Video Display Threshold Register--EDMA
0x030E02DC,//recommended
        //Video Display Horizontal Synchronization Register
0x000102D0,//recommended, Video Display Field 1 Vertical
        //Synchronization Start Register
0x00030168,//recommended,Video Display Field 1 Vertical
        //Synchronization End Register
0x01390168,//recommended,Video Display Field 2 Vertical
        //Synchronization Start Register
0x013C02D0,//recommended,Video Display Field 2 Vertical
        //Synchronization End Register
0x02710360,//VDRELOAD register,Video Display Counter
        // Reload Register
0x00900090,//VDDISPEVT register,144
        //Video Display Display Event Register--EDMA
0xf010eb10,//clip
```

```
                    //Video Display Clipping Register
        0x10800080,//default values
                      //Video Display Default Display Value Register
        0x00000000,//VDVINT register,
        0x01390001,//recommended
                      //Video Display Field Bit Register
        0x00170270,//recommended
                      //Video Display Field 1 Vertical Blanking Bit Register
        0x01500137,//recommended
                      //Video Display Field 2 Vertical Blanking Bit Register
    };
      hVP2=VP_open（VP_DEV2,VP_OPEN_RESET）;
      VP_FSETH（hVP2,PCR,PEREN,VP_PCR_PEREN_ENABLE）;
      VP_configPort（hVP2,&DM642_VP2）;
      VP_configDisplay（hVP2,&DM642_Display）;
                    // Clear VPHLT in VP_CTL to make video port function
      VP_FSETH（hVP2, VPCTL, VPHLT, VP_VPCTL_VPHLT_CLEAR）;
      VP2_EDMA（）;
                    //enable display
                    // set VDEN bit to enable display
      VP_FSETH（hVP2, VDCTL, VDEN, VP_VDCTL_VDEN_ENABLE）;
                    // clear BLKDIS in VD_CTL to enable display DMA events
      VP_FSETH（hVP2, VDCTL, BLKDIS,VP_VDCTL_BLKDIS_CLEAR）;
    }
```

（4）VP2 视频显示口的 EDMA 配置程序如下：

```
    #include <csl.h>
    #include <csl_edma.h>
    EDMA_Handle  hEDMAVP2Y;
    EDMA_Handle  hEDMAVP2Cb;
    EDMA_Handle  hEDMAVP2Cɪ;
    void VP2_EDMA（void）
    {
     EDMA_Config cfgedmaVP2Y={
        0x21000003,  //medium priority,32-bit element size,1-D transfer,
                     //SUM=1,DUM=0, TCINT=1, TCC= 16  ,FS=1
        0x80000000,  //SDRAM
        0x008f00B0,  //600 frames,800 elements per frame
        0x7C000020,  //YDST FIFO of VP2
        0x00000000,  //Index
```

```
        0x000006d8    //Element count reload and link address
};
EDMA_Config cfgedmaVP2Cb={
        0x20000003,  //medium priority,32-bit element size,1-D transfer,
                     //SUM=0,DUM=0, TCINT=1, TCC= 16  ,FS=1
        0x80200000,  //NULL
        0x008f0058,  //600 frames,800 elements per frame
        0x7C000028,  //YDST FIFO of VP2
        0x00000000,  //Index
        0x00000708   //Element count reload and link address
};
EDMA_Config cfgedmaVP2Cr={
        0x20000003,  //medium priority,32-bit element size,1-D transfer,
                     SUM=0,DUM=0, TCINT=1, TCC= 16  ,FS=1
        0x80200000,  //NULL
        0x008f0058,  //600 frames,800 elements per frame
        0x7C000030,  //YDST FIFO of VP2
        0x00000000,  //Index
        0x00000738   //Element count reload and link address
};
*（int*) 0x01A006d8=0x21000003;
*（int*) 0x01A006dc=0x80000000;
*（int*) 0x01A006e0=0x008f00B0;
*（int*) 0x01A006e4=0x7c000020;
*（int*) 0x01A006e8=0x00000000;
*（int*) 0x01A006ec=0x000006d8;

*（int*) 0x01A00708=0x20000003;
*（int*) 0x01A0070c=0x80200000;
*（int*) 0x01A00710=0x008f0058;
*（int*) 0x01A00714=0x7c000028;
*（int*) 0x01A00718=0x00000000;
*（int*) 0x01A0071c=0x00000708;

*（int*) 0x01A00738=0x20000003;
*（int*) 0x01A0073c=0x80200000;
*（int*) 0x01A00740=0x008f0058;
*（int*) 0x01A00744=0x7c000030;
*（int*) 0x01A00748=0x00000000;
```

```
*（int*）0x01A0074c=0x00000738;

hEDMAVP2Y=EDMA_open（EDMA_CHA_VP2EVTYA,EDMA_OPEN_RESET）;
hEDMAVP2Cb=EDMA_open（EDMA_CHA_VP2EVTUA,EDMA_OPEN_RESET）;
hEDMAVP2Cr=EDMA_open（EDMA_CHA_VP2EVTVA,EDMA_OPEN_RESET）;
EDMA_config（hEDMAVP2Y,&cfgedmaVP2Y）;
EDMA_config（hEDMAVP2Cb,&cfgedmaVP2Cb）;
EDMA_config（hEDMAVP2Cr,&cfgedmaVP2Cr）;
EDMA_enableChannel（hEDMAVP2Y）;
EDMA_enableChannel（hEDMAVP2Cb）;
EDMA_enableChannel（hEDMAVP2Cr）;
}
```

第 7 章   外围设备互联接口（PCI）

本章介绍 C6000 的 PCI 接口及特点，有关 PCI 接口的协议可以参考 PCI 总线规范 2.2。

7.1   概述

C6000 片内集成了一个主/从模式的 PCI 接口，通过 PCI 总线能够实现 DSP 与 PCI 主机的互联。对于 C64x，如图 7-1 所示，PCI 端口通过 EDMA 的地址产生硬件与 DSP 相连。这种结构考虑到了 PCI 主设备和从设备处理，并可以使 EDMA 通道资源仍然可以被其他片内资源调用。C64x 器件的 PCI 端口支持以下 PCI 特性：

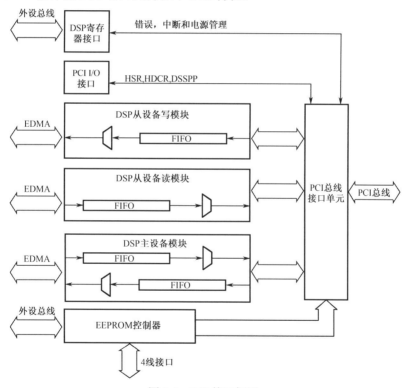

图 7-1   PCI 接口框图

- 遵从 PCI 总线规范 2.2 版本，满足 PC99 的要求；
- PCI 主模式/从模式接口，33MHz 时钟，32 位地址/数据总线；
- 单一功能设备，中等速度地址译码；
- PCI 总线可访问 DSP 整个片内 RAM，集成外设和外部存储器（通过 EMIF）；
- 支持存储器读、存储器并行读、存储器在线读、存储器写命令；
- 从模式访问，突发长度无限制；

- 主模式访问，突发长度最大为 64KB；
- 单字 I/O 访问，单字配置寄存器访问；
- PCI 复位时，多个配置寄存器通过外部串行 EEPROM 加载；
- 支持 4 线串行 EEPROM 接口；
- EEPROM 接口可以直接被 PCI 端口使用，而无须 DSP 介入 PCI 复位，PCI 复位后 DSP 软件程序控制 EEPROM；
- DSP 程序控制之下的 PCI 中断请求，PCI I/O 操作和触发 DSP 中断；
- 4 个高效的数据转换 FIFO 通道（主模式读/写，从模式读/写）；
- 独立的主机/从机操作，独立的从机读/写操作；
- 3 个 PCI 基地址寄存器（可预取址存储器，不可预取址存储器，I/O）；
- 对可预取内存读取，提供重试断开功能；
- PCI 的主/从处理中 DSP 无须插入等待状态；
- TMS320C6000 提供 PCI 规范 2.2 下的主/从模式、突发模式访问 DSP 存储空间的逻辑（外设、片内 RAM 和通过 EMIF 对外部空间）。

C64x 器件的 PCI 端口不支持的 PCI 规范包括 PCI 特殊周期、PCI 中断应答周期、PCI 锁定、PCI 高速缓冲、64 位总线访问、总线时钟高于 33MHz、主模式地址/数据的步进、主模式下写操作的结合、Collapsing、Merging、高速缓存行交叉访问、保留的访问方式、消息信号中断、重要的产品数据、Vital product data、CPCI 热插拔、主模式启动 I/O 周期以及主模式启动配置周期。

7.2 PCI 接口结构

PCI 接口支持下列 4 种类型的 PCI 数据交换：
① 从模式写：外部 PCI 主设备通过 PCI 接口写数据到 DSP 从设备。
② 从模式读：外部 PCI 主设备通过 PCI 接口从设备读数据。
③ 主模式写：DSP 主设备通过 PCI 接口写数据到外部 PCI 从设备。
④ 主模式读：DSP 主设备通过 PCI 接口从外部 PCI 从设备读数据。
如图 7-1 所示为 PCI 接口框图，从图中可以看出 PCI 接口包括如下一些主要功能模块：
（1）PCI 总线接口单元。PCI 总线协议在 PCI 总线接口单元中执行。为了最大化 PCI 总线带宽，PCI 接口对于主/从通信并没有插入等待状态。如果相应的 FIFO（先进先出）处于满或空状态，PCI 接口将不会连接。
（2）EEPROM 控制器：EEPROM 控制器连接到 4 线串行 EEPROM 接口。在 PCI 复位时，控制器读 EEPROM，然后提供给 PCI 总线接口单元所需的数据。正常操作时，EEPROM 可以被 DSP 通过存储器映射寄存器访问。
（3）DSP 从模式写模块：DSP 从模式写模块包含一个多路复用器和一个 FIFO，用来从 PCI 总线接口传送数据到 DSP。
（4）DSP 从模式读模块：DSP 从模式读模块包含一个多路复用器和一个 FIFO，用来从

DSP 传送数据到 PCI 总线接口单元，外部的 PCI 主机是这些数据的要求者。

（5）DSP 主模式模块：DSP 主模式模块被分成读和写两部分。写部分包含一个数据多路复用器，一个用于 DSP 主模式写的 FIFO，通过 PCI 总线接口单元将数据从 DSP 传到外部从机；读部分包含一个数据多路复用器和一个用于 DSP 主模式读的 FIFO，从 PCI 总线接口传送数据到 DSP。不能同时进行读/写两种操作。

（6）PCI I/O 接口：I/O 接口包含 PCI I/O 映射寄存器。这些寄存器控制从模式通信 DMA/EDMA 页，表明主机状态，还可以中断或者是复位 DSP 内核。

（7）DSP 寄存器接口：DSP 寄存器接口包含 DSP 存储器映射寄存器用于主机接口，PCI 主机中断及电源管理等。

7.3 PCI 寄存器

PCI 接口包括 3 种类型的寄存器：

① PCI 配置寄存器——只能被外部主机访问。

② PCI I/O 寄存器——只能被外部主机访问。

③ 映射在 DSP 存储空间，作为外设的 PCI 寄存器——通过基址寄存器可以被 DSP 和外部 PCI 主机访问。

此外，下列 3 个不同的复位信号会对 PCI 寄存器产生不同的影响：

- $\overline{\text{RESET}}$——主芯片复位引脚；
- WARRM RESET——通过 PCI 主机或是电源管理事件；
- $\overline{\text{PRST}}$——PCI 复位信号。

7.3.1 PCI 配置寄存器

C6000 DSP 提供 PCI 规范所需的所有的配置寄存器。这些寄存器提供了 PCI 接口的配置信息，只能由外部主机访问。芯片上电后，PCI 配置寄存器可以自动从 EEPROM 初始化加载，或直接设置为默认值。PCI 在自动初始化没有完成时，PCI 主机对 PCI 配置寄存器的访问将导致连接无效。PCI 中断源寄存器中的 CFGDONE 位和 DSP 复位源状态寄存器的 CFGERR 位表明 PCI 配置寄存器处于自动初始化的状态。表 7-1 所示为 PCI 配置寄存器。在 PCI 复位（$\overline{\text{PRST}}$ 有效）时，所有寄存器复位。表中阴影部分上电可以从 EEPROM 引导或使用默认值。读保留区的写操作无效，读操作将会返回 0。

表 7-1 PCI 配置寄存器

地　　址	位 3	位 2	位 1	位 0
00h 只读	设备标识		供应商标识	
04h 读/写	状态		命令	
08h 只读	分类代码			版本
0Ch 读/写	保留	头类型	延迟时间	缓存行大小

续表

地 址	位 3	位 2	位 1	位 0
10h 读/写	Base0 地址（4MB 可预取）			
14h 读/写	Base1 地址（8MB 不可预取）			
18h 只读	Base2 地址（4 字 I/O）			
24h 只读	保留			
2Ch 只读	子系统标识		子系统供应商标识	
30h 只读	保留			
34h 只读	保留			容量指针
38h 只读	保留			
3Ch 读/写	最大时延	最小突发时间	中断引脚	中断信号线
40h 只读	电源管理能力		下一事件指针	电源管理标识
44h 只读	电源数据	保留	电源管理控制/状态	
48hFFh	保留			

7.3.2 PCI I/O 寄存器

PCI I/O 寄存器只能由 PCI 主机通过 Base 1 和 Base 2 地址寄存器的空间映射进行访问，所有的 PCI I/O 寄存器是字节可寻址的。表 7-2 表明它们在 Base 2 空间的访问地址。

表 7-2 通过 I/O 空间访问的 PCI I/O 寄存器（Base2 存储空间）

地 址	寄存器/端口访问	地 址	寄存器/端口访问
I/O Basc Addr+00h	HSR	I/O Base Addr+08h	DSPP
I/O Base Addr+04h	HDCR	I/O Basc Addr+0Ch	保留

对于不支持 I/O 访问的处理器，PCI I/O 寄存器可以通过 Base 1 空间的非预取址读/写操作访问。表 7-3 给出了这种访问的地址映射关系。它们只能被 PCI 主机访问，DSP 对该地址操作无效。通过 Base 0 访问这些区域将会映射到 DSP 存储器映射寄存器（不是 I/O 寄存器）。

表 7-3 通过 Base1 存储器的 PCI I/O 寄存器访问

C64x 地址	寄存器/端口访问	C64x 地址	寄存器/端口访问
0x01CIFFF0	HSR	0x01C1FFF8	DSPP
0x01CIFFF4	HDCR	0x01ClFFFC	保留

1. 主机状态寄存器（HSR）

主机状态寄存器如图 7-2 所示，表 7- 4 所示是其各位的含义。

图 7-2 主机状态寄存器（HSP）

表 7-4 主机状态寄存器（HSR）的字段描述

位	名　　称	复 位 源	描　　　　述
0	INTSRC	$\overline{\text{PRST}}$	自从上次 HSR 清除后 PCIIRQ 源一直有效。该位为 1 时，它表明 DSP 通过写 PSTSRC 寄存器中的 INTREQ 位来声明 PINTA 中断，并且 HSR 中的 INTAM 位为 0。 PCI 主机对该位写 1 将清除该位。这可取消 $\overline{\text{PINTA}}$ 信号。 读：NTSRC =0：$\overline{\text{PINTA}}$ 自上次清除后无效；INTSRC=1：上次清除后有效 写：INTSRC=0：无影响；INTSRC=1：$\overline{\text{PINTA}}$ 无效
1	INTAVAL	$\overline{\text{PRST}}$	指定当前 PINTA 引脚值。写入该位无效。PCI 主机对 HSR 中的 INTSRC 位写 1 或 DSP 对 PSTSRC 中的 INTRST 位写 1 将使 $\overline{\text{PINTA}}$ 无效。 INTAVAL=0：$\overline{\text{PINTA}}$ 无效；INTAVAL=1：$\overline{\text{PINTA}}$ 有效
2	INTAM	$\overline{\text{PRST}}$	PINTA 屏蔽，使 DSP 不能设置 $\overline{\text{PINTA}}$。 INTAM=0：DSP 设置 RSTSRC 字段中的 INTREQ 位可以使能 PINTA； INTAM =1：$\overline{\text{PINTA}}$ 无效。 只能被 PCI 主机写（在 Dl、D2、D3 期间，$\overline{\text{PINTA}}$ 被电源管理逻辑屏蔽）
3	CFGERR	$\overline{\text{PRST}}$	自动初始化配置错误指示。 CFGERR=0：无错误；CFGERR=1：自动初始化配置错误
4	EEREAD	$\overline{\text{PRST}}$	指定 PC1 配置寄存器是否从 EEPROM 初始化。 EEREAD=0：配置使用默认值；EEREAD=1：配置使用 EEPROM 的值

2. 主机对 DSP 控制寄存器（HDCR）

主机对 DSP 控制寄存器如图 7-3 所示，表 7-5 为 HDCR 各位的描述。

图 7-3 主机对 DSP 控制寄存器（HDCR）

表 7-5 HDCR 各位描述

位	名　　称	复 位 源	描　　　　述
0	WARMRESE1	$\overline{\text{RESET}}$	DSP 热复位，只能主机写。 WARMRESET=0：写 0 被忽略 WARMRESET=1：复位 DSP，复位中 DSP 将保持 16 个 PCI 周期，16 个周期后 DSP 才能被访问。 WARMRESET 只能应用于 DO 状态，其他状态下不能进行 I/O 访问
1	DSPINT	$\overline{\text{PRST}}$	DSP 中断，只能主机写。 DSPINT=0：写 0 无效 DSPINT=1：对 DSP 产生主机中断。通过 PCIIS 寄存器中的 HOSTSW 位可以对内核产生一个中断。如果从 PCI 接口引导，该中断将会从核心复位。在所有的情况下，DSP 核必须有运行时钟，并且为了响应该中断，PCIIEN 寄存器中的 HOSTSW 位不能被屏蔽
2	PCIBOOT	$\overline{\text{RESET}}$	PCI 引导模式，只能主机读。 PCIBOOT=0：DSP 不是从 PCI 引导；PCIBOOT=1：DSP 通过 PCI 引导

3. DSP 页寄存器（DSPP）

DSP 页寄存器如图 7-4 所示，表 7-6 所示为 DSPP 各位的描述。

图 7-4 DSP 页寄存器（DSPP）

表 7-6 DSPP 寄存器各位描述

位	名　称	复 位 源	描　述
9：0	PAGE	$\overline{PRST}$	内置一个包含在 DSP 地址中的 4M 字节存储器以满足可预取址存储器访问
10	MAP	$\overline{RESET}$	DSP 使用的是哪个内存映射（只适于 C62x/C67x）取决于 MAP 的值：MAP=0：映射 0；MAP=1：映射 1

7.3.3 PCI 内存映射外围寄存器

表 7-7 所示是所有映射在 DSP 空间的用于 DSP 控制 PCI 接口的寄存器，可以被 DSP 和 PCI 主机访问，详细说明参见本章后面的内容。

表 7-7 PCI 存储器映射外围寄存器

寄存器名称	缩　写	地　址
DSP 复位源/状态寄存器	RSTSRC	01C0 0000h
PCI 中断源寄存器	PCIIS	01C0 0008h
PCI 中断使能寄存器	PCIIEN	01C0 000Ch
DSP 主机地址寄存器	DSPMA	01C0 0010h
PCI 主机地址寄存器	PCIMA	01C0 0014h
PCI 主机控制寄存器	PCIMC	01C0 0018h
当前 DSP 地址寄存器	CDSPA	01C0 001Ch
当前 PCI 地址寄存器	CPCIA	01C0 0020h
当前字节计数寄存器	CCNT	01C0 0024h
EEPROM 地址寄存器	EEADD	01C2 0000h
EEPROM 数据寄存器	EEDAT	01C2 0004h
EEPROM 控制寄存器	EECTL	01C2 0008h

7.4 访问地址控制

1. 地址映射

通过下面 3 个基址寄存器，PCI 接口可以访问 DSP 的存储器空间。

（1）Base 0：确定一个 4M 字节可预存取的访问空间，通过设置 DSP 页寄存器地址映射来对应于所有 DSP 存储空间。DSPP 的位 9:0 与 PCI 访问地址的位 21:0 组合，形成最后对 DSP 的访问地址，如图 7-5 所示。可预取读操作一定是 32 位的。

31	22	21	0
DSPP 寄存器（9:0）		PCI 地址的位21:0	

图 7-5　PCI Base0 从地址的产生（可预取访问）

（2）Base 1：确定一个 8M 字节不可预取的访问区域。该存储空间被映射成 DSP 内存映射寄存器（01800000h～0200000h）。PCI 地址的 22：0 位与一个固定偏移值组合，构成最后对 DSP 的访问地址，如图 7-6 所示。不可预取操作允许字节访问。

31	23	22	0
0000 0001 1		PCI地址的位22:0	

图 7-6　PCI Basc 1 从地址产生（不可预取访问）

（3）Basc 2：16 字节的 I/O 空间，对应于 PCI 主机访问的 PCI I/O 寄存器。

综上所述，PCI 接口提供了两种方法供 PCI 主机访问 DSP 的存储空间。4M 字节 Base 0 区域用于预取址数据，8M 字节 Base 1 区域用于非预取址访问。非预取区域的访问，都会在单字传送后断开。对可预取空间的访问允许采用突发模式，在访问之前 PCI 必须先写 DSP 页寄存器（DSPP）以定位 DSP 存储器空间中的 4M 字节。在 DSP 内部，所有数据传送都是由 EDMA（C64x）内部地址产生硬件处理。

2. 字节寻址

PCI 接口提供了字节寻址能力，可以读/写 8/16/24/32 位数据。32 位数据的起始地址的最低两位总是 00。16 位数据的起始地址最低位是 0。PCI 从机通信是完全可字节寻址的。对于 C64x，PCI 主机通信必须开始于双字对齐地址。

3. 地址译码

TMS320C6000 PCI 接口支持用于存储器和 I/O 的 PCI 地址中等速度的地址译码。在 PFRAME 有效并且采样以后，PDEVSEL 信号在两个 PCI 总线时钟周期内有效。

7.5　从模式传输

1. DSP 存储器从模式写

外部主设备执行写操作时，PCI 地址与 DSPP 寄存器中的固定偏移量相结合，形成 DSP 目的地址，在传输过程中目的地址自动递增。在从模式下 PCI 接口支持无限长度的突发传输。DSP 从设备对单字模式或者突发模式的所有数据周期都采用零等待传输。

当从模式写模块中的 FIFO 满,或者前一次 PCI 从设备写入时 FIFO 的数据还没有被 DSP 读空, 都会使 PCI 写操作结束。从模式读操作和主模式读/写操作对于从模式写 PCI 通信没有影响。在 DSP 内部, EDMA 内部地址产生硬件由写 FIFO 的下列状态触发:

- FIFO 至少是半满的;
- PCI 通信终止(PFRAME 无效)。

对于单次访问,内部的传输请求将在 PCI 传输结束以后产生。

2. DSP 存储器从模式读

PCI 从模式读接口支持无限长存储器突发传输。所有的 PCI 从设备访问 DSP 必须是 32 位的。PCI 端口使用缓冲线大小和 PCI 命令去决定传输给从设备读的字节数。PCI 访问的类型由 PCBEx 信号在地址期间说明。支持以下从模式读命令:

- 存储器读;
- 存储器复合读;
- 存储器线读。

所有的上述读操作可以是预取址的或是非预取址的。

(1)非预取址从模式读

对于非预取址从模式读,PCI 端口插入循环等待直到一个单字被写入 FIFO。然后这个字被发送到 PCI 总线上,并且不管命令是存储器读、存储器复合读或是存储器线读,读周期将会被终止。

(2)可预取址从模式读

对于可预取址从模式读,PCI 端口插入等待状态直到请求字准备好。PCI 端口遵循 16 时钟周期规则。如果在 16 个 PCI 时钟周期内数据还没有准备好,存储器读操作将会进行断开重试。

3. PCI 目标设备提出传输中止

DSP 会在以下情况时发出目标中止请求:

- 如果主机用不支持的地址模式访问存储器,数据传送将会终止;
- 如果主机试图突发访问配置寄存器空间,数据传送将会重试;
- 如果主机试图突发访问 I/O 空间,数据传送将会重试;
- 内部的从模式读 FIFO 正等待一个传输时(接口将断开对从存储器或 I/O 的写操作);
- 断开存储器读,如果 PCI 地址与内部读预取址缓冲器地址不符;
- 一旦预取指开始,将会重试其他所有存储器和 I/O 读直到初始的通信被 PCI 总线重复而且预取址数据被发送。

PCI 接口满足单个访问和突发访问的数据传输的 16 时钟周期和 8 时钟周期规则。

7.6　主模式传输

PCI 接口的主模式需要由 DSP 控制，相关寄存器包括：

- DSP 主机地址寄存器（DSPMA）；
- PCI 主机地址寄存器（PCIMA）；
- PCI 主机控制寄存器（PCIMC）。

以下 PCI 存储器映射串口寄存器表明当前主机传送状态：

- 当前 DSP 主机地址寄存器（CDSPA）；
- 当前 PCI 主机地址寄存器（CPCIA）；
- 当前字节计数寄存器（CCNT）。

1. DSP 主机地址寄存器（DSPMA）

DSP 主机地址寄存器包含对于 DSP 主机读目的数据的定位地址，或者对于 DSP 主机写源数据的定位地址，还包含控制地址修改的控制位，具体如图 7-7 和表 7-8 所示。

图 7-7　DSP 主设备地址寄存器（DSPMA）

表 7-8　DSPMA 各位描述

位	名　称	复　位　源	描　　述
1	AINC	RESET、WARM	DSP 主控地址自动递增模式。 AINC=0：ADDRMA 自动递增使能； AINC=1：ADDRMA 将不会自动递增
31:2	ADDRMA	RESET、WARM	应用于 PCI 主模式传输的 DSP 字地址

2. PCI 主机地址寄存器（PCIMA）

PCI 主机地址寄存器包含 PCI 字地址或者双字地址。对于 DSP 主机读，PCIMA 包含源地址；对于 DSP 主机写，PCIMA 包含目的地址，具体如图 7-8 和表 7-9 所示。

图 7-8　PCI 主设备地址寄存器（PCIMA）

表 7-9　PCIMA 各位描述

位	名　称	复　位　源	描　　述
31:2	ADDRMA	RESET、WARM	PCI 双字地址（C64x）用于 PCI 主模式传输

3. PCI 主机控制寄存器（PCIMC）

PCI 主机控制寄存器包含：

- 起始位用来初始化 DSP 和 PCI 之间的通信；
- 发送计数器用来确定需要发送的字节数；
- 传输状态读取标识。

PCIMC 具体结构及其描述如图 7-9 和表 7-10 所示。

图 7-9　PCI 主设备控制寄存器（PCIMC）

表 7-10　PCIMC 各位描述

位	名　称	复　位　源	描　　述
1:0	START	$\overline{\text{RESET}}$ WARM $\overline{\text{PRST}}$	启动读或者写主模式传输。 START=00b：清除当前通信； START=01b：开始一个主模式写传输； START=10b：开始主模式读和预取址寄存器传输； START=11b：开始主模式读和非预取址寄存器传输。 START 当传输完毕返回 00b。 如果在传输过程中 START 命令有所改变，发送将会终止而且清空 FIFO。 如果 PCI 总线在传输中复位，传输将会终止而且清空 FIFO
31:16	CNT	$\overline{\text{RESET}}$ WARM	传输计数。指定传输的字节数

4. 当前 DSP 地址寄存器（CDSPA）

当前 DSP 地址寄存器包含用于主机通信的当前 DSP 地址，具体结构及其描述如图 7-10 和表 7-11 所示。

图 7-10　当前 DSP 地址（CDSPA）

表 7-11　CDSPA 各位描述

位	名　称	复　位　源	描　　述
31:0	CDSPA	$\overline{\text{RESET}}$、WARM	用于主模式传输的当前 DSP 地址

5. 当前 PCI 地址寄存器（CPCIA）

当前 PCI 地址寄存器包含用于主机通信的当前 PCI 地址，具体结构及其描述如图 7-11 和表 7-12 所示。

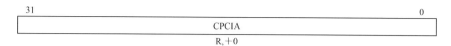

图 7-11　当前 PCI 地址寄存器（CPCIA）

表 7-12　当前 PCI 地址寄存器（CPCIA）各位描述

位	名　称	复 位 源	描　述
31:0	CPCIA	$\overline{RESET}$、$\overline{WARM}$、$\overline{PRST}$	用于主模式传输的当前 PCI 地址

6. 当前字节计数寄存器（CCNT）

当前字节计数寄存器包含当前主机通信中剩余的字节数，具体结构及其描述如图 7-12 和表 7-13 所示。

图 7-12　当前字节数寄存器（CCNT）

表 7-13　当前字节数寄存器（CCNT）各位描述

位	名　称	复 位 源	描　述
15:0	CCNT	$\overline{RESET}$、$\overline{WARM}$、$\overline{PRST}$	主模式传输中剩余的字节数

7. DSP 主模式写

DSP 主机模块内的主模式写 FIFO 有效地控制了 DSP 主模式写入外部从属设备。主机写接口支持最大 65K 字节的突发长度。主机写通过 DSP 主设备地址寄存器、PCI 主机地址寄存器和 PCI 主机控制寄存器被 DSP 初始化。

对于 DSP 主模式写，ADDRMA 区包含字校准源地址。如果 DSPMA 中的 AINC=0，那么源地址将会在每个内部数据发送后自动增加 4 个字节。PCIMA 包含双字校准（C64x）目的地址。内部寄存器将会跟踪 PCI 主机地址。

主机写通过使能 PCIMC 中的 START 来初始化。辅助 DMA 或者 EDMA 从源地址发送数据到主模式写 FIFO。当数据字数小于 FIFO 长度的时候直接发送或者间接发送这仅有的数据。当 FIFO 是半满或更小的时候开始内部数据发送。内部数据将会一直发送直到 FIFO 满或者发送完成。

一旦 FIFO 拥有有效数据，将会产生一个 PCI 总线请求，然后数据从 FIFO 发送到 PCI 从机。对于 DSP 主设备写，单个和突发访问的执行均为零等待状态。PCI 命令/字节使能信号（$\overline{PCBEx}$）表明主设备些字节到 PCI 接口上。一旦所有的主机写数据从 DSP 源传输到主机写 FIFO，内部数据发送将会终止。PCI 总线接口监视 PCI 接口，以确定断开、重试和终止目标。PCI 接口遵循 PCI 总线 2.2 规范，并且当重试的时候，仍然采用相同的循环。

如果由主机或目标终止传输周期，当前的传输在 PCI 总线的内部和外部均被终止。主机写 FIFO 被清空，并且主设备放弃（PCIMASTER）或者目标放弃（PCITARGET）位将会在 PCI 中断源寄存器被设置。如果 PCI 中断使能寄存器的相应位被设置，这些错误将会产生一个 CPU 中断。

如果 PCI 定时器溢出，PCI 主机将会放弃总线，然后再请求总线，并且完成必要的发送。发送的过程可以通过 PCI 主机控制寄存器查询。当发送在 DSP 和 PCI 两边都完成的时候，START 将会变为 00b。主机可以通过编程设置 PCIIEN 中的 MASTEROK 位来产生一个表示完成一帧传送的中断。

8. DSP 主模式读

DSP 主模式块的主模式渎 FIFO 被用来处理主机从外部从机读的操作。主模式读接口支持最长到 64K 字节的猝发传输。主模式读在 DSP 的控制下通过 DSP 主机地址寄存器 PCI 主机地址寄存器和 PCI 主机控制寄存器来初始化。对于 DSP 主模式读，PCIMA 包含外部 PCI 从机源地址。DSPMA 中的 ADDRMA 包含字校准目的地址。如果 AINC=0，在每次内部数据发送后目的地址将会自动增加 4 个字节。

主模式读通过使能 PCIMC 中的 START 位初始化。PCI 端口产生 PCI 总线请求。一旦 PCI 总线请求被许可，PCI 总线循环开始。循环开始的类型决定于将要发送的字节数和缓冲线大小。支持以下主模式读命令：

- 存储器读；
- 存储器复合读；
- 存储器线读。

根据 PCIMC 中的 START 位，用户可以初始化两种类型的读。预取址读（START=lOb）使用存储器复合读和存储器线读命令来传送大于一个字的数据。存储器读命令用于传送一个字。

非预取址读总是使用存储器读命令。N 个字总是分成 N 个单字在 PCI 总线上被发送。用户应该尽可能从预取址存储器中读。当 PCI 主机开始读访问最初的数据状态或后继数据状态，不插入任何等待状态。读数据被写到主模式读 FIFO。当 FIFO 至少是半满的或者 PCI 通信被终止时，内部辅助 DMA 或 EDMA 数据发送请求会产生。辅助 DMA 或 EDMA 通道从主模式渎 FIFO 发送数据到 DSP 目的地址。对于 C64x，所有的主模式读通信都是按双字对齐的。

辅助 DMA 或 EDMA 会一直发送数据直到 FIFO 中没有数据为止。这适应于单访问和突发 PCI 传输。对于单访问，当 PCI 传输终止的时候内部数据传输才开始。一旦主模式读数据被从主模式读 FIFO 发送到 DSP 目的地址，内部数据传输就会终止。PCI 总线接口监视未连接、重试和目标终止。PCI 端口遵循总线规范 2.2 中关于 PCI 的详述。

如果循环被主机或目标中断，PCI 总线上内部和外部的当前发送都会被终止。主模式读 FIFO 被清空，PCI 中断源寄存器中的主机终止位或者目标终止位将被设置。这些非正常的现象能够产生 CPU 中断（如果 PCI 中断使能寄存器的相应位被设置）。如果 PCI 隐藏时钟在 PCI 配置寄存器空间）计时溢出，PCI 主机将会放弃总线。之后主机会请求总线，而且完成必要的传输。传输的进程可以通过主机控制寄存器查询。当传输完成后主机可以通过编程设置 PCIIEN 中的 MASTEROK 位产生中断。

7.7　中断和状态通知

PCI 端口能产生以下 CPU 中断：

- PCI WAKEUP：电源唤醒事件；
- DSPINT：当以下任何一事件发生时，该中断在 PCI 中断使能寄存器中被设定：PWRMGMT，PTICRAGET，PCIMASTER，HPSTSW，PWRLH，PWRHL，MASTEROK，CFGDONE，CFGFRR，EERDY，PRST。

PCI 主/从机接口状态/错误在 PCI 中断源寄存器中表明。如果 DSP 中断使能寄存器中的相应位被使能，所有的状态/错误都能够产生一个 CPU 中断。即使中断没有被使能，PCI 中断源寄存器中的状态位也会被设定。如果一个被使能的中断发生，他将会发送给 DSP 一个 DSPINT。向相应的 PCIIS 位写一个 1 将会清中断。如果中断位仍然成立，将会产生一个新的中断。对于一个 PCI 中断，用户应该在中断服务程序中做以下事情：

- 读 PCI 中断源寄存器；
- 通过置 1 清除 PCI 中断源寄存器中的相应位。

7.7.1　PCI 中断源寄存器（PCIIS）

PCI 中断源寄存器表明中断源的状态。通过置 1 可以清除状态，写 0、读这些位都没有任何效果。PCI 中断源寄存器结构及其描述如图 7-13 和表 7-14 所示。

图 7-13　PCI 中断源寄存器（PCIIS）

表 7-14　PCIIS 各位描述

位	名　称	复位源	描　述
0	PWRMGMT	RESET WARM	PWRMGMT=0：无电源管理状态传输中断； PWRMGMT=1：电源管理状态传输中断（如果 DSP 时钟没有运行，这位将不会被设置）
1	PCITARGET	RESET WARM	PCITARGET=0：没有接收到目标终止消息； PCITARGET=1：接收到目标放弃消息
2	PCIMASTER	RESET WARM	PCIMASTER=0：没有接收到主机终止消息； PCIMASTER=1：接收到主机终止消息
3	HOSTSW	RESET WARM	HOSTSW=0：没有软件请求中断； HOSTSW=1：主机软件请求中断（为了唤醒 DSP，该位必须在从 PCI 启动后被设置）

位	名　称	复位源	描　述
4	PWRlH	$\overline{\text{RESET}}$ WARM	PWRLH=0：没有 PWRWKP 上的从低到高的传输； PWRLH=1：PWRWKP 上有从低到高的传输
5	PWRHL	RESET WARM	PWRHL=0：没有 PWRWKP 上的从高到低的传输； PWRHL=1：PWRWKP 上有从高到低的传输
6	MASTEROK	$\overline{\text{RESET}}$ WARM	MASTEROK=0：无 PCI 主模式传输完成中断； MASTEROK=1：有 PCI 主模式传输完成中断
7	CFGDONE	$\overline{\text{RESET}}$ WARM	CFGDONE=0：配置 PCI 配置寄存器没有完成； CFGDONE=1：配置 PCI 配置寄存器完成 ——因为 $\overline{\text{PRST}}$ 有效而发生的初始化后置 1 ——如果已经初始化，在 WARM 复位后置 1
8	CFGERR	$\overline{\text{RESET}}$ WARM	CFGERR=0：PCI 自动初始化期间无阻止失败； CFGERR=1：PCI 自动初始化期间有阻止失败 ——因为 $\overline{\text{PRST}}$ 有效且校验和错误而产生的初始化后置 1 ——如果已经初始化，但是校验和有错误，在 WARM 复位后置 1
9	EERDY	$\overline{\text{RESET}}$ WARM	EERDY=0：EEPROM 没有准备好接收新的命令； EERDY=1：EEPROM 准备好接收新的命令，并且数据寄存器可读
11	PRST	$\overline{\text{RESET}}$ WARM	PRST=0：　PCI 复位时无状态改变； PRST=1：PCI 复位（$\overline{\text{PRST}}$）时有状态改变
12	DMAHAIJTED	$\overline{\text{RESET}}$ WARM	DMAHALTED=0：辅助 DMA 传输不会被终止； DMAHALTED=1：辅助 DMA 传输已经终止（只适应于 C62x/ C67x，在 C64x 中为保留位）

7.7.2　PCI 中断使能寄存器（PCIIEN）

PCI 中断源使能寄存器使能 PCI 中断。为了使 DSP 能看见这些中断，DSP 软件必须设置控制状态寄存器（CSR）和中断使能寄存器（IER）中的相应位。器件复位后唯一被使能的中断是 HOSTSW 中断。这样，PCI 主机可以通过写 Host-to-DSP 控制寄存器的 DSPINT 位来唤醒 DSP。PCIIEN 各位及其描述如图 7-14 和表 7-15 所示。

图 7-14　PCI 中断使能寄存器（PCIIEN）

表 7-15　PCI 中断使能寄存器（PCIIEN）各位描述

位	名　称	复位源	描　述
0	PWRMGMT	$\overline{\text{RESET}}$ WARM	PWRMGMT=0：电源管理状态传输中断无效； PWRMGMT=1：电源管理状态传输中断有效
1	PCITARGET	$\overline{\text{RESET}}$ WARM	PCITARGET=0：PCI 目标终止中断无效； PCITARGET=1：PCI 目标终止中断有效
2	PCIMASTER	$\overline{\text{RESET}}$ WARM	PCIMASTER=0：PCI 主模式终止中断无效； PCIMASTER=1：PCI 主模式终止中断有效
3	HOSTSW	$\overline{\text{RESET}}$ WARM	HOSTSW=0：主机软件请求中断无效； HOSTSW=1：主机软件请求中断有效
4	PWRIH	$\overline{\text{RESET}}$ WARM	PWRLH=0：从低到高的 PWRWKP 中断无效； PWRLH=1：从低到高的 PWRWKP 中断有效
5	PWRHL	$\overline{\text{RESET}}$ WARM	PWRHL=0：从高到低的 PWRWKP 中断无效； PWRHL=1：从高到低的 PWRWKP 中断有效
6	MASTEROK	$\overline{\text{RESET}}$ WARM	MASTEROK =0：PCI 主模式传输完成中断无效； MASTEROK=1：PCI 主模式传输完成中断有效
7	CFGDONE	$\overline{\text{RESET}}$ WARM	CFGDONE=0：配置完成，中断无效； CFGDONE=1：配置完成，中断有效
8	CFGERR	$\overline{\text{RESET}}$ WARM	CFGERR=0：配置错误中断无效； CFGERR =1：配置错误中断有效
9	EERDY	$\overline{\text{RESET}}$ WARM	EERDY=0：　EEPROM 准备中断无效； EERDY=1：　EEPROM 准备中断有效
11	PRST	$\overline{\text{RESET}}$ WARM	PRST=0：PCI 传输中断无效； PRST=1：PCI 传输中断有效

7.7.3　DSP 复位源/状态寄存器（RSTSRC）

DSP 复位源/状态寄存器 RSTSRC 表明 DSP 的复位状态，使得 DSP 获得哪一个复位源产生的上一次复位。RST、PRST 和 WARMRST 通过读复位源/状态寄存器来清除。 RSTSRC 的结构及其描述如图 7-15 和表 7-16 所示。

31		7	6	5	4	3	2	1	0
保留		CFGERR	CFGDONE	INTRST		INTREQ	WARMRST	PRST	RST
R，+0		R，+0	R，+0	W，+0		W，+0	R，+0	R，+0	R，+1

图 7-15　DSP 复位源/状态寄存器（RSTSRC）

表 7-16　DSP 复位源/状态寄存器 RSTSRC 各位描述

位	名　称	复 位 源	描　述
0	RST	$\overline{\text{RESET}}$	指出自上次读操作后一个设备复位（RESET）是否已经发生。 读 RSTSRC 将清除该位，写无效。 RST=0：自从上次 RSTSRC 读取无设备复位； RST=1：自从上次 RSTSRC 读取有设备复位

位	名　称	复位源	描　述
1	PRST	$\overline{\text{RESET}}$	指出自上次 RSTSRC 读或 RESET 声明后 PRST 重启是否已经发生。 读 RSTSRC 或 RESFT 有效将清除该位。写无影响。当 PRST 为有效时（为低），该位总是有效的。 PRST=0：自从上次 RSTSRC 读取无 PRST 复位； PRST=1：自从上次 RSTSRC 读取有 PRST 复位
2	WARMRST	$\overline{\text{RESET}}$	自上次 RSTSRC 读或 RESET 后是否已经发生 DSP 主机软件重启或电源管理热复位。对 HDCR 的 WARMRST 位写 0 或从 D2 或 D3 状态请求电源管理将设置该位有效。读 RSTSRC 或声明 RESET 将清除该位。写无影响。 WARMRST=0：自从上次 RSTSRC 读取或 $\overline{\text{RESET}}$ 无热复位发生； WARMRST=1：自从上次 RSTSRC 读取或 $\overline{\text{RESET}}$ 有热复位发生
3	INTREQ	$\overline{\text{RESET}}$ WARM	写入1将产生一个 DSP 到 PCI 的中断。如果 HSR 中的 INTAM 位为1将声明 PINTA 位有效。写 0 无效。读操作总返回 0
4	INTRST	$\overline{\text{RESET}}$ WARM	对该位写 1 将使 $\overline{\text{PINTA}}$ 无效。写 0 无影响。读操作总返回 0
5	CFGDUNE	$\overline{\text{RESET}}$	EEPROM 是否已经完成加载 PCI 配置寄存器。 CFGDONF=0：没有完成；CFGDONE=1：已经完成
6	CFGERR	$\overline{\text{PRST}}$	从 EEPROM 中加载配置寄存器是否出错（校验失败）。 CFGERR=0：无配置错误； CFGERR=1：EEPROM 自动初始化期间出现在校验错误

7.7.4　PCI 中断

PCI 端口可以产生中断给 CPU 和 PCI 主机（通过 $\overline{\text{PINTA}}$）。

（1）主机到 DSP 的中断

通过写 HDCR 寄存器的 DSPINT 位，PCI 主机可以给 DSP 产生一个中断。如果 PCIIEN 寄存器使能了 HOSTSW 中断，则写这位会产生 HOSTSW 中断。

（2）DSP 到主机的中断

通过 $\overline{\text{PINTA}}$，DSP 能给 PCI 主机产生一个中断。但是这个中断的产生在 DSP 的软件控制之下。通过向 DSP 复位源/状态寄存器的 INTREQ 位写 1 产生这个中断。如果 HSR 中的 INTAM 位为 0，它将使得 PINTA 引脚在本地 PCI 总线上有效。对 RSTSRC 中的 INTRST7 位写 1 将关断 PINTA 引脚。

7.8　PCI 复位与引导

7.8.1　PCI 复位

（1）DSP 的 PCI 复位

PCI 主机可以通过主机到 DSP 控制寄存器（HDCR）实现 DSP 的复位。设置 WARMRESET

位为 1 将导致 DSP 复位，该复位操作会复位所有的内部 CPU 与外围逻辑。

（2）FIFO 复位

当 DSP 复位或 PCI 脚 PRST 有效时，PCI FIFO 及控制逻辑将处于复位态。

（3）PCI 配置寄存器复位

对 EEPROM 的 PCI 配置寄存器读操作是在 PCI 总线（PRST）复位中被初始化的。DSP 内核或电源复位都不会影响它们。

7.8.2　PCI 引导

C6000 支持从 PCI 接口加载程序引导 DSP。PCI 加载引导的操作顺序如下：

① 复位时 PCI 的 BOOTMODE 通过配置引脚被选择，具体详见第 13 章。

② PCI 接口自动初始化 PCI 配置寄存器（可选择通过 EEPROM 配置）。

③ PCI 主机设置内存与 I/O 使能。

④ PCI 主机写 DSP 页寄存器（DSPP）。

⑤ PCI 主机开始向 DSP 地址 0h 开始的存储空间传输数据。

⑥ PCI 主机还可以访问数据内存、外围寄存器及 EMIF。

⑦ PCI 主机对 HDCR 中的 DSPINT 位写 1，唤醒 DSP。

⑧ DSP 开始从地址 0h 执行存储空间的程序。

7.9　EEPROM 接口

DSP 允许一些 PCI 配置寄存器从外部串行 EEPROM 加载，无需 DSP 参与，PCI 端口将执行自动初始化过程。EEAI 引脚决定初始化是采用默认设置还是读取 EEPROM 的值（参见 13 章的芯片配置内容）。DSP 支持 4 线串行 EEPROM 接口，不支持 I^2C 与 SPI 接口。接口引脚如表 7-17 所示。

表 7-17　EEPROM 串行接口

引　脚	I/O/Z	描　述
XSP_CLK	O	串行 EEPROM 时钟
XSP_CS	O	串行 EEPROM 片选
XSP_DI	I	串行 EEPROM 数据输入
XSP_DO	O	串行 EEPROM 数据输出

串行时钟 XSP_CLK 是 DSP 外围时钟的 2084 分频。只有当 EEPROM 访问时，XSP_CLK 引脚才会有效。C64x 只支持 4KB 容量 EEPROM。

7.9.1 EEPROM 内存映射

DSP 要求在串行 EEPROM 中以特定格式存放数据。EEPROM 的前 28 个字节保留，用作 PCI 配置寄存器的自动初始化。其余部分可以用于存储其他数据。EEPROM 总是作为一个 16 位设备被访问。表 7-18 所示是 EEPROM 的前 28 个字节的数据结构。

表 7-18　EEPROM 内存映射

地　址	内容（高位…低位）	地　址	内容（高位…低位）
0h	供应商 ID	7h	PC_Dl/PC_D0（功率消耗 D1，D0）
1h	设备 ID	8h	PC_D3/PC_D2（功率消耗 D3，D2）
2h	分类代码[7:0]/版本 ID	9h	PD_D1/PD_D0（功率耗散 Dl，D0）
3h	分类代码[23:8]	ah	PD_D3/PD_D2（功率耗散 D3，D2）
4h	子系统供应商 ID	bh	Data_scale(PD_D3…PC_D0)
5h	子系统 ID	ch	0000 0000PMC [14 : 9],PMC[5],PMC[3]
6h	最大时延/最小突发时间	dh	校验

7.9.2 EEPROM 校验

校验是 EEPROM 中的配置数据字(初始值为 AAAAh)的一个 16 位累积 XOR。

校验=AAAA XOR 数据(00h)XOR 数据(0lh)…XOR 数据(0Ch)

如果校验失败，PCIIS 与 HSR 寄存器中的 CFGERR 位将被设置，并且可以选择产生一个中断到 DSP。DSP 可能会（也可能不会）捕获该中断，这主要取决于此时内核的状态。如果 PCI 正在启动该设备，内核处于复位状态将忽略中断。校验失败将会导致 PCI 配置寄存器被默认值初始化。根据指定的 PCI 配置寄存器来决定这些默认值。

成功初始化 PCI 配置寄存器后（自动或默认），更新 RSTSRC 寄存器中 CFGDONE 位允许 DSP 响应读操作。

7.9.3 DSP 的 EEPROM 接口

DSP 可以通过 3 个寄存器来使用 EEPROM： EEPROM 地址寄存器（EEADD）、EEPROM 数据寄存器（EEDAT）和 EEPROM 控制寄存器（EECTL），分别如图 7-16、图 7-17 和图 7-18 所示。它们的描述分别如表 7-19、表 7-20 和表 7-21 所示。

图 7-16　EEPROM 地址寄存器（EEADD）

图 7-17　EEPROM 数据寄存器（EEDAT）

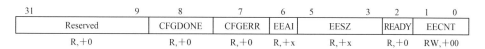

图 7-18　EEPROM 控制寄存器（EECTL）

表 7-19　EEAAD 各位描述

位	名　称	复 位 源	描　　述
9:0	EEADD	$\overline{\text{RESET}}$、WARM	EEPROM 地址

表 7-20　EEDAT 各位描述

位	名　称	复 位 源	描　　述
15:0	EEDAT	$\overline{\text{RESET}}$、WARM	EEPROM 数据

表 7-21　EEPROM 控制寄存器(EECTL)各位描述

位	名　称	复位源	描　　述
1:0	EECNT	$\overline{\text{RESET}}$ WARM	EEPROM 操作码。 写该位将在开始时产生串行操作
2	READY	$\overline{\text{RESET}}$ WARM	表明 EEPROM 是否准备好接收新的命令，写 EECNT 将清除该位。 READY=0：没有准备好；READY=1：准备好
5:3	EESZ	$\overline{\text{RESET}}$	表明 EES2[2：0]引脚在上电复位时的状态。 EESZ=000b：无 EEPROM；EESZ=011b：4KB；EESZ=100b：16KB
6	EEAI	$\overline{\text{RESET}}$	表明 EEAI 引脚在上电复位时的状态。 EEAI=0：PCI 使用默认值；EEAI=1：从 EEPROM 读 PCI 配置寄存器值
7	CFGERR	$\overline{\text{RESET}}$	校验失败错误。 CFGDONE=0：无校验错误；CFGDONE=1：校验错误
8	CFGDONE	$\overline{\text{RESET}}$	配置是否完成。 CFGDONE=0：完成；CFGDONE=1：没完成

EEPROM 控制寄存器有两位操作码 EECNT，此外还有只读的状态位，其中 EESZ 对应 EEPROM 的大小；READY 位指明最近的一次操作是否完成，是否可以接收新的操作码。在完成 EEPROM 的一个操作时，还可以由 PCIIS 与 PPIIEN 寄存器中的 EERDY 位控制向 DSP 发出中断。操作码用来实现对串行 EEPROM 设备的 7 条操作指令，见表 7-22。

表 7-22　EEPROM 命令总集

操 作 码	指　令	描　　述
10	READ	从指定地址读数据
00（地址=11××××）	EWEN	写使能
11	ERASE	指定地址处清除存储器
01	WRITE	指定地址处写存储器
00（地址=10××××）	ERAL	清除所有的存储器
00（地址=01××××）	WRAL	写所有的存储器
00（地址=00××××）	EWDS	无效化编程指令

EEDAT 寄存器用于存放向 EEPROM 写入的数据及从 EEPROM 读出的数据。对于写操作，写到 EEDAT 的数据马上被传输到一个内部移位寄存器。当向 EECTL 中的 EECNT 写入对应的操作码后，寄存器中的数据开始移位输出。对于 EEPROM 读，当 READY=1，表明 EEDAT 中的数据有效。

EEPROM 协议如下：

① 等待 RSTSRC 中的 CFGDONE 位被设置。EECTL 中的 READY 位及 PCIIS 中的 EERDY 位也会被设置。

② 写 EEPROM 地址到 EEADD（地址寄存器，EESZ 决定地址最高位）。

③ 对于 EEPROM 读，跳过该步。对于 EEPROM 写（指令 WRITE/WRAL），写数据到 EEDAT。该数据马上被传输到内部寄存器。此时 DSP 读 EEDAT 将会得到一个无效值。

④ 写两位操作码到 EECTL 中的 EECNT 位。

⑤ EEPROM 接口时钟输出 EEPROM 串行序列。

⑥ 查询 EECTL 的 READY 位是否为 1，或等待中断（PCIIS 中的 EERDY=1）。

⑦ 对于 EEPROM 写，跳过该步；对于 EEPROM 读（指令 READ），读 EEDAT。

EECNT 写入操作码后，EEPROM 接口上会出现串行数据流。如果当前命令尚未完成就写 EECNT，新的命令会在当前命令完成后再执行，但前一次操作对应的 EEDAT 和 READY 现场将会被破坏。故用户在向 EEPROM 发新指令前，应该首先查询 READY 位。

7.9.4 EEPROM 编程实例

下面的例子提供一个 PCI 接口的 EEPROM 编程实例。EEPROM 采用 ATMEL 公司的 93C66 芯片，厂家代码为 0x0EE5，模块代码为 0x0420。

```
unsigned short cfg_dat[14]={0x0ee5,0x0420,0,0,0,0,0,0,0,0,0,0,0,0};//
初始化配置数据

cfg_dat[13]=0xaaaa^cfg_dat[0];            //首先计算校验和
for(i=1;i<13;i++)
{
    cfg_dat[13]=cfg_dat[13]^cfg_dat[i];
}

*(int*)0x01c20000=0x80;            //清除所有存储器操作对应的地址
*(int*)0x01c20008=0x00;            //清除所有存储器操作对应的操作码
while ( (*(int*)0x01c20008 &0x4)==0);    //没有准备好接受新的命令

*(int*)0x01c20000=0xc0;            //写使能操作对应的地址
*(int*)0x01c20008=0x00;            //写使能操作对应的操作码
while ( (*(int*)0x01c20008 &0x4)==0);    //没有准备好接受新的命令
```

```
for(i=0;i<14;i++)
{
    *(int*)0x01c20000=i;                        //写操作对应的地址
    *(int*)0x01c20004=cfg_dat[i];               //写操作对应的数据
    *(int*)0x01c20008=0x1;                       //指定地址写操作对应的操作码
    while ( (*(int*)0x01c20008 &0x4)==0);        //没有准备好接受新的命令
}
```

　　值得注意的是，EEPROM 编程只用一次，时间要求不用太苛刻。操作命令切换可以不用查询 EECTL 的 READY 位，直接加延迟即可。如果从 EEPROM 读取数据，需要查询 EECTL 的 READY 位判断 EEDAT 中的数据是否有效。

第8章 主机接口（HPI）

本章介绍外部处理器如何通过主机并行接口（HPI）对 TMS320C6000 DSP 的存储资源进行访问，主要内容包括 HPI 信号描述、总线访问，以及主机控制寄存器的设置。

8.1 概述

主机接口（HPI）是一个并行端口，主机（也称为上位机）对接口具有主动控制权，可以通过它直接访问 CPU 的存储空间。主机与 CPU 可以通过外部或内部存储器相互交换信息。主机还可以直接访问存储器映射的外围设备。HPI 与 CPU 存储空间的连接是通过 EDMA 控制器实现的。主机与 CPU 都可以访问 HPI 控制寄存器（HPIC）。通过使用外部数据与接口控制信号，主机可以访问 HPI 地址寄存器（HPIA）、HPI 数据寄存器（HPID）与 HPIC。对于 C64x，CPU 也可以访问 HPIA。

8.2 C64x 的 HPI 外部接口

如图 8-1 所示，C64x 具有 32 个外部数据引脚 HD[31:0]。因此，C64x HPI 可以支持 16 位或 32 位外部引脚接口。用于 16 位宽主机端口时，C64x HPI 叫做 HPI16；用于 32 位宽主机端口时，C64x HPI 叫做 HPI32。C64x 在通过复位时的自举和器件配置引脚可以选择 HPI16 或 HPI32。引导模式与配置的详细情况见第 13 章。

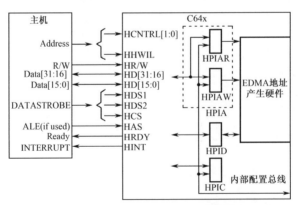

注：HHWIL 仅应用于 HPI16，HD[31:16]仅应用于 HPI32

图 8-1 C64x HPI 接口

HPI16 是 C621x/C671x HPI 的一个增强版。HPI16 以一个 16 位的外部接口为 CPU 提供 32 位数据。除了所有 C621x/C671x HPI 的功能，HPI16 还允许 DSP 访问 HPI 地址寄存器 HPIA。如图 8-1 所示，HPIA 被分成两个寄存器，即 HPIA 写（HPIAW）寄存器与 HPIA 读（HPIAR）寄存器。HPI32 的功能与 HPI16 类似。以下是它们之间的差别：

（1）HHWIL 输入：HPI16 模式下，HHWIL 用来识别一个传输是第一个还是第二个半字。HPI32 模式下，因为所有的传输均以 32 位字方式执行，不使用 HHWIL。

（2）数据总线宽度：HPI16 具有 16 位数据总线。它将两个连续的 16 位传输组成一个 32 位数据传送到 CPU。为了和其他 C6000 设备兼容，不论复位时选择何种终端模式，HPI16 都使用 HD[15:0]作为数据引脚。HPI32 具有 32 位数据总线。由于带宽的增加，所有的传输均为一个 32 位的字而不是两个连续的 16 位半字。因此在 HPI32 模式下，HPI 吞吐量增加。

8.3　C64x 的 HPI 信号

外部 HPI 信号可以与各种主机设备实现传输接口。表 8-1 给出了 HPI 引脚与它们的功能。

表 8-1　HPI 外部接口信号

信 号 名 称	信号类型	信 号 数	主 机 连 接	信 号 功 能
HD[15:0]或 HD[31:0]	I/O/Z	16 或 32	数据总线	
HCNTI.[1:0]	I	2	地址或控制线	HPI 访问类型控制
HHWIL	I	1	地址或控制线	半字识别输入
HAS	I	1	地址锁存使能（ALE），地址选通，或未使用（拉高）	对复用地址/数据总线的主机，区分地址和数据
HR/W	I	2	读/写选通，地址线或多路复用的地址/数据线	读/写选择
HCS	I	1	地址或控制线	数据选通输入
HDS[1:2]	I	1	读选通和写选通，或数据选通	数据选通输入
HRDY	O	1	异步就绪信号	当前 HPI 访问就绪状态
HINT	O	1	主机中断输入	到主机的中断信号

（1）数据总线

HD[15:0]或 HD[31:0]是一个并行、双向、三态数据线。当 HD 不响应一个 HPI 读访问时，它被置成高阻态。其中 HD[31:16]只适应于 C64x HPI32。

（2）访问控制选择信号

HCNTL[1:0]显示哪个内部 HPI 寄存器正在被访问。这两个引脚的状态选择访问 HPI 地址（HPIA）寄存器，HPI 数据（HPID）寄存器还是 HPI 控制（HPIC）寄存器。另外，HPID 寄存器还可以使用可选的地址自增模式进行访问。表 8-2 描述了 HCNTL[1:0]位的功能。

表 8-2　对 HPI 输入控制信号功能选择的描述

HCNTL[1:0]	功　能　描　述
00	主机读/写 HPI 控制寄存器（HPIC）
01	主机读/写 HPI 地址寄存器（HPIA）
10	主机在地址自增模式下读/写 HPID。HPIA 被一个字地址（4 字节地址）延迟递增
11	主机在固定地址模式下读或写 HPID。HPIA 不受影响

（3）半字标识选择选择信号

HHWIL 能识别传输的是第一个还是第二个半字，但并不是最高或最低半字。HPIC 寄存器 HWOB 位的状态决定了半字是最高还是最低。对于第一个半字，HHWIL 为低，而对于第二个则为高。

HHWIIL 与 HWOB 一起指定半字在数据寄存器 HPID 中的位置见表 8-3，此外还有取决于端点模式的 LSB 地址位。

表 8-3　HPI 数据写访问

数据类型 LE（小终端模式） BE（大终端模式）	HWOB	第一次写（HHWIL=0） /逻辑 LSB 地址位	第二次写（HHWIL=1） /逻辑 LSB 地址位
半字：小终端模式（LE） 大终端模式（BE）	0	MS 半字（最高位） LE=10b；BE=00b	LS 半字（最低位） LE=00b；BE=10b
半字： 小终端模式（LE） 大终端模式（BE）	1	LS 半字（最低位） LE=00b BE=10b	MS 半字（最高位） LE=10b BE=00b
半字： 小终端模式（LE） 大终端模式（BE）	0	MS 半字（最高位） LE=00b BE=00b	LS 半字（最低位） LE=00b BE=00b
半字： 小终端模式（LE） 大终端模式（BE）	1	LS 半字（最低位） LE=00b BE=00b	MS 半字（最高位） LE=00b BE=00b

（4）读/写选择信号

$HR/\overline{W}$ 是主机读/写选择输入信号。主机必须驱动 $HR/\overline{W}$ 为高以进行读操作，为低以进行写操作。没有读/写选择输出的主机可以使用一根地址线来执行此功能。

（5）准备好信号

当 $\overline{HRDY}$ 为有效的低电平时，它表明 HPI 已经准备好执行一次传输。而无效时，则表明 HPI 正忙于完成当前的读操作或前一次 HPID 读取或写访问。$\overline{HCS}$ 使能 $\overline{HRDY}$。当 $\overline{HCS}$ 为高时，$\overline{HRDY}$ 总为低。

（6）选通信号

$\overline{HCS}$，$\overline{HDS1}$，$\overline{HDS2}$ 允许连到一个满足如下任意一个条件的主机：

- 有一个读/写选择（HR /$\overline{\text{W}}$）的选通输出；
- 有独立的读与写选通输出。在这种情况下，可以使用不同的地址完成读或写选择。

图 8-2 所示为 $\overline{\text{HCS}}$，$\overline{\text{HDS1}}$ 与 $\overline{\text{HDS2}}$ 的输入的等效电路。

图 8-2　选择输入逻辑等效电路

$\overline{\text{HCS}}$，$\overline{\text{HDS1}}$ 与 $\overline{\text{HDS2}}$ 一起使用，可以产生一个有效的内部 $\overline{\text{HSTROBE}}$ 信号。只有当 $\overline{\text{HCS}}$ 有效并 $\overline{\text{HDS1}}$ 与 $\overline{\text{HDS2}}$ 中两者之一（不同时）有效时，$\overline{\text{HSTROBE}}$ 才会有效。当 $\overline{\text{HAS}}$ 无效时（高），$\overline{\text{HSTROBE}}$ 的下降沿将采样 HNT[1:0]、HHWIL 与 HR /$\overline{\text{W}}$。因此，最近的 $\overline{\text{HCS}}$、$\overline{\text{HDS1}}$ 或 $\overline{\text{HDS2}}$ 能够控制采样时间。$\overline{\text{HCS}}$ 作为 HPI 的使能输入，它在访问中必须为低。但是，由于 $\overline{\text{HSTROBE}}$ 信号决定访问之间的真正边界，因此，只要 $\overline{\text{HDS1}}$ 与 $\overline{\text{HDS2}}$ 中传输正确，$\overline{\text{HCS}}$ 可以在连续访问之间始终为低。

具有独立读/写选通的主机将这些选通位分别连到 $\overline{\text{HDS1}}$ 与 $\overline{\text{HDS2}}$ 上。只有单一选通位的主机将把选通位连接到 $\overline{\text{HDS1}}$ 或 $\overline{\text{HDS2}}$ 上，未使用的引脚置为高。不管是 $\overline{\text{HDS1}}$ 还是 $\overline{\text{HDS2}}$ 连接，HR /$\overline{\text{W}}$ 都用来决定传输方向。因为 $\overline{\text{HDS1}}$ 与 $\overline{\text{HDS2}}$ 是异或的（NOR），具有有效数据选通（高）的主机可以把该选通位连到 $\overline{\text{HDS1}}$ 或 $\overline{\text{HDS2}}$，而让其他的信号为低。

$\overline{\text{HSTROBE}}$ 具有以下 4 个主要用途：

① 读操作中，$\overline{\text{HSTROBE}}$ 的下降沿初始化所有类型的 HPI 读访问。

② 写操作中，$\overline{\text{HSTROBE}}$ 的上升沿初始化所有类型的 HPI 写访问。

③ $\overline{\text{HSTROBE}}$ 下降沿锁存 HPI 的控制输入，包括 HCNTL[1:0]、HHWILH 与 R/W。当然 $\overline{\text{HAS}}$ 影响控制输入的锁存。

④ $\overline{\text{HSTROBE}}$ 的上升沿锁存 HBE[1:0]输入（仅适用于 C620x/C670x），也锁存被写的数据。

$\overline{\text{HCS}}$ 控制 $\overline{\text{HRDY}}$ 输出。换句话说，只有当 $\overline{\text{HCS}}$ 有效（低）时，$\overline{\text{HRDY}}$ 引脚才会为高，从而表明未就绪。否则 $\overline{\text{HRDY}}$ 有效（为低）。

（7）地址选通输入信号

$\overline{\text{HAS}}$ 可以使 HCNTL[1:0]、HR /$\overline{\text{W}}$ 与 HHWIL 在一个访问循环中较早地移除，这样就有更多的时间将数据线的状态由地址变为数据。该功能使得复用地址与数据线更加方便。在这种类型的系统中，通常提供一个地址锁存使能（ALE）信号并连接到 $\overline{\text{HAS}}$ 上。

具有多路复用地址与数据线的主机将 $\overline{\text{HAS}}$ 连到它们的 ALE 引脚或一个等效的引脚上。HHWIL、HCNTL[1:0]与 HR /$\overline{\text{W}}$ 在 $\overline{\text{HAS}}$ 的下降沿锁存。$\overline{\text{HAS}}$ 应先于最近发生的 $\overline{\text{HCS}}$、$\overline{\text{HDS1}}$ 或 $\overline{\text{HDS2}}$。具有独立地址与数据线的主机可以把 $\overline{\text{HAS}}$ 置为高。在这种情况下，当 HAS 无效时，HHWIL、HCNTL[1:0]及 HR /$\overline{\text{W}}$ 由最近发生的 $\overline{\text{HDS1}}$、$\overline{\text{HDS2}}$ 或 $\overline{\text{HCS}}$ 的下降沿锁存。

（8）向主机发送中断的信号

$\overline{\text{HINT}}$ 是主机的中断输出，HPIC 寄存器中的 HINT 位控制。当芯片复位时 HINT 位将设置为 0，因而 $\overline{\text{HINT}}$ 引脚在复位时为高电平。

8.4　C64x HPI 总线访问

由于有了 32 位数据总线，C64x HPI 是 C621x/C671x HPI 的一个增强版本。C64x HPI 可以在复位时设置成为 HPI16 或 HPI32 模式。HPI16 的操作类似于 C621x/C671x 16 位 HPI 操作。在内部时钟计数达到 128 个 CPU 周期后，C64x HPI 内部写缓冲将被刷新。HPI32 的操作与 HPI16 的操作类似，除了扩展的 32 位数据总线。由于 HPI32 数据线被扩展到 32 位，所有的读与写传输为一个 32 位访问（HD[0:31]），而不是由两个连续的 16 位半字访问组成。而且，在 HPI32 接口中没有使用 HHWIL 信号。HPI32 的读与写时序图如图 8-3、图 8-4、图 8-5 和图 8-6 所示。HPI32 中的其他选项与 HPI16 的一样。

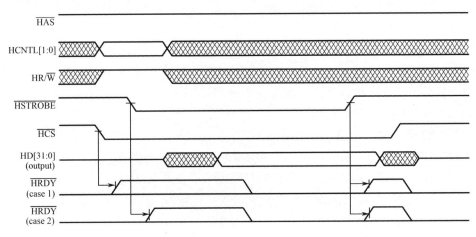

图 8-3　C64x 的 HPI32 读时序（未使用 $\overline{\text{HAS}}$，将其置为高）

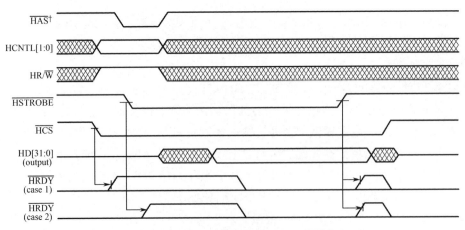

注：为了正确的操作，每个 $\overline{\text{HSTROBE}}$ 周期只选通 $\overline{\text{HAS}}$ 信号一次。

图 8-4　只适于 C64x 的 HPI32 读时序（使用 $\overline{\text{HAS}}$）

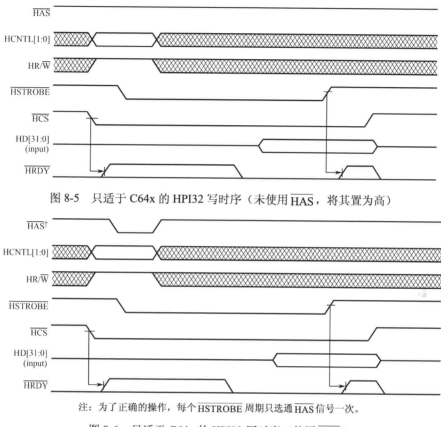

图 8-5 只适于 C64x 的 HPI32 写时序（未使用 $\overline{HAS}$，将其置为高）

注：为了正确的操作，每个 $\overline{HSTROBE}$ 周期只选通 $\overline{HAS}$ 信号一次。

图 8-6 只适于 C64x 的 HPI32 写时序（使用 $\overline{HAS}$）

8.5 HPI 寄存器

表 8-4 所示列出了 HPI 用于主机与 CPU 间通信的寄存器。HPID 包含通过 HPI 从存储器中读入的数据或者通过 HPI 从存储器中写入的数据。HPIA 包含被 HPI 访问的存储器地址，该地址为一个 30 位字地址，因此两位固定为 0。

表 8-4 C64x HPI 寄存器

寄 存 器 名	寄存器缩写	主机读/写访问	CPU 读/写访问	CPU 读/写（十六进制位地址）
HPI 数据寄存器	HPID	RW	-	-
HPI 控制寄存器	HPIC	RW	RW	0188 0000h
HPI 地址寄存器（写）	HPIA（HPIAW）	RW	RW	0188 0004h
HPI 地址寄存器（读）	HPIA（HPIAR）	RW	RW	0188 0008h

注：主机访问 HPIA 会刷新 HPIAW 与 HPIAR。CPU 可以独立访问 HPIAW 与 HPIAR。

HPIC 寄存器（如图 8-7 所示，具体的各位描述见表 8-5）通常是进行位设置与端口初始化时访问的第一个寄存器。HPIC 是一个 32 位寄存器，其高位与低位中的内容相同。在主机写操作中，两个半字必须相同。实际上，高位与低位存于相同的空间。对于只读的保留值没有分配存储空间。只有 CPU 对低位半字的写操作才会影响 HPIC 的值与 HPI 操作。

31	30　24	23	22　21	20	19	18	17	16
rsvd	rsvd	rsvd	rsvd	FETCH	HRDY	HINT	DSPINT	HWOB
HRW,CRW,+0	HR,CR,+0	HRW,CRW,+0	HR,CR,+0	HRW,CRW,+0	HR,CR,+0	HR,CR,+0	HRW,CR,+0	HRW,CR,+0

15	14　8	7	6　5	4	3	2	1	0
rsvd	rsvd	rsvd	rsvd	FETCH	HRDY	HINT	DSPINT	HWOB

注：对于 C64x，第 7、15、23 位是可写的并且必须被置 0，否则操作未定义

图 8-7　HPIC 寄存器

表 8-5　HPI 控制寄存器（HPIC）各位描述

位	描　　述
HWOB	半字排序位。如果 HWOB=1，第一个半字是低位的；如果 HWOB=0，第一个半字是高位的。HWOB 影响数据与地址传输。只有主机可以修改这个位。在第一个数据或地址寄存器访问之前应对 HWOB 进行初始化。对于 HPI32，不使用 HWOB，并且 HWOB 的值不起作用
DSPINT	主机处理器向 CPU/DMA 发出中断
HINT	DSP 向主机发送中断。该位取反后的值决定 CPU $\overline{\text{HINT}}$ 输出的状态
HRDY	到主机的就绪信号。不会被 $\overline{\text{HCS}}$ 屏蔽（与 $\overline{\text{HRDY}}$ 管脚一样）。如果 HRDY=0，内部总线等待 HPI 数据访问完成
FETCH	主机取数据请求。主机或 CPU 从这个寄存器读取的值总是 0。主机对这个位写 1 则会发送一个请求到 HPID 去读取由 HPIA 指向的地址中的数据，但是该位并没有被真正置为 1

8.6　主机访问顺序

依次执行以下命令，主机开始 HPI 访问：

① 初始化 HPIC 寄存器。

② 初始化 HPIA 寄存器。

③ 从 HPID 中读或写数据。

写或读 HPID 将会初始化一个内部循环以在 HPID 寄存器与内部地址产生器之间进行传输。对于 16 位 HPI，主机访问任何 HPI 寄存器都需要在 HPI 总线进行两个半字访问：第一个用 HHWIL 低位，第二个用 HHWIL 高位。一般情况，主机不能打断第一个半字/第二个半字这一顺序，如果打断，数据可能会丢失并可能导致非预期的操作。第一个半字访问可能要等待前一个 HPI 请求完成，前一个请求包括 HPID 写与 HPID 预读取。因此，在 HPI 可以开始该请求之前，它会将 $\overline{\text{HRDY}}$ 置为高（无效）。第二个半字访问总是使 $\overline{\text{HRDY}}$ 值为低电平（有效），因为所有以前的访问已经在第一个半字访问时完成。C64x HPI32 将两个半字传输合并成一个单字传输。

8.6.1 初始化 HPIC 和 HPIA

在数据访问之前，HPIC 与 HPIA 必须被初始化。在 C64x 中，主机或 CPU 都可以用于初始化 HPIC 与 HPIA 寄存器。下面分别讨论 16 位带宽端口（HPI16）的主机初始化顺序及 32 位带宽端口（HPI32）的主机初始化顺序。

1．HPI16 的 HPIC 与 HPIA 的初始化

访问数据之前，HPIC 寄存器的 HWOB 位与 HPIA 必须被初始化（换句话说，因为 HWOB 影响 HPIA 访问）。初始化 HWOB 后，主机（或 C64x 的 CPU）就可以用正确的半字赋值写 HPIA。表 8-6 与表 8-7 分别总结了当 HWOB 分别为 1 与 0 时的初始化顺序。在这些例子中，HPIA 被设置成 80001234h。在所有的这些访问中，HPIC 中的 HRDY 位都被设置。表 8-6 和表 8-7 中的问号表示该值未知。

表 8-6　HWOB=1 及 HPIA 的初始化

事　　件	访问时的值				访问后的值		
	HD	HR/$\overline{\text{W}}$	HCNTL [1:0]	HHWIL	HPIC	HPIA	HPID
主机写HPIC的第一个半字	0001h	0b	00b	0b	00090009h	????????h	????????h
主机写HPIC的第二个半字	0001h	0b	00b	1b	00090009h	????????h	????????h
主机写HPIA的第一个半字	1234h	0b	01b	0b	00090009h	????1234h	????????h
主机写HPIA的第二个半字	8000h	0b	01b	1b	00090009h	80001234h	????????h

表 8-7　HWOB=0 及 HPIA 的初始化

事　　件	访问时的值				访问后的值		
	HD	HR/$\overline{\text{W}}$	HCNTL [1:0]	HHWIL	HPIC	HPIA	HPID
主机写HPIC的第一个半字	0000h	0b	00b	0b	00080008h	????????h	????????h
主机写HPIC的第二个半字	0000h	0b	00b	1b	00080008h	????????h	????????h
主机写HPIA的第一个半字	8000h	0b	01b	0b	00080008h	8000????h	????????h
主机写HPIA的第二个半字	1234h	0b	01b	1b	00080008h	80001234h	????????h

2．HPI32 的 HPIC 与 HPIA 的初始化

对于 HPI32，主机与 CPU 都可以初始化 HPIC 与 HPIA，所有的访问都是 32 位宽。HPIC 中的 HWOB 位没有使用。因此，如果默认值就是所需要的，就没有必要再初始化 HPIC。

表 8-8 总结了 HPI32 的 HPIC 与 HPIA 初始化顺序。

表 8-8　初始化 HPIC 与 HPIA

事　件	访问时的值			访问后的值		
	HD	HR/$\overline{\text{W}}$	HCNTL[1:0]	HPIC	HPIA	HPID
主机写 HPIC	00000000h	0b	00b	00080008h	????????h	????????h
主机写 HPIA	80001234h	0b	01b	00080008h	80001234h	????????h

8.6.2　固定模式下的 HPID 读访问

一旦 HPI 被初始化，主机就在地址固定模式下执行读访问。假定主机想读取的数据的地址为 80001234h，并且该地址处数据的值为 789ABCDh。下面将分别讨沦固定地址模式下 16 位带宽主机端口（HPI16）HPID 读访问与 32 位带宽主机端口（HPI32）HPID 读访问。

1．HPI16 在固定模式下的 HPID 寄存器读访问

主机必须以两个 16 位半字来读取 32 位 HPID。表 8-9 与表 8-10 分别总结了当 HWOB=1 与 HWOB=0 时的这种读访问。

表 8-9　固定模式下对 HPI 的数据读访问（HWOB=1）

事　件	访问时的值					访问后的值		
	HD	HR/$\overline{\text{W}}$	HCNTL[1:0]	$\overline{\text{HRDY}}$	HHWIL	HPIC	HPIA	HPID
主机读 HPID 的第一个半字数据未就绪	????h	1b	11b	1b	0b	00010001h	80001234h	????????h
主机读 HPID 的第一个半字数据就绪	BCDEh	1b	11b	0b	0b	00090009h	80001234h	789ABCDEh
主机读第二个半字	789Ah	1b	11b	0b	1b	00090009h	80001234h	789ABCDEh

表 8-10　固定模式下对 HPI 的数据读访问（HWOB=0）

事　件	访问时的值					访问后的值		
	HD	HR/$\overline{\text{W}}$	HCNTL[1:0]	$\overline{\text{HRDY}}$	HHWIL	HPIC	HPIA	HPID
主机读 HPID 的第一个半字数据未就绪	????h	1b	11b	1b	0b	00000000h	80001234h	????????h
主机读 HPID 的第一个半字数据就绪	789Ah	1b	11b	0b	0b	00080008h	80001234h	789ABCDEh
主机读第二个半字	BCDEh	1b	11b	0b	1b	00080008h	80001234h	789ABCDEh

2．HPI32 在固定模式下 HPID 寄存器读访问

对于 HPI32 的 HPID 的访问顺序类似于 HP116 的访问顺序。差别是 HPI32 主机访问是在一个 32 位字而不是 16 位半字下进行的。表 8-11 列出了固定地址模式下这种访问的一个例子。此例中，主机在地址为 80001234h，数据值为 789ABCDEh。

表 8-11　固定地址模式下的数据读访问（HPI32）

事　件	访问时的值				访问后的值		
	HD	HR/$\overline{\text{W}}$	HCNTL [1:0]	$\overline{\text{HRDY}}$	HPIC	HPIA	HPID
主机读 HPIC 数据未就绪	????????h	1b	11b	1b	00000000h	80001234h	????????h
主机读 HPID 数据就绪	789ABCDEh	1b	11b	0b	00080008h	80001234h	789ABCDEh

8.6.3　地址自增模式的 HPID 读访问

地址自增的功能产生了高效的连续主机访问。对于 HPID 读与写访问，它使得主机不用在 HPIA 中载入递加地址。对于读访问，由下一地址指向的数据在当前读操作完成后将马上被取出。由于连续读取之间的空隙用来预取数据，下次访问的延迟将减少。对于 C62x/C67x，在主机对 HPIC 寄存器 FETCH 写入 1 时也将发生预取。如果下一个 HPI 访问为 HPID 读，那么数据不会被重取，预取的数据将被发送到主机。否则，HPI 必须等待预取的完成。

1．HPI16 在地址自增模式下的 HPID 寄存器读访问

表 8-12 和表 8-13 总结了地址自增读访问。第一个半字访问完成后（HSTROBE 第一个上升沿），地址递增到下一个字，本例中为 80001238h，假定该处的数据为 87654321h。这个数据将被预取并载入 HPID。对于 C64x HPI 具有一个内部读缓冲，它可以使得在第一个 HPID 读访问（HSTROBE 下降沿）时预取数据填充内部缓冲。

表 8-12　对 HPI 的地址自增读访问（HWOB=1）

事　件	访问时的值					访问后的值		
	HD	HR/$\overline{\text{W}}$	HCNTL [1:0]	$\overline{\text{HRDY}}$	HHWIL	HPIC	HPIA	HPID
主机读 HPID 的第一个半字数据未就绪	????h	1b	10b	1b	0b	00010001h	80001234h	????????h
主机读 HPID 的第一个半字数据就绪	BCDEh	1b	10b	0b	0b	00090009h	80001234h	789ABCDEh
主机读 HPID 第二个半字	789Ah	1b	10b	0b	1b	00090009h	80001234h	789ABCDEh
预取数据未就绪	????h	xb	xxh	1b	xb	00010001h	80001234h	789ABCDEh
预取数据就绪	????h	xb	xxh	0b	xb	00090009h	80001234h	87654321h

表 8-13　对 HPI 的地址自增读访问（HWOB=0）

事　件	访问时的值					访问后的值		
	HD	HR/$\overline{W}$	HCNTL [1:0]	$\overline{HRDY}$	HHWIL	HPIC	HPIA	HPID
主机读 HPID 的第一个半字数据未就绪	????h	1b	10b	1b	0b	00000000h	80001234h	????????h
主机读 HPID 的第一个半字数据就绪	789Ah	1b	10b	0b	0b	00080008h	80001234h	789ABCDEh
主机读 HPID 第二个半字	BCDEh	1b	10b	0b	1b	00080008h	80001234h	789ABCDEh
预取数据未就绪	????h	xb	xxh	1b	xb	00000000h	80001234h	789ABCDEh
预取数据就绪	????h	xb	xxh	0b	xb	00000000h	80001234h	87654321h

2．HPI32 在地址自增模式下的 HPID 寄存器读访问

表 8-14 总结了 HPI32 地址自增读访问。在该模式下第一次 HPID 读访问使得 HPI 不光取出当前数据，而且预取数据填充内部读缓冲。

表 8-14　地址自增模式下的 HPID 读访问（HPI32）

事　件	访问时的值				访问后的值		
	HD	HR/$\overline{W}$	HCNTL [1:0]	$\overline{HRDY}$	HPIC	HPIA	HPID
主机读 HPID 数据未就绪预取数据填充内部读冲	????????h	1b	10b	1b	00000000h	80001234h	????????h
主机写 HPID 数据就绪	789ABCDEh	1b	10b	0b	00080008h	80001234h	789ABCDEh
地址自增下一个数据就绪	????????h	?h	??h	0b	00080008h	80001234h	87654321h

8.6.4　固定地址模式下的 HPID 写访问

1．HPI16 在固定地址模式下的 HPID 寄存器写访问

在对 HPI 的写访问期间，HPID 的第一个半字部分（高位或低位的半字由 HWOB 决定）由来自主机的数据覆盖。并且当 HHWIL 引脚为低时，锁存第一个 $\overline{HBE}$[1:0]。HPID 的第二个半字部分由来自主机的数据覆盖，并且当 HHWIL 引脚为高时，在 HSTROBE 上升沿处锁

存第二个 HBE[1:0]。在这次写访问的末端（$\overline{\text{HSTROBE}}$ 的第二个上升沿），HPID 将作为一个 32 位字被传输到由 HPIA（具有 4 个相关位使能）指定的地址。

表 8-15 与表 8-16 分别总结了当 HWOB=1 与 HWOB=O 时的 HPID 写访问。主机将数据 5566h 写到地址为 80001234h（HPIA 已经指向该地址）的 16LSB。假定该地址的初始值为 0。在前一次传输完成之前（$\overline{\text{HRDY}}$ 标志为高），主机将被 HPI 延迟。如果在 HPID 中不存在被延迟的写等待，那么写访问通常在一个没有未就绪的时序状态下进行。对于 C620x/C670x，只有对于 16LSB 传输，$\overline{\text{HBE}[1:0]}$ 才有效。对于 C621x、C671x 与 C64x HPI16，不存在 $\overline{\text{HBE}[1:0]}$ 引脚。并且只允许字写，16 位的写访问必须成对出现。整个 32 位字将被传输。

表 8-15 固定地址模式下的 HPI 数据写访问（HWOB=1）

事　　件	访问时的值					访问后的值			80001234h 地址处的值
	HD	HR/$\overline{\text{W}}$	HCNTL [1:0]	$\overline{\text{HRDY}}$	HHWIL	HPIC	HPIA	HPID	
主机写 HPID 的第一个半字等待前一次传输完成	5566h	0b	11b	1b	0b	00010001h	80001234h	????????h	00000000h
主机写 HPID 的第一个字	5566h	0b	11b	0b	0b	00090009h	80001234h	????5566h	00000000h
主机写 HPID 第二个半字	wxyzh	0b	11b	0b	1b	00090009h	80001234h	wxyz5566h	00000000h
等待访问完成	????h	?b	??b	1b	?b	00010001h	80001234h	wxyz5566h	00005566h

表 8-16 固定地址模式下的 HPI 数据写访问（HWOB=0）

事　　件	访问时的值					访问后的值			80001234h 地址处的值
	HD	HR/$\overline{\text{W}}$	HCNTL [1:0]	$\overline{\text{HRDY}}$	HHWIL	HPIC	HPIA	HPID	
主机写 HPID 的第一个半字等待前一次传输完成	wxyzh	0b	11b	1b	0b	00000000h	80001234h	????????h	00000000h
主机写 HPID 的第一个字	wxyzh	0b	11b	0b	0b	00080008h	80001234h	wxyz????h	00000000h
主机写 HPID 第二个半字	5566h	0b	11b	0b	1b	00080008h	80001234h	wxyz5566h	00000000h
等待访问完成	????h	?b	??b	1b	?b	00080008h	80001234h	wxyz5566h	00005566h

2. HPI32 的固定地址模式下的 HPID 寄存器写访问

HPI32 的 HPID 写与 HPI16 的类似。但是，主机可以通过 32 位写访问实现对 HPID 寄存器的写操作。表 8-17 总结了该模式下的 HPID 写访问。

表 8-17 固定地址模式下的 HPI 数据写访问（HP132）

事 件	访问时的值				访问后的值			80001234h 地址处的值
	HD	HR/$\overline{W}$	HCNTL [1:0]	$\overline{HRDY}$	HPIC	HPIA	HPID	
主机写 HPID 等待前一次传输完成	00005566h	0b	11b	1b	00000000h	80001234h	????????h	00000000h
主机写 HPID 就绪	00005566h	0b	11b	0b	00080008h	80001234h	00005566h	00000000h
等待访问完成	????????h	?b	? ?b	0b	00080008h	80001234h	87654321h	00005566h

8.6.5 地址自增模式的 HPID 写访问

1. HPI16 在地址自增模式下 HPID 寄存器写访问

表 8-18 与表 8-19 分别总结了当 HWOB=1 与 HWOB-O 时的主机数据写访问。这些例子与 8.6.4 节中的基本相同，差别是 HCNTL[1:0]的值以及后面的在地址为 80001238h 处的写。在下一个 HPID 写访问中，递增将发生在 $\overline{HSTROBE}$ 的上升沿处。如果下一次访问为一个 HPIA 或 HPIC 访问或一个 HPID 读，那么地址自增将不会发生。对于该模式下的 C64x HPI，主机写的数据将马上从 HPID 复制到内部写缓冲。因此，如果内部写缓冲没满，$\overline{HRDY}$ 保持为就绪状态，并且表 8-18 与表 8-19 中的第 4 行与第 7 行对这种情况不支持。另外，当内部写缓冲半满时或当写循环被终止时，DSP 只会控制地址自增模式下的 HPI 写访问。直到内部写缓冲响应之前，80001234h 与 80001238h 处的数据将不会刷新为正确的值（分别为 00005566h 与 33000000h）。

表 8-18 地址自增 HPID 写访问（HWOB =1）

事 件	访问时的值					访问后的值			80001234h 地址处值	80001238h 地址处值
	HD	HR/$\overline{W}$	HCNTL [1:0]	$\overline{HRDY}$	HHWIL	HPIC	HPIA	HPID		
主机写 HPID 的第一个半字等待前一次传输完成	5566h	0b	10b	1b	0b	00010 001h	80001 234h	????? ??b	00000000h	00000000h
主机写 HPID 的第一个半字就绪	5566h	0b	10b	0b	0b	00090 009h	8000123 4h	????55 66h	00000000h	00000000h

续表

事 件	访问时的值					访问后的值			80001234h 地址处值	80001238h 地址处值
	HD	HR/$\overline{W}$	HCNTL[1:0]	$\overline{HRDY}$	HHWIL	HPIC	HPIA	HPID		
主机写 HPID 第二个半字	wxyh	0b	10b	0b	1b	00090009h	80001234h	wxyz5566h	00000000h	00000000h
主机写 HPID 第一个半字等待前一个操作完成	nopqh	0b	10b	1b	0b	00010001h	80001234h	wxyz5566h	00005566h	00000000h
主机写 HPID 第一个半字	nopqh	0b	10b	0b	0b	00090009h	80001238h	Wxyznopqn	00005566h	00000000h
主机写 HPID 第二个半字	33rsh	0b	10b	0b	1b	00090009h	80001238h	33rsnopqh	00005566h	00000000h
等待访问完成	????h	?b	??b	1b	?b	00010001h	80001238h	33rsnopqh	00005566h	33000000h

表 8-19 地址自增 HPID 写访问（HWOB =0）

事 件	访问时的值					访问后的值			80001234h 地址处的值	80001238h 地址处的值
	HD	HR/$\overline{W}$	HCNTL[1:0]	$\overline{HRDY}$	HHWIL	HPIC	HPIA	HPID		
主机写 HPID 的第一个半字等待前一次传输完成	wxyzh	0b	10b	1b	0b	00000000h	80001234h	????????b	00000000h	00000000h
主机写 HPID 的第一个半字就绪	wxyzh	0b	10b	0b	0b	00080008h	80001234h	wxyz????h	00000000h	00000000h
主机写 HPID 第二个半字	5566h	0b	10b	0b	1b	00080008h	80001234h	wxyz5566h	00000000h	00000000h
主机写 HPID 第一个半字等待前一个操作完成	33rsh	0b	10b	1b	0b	00000000h	80001234h	wxyz5566h	00005566h	00000000h
主机写 HPID 第一个半字	33rsh	0b	10b	0b	0b	00080008h	80001238h	33rsnopqh	00005566h	00000000h
主机写 HPID 第二个半字	nopqh	0b	10b	0b	1b	00080008h	80001238h	33rsnopqh	00005566h	00000000h
等待访问完成	????h	?b	??b	1b	?b	00000000h	80001238h	33rsnopqh	00005566h	33000000h

2．HPI32 在地址自增模式下 HPID 寄存器写访问

地址自增模式下被 C64xHPI 主机所写的数据将立即从 HPID 复制到内部写缓冲中。因此，如果内部写缓冲未满，HRDY 保持为就绪。当内部写缓冲半满时或当写循环被终止时，DSP 只会控制地址自增模式下的 HPI 写访问。直到内部写缓冲被响应之前，80001234h 与 80001238h 处的数据将不会刷新为正确的值（分别为 00005566h 与 33000000h）。表 8-20 所示为 HPI32 地址自增 HPID 的写访问。

表 8-20　地址自增 HPID 写访问（HP132）

事　　件	访问时的值					访问后的值			80001234h 地址处的值	80001238h 地址处的值
	HD	HR/$\overline{\text{W}}$	HCNTL[1:0]	$\overline{\text{HRDY}}$	HHWIL	HPIC	HPIA	HPID		
主机写 HPID 等待前一次传输完成	00005566h	0b	10b	1b	0b	00000000h	80001234h	????????b	00000000h	00000000h
主机写 HPID 就绪	00005566h	0b	10b	0b	0b	00080008h	80001234h	00005566h	00000000h	00000000h
主机写 HPID 就绪	33000000h	0b	10b	0b	1b	00080008h	80001234h	33000000h	00000000h	00000000h

8.6.6　HPI 传输优先级队列

所有的 C64x HPI 传输可以为四个优先级中的任意一个，默认情况先为中等优先级。

8.6.7　复位时通过 HPI 的存储器访问

复位期间，当 $\overline{\text{HCS}}$ 为有效（低）时，$\overline{\text{HRDY}}$ 为无效（高）；当 $\overline{\text{HCS}}$ 为无效（高）时，$\overline{\text{HRDY}}$ 为有效（低）。在芯片复位时，HPI 不能使用。

8.7　HPI 应用实例

MC68360 QUICC 是摩托罗拉 M68300 系列的一款 32 位的控制器。MC68360 QUICC 具有片上集成的微处理器和控制器应用外设，该芯片广泛应用于通信领域。图 8-8 和图 8-9 分别描述了 MC68360 作为主机与 C64x HPI 的接口。

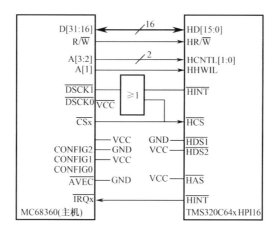

图 8-8　MC68360 与 TMS320C64x 的 HPI16 接口框图

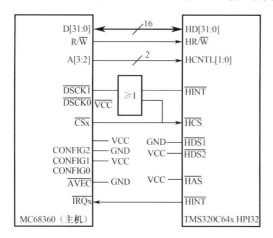

图 8-9　MC68360 与 TMS320C64x 的 HPI32 接口框图

第 9 章　多通道缓冲串口

本章介绍多通道缓冲串口（McBSP）的硬件及其操作，包括 McBSP 有关的寄存器定义和时序图。

9.1　概述

TMS320C6000 的多通道缓冲串口是在 TMS320C2x/C3x/C5x 和 C54x 标准串口的基础上产生的。McBSP 提供如下功能：

- 全双工通信；
- 双缓冲数据寄存器，允许连续的数据流；
- 收发独立的帧信号和时钟信号；
- 可以与工业标准编/解码器、模拟接口芯片（AIC），以及其他串行 A/D、D/A 设备直接接口；
- 数据传输可利用外部移位时钟或一个内部频率可编程的移位时钟；
- 通过 5 通道 DMA 控制器的自缓冲能力；
- 支持下面设备和方式的直接接口：①TI/E1 帧方式，②MVIP 兼容的交换方式，以及 ST-BUS 兼容设备——MVIP 帧方式、H. 100 帧方式、SCSA 帧方式。③IOM-2 兼容设备，④AC97 兼容设备（提供必需的多相帧同步能力），⑤IIS 兼容设备，⑥SPI 设备；
- 可与多达 128 个通道进行多通道收发；
- 支持传输的数据字长范围很广，包括 8 位、12 位、16 位、20 位、24 位和 32 位；
- μ 律和 A 律压扩；
- 对于 8 位数据传输，可选择高位（LSB）先传或低位（MSB）先传送；
- 可编程设置帧同步和数据时钟信号的极性；
- 高度可编程的内部时钟和帧信号。

所有 C6000 设备拥有相同的 McBSP，C64x 的 McBSP 还有一些增强特征：DX 使能器（DXENA）、32 位数据反转（RWDREVRS/XWDREVRS）、增强型多通道选择模式（RMCME/XMCME）和竞争控制（FREE，SOFT）。

9.2　接口信号和控制寄存器

表 9-1 总结了 McBSP 有关的引脚信号。数据发送引脚（DX）负责数据的发送，数据接

收引脚（DR）负责数据的接收，另外 5 个引脚（CLKS、CLKX、CLKR、FSX 和 FSR）提供控制信号（时钟和帧同步）。

表 9-1 McBSP 引脚信号

引　脚	I/O/Z	描　述
CLKK	I/O/Z	接收时钟
CLKX	I/O/Z	发送时钟
CLKS	I	外部时钟
DR	I	接收串行数据
DX	O/Z	发送串行数据
FSR	I/O/Z	接收帧同步
FSX	I/O/Z	发送帧同步

McBSP 包括一个数据通道和一个控制通道，如图 9-1 所示。设备与 McBSP 通过可由片内外设总线访问的 32 位控制寄存器实现通信。

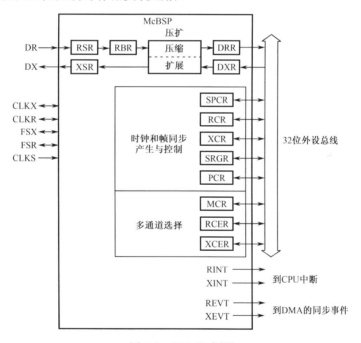

图 9-1 McBSP 框图

CPU 或 EDMA 控制器从数据接收寄存器（DRR）读数据，把要发送的数据写到数据发送寄存器（DXR）。写入 DXR 中的数据通过发送移位寄存器（XSR）移出至 DX 引脚。同样，数据接收（DR）引脚上接收到的数据先移入到接收移位寄存器中（RSR），然后被复制到接收缓冲寄存器（RBR）中。然后 RBR 再将数据复制到 DRR，CPU 或 DMA/EDMA 控制器可以将数据读走。这种多级缓存的方式使内部数据搬移和外部数据通信可以同时进行。

进行 McBSP 操作时，必须合理地配置相应的寄存器。表 9-2 列出了 McBSP 所有的控制寄存器，以及它们的存储器映射地址。

表 9-2　McBSP 寄存器

寄存器名称	缩　　写	十六进制地址	
		McBSP0	McBSPl
接收缓冲寄存器	RBR	-	-
接收移位寄存器	RSR	-	-
发送移位寄存器	XSR	-	-
数据接收寄存器	DRR	018C 0000	0190 0000
数据发送寄存器	DXR	018C 0004	0190 0004
串口控制寄存器	SPCR	018C 0008	0190 0008
接收控制寄存器	RCR	018C 000C	0190 000C
发送控制寄存器	XCR	018C 0010	0190 0010
采样率发生器寄存器	SRGR	018C 0014	0190 0014
多通路控制寄存器	MCR	018C 0018	0190 0018
增强型接收通道使能寄存器 0	RCERE0	018C 001C	0190 001C
增强型发送通道使能寄存器 0	XCERE0	018C 0020	0190 0020
引脚控制寄存器	PCR	018C 0024	0190 0024
增强型接收通道使能寄存器 1	RCERE1	018C 0028	0190 0028
增强型发送通道使能寄存器 1	XCERE1	018C 002C	0190 002C
增强型接收通道使能寄存器 2	RCERE2	018C 0030	0190 0030
增强型发送通道使能寄存器 2	XCERE2	018C 0034	0190 0034
增强型接收通道使能寄存器 3	RCERE3	018C 0038	0190 0038
增强型发送通道使能寄存器 3	XCERE3	018C 003C	0190 003C

对于 C64x，DRR 和 DXR 还有表 9-3 所示的第二套地址。这就意味着，用户可以选择 3xxxxxxxh 或 018Cxxxxh/0190xxxxh/01A4xxxxh 两种地址分别对 DRR 和 DXR 进行访问。由于访问 018Cxxxxh/0190xxxxh/01A4xxxxh 地址空间时需要通过外设总线，建议在 EDMA 访问串行端口时使用 3xxxxxxxh 地址，以便让出外设总线供其他功能使用。

表 9-3　TMS320C64x 数据收/发寄存器（DRR/DXR）映射

串　口	寄　存　器	访　问　路　径	
		外围总线	EDMA 总线
McBSP0	DRR	0x018C0000	0x30000000～0x33FFFFFF
	DXR	0x018C0004	0x30000000～0x33FFFFFF
McBSP 1	DRR	0x01900000	0x34000000～0x37FFFFFF
	DXR	0x01900004	0x34000000～0x37FFFFFF

9.2.1　串口配置寄存器

串口通过串口控制寄存器（SPCR）和引脚控制寄存器（PCR）进行配置，如图 9-2 和图 9-3 所示。表 9-4 和表 9-5 分别描述了它们各字段的含义。

31　　　26	25	24	23	22	21　　20	19	18	17	16
保留	FREE	SOFT	$\overline{\text{FRST}}$	$\overline{\text{GRST}}$	XINTM	XSYNCERR	$\overline{\text{XEMPTY}}$	XRDY	$\overline{\text{XRST}}$
R,+0	RW,+0	RW,+0	RW,+0	RW,+0	RW,+0	RW,+0	R,+0	R,+0	RW,+0

15	14	13	12　11	10　　8	7	6	5　　4	3	2	1　　0
DLB	RJUST	CLKSTP	保留	DXENA	保留	RINTM	RSYNCER	RFULL	RRDY	$\overline{\text{RRST}}$
RW,+0	RW,+0	RW,+0	R,+0	RW,+0	R,+0	RW,+0	RW,+0	R,+0	R,+0	RW,+0

图 9-2　串口控制寄存器（SPCR）

表 9-4　串口控制寄存器各字段描述

位	名　称	功　能
25	FREE	串行时钟自由运行模式，该位与 SOFT 位配合使用以决定在竞争挂起期间串口时钟的状态。 FREE=0：在竞争挂起期间，SOFT 位决定 McBSP 的操作； FREE=1：在竞争挂起期间，串行时钟继续运行
24	SOFT	串行时钟竞争模式，与 FREE 位配合使用，决定在竞争挂起期间，串口时钟的状态。如果 FREE=1，该位无意义。 SOFT=0：与 FREE=0 一起使用，在竞争挂起期间立即停止串口时钟，并终止所有传输； SOFT=1：与 FREE=0 一起使用，在竞争挂起期间，完成当前传输后停止串口时钟
23	$\overline{\text{FRST}}$	帧同步产生器复位。 $\overline{\text{FRST}}$=0：帧同步产生逻辑复位。帧同步信号不由采样率发生器产生； $\overline{\text{FRST}}$=1：帧同步信号在 8 个 CLKG 时钟后产生。所有帧计数器按编程值被装载
22	$\overline{\text{GRST}}$	采样率发生器复位。 $\overline{\text{GRST}}$=0：采样率发生器复位； $\overline{\text{GRST}}$=1：采样率发生器摆脱复位状态，根据在采样率发生器寄存器（SRGR）中编程设定的值来驱动 CLKG 信号
21:20	XINTM	发送中断模式。 XINTM=00b：XRDY 驱动 XINT； XINTM=0lb：在多通路操作中由于帧的结束产生 XINT； XINTM=10h：新的帧同步产生 XINT；XINTM=11b：XSYNCERR 产生 XINT
19	XSYNCFRR	发送同步错误。 XSYNCERR=0：没有帧同步错误；XSYNCERR=1：McBSP 检测到帧同步错误
18	$\overline{\text{XEMPTY}}$	发送移位寄存器（ XSR）空。 $\overline{\text{XEMPTY}}$=0：XSR 空；$\overline{\text{XEMPTY}}$=1：XSR 非空
17	XRSY	发送器就绪。 XRDY=0：发送器未就绪；XRDY=1：发送器就绪，数据可以写到 DXR 中
16	$\overline{\text{XRST}}$	发送器复位——复位或使能发送器。 $\overline{\text{XRST}}$=0：串口发送器禁止并处于复位状态；$\overline{\text{XRST}}$=1：串口发送器使能
15	DLB	数字反馈回路模式。 DLB=0：数字反馈回路模式禁止；DLB=1：数字反馈回路模式使能
14:13	RJUST	接收数据符号扩展和校正模式。 RJUST=00b：右校正及 DRR 中零填充 MSB； RJUST=01b：右校正及 DRR 中 MSBs 的符号扩展； RJUST=10b：左校正及 DRR 中零填充 LSB；RJUST= llb：保留

位	名 称	功 能
12:11	CLKSTP	时钟停止模式。 CLKSTP=0xb：时钟停止模式禁止，为非 SPI 模式使能普通定时。 以下情况下为各种 SPI 模式使能时钟停止模式： CLKSTP=10b，CLKXP=0：时钟开始自上升沿，无延迟； CLKSTP=10b，CLKXP=1：时钟开始自下降沿，无延迟； CLKSTP=11b，CLKXP=0：时钟开始自上升沿，有延迟； CLKSTP=11b，CLKXP=1：时钟开始自下降沿，有延迟
7	DXENA	DX 使能——仅适用于 C621x/C671x/C64x。为 DX 开启时间使能额外延迟。该位控制 DX 引脚的高阻使能，而非数据本身，因此只有数据的第一位被延迟。 DXENA=0：DX 使能关；DXENA=1：DX 使能开
5:4	RINTM	接收中断模式。 RINTM=00b：RRDY 驱动 RINT；RINTM=01b：多通路操作中子帧结束产生 RINT； RINTM=10b：新的帧同步产生 RINT；RINTM=11b：RSYNCERR 产生 RINT
3	RSYNCERR	接收同步错误。 RSYNCERR=0：无帧同步错误；RSYNCERR=1： McBSP 检测到帧同步错误
2	RFULL	接收移位寄存器（RSR）"满"错误情况。 RFULL=0：接收器未满；RFULL=1：DRR 未读，RBR 满，RSR 中装满新数据单元
1	RRDY	接收器准备好。 RRDY=0：接收器未准备好；RRDY =1：接收器准备好，可从 DRR 读数据
0	RRST	接收器复位。 RRST=0：串口接收器禁止并处于复位状态；RRST=1：串口接收器使能

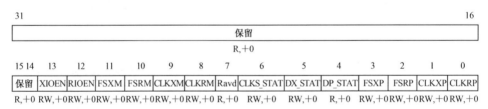

图 9-3　引脚控制寄存器（PCR）

表 9-5　引脚控制寄存器（PCR）各字段描述

位	名 称	功 能
13	XIOENE	仅当 SPCR 中 $\overline{XRST}$ =0 时，发送器处于通用 I/O 模式。 XIOEN=0：CLKS 引脚不是通用输入，DX 引脚不是通用输出，FSX 和 CLKX 不是通用 I/O； XIOEN=1：CLKS 引脚是通用输入，DX 引脚是通用输出，FSX 和 CLKX 是通用 I/O。这些串口引脚不执行串口操作
12	RIOEN	仅当 SPCR 中 RRST=0 时，接收器处于通用 I/O 模式。 RIOEN=0：DR 和 CLKS 引脚不是通用输入，FSR 和 CLKR 不是通用 I/O，执行串口操作 RIOEN=1：DR 和 CLKS 引脚是通用输入，FSR 和 CLKR 是通用 I/O。这些串口引脚不执行串口操作

续表

位	名 称	功 能
11	FSXM	发送帧同步模式。 FSXM=0：外部源提供帧同步信号，FSX 是输入引脚； FSXM=1： SRGR 中的采样率发生器帧同步模式位 FSGM 决定帧同步产生
10	FSRM	接收帧同步模式。 FSRM=0：外部源提供帧同步信号，FSR 是输入引脚 FSRM=1：采样率发生器内部产生帧同步信号，FSR 是输出引脚，除非 SRGR 中 GSYNC=1
9	CLKXM	在发送器时钟模式中： CLKXM=0：外部时钟驱动发送器时钟，CLKX 作输入引脚； CLKXM=1：CLKX 是输出引脚，由内部采样率发生器驱动
8	CLKRM	接收器时钟模式。 情况 1：SPCR 中没有设置数字反馈回路模式（DLB=0）： CLKRM=0：接收器时钟（CLKR）是外部时钟驱动的输入； CLKRM=1：CLKR 是输出引脚，由采样率发生器驱动。 情况 2：SPCR 中设置数字反馈回路模式（DLB=1）： CLKRM=0：发送时钟（CLKX）驱动接收时钟（不是 CLKR 管脚），基于 PCR 中的 CLKXM 位。CLKR 引脚处于高阻态； CLKRM=1：CLKR 是输出引脚，由发送时钟驱动，发送时钟源自 PCR 中的 CLKXM 位
6	CLKS_STAT	CLKS 引脚状态。选择为通用输入时，反映 CLKS 引脚上的值
5	DX_STAT	DX 引脚状态。选择为通用输出时，反映驱动到 DX 引脚的值
4	DR_STAT	DR 引脚状态。选择为通用输入时，反映 DR 引脚上的值
3	FSXP	发送帧同步极性。 FSXP=0：帧同步脉冲 FSX 高有效；FSXP=1：帧同步脉冲 FSX 低有效
2	FSRP	接收帧同步极性。 FSRP=0：帧同步脉冲 FSR 高有效；FSRP=1：帧同步脉冲 FSR 低有效
1	CLKXP	发送时钟极性。 CLKXP=0：在 CLKX 的上升沿驱动发送数据； CLKXP=1：在 CLKX 的下降沿驱动发送数据
0	CLKRP	接收时钟极性。 CLKRP=0：在 CLKR 的下降沿采样接收数据； CLKRP=1：在 CLKR 的上升沿采样接收数据

9.2.2 接收和发送控制寄存器

接收操作参数的配置通过接收控制寄存器（RCR）（见图 9-4）实现。表 9-6 所示是对 RCR 各位的详细解释。

图 9-4 接收控制寄存器（RCR）

表 9-6 接收控制寄存器字段描述

位	名　称	功　能
31	RPHASE	接收相位数。 RPHASE=0：单相帧；RPHASE=1：双相帧
30:24	RFRLEN2	相位 2 的接收帧长度。 RFRLEN2=000 0000b：每相位 1 个字； RFRLEN2=000 0001b：每相位 2 个字； … RFRLEN2=111 1111b：每相位 128 个字
23:21	RWDLEN2	相位 2 的接收数据单元长度。 RWDLEN2=000b：8 位；RWDLEN2=001b：12 位； RWDLEN2=010b：16 位；RWDLEN2=011b：20 位； RWDLEN2=100b：24 位；RWDLEN2=101b：32 位； RWDLEN2=11×b：保留
20:19	RCOMPAND	接收压扩模式。 RCOMPAND=00b：无压扩，数据传输 MSB 在前； RCOMPAND=01b：无压扩，8 位数据。数据传输 LSB 在前，适用于 8 位数据（RWDLEN=000b），或数据反转模式中的 32 位数据； RCOMPAND=10b：使用 μ 律对接收数据压扩，仅适用于 8 位数据（RWDLEN=000b）； RCOMPAND=11b：使用 A 律对接收数据压扩，仅适用于 8 位数据（RWDLEN=000b）
18	RFI G	接收帧忽略。 RFIG=0：非预期的接收帧同步脉冲重启传输； RFIG=1：忽略非预期的接收帧同步脉冲
17:16	RDATDLY	接收数据延迟。 RDATDLY=00b：0 位数据延迟；RDATDLY=01b：1 位数据延迟； RDATDLY=10b：2 位数据延迟；RDATDLY=11b：保留
14:8	RFRLEN1	相位 1 的接收帧长度。 RFRLEN1=000 0000b：每相位 1 个字； RFRLEN1=000 0001b：每相位 2 个字； … RFRLEN1=111 1111b：每相位 128 个字
7:5	RWDLEN1	相位 1 的接收数据单元长度。 RWDLEN1=000b：8 位；RWDLEN1=001b：12 位； RWDLEN1=010b：16 位；RWDLEN1=011b：20 位； RWDLEN1=100b：24 位；RWDLEN1=101b：：32 位； RWDLEN1=11×b：保留
4	RWDREVRS	接收 32 位位反转特性（仅适用于 C621x/C671x/C64x）。 RWDREVRS=0：禁止 32 位反转； RWDREVRS=1：使能 32 位反转，32 位数据的 LSB 先接收，RWDLEN 设置为 32 位操作，RCOMPAND 设置成 01b；不定义其他操作

发送操作参数的配置通过发送控制寄存器（XCR）（见图 9-5）实现。XCR 各字段含义如表 9-7 所示。

31	30	24	23	21	20	19	18	17	16
XPHASE	XFRLEN2		XWDLEN2		XCOMPAND		XFIG	XDATDLY	
RW,+0	RW,+0		RW,+0		RW,+0		RW,+0	RW,+0	

15	14	8	7	5	4	3	0
保留	XFRLEN1		XWDLEN1		XWDREVRS	保留	
R,+0	RW,+0		RW,+0		RW,+0	R,+0	

图 9-5 发送控制寄存器（XCR）

表 9-7 发送控制寄存器字段描述

位	名 称	功 能
31	XPHASE	发送相位数。 XPHASE=0：单相帧；XP HASE=1：双相帧
30:24	XFRLEN2	相位 2 的发送帧长度。 XFRLEN2=000 0000b：每相位 1 个字； XFRLEN2=000 0001b：每相位 2 个字； … XFRLEN2=111 1111b：每相位 128 个字
23:21	XWDLEN2	相位 2 的发送数据单元长度。 XWDLEN2=000b：8 位；XWDLEN2=001b：12 位； XWDLEN2=010b：16 位；X WDLEN2=011b：20 位； XWDLEN2=100b：24 位；XWDLEN2=101b：32 位； XWDLEN2=11×b：保留
20:19	XCOMPAND	发送压扩模式。 XCOMPAND=00b：无压扩，数据传输 MSB 在前； XCOMPAND=01b：无压扩，8 位数据。数据传输 LSB 在前，适用于 8 位数据（RWDLEN=000b），或数据反转模式中的 32 位数据； XCOMPAND=10b：使用 μ 律对接收数据压扩，仅适用于 8 位数据（RWDLEN=000b）； XCOMPAND=11b：使用 A 律对接收数据压扩，仅适用于 8 位数据（RWDLEN=000b）
18	XFIG	发送帧忽略。 XFIG=0：非预期的发送帧同步脉冲重启传输； XFIG=1：忽略非预期的发送帧同步脉冲
17:16	XDATDLY	发送数据延迟。 XDATDLY=00b：0 位数据延迟；XDATDLY=01b：1 位数据延迟； XDATDLY=10b：2 位数据延迟；XDATDLY=11b：保留
14:8	XFRLEN1	相位 1 的发送帧长度。 XFRLEN1=000 0000b：每相位 1 个字；XFRLEN1=000 0001b：每相位 2 个字； … XFRLEN1=111 1111b：每相位 128 个字
7:5	XWDLEN1	相位 1 的发送数据单元长度。 XWDLEN1=000b：8 位；XWDLEN1=001b：12 位； XWDLEN1=010b：16 位；XWDLEN1=011b：20 位； XWDLEN1=100b：24 位；XWDLEN1=101b：32 位； XWDLEN1=11Xb：保留
4	XWDREVRS	发送 32 位位反转特性（仅适用于 C621x/C671x/C64x）。 XWDREVRS=0：禁止 32 位反转； XWDREVRS=1：使能 32 位反转，32 位数据的 LSB 先发送，XWDLEN 设置为 32 位操作，XCOMPAND 设置为 0lb；不定义其他操作

9.2.3 采样率发生寄存器

采样率发生器寄存器（SRGR），如图 9-6 和表 9-8 所示，是用来控制采样率发生器各性能的操作。

31	30	29	28	27	16
GSYNC	CLKSP	CLKSM	FSGM	FPER	
RW,+0	RW,+0	RW,+1	RW,+0	RW,+0	

15	8	7	0
FWID		CLKGDV	
RW,+0		RW,+1	

图 9-6 采样率发生寄存器（SRGR）

表 9-8 SRGR 各字段描述

位	名称	功能
31	GSYNC	采样率发生器时钟同步。仅当外部时钟（CLKS）驱动采样率发生器时钟时（CLKSM=0）使用。 GSYNC=0：采样率发生器时钟自由运行； GSYNC=1：CLKG 运行但重新同步，并且只有在检测到接收帧同步信号（FSR）之后才产生帧信号（FSG）。另外，不必考虑帧同步（FPER），因为帧周期由外部帧同步脉冲决定
30	CLKSP	CLKS 时钟边界极性选择。仅当外部时钟（CLKS）驱动采样率发生器时钟时使用（CLKSM=0）。 CLKSP=0：CLKS 的上升沿产生 CLKG 和 FSG； CLKSP=1：CLKS 的下降沿产生 CLKG 和 FSG
29	CLKSM	McBSP 采样率发生器时钟模式。 CLKSM=0：采样率发生器时钟来自 CLKS； CLKSM=1：（默认值）采样率发生器时钟来自内部时钟源
28	FSGM	采样率发生器发送帧同步模式，当 PCR 中 FSXM=1 时可用。 FSGM=0：DXR-XSR 复制时产生发送帧同步信号（FSX）； FSGM=1：发送帧同步信号由采样率发生器的帧信号 FSG 驱动
27:16	FPER	帧周期：该字段的值加 1 决定下一个帧信号什么时候被变为有效，取值范围为 0～4095
15:8	FWID	帧宽：该字段值加 1 是帧信号 FSG 有效期的宽度
7:0	CLKGDV	采样率发生器时钟分频器：其值作为产生要求的采样率发生器时钟频率的降频数。默认值是 1，取值范围是 0～255

9.3 数据传输

如图 9-1 所示，McBSP 接收操作采取 3 级缓冲方式，发送操作采取 2 级缓冲方式。接收数据到达 DR 引脚后移位至 RSR。一旦整个数据单元（8 位、14 位、16 位、20 位、24 位或 32 位）接收完毕，若 RBR 未满，则将 RSR 复制到 RBR 中。如果 DRR 中的旧数据已经被 CPU 或 EDMA 控制器读走，则 RBR 进一步将新的数据复制到 DRR 中。

发送数据首先由 CPU 或 EDMA 控制器写到 DXR 中。如果 XSR 为空，DXR 中的值被复制到 XSR 中；否则，DXR 会等待 XSR 中旧数据的最后 1 位被移位输出到 DX 引脚后，才可将数据复制到 XSR 中。在发送帧同步以后，XSR 开始把传送数据移出到 DX 引脚。

9.3.1　串口复位

串口复位方式有两种：一种是芯片复位（$\overline{\text{RESET}}$ 引脚为低），使得接收器、发送器和采样率发生器处于复位状态；另一种是通过设置 SPCR 中的 $\overline{\text{XRST}}$ 和 $\overline{\text{RRST}}$ 位分别复位串口的发送器和接收器，设置 SPCR 中的 $\overline{\text{GRST}}$ 位复位采样率发生器。

9.3.2　确定准备好状态

SPCR 中的 RRDY 和 XRDY 分别表示 McBSP 发送器和接收器的准备好状态。对串口的读/写可以由下面的方法实现同步：

- 查询 RRDY 和 XRDY 位；
- 使用发送给 EDMA 控制器的事件（REVT 和 XEVT）；
- 使用事件产生的 CPU 中断（RINT 和 XINT）。

注意：读 DRR 和写 DXR 分别影响 RRDY 和 XRDY。

（1）接收准备好状态：REVT，RINT 和 RRDY

RRDY=1 表示 RBR 中的内容已经被复制到 DRR，且 CPU 或 EDMA 控制器可以读这些数据。一旦 CPU 或 EDMA 控制器读取了这些数据，RRDY 被清 0。另外，当器件复位或串口接收器复位（$\overline{\text{RRST}}$ =0）时，RRDY 也被清 0，表示还没有数据被接收和载入到 DRR。RRDY 位直接驱动到 EDMA 控制器的 McBSP 接收事件。如果 SPCR 中的 RINTM=00b，则RRDY 能够驱动到 CPU 的 McBSP 接收中断（RINT）。

（2）发送准备好状态：XEVT，XINT 和 XRDY

XRDY=1 表示 DXR 的内容已经复制到 XSR 中，并且 DXR 已经准备好载入新的数据。当发送器从复位状态变化到非复位状态时（$\overline{\text{XRST}}$ 从 0 变为 1），XRDY 也从 0 变化到 1，表明 DXR 已经准备好。一旦新的数据被 CPU 或 EDMA 控制器加载，XRDY 被清 0。然而，当这个数据从 DXR 中复制到 XSR 中时，XRDY 再次从 0 变化到 1。这样即使 XSR 中的数据还没有移出到 DX 引脚上，CPU 或 EDMA 控制器也可以向 DXR 中写数据。XRDY 直接驱动到 EDMA 的发送同步事件。如果 SPCR 中 XINTM=00b，则 XRDY 可以驱动对 CPU 的发送中断（XINT）。

9.3.3　CPU 中断

接收中断（RINT）和发送中断（XINT）信号向 CPU 提供串口状态的变化。有 4 种方式配置这些中断。可以通过 SPCR 中的接收/发送中断模式控制字段（RINTM 和 XINTM）设置这些选项。

①（R/X）INTM=00b：通过跟踪 SPCR 中的（R/X）RDY 位在每个串行单元产生中断。

②（R/X）INTM=01b：在每一帧内的子帧（小于等于 16 个数据单元）结束处中断。

③（R/X）INTM=10b：当检测到帧同步脉冲时中断。这可导致即使发送器/接收器复位时也有中断产生。这是通过将帧同步脉冲与 CPU 时钟同步并经（R/X）INT 将其发送给 CPU 来实现的。

④（R/X）INTM=11b：帧同步错误时产生中断。注意，如果选择了其他中断模式中的任一个，当执行中断服务时会读取（R/X）SYNCERR 位检测该条件。

9.3.4 帧和时钟配置

图 9-7 给出了 McBSP 时钟和帧同步信号的一个典型时序。串行时钟 CLKR 和 CLKX 分别定义接收和发送数据各位间的边界，帧同步信号 FSR 和 FSX 则定义一个数据传输单元的开始。McBSP 允许为数据和帧同步配置如下参数：

- FSR，FSX，CLKX，CLKR 的极性；
- 选择单相帧或双相帧；
- 定义每相中数据单元个数；
- 定义每相中 1 个数据单元的位数；
- 帧同步信号是否触发开始新的串行数据流；
- 帧同步与第 1 个数据位之间的数据延迟，可以是 0、1、2 位延迟；
- 接收数据的左右调整、进行符号扩展或 0 填充。

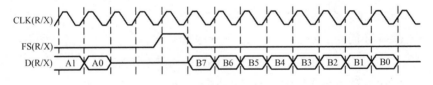

图 9-7 帧同步和时钟

McBSP 接收和发送的参数可以各自独立配置。

9.3.5 时钟帧和数据

McBSP 具有多种方式为接收和发送器选择时钟和帧，可以通过采样率发生器将时钟和帧送到接收器和发送器。每部分都可以独立选择时钟和/或帧。图 9-8 所示是时钟和帧产生的控制框图。

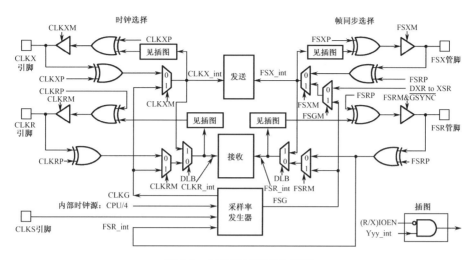

图 9-8 时钟和帧频产生框图

1. 帧和时钟操作

通过对 PCR 的 FS（R/X）M 和 CLK（R/X）M 位可以选择收/发帧同步脉冲（FSR/X）和时钟（CLKR/X）由采样率发生器内部产生或由外部源驱动。

FSR 和 FSX 为输入时（FSXM=FSRM=0），McBSP 在内部时钟信号 CLKR_int 和 CLKX_int 的下降沿检测帧同步信号。当 FSR 和 FSX 由内部采样率发生器驱动的输出时，它们在内部时钟 CLK(R/X)_int 的上升沿翻转为有效态。

串口内部的所有帧同步信号都是高电平有效。发送数据总是在 CLKX_int 的上升沿被发送。接收数据总是在 CLKR_int 的下降沿被采样。外部引脚上对应的 FSR、FSX、CLKR、CLKX 信号并不需要遵循上述触发边沿关系，可以通过 PCR 寄存器中的 FSRP、FSXP、CLKRP、CLKXP 分别设置信号的极性/边沿触发关系。

在发送器和接收器使用同一个时钟（内部或外部）的系统中，McBSP 接收器和发送器使用相反的时钟边沿，以确保有效的数据建立和保持时间。

2. 采样率发生器

McBSP 可以选择由内部的采样率发生器产生时钟和帧同步信号。如图 9-9 所示，输入时钟源（CLKS 或内部时钟）经过 3 级时钟分频器，依次产生内部数据时钟 CLKG 和帧信号 FSG。串口的 SRGR 寄存器负责对采样率发生器的工作模式和参数进行设置。

SRGR 寄存器的 CLKGDV 位控制 CLKG 和输入时钟的分频关系：CLKG=输入频率/（CLKGDV+1）。如图 9-10 所示，PFPER 和 FWID 位分别控制帧脉冲的周期和脉冲宽度。

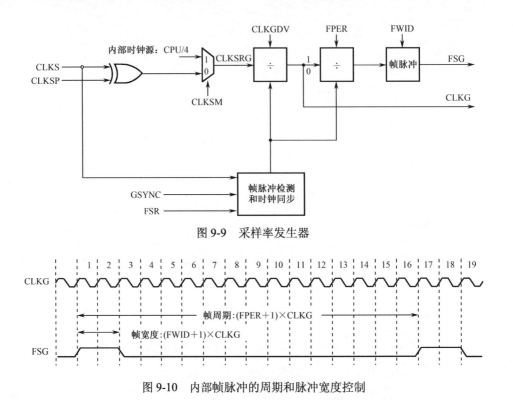

图 9-9　采样率发生器

图 9-10　内部帧脉冲的周期和脉冲宽度控制

3．帧同步相位

帧同步有效表示 McBSP 传输的开始。帧同步引导的数据流最多可以有两个相位：相位1 和相位 2。RCR 和 XCR 中的相位位（R/X）PHASE 选择相位数。每帧各相位的单元数和每单元的位数可由（R/X）FRLEN（1/2）和（R/X）WDLEN（1/2）分别设置（详见 RCR/XCR 说明）。图 9-11 所示的一帧中，相位 1 包含两个数据单元，每数据单元 12 位，其后的相位 2 包含 3 个数据单元，每数据单元 8 位。一帧中的整个比特流是连续的，数据单元或相位之间没有间隔。

需要注意的是，对于内部产生帧同步的双相帧，每相位最大的数据单元数取决于字长。这是因为帧周期 FPER 只有 12 位宽，因此，每帧提供 4096 位。所以，只有当字长 WDLEN 为 16 位时，双相帧的最大单元数才能为 256。

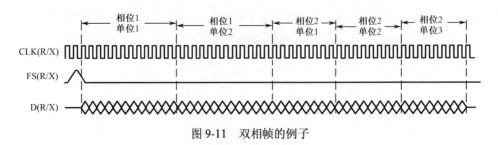

图 9-11　双相帧的例子

4．帧长度

帧长度定义为串行传输的每帧数据单元的个数。同时这个值也对应于时分复用多通道操作中逻辑时间间隔的个数或时分的信道个数。（R/X）CR 寄存器中的（R/X）FRLEN（1/2）字段为 7 位，每帧的数据单元数定义为（R/X）FRLEN（1/2）+1，因此最大个数为 128。对单相帧，FRLEN2 的值无意义。图 9-11 中，（R/X）FRLEN1=1，（R/X）FRLEN2 =2。

5．数据单元长度

（R/X）CR 寄存器中的（R/X）WDLEN（1/2）字段决定了接收/发送的数据单元字长，见 9.2.2 小节。图 9-11 所示的例子中，（R/X）WDLEN1= 001b，（R/X）WDLEN2=000b。如果是单相帧，（R/X）WDLEN2 值无意义。

6．数据打包

可以利用帧长度和数据单元长度有效地打包数据，如图 9-12 所示，考虑在单相帧传输 4 个 8 位数据单元的情况，此时：

- （R/X）PHASE=0，表示单相帧；
- （R/X）FRLEN1= 0000011b，表示每帧 4 个数据单元；
- （R/X）WDLEN1=000b，表示数据单元长 8 位。

此时，CPU 或 EDMA 控制器向/从 McBSP 传输 4 个 8 位的数据单元。每帧必须读 4 次 DRR，写 4 次 DXR。

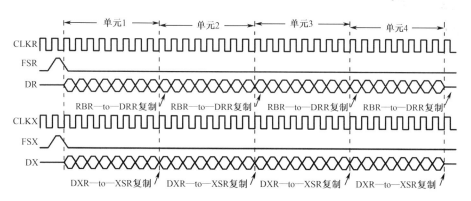

图 9-12　4 个 8 位数据单元构成的单相帧

图 9-12 所示的例子也可以看作含有一个 32 位数据单元的单相帧的数据流，如图 9-13 所示，这种情况下：

- （R/X）PHASE=0，表示单相帧；
- （R/X）FRLEN1=0b，表示每帧中含一个数据单元；
- （R/X）WDLEN1=101b，表示数据单元长 32 位。

此时，每一帧由 CPU 或 EDMA 控制器向/从 McBSP 传输一个 32 位的数据单元。这样，每帧只读一次 DRR，或写一次 DXR。结果，传输的操作次数是前一种情况的 1/4。这种处理减少了串口数据传输需要的总线时间占有率。

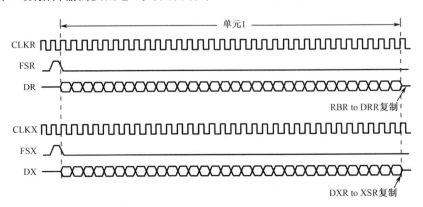

图 9-13 一个 32 位数据单元构成的单相帧

7. 数据延迟

帧同步有效后的第一个时钟周期定义了一帧的开始。如果需要，实际数据接收或发送的起始时刻可以相对帧的起始点延迟，称为数据延迟。RCR/XCR 中的 RDATDLY/XDATDLY 分别设置接收和发送数据延迟。可编程数据延迟的范围是 0 到 2 个位时钟（(R/X) DATDLY=00b 到 10b），如图 9-14 所示。如果选择 0 位数据延迟，那么要接收或发送的数据必须在同一个串行时钟周期中准备好。在大多数应用中，数据在一个周期的有效帧同步脉冲之后出现，所以通常选择 1 位延迟。

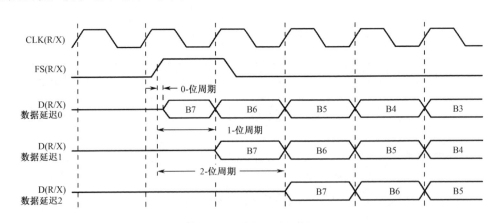

图 9-14 数据延迟控制

另一个常用操作是使用 2 位数据延迟。这一设置使串口可以与多种 T1 帧方式的设备接口，此类设备的数据流由 1 位帧标志位引导。在具有 2 位数据延迟的数据流的接收中，帧标志位出现在 1 位数据延迟后，数据出现在 2 位数据延迟后。串口自动从数据流中丢弃帧标志位，过程如图 9-15 所示。发送时，串口通过延迟要传输的第一位，自动插入一个空周期（输出高阻）取代帧标志位，然后由接口的外部帧设备或其他器件产生帧标志位。

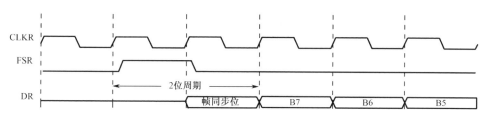

图 9-15　用于丢弃帧标志位的两位数据延迟

8．接收数据对齐和符号扩展

SPCR 中的 RJUST 位选择 RBR 中的数据经右对齐或左对齐（与 MSB 有关）进入 DRR。如果选择右对齐，RJUST 还确定数据是符号扩展还是 0 填充。表 9-9 总结了 RJUST 的不同值对一个 12 位接收数据 ABCh 所产生的效果。

表 9-9　RJUST 的不同值对 12 位接收数据 ABCh 产生的效果

RJUST 值	对 齐 方 式	扩 展	DRR 中的值
00	右对齐	MSB 零填充	0000 0ABCh
01	右对齐	MSB 符号扩展	FFFF FABCh
10	左对齐	LSB 零填充	ABC0 0000h
11	保留	保留	保留

9．32 位位反转

只有 C621x/C671x/C64x 芯片具有 32 位位反转特性。通常所有传输都是 MSB 先发送或接收。然而，可以进行下面的设置来反转接收/发送 32 位数据单元的位顺序：

- 接收/发送控制寄存器 RCR/XCR 中（R/X）WDREVRS=1；
- RCR/XCR 中（R/X）COMPAND=01b；
- RCR/XCR 中（R/X）WDLEN（1/2）=101b，表示 32 位数据单元。

当寄存器的字段如上设置时，在从串口接收或发送前，32 位数据单元的比特顺序被反转。如果设置了（R/W）WDREVRS 和（R/X）COMPAND 字段，但数据单元的大小不是 32 位，则操作是不确定的。

9.3.6　McBSP 标准操作

将串口的各个寄存器设置为需要的值后可以进行收/发操作。下面的讨论中假设串口的设置为：

- （R/X）PHASE=0，单相帧；
- （R/X）FRLEN1=0b，每帧一个数据单元；
- （R/X）WDLEN1=000b，每个数据单元长为 8 位；

- （R/X）FRLEN2 和（R/X） WDLEN2 字段无意义，可以设为任意值；
- CLK（R/X）P=0，在时钟下降沿接收数据，上升沿发送数据；
- FS（R/X）P=0，帧同步信号高电平有效；
- （R/X）DATDLY=0lb，1 位数据延迟。

1．数据接收

图 9-16 所示是串行接收时序。接收帧同步信号（FSR）变为有效状态后，有效状态在接收器时钟 CLKR 的第一个下降沿被检测到。然后 DR 引脚上的数据经过在 RDATDLY 中设置的数据延迟后，移入接收移位寄存器（RBR）。若 RBR 的数据不满，则在时钟的上升沿，每个数据单元结束时，RSR 的内容被复制到 RBR。接着，RBR-DRR 复制在下一个 CLKR 时钟的下降沿触发 RRDY 状态位被置 1。这表明接收数据寄存器（DRR）准备好，CPU 或 DMA 控制器可以读数据。当 CPU 或 DMA 控制器读完 DRR 后，RRDY 重新变为无效。

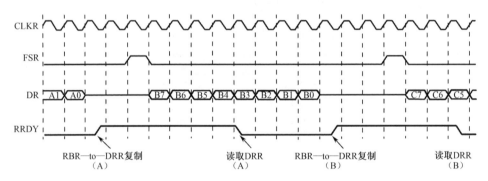

图 9-16　接收时序

2．发送操作

图 9-17 所示是串行发送时序。一旦产生了发送帧同步信号，发送移位寄存器（XSR）中的数据经过在 XDATDLY 中设置的数据延迟后，移出并驱动到 DR 引脚。DXR-XSR 复制操作会在下一个 CLKX 的下降沿激活 XRDY 位，表示可以将新的待发送数据写入发送数据寄存器（DXR）中。CPU 或 DMA 控制器写 DXR 时，XRDY 变为无效。

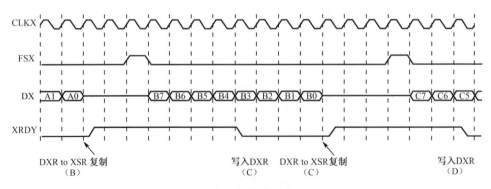

图 9-17　发送时序

3．帧信号的最高频率

帧同步信号的频率用下面的公式计算，它决定帧同步信号之间的周期：

$$帧率 = \frac{位时钟频率}{帧同步信号之间的位时钟数}$$

减少帧同步信号间的位时钟数（仅受每帧所含位数的限制）将增加帧率。随着发送帧率的增加，相邻数据帧之间的非有效周期减小至 0。帧同步脉冲之间的最小时间（以位时钟计）就是每帧传输的位数，这也定义了最大帧率，按下式计算：

$$最大帧率 = \frac{位时钟频率}{每帧的位数}$$

McBSP 运行于最大的帧频率时，相邻帧的数据位连续传输，位与位之间没有无效态，如图 9-18 所示。如果有 1 位数据延迟，帧同步脉冲将和前一帧的最后一位传输数据重叠在一起。

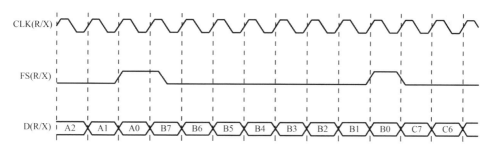

图 9-18　最大帧频率下的发送和接收

9.3.7　忽略帧同步的传输

串行数据流通常情况下需要帧同步信号标识收/发的起始，McBSP 可以配置成忽略帧同步脉冲的模式。（R/X）CR 中的（R/X）FIG 位可以控制是否识别帧同步信号。利用（R/X）FIG，既可以在最大帧频率下的传输中打包数据，也可忽略不需要的帧同步脉冲。

（1）忽略帧同步和非预期的帧同步脉冲

正常数据收/发过程中，如果再次出现帧同步信号，则这样的帧同步脉冲被认为是非预期的。（R/X）FIG 位可以控制忽略这些非预期的帧同步信号，消除它们对传输进程的影响。

对于数据接收，如果不忽略（RFIG=0），非预期的帧同步脉冲终止当前数据传输，将 SPCR 中的 RSYNCERR 状态位置 1，并开始新数据单元的接收；当 RFIG=1 时，将忽略这些非预期的帧同步脉冲。数据发送中，如果不忽略（XFG=0），则突然出现的非预期的同步脉冲将强制串口放弃当前的发送任务，将 SPCR 中的 XSYNCERR 置位 1，当前数据发送被打断，并重新初始化发送端口；若 XFIG=1，则忽略非预期的帧同步信号。

如图 9-19 所示是（R/X）FIG=0 时数据单元 B 被非预期的帧同步信号中断的例子。数据单元 B 的接收被终止（导致数据 B 丢失），然后在一定的数据延迟后开始接收新的数据单元 C。此时发生接收同步错误，RSYNCERR 标志被置位。

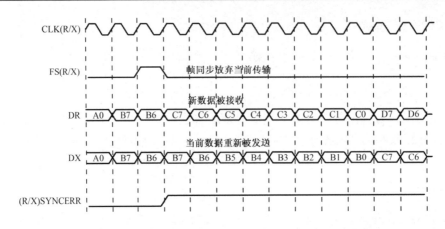

图 9-19　（R/X）FIG=0 时，不忽略非预期的帧同步信号

图 9-20 是 McBSP 在忽略非预期的内部或外部帧同步信号（（R/X）FIG=1）时的操作。发送数据单元 B 不受突然出现的帧同步信号的影响。

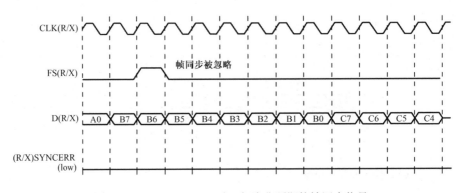

图 9-20　（R/X）FIG=1 时，忽略非预期的帧同步信号

（2）利用帧同步忽略位的数据打包

前面介绍了一个数据打包的例子，通过改变数据单元长度和帧长度将每帧 4 个 8 位数据的传输合并为每帧 32 位的串行传输，这种方法要求较小的总线带宽。该例对每帧中有多个数据单元的情况也适用。

现在考虑 McBSP 工作在最大帧频率时的情形，如图 9-21 所示。每帧只有一个 8 位的数据单元。数据流对每个 8 位的数据单元需要一次读或一次写。

图 9-22 给出了 McBSP 配置成将该数据流看作一个连续的 32 位数据单元流的情况。该例中，设置（R/X）FIG=1，以忽略后面非预期的帧。每 32 位只需要一次读和一次写。这样就有效地将所需总线带宽降低到了传输 4 个 8 位数据块时的 1/4。

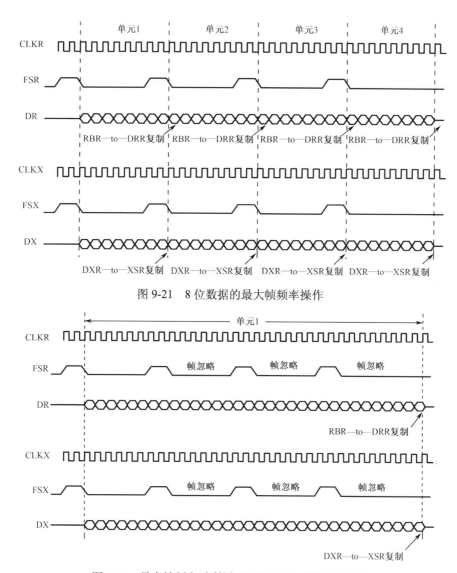

图 9-21 8 位数据的最大帧频率操作

图 9-22 最大帧频率时利用（R/X）FIG=1 的数据打包

9.3.8 串口异常情况

下面 5 个串口事件能导致系统错误。

（1）接收溢出（RFULL=1）

SPCR 的 RFULL=1 表示接收器满并且处于一种错误情况。下列情况设置 RFULL 位：

- 上一次 RBR 到 DRR 传输之后，一直没有读 DRR；
- RBR 满，并且没有发生 RBR 到 DRR 复制；
- RSR 满，并且没有发生 RSR 到 RBR 复制。

下面事件中的任意一个可以把 RFULL 清 0 并且正确读取其随后的传输：

- 读取 DRR 中数据；
- 重新复位接收器（$\overline{RRST}$ =0）或器件。

（2）非预期的接收帧同步（RSYNCERR=1）

图 9-23 给出了接收器用来处理所有即将到来的帧同步脉冲的决策树，假设接收器已被激活（RRST=1），非期望的帧同步脉冲可由外部源或内部采样率发生器产生。比前一帧的最后一个传输比特出现早 RDATDLY 个位时钟的同步脉冲被定义为非预期的帧同步脉冲。

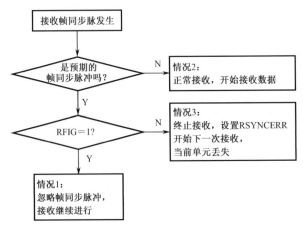

图 9-23　响应接收帧同步脉冲的决策树

（3）发送数据覆盖

图 9-24 给出了在传送 DXR 中数据之前，如果该数据被覆盖将会出现的状况。假设已经向 DXR 加载了数据 C，若在数据 C 被复制到 XSR 之前向 DXR 写入数据 D，数据 D 会覆盖数据 C。这样，数据 C 永远也不会被发送到 DX 引脚。CPU 可以通过写入 DXR 之前轮询 XRDY 位，或等待由 XRDY（XINTM=00b）触发可编程中断 XINT 来避免覆盖数据。DMA/EDMA 控制器可以通过将写数据与 XEVT 同步来避免覆盖。

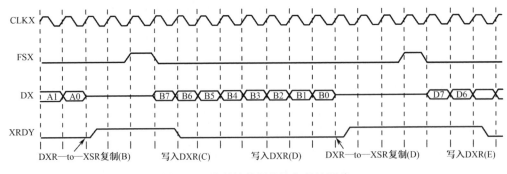

图 9-24　发送的数据传输之前被覆盖

（4）发送数据空（$\overline{XEMPTY}$ =0）

$\overline{XEMPTY}$ 表示发送器是否有下溢现象。下面条件中任意一个可以使得 $\overline{XEMPTY}$ 变为有效（非 $\overline{XEMPTY}$ =0）：

- 在传送过程中，上一个 DXR-XSR 复制后，DXR 没有被加载数据，并且 XSR 中数据单元的所有位已经移出到 DX 引脚上；
- 发送器复位（$\overline{XRST}$=0 或者器件复位）然后重启。

（5）非预期的发送帧同步（XSYNCERR=1）

图 9-25 给出了发送器用来处理所有即将到来的帧同步脉冲的决策树，假设发送器已经启动（XRST=1）。比前一帧的最后一个发送比特出现早 XDATDLY 个位时钟的同步脉冲被定义为非预期的帧发送同步脉冲。

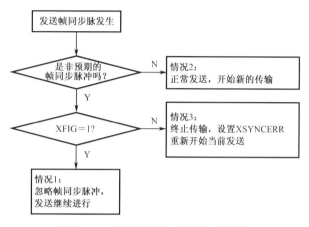

图 9-25 响应发送帧同步脉冲的决策树

9.4　μ 律/A 律压扩硬件操作

McBSP 中内置了硬件以支持 μ 律或 A 律格式的数据压缩和扩展。μ 律和 A 律的 PCM 编码规范是 CCITT 推荐的 G.711 协议的一部分。美国和日本采用 μ 律压扩标准，允许 14 位的动态范围。我国和欧洲采用 A 律压扩标准，动态范围为 13 位。这里，为了更好地实现压扩，由 CPU 或 DMA 控制器与 McBSP 之间的数据传输必须至少是 16 位的。

μ 律和 A 律格式都将数据编码为 8 位的码元。压扩数据总是 8 位宽，因此相应的（R/X）WDLEN（1/2）控制位必须设置为 0，以表明 8 位的串行数据流。若压扩被使能，而 1 帧中任何 1 个相位的数据单元长度小于 8 位，数据压扩仍将按照 8 位长度进行。

使用压扩时，发送数据按照指定的压扩方式进行编码，接收数据被解码为补码格式。设 TMS320C6000 系列 DSP 的 CPU 与外设置（R/X）CR 的（R/X）COMPAND 位（详见接收控制寄存器（RCR），发送控制寄存器（XCR）说明），使能压扩并选择所需的格式。如图 9-26 所示，数据在从 DXR 复制到 XSR 的过程中被压缩，从 RBR 复制到 DRR 时被扩展。

被压缩的原始发送数据应是 16 位，左校正数据，如图 9-27 所示的 LAW 16。数据可以是 13 或 14 位，取决于采用的压扩方式。该 16 位数据在 DXR 中的对齐方式如图 9-28 所示。

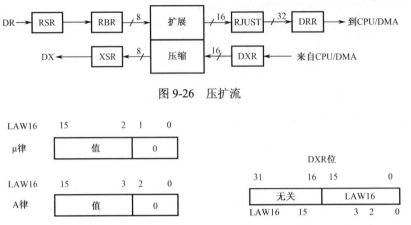

图 9-26　压扩流

图 9-27　压扩数据格式　　　图 9-28　DXR 中发送数据压扩格式

对于接收，RBR 中的 8 位压缩数据被扩展成一个左对齐的 16 位数据 LAW16，还可以通过设置 SPCR 的 RJUST 字段将其校正为 32 位数据，见表 9-10。

表 9-10　DRR 中扩展数据校正

RJUST	DRR 中数据位			
	31	16	15	0
00	0		LAW16	
01	符号		LAW16	
10	LAW16		0	
11	保留			

对于没有使用 McBSP 的系统，用户可以利用压扩硬件处理内部数据。这个硬件可用于如下操作：

- 将线性数据转换为相应的 μ 律或是 A 律格式；
- 将 μ 律或 A 律格式的数据转化为线性格式；
- 通过发送线性数据以及对数据的压缩和扩展，评估压扩过程中量化效应的影响。此时，XCOMPAND 和 RCOMPAND 必须使能同一压扩格式。

图 9-29 所示给出了 McBSP 硬件对片内数据进行压扩处理的两种方法，数据路径分别由标有 DLB 和 non-DLB 的箭头表示：

（1）non- DILB：当串口的发送和接收部分均复位时，DRR 和 DXR 通过压扩逻辑在内部相连。DXR 中的值按 XCOMPAND 指定的方式进行压缩，然后按 RCOMPAND 指定的方式扩展。RRDY 和 XRDY 位没有被设置。然而，在数据被写入 DXR 四个 CPU 时钟后，DRR 中的数据有效。这种方法的优点是速度高；缺点是不会产生控制数据流的 CPU 和 DMA/EDMA 控制器可用的同步信号。

（2）DLB：McBSP 设置为数字反馈回路（DLB）模式，RCOMPAND 和 XCOMPAND 位中设置相应的压扩方式。接收和发送中断（RINTM=0 时 RINT，XINTM=0 时 XINT）或

者同步事件（REVT 和 XEVT）允许 CPU 或 DMA/EDMA 控制器与转换同步。这种方式下，压扩处理的时间取决于选择的串行比特率。

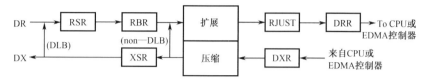

图 9-29　内部数据压扩

通常，McBSP 上的所有传输都是 MSB 先发或先收。然而，某些 8 位数据协议（不使用压扩数据）需要首先传送 LSB。通过设置（R/X）CR 的（R/X）COMPAND=0lb，在被传送到串口前，8 位数据单元的位顺序被翻转（LSB 在前）。像压扩特性一样，只有当（R/X）WDLEN（1/2）为 0，即选择 8 位数据单元时才使能该特性。

9.5　多通道选择操作

如果换一个角度看，1 帧串行数据流可以看成是 1 组时分复用的数据传输通道。对于 C6000 的串口，多通道传输要求设置在单相帧模式下，每帧单元个数实际上也就代表了可供选择的通道总数，发送和接收端口可以独立地选择在其中一个或一些通道中传输数据单元。在下面的叙述中，"数据单元"就等同于"数据通道"。

C6000 串口传输一帧数据流最多可以包含 128 个数据单元，对于 C64x，多通道模式一次可以使能其中的 128 个通道。

如果一个接收单元被禁用：
- 接收完数据单元的最后 1 个比特，RRDY 不置为 1；
- 接收完数据单元的最后 1 个比特，RBR 不复制到 DRR。RRDY 不置为有效，也不会产生中断或者同步事件产生。

如果一个发送单元被禁用：
- DX 处于高阻态；
- 串行发送结束时不会自动触发 DXR-XSR 传输；
- 串行数据单元发送结束不会影响 $\overline{XEMPTY}$ 和 XRDY。

对一个被使能的发送单元，用户还能屏蔽或发送其数据。数据被屏蔽时，即使使能了发送通道，DX 引脚也处于高阻态。

9.5.1　多通道的控制

多通道操作中使用以下控制寄存器：
- 多通道控制寄存器（MCR）；
- 发送通道使能寄存器（XCER0、XCER1、XCER2 和 XCER3）；

- 接收通道使能寄存器（RCER0、RCER1、RCER2 和 RCER3）。

多通道操作中，选择使能哪些通道，需要由 MCR 寄存器和（R/X）CER 寄存器共同决定。总的来说，MCR 寄存器负责控制子帧（1 帧数据共 8 个子帧）的选择以及输出的屏蔽，（R/X）CER 寄存器控制子帧中每一个收/发通道（1 个子帧包含 16 个数据通道）的使能。

9.5.2　多通道选择使能

对于 C6000，在任何给定时间可以使能 128 个数据单元中的 32 个。这 128 个数据单元包括 8 个子帧（0～7），每个子帧含有 16 个相邻数据单元。此外，偶数子帧 0，2，4，6 属于分区 A，奇数子帧属于分区 B。

被使能的数据单元个数可以在一帧的过程中被更新，以允许使能数据单元的任意组合。这种更新是利用乒乓机制实现的，该机制在任何时间控制一帧中的两个子帧（一个奇数，一个偶数），一个属于 A 区，另一个属于 B 区。

可选择 A 区和 B 区的任一个子帧，则同时可使能 32 个数据单元。每帧的相邻 16 个数据单元被分配到一个子帧，如图 9-30 所示。MCR 中的（R/X）PABLK 和（R/X）PBBLK 字段分别在分区 A 和分区 B 中选取子帧。这种使能对发送和接收是独立执行的。

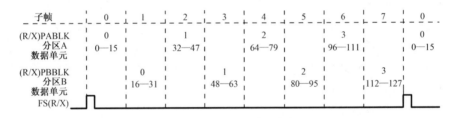

图 9-30　分区 A 和分区 B 子帧的数据单元使能

发送数据屏蔽允许发送使能的数据单元在发送过程中 DX 引脚设置在高阻态。在发送和接收均衡的系统中，这个特性允许发送数据单元在共享串行总线上被禁用。对接收不需要此特性，因为多重接收不会导致串行总线竞争。

注意：以下情况下 DX 被屏蔽或者驱动至高阻态：

- 在内部包间隔期间；
- 当数据单元被屏蔽，不管它是否被使能时；
- 当数据单元被禁用时。

下面介绍 XMCM 的值是如何影响多通道选择模式操作的。

（1）XMCM= 00b：串行端口按 XFRLEN1 中设定的单元数通过 DX 引脚发送数据。因此，DX 在发送过程中被驱动。

（2）XMCM= 0lb：仅有通过 XP（A/B）BLK 和 XCER 选择的数据单元需要被发送。只有所选数据单元被写入 DXR，并最终被发送。换句话说，如果 XINTM= 00b，即每个 DXR-XSR 复制产生一个 XINT，产生 XINT 的个数等于通过 XCER 选择的数据单元个数（而不是等于 XFRLEN1）。

（3）XMCM=10b：使能所有数据单元，这意味着一个数据帧中的所有数据单元（XFRLEN1）被写入 DXR，DXR-XSR 复制依次分别发生。但是，只对通过 XP（A/B）BLK 和 XCER 选择的数据单元 DX 被驱动，否则处于高阻态。在这种情况下，如果 XINTM=00b，由每个 DXR-XSP 复制产生的中断个数与该帧的数据单元个数（XFRLEN1）相同。

（4）XMCM= 11b：这种模式强制进行均衡的发送和接收操作。设置 RCERA～RCERD 来选择期望的接收通道。当器件对相同的子帧集进行发送和接收就是均衡操作。这些子帧由设置 RP（A/B）BLK 来决定。通过 RCER 寄存器，使能/选择这些子帧中的一个为接收。发送端与接收端使用同样的模块（因此与 X（P/X）BLK 的值无关）。在这个模式下，禁用所有的数据单元，因而 DR 和 DX 处在高阻态。对接收，只有通过 RP（A/B）BLK 和 RCER 选择的数据单元才能进行 RBR-DRR 复制。如果每次 RBR-DRR 复制都产生 RINT，那么 RINT 的次数和在 RCER 中选择的数据单元数相同（不是设置在 RFRLEN1 中的个数）。发送使用与接收相同的子帧来维持均衡。因此，XP（A/B）BLK 的值无意义。DXR 被装载，对所有被 RP（A/B）BLK 使能的数据单元产生 DXR-XSR 复制。但是，只对 XCER 选择的数据单元 DX 才被驱动。XCER 中使能的数据单元可以是 RCER 中选择数据单元的部分或全部。因此，如果 XINTM=00b，到 CPU 的发送中断次数会和 RCER（而不是 XCER）选择的数据单元数相同。

图 9-31 显示了下列情况下，各 XMCM 值对应的 McBSP 操作：

- （R/X）PHASE=0：使能单相位帧；
- RLEN1= 011b：每帧 4 个数据单元；
- WDLEN1=任意有效的串行数据单元长度。

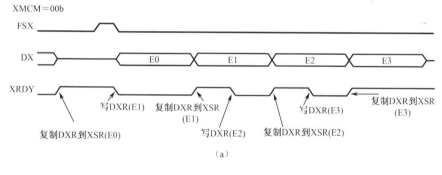

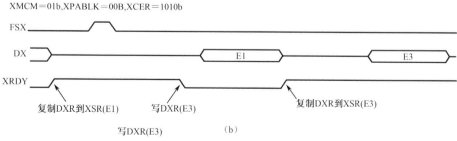

图 9-31　XMCM 操作

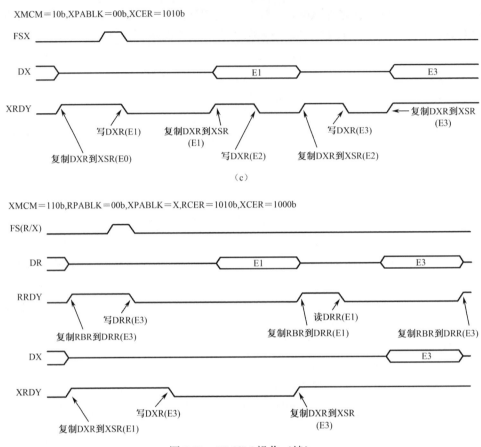

图 9-31 XMCM 操作（续）

使用多通道选择特性，在没有 CPU 干涉的情况下，可以使能 32 个数据单元的一个静态组，并且保持使能状态直到改变分配。在帧响应子帧结束中断的过程中，通过更新块分配寄存器，可以访问一帧中任意数/任意组或者全部的数据单元。

如果 SPCR 的 RINTM=01b 或者 XINTM= 01b，多通道操作中每个子帧（小于等于 16 个数据单元）的末尾分别产生到 CPU 的接收中断（RINT）或者发送中断（XINT）。这个中断表明可以开始使用另一分区。接着可以检查当前分区，如果所选子帧没有指向当前子帧，可以改变 A 分区和/或 B 分区中的子帧选择。这些中断宽为两个 CPU 时钟，高电平有效。当（R/X）MCM=0（非多通道操作）时，如果 RINTM=XINTM=01b，将不会产生中断。

9.5.3 增强型多通道选择模式

除了普通多通道选择模式，C64x 的 McBSP 还有增强型多通道选择模式，允许同时使能最多 128 个通道，通过设置 MCR 中的增强型接收/发送多通道选择模式使能位（R/X）MCME 位来选择。这种模式需要 C64x McBSP 的 6 个附加增强型接收/发送通道使能寄存器：RCERE1、RCERE2、RCERE3、XCERE1、XCERE2、XCERE3 的协同工作。

当 RMCME=XMCME=0 时，C64x 的 McBSP 处于普通多通道选择模式。此模式不使用 RCERE1～RCERE3 和 XCERE1～XCERE3。RCERE0 与 XCERE0 分别执行 RCER 与 XCER 的功能。

当 RMCME=XMCME=1，C64x 的 McBSP 有 128 通道选择能力。RCERE0～RCERE3 和 XCERE0～XCERE3 寄存器用于使能最多 128 个通道。因为同时可以最多选择 128 个通道，因而 MCR 中（R/X）P（A/B）BLK 和（R/X）CBLK 的值对该模式没有影响。

执行以下步骤使能最多 128 个通道：
- 使能 XCERE0～XCERE3 和 RCERE0～RCERE3 选择的通道；
- 置 MCR 中的 RMCME=XMCME=1；
- 按需要设置 MCR 中的 RMCM 和 XMCM。

XMCM 位的值如何影响增强的多通道选择模式下的操作与一般多通道选择模式类似，不过要注意所设寄存器的区别。

9.6　SPI 协议下的 McBSP 操作

SPI（Series Protocol Interface）是一个利用 4 根信号线的串行接口协议，包括主/从两种模式。4 个信号接口是：串行数据输入（MISO，主设备输入，从设备输出）、串行数据输出（MOSI，主设备输出，从设备输入），移位时钟（SCK）和一个低电平有效的从设备使能信号（SS）。SPI 的最大特点是主设备和从设备之间的通信由主设备时钟的存在与否决定：检测到主设备时钟，数据传输开始；主设备时钟结束，数据传输结束。在这期间，从设备必须被使能（SS 信号保持有效）。

当 McBSP 是主设备时，对从设备的使能来自主设备的发送帧同步脉冲 FSX。McBSP 分别作为主设备和从设备的例子分别如图 9-32 和图 9-33 所示。

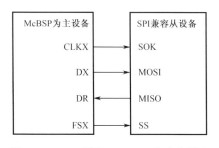

图 9-32　SPI 配置：McBSP 作为主设备

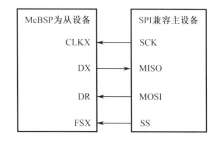

图 9-33　SPI 配置：McBSP 作为从设备

McBSP 的时钟停止模式（CLKSTP）和 SPI 协议兼容。McBSP 支持两种 SPI 传输格式，由 SPCR 中的时钟停止模式字段（CLKSTP）指定。表 9-11 列出了 CLKSTP 与 CLKXP 相配合，对串口时钟工作模式的配置。

表 9-11　SPI 模式时钟停止方案

CLKSTP	CLKXP	时　钟　方　案
0×	×	禁用时钟停止模式。时钟使能为非 SPI 模式
10	0	无延迟的低电平非有效状态。McBSP 在 CLKX 的上升沿发送数据，在 CLKR 的下降沿接收数据
11	0	有延迟的低电平非有效状态。McBSP 在 CLKX 的上升沿之前一个半周期发送数据，在 CLKR 的上升沿接收数据
10	1	无延迟的高电平非有效状态。McBSP 在 CLKX 的下降沿发送数据，在 CLKR 的上升沿接收数据
11	1	有延迟的高电平非有效状态。McBSP 在 CLKX 的下降沿之前一个半周期发送数据，在 CLKR 的下降沿接收数据

图 9-34 和图 9-35 分别给出了在两种 SPI 传输格式下，4 种传输接口的时序情况。

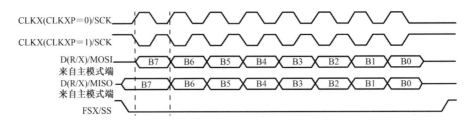

图 9-34　CLKSTP=10b 时的 SPI 传输

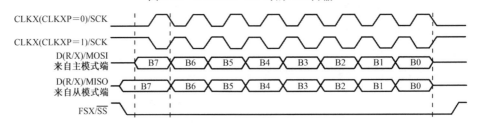

图 9-35　CLKSTP= 11b 时的 SPI 传输

1. McBSP 配置为 SPI 主设备的操作

作为 SPI 的主设备，McBSP 需要通过内部采样率发生器产生主设备时钟 CLKX 和从设备使能 FSX。因此需要配置 CLKXM=FSXM =1。同时应该设置 SRGR 中的 CLKSM 位选择采样率发生器的时钟源，设置 SRGR 中的 CLKGDV（时钟分频比）产生 CLKX。选择时钟停止模式时，SRGR 的帧发生器字段（FPER 和 FWID）无意义。

从图 9-34 和图 9-35 可以看到，在 McBSP 开始从 DX 引脚移出数据之前，FSX 必须先变为有效（低电平）。因此，XDATDLY 和 RDATDLY 必须设置为 1。

每个数据单元的 DXR-XSR 传输产生从设备使能 FSX（SRGR 中 FSGM=0）。因此，为了在 SPI 主模式下接收数据单元，McBSP 必须同时发送一个数据单元（写入 DXR）以便产生所需的从设备使能信号 FSX。

2．McBSP 配置为 SPI 从设备的操作

McBSP 是 SPI 的从模式设备时，外部主设备产生串口时钟 CLKX 和使能信号 FSX。因此，需要 CLKX 和 FSX 引脚配置为输入端（CLKXM=FSXM=0）。在 SPI 模式，FSX 和 CLKX 输入也用作数据接收的内部 FSR 和 CLKR 信号。在数据传输之前，外部的主设备必须先置 FSX 有效（低电平）。

作为 SPI 从设备时，RCR/XCR 寄存器的（R/X） DATDLY 位应该置 0，以保证要发送的第一个数据位立即出现在 DX 引脚上（如图 9-33 和图 9-34 中 MISO 波形）。设置 RDATDLY=0 还能保证对于接收，一旦检测到串行时钟 CLKX，就可以立即接收数据。

尽管 CLKX 信号由外部主设备产生，但仍然要使能 McBSP 的内部采样率发生器，并设置为相应的 SPI 模式，这是由于 McBSP 需要利用内部时钟对输入的 CLKXHE FSX 信号进行同步处理。因此，采样率发生器应设置为采用 CPU 时钟作为时钟源，并保证内部时钟（CLKG）的频率至少达到 SPI 数据率的 8 倍。

3．SPI 初始化

作为 SPI 的主设备或者从设备的 McBSP 操作，需按以下步骤进行正确初始化：

① 设置 SPCR 中的 $\overline{\text{XRST}}=\overline{\text{RRST}}$ =0，串口复位。

② 当串口处于复位状态（$\overline{\text{XRST}}=\overline{\text{RRST}}$ =0）时，设置 McBSP 配置寄存器。将希望的值写入 SPCR 的 CLKSTP 字段。

③ 设置 SPCR 的 $\overline{\text{GRST}}$ =1，使采样率发生器退出复位，开始工作。

④ 等待两个位时钟，确保 McBSP 的初始化过程中内部能够正确地同步。

如果 CPU 访问 McBSP，设置 $\overline{\text{XRST}}=\overline{\text{RRST}}$ =1 使能串口。SPCR 寄存器其他设置不变；如果 DMA 访问 McBSP，首先初始化 DMA，启动 DMA，使 DMA 等待同步事件的发生。这时，设置 $\overline{\text{XRST}}=\overline{\text{RRST}}$ =1，使串口退出复位状态。

⑤ 等待两个时钟周期，以便接收器和发送器变为有效。

9.7　McBSP 引脚配置为通用 I/O

在下列二种情况下允许串口引脚（CLKX，FSX，DX，CLKR，FSR，DR 和 CLKS）用作通用 I/O：

① SPCR 寄存器中的 $\overline{\text{(R/X)RST}}$ =0，发送器或接收器处在复位状态。

② PCR 寄存器中的（R/X）IOEN =1，串口设置为通用 I/O 模式。

表 9-12 总结了这些引脚作为通用 I/O 引脚的情况。

表 9-12　作为通用 I/O 的引脚配置

引　脚	使能为通用 I/O 引脚的条件	选择为输出的条件	输出值驱动自	选择为输入的条件	输入值读入自
CLKX	$\overline{XRST}=0$ XIOEN=1	CLKXM=1	CLKXP	CLKXM=0	CLKXP
FSX	$\overline{XRST}=0$ XIOEN=1	FSXM=1	FSXP	FSXM=0	FSX
DX	$\overline{XRST}=0$ XIOEN=1	一直为输入	DX_STAT	从不为输出	N/A
CLKR	$\overline{RRST}=0$ RIOEN=1	CLKRM=1	CLKRP	CLKRM=0	CLKRP
FSR	$\overline{RRST}=0$ RIOEN=1	FSRM=1	FSRP	FSRM=0	FSRP
DR	$\overline{RRST}=0$ RIOEN=1	从不为输出	N/A	一直为输入	DR_STAT
CLKS	$\overline{RRST}=\overline{XRST}=0$ RIOEN=XIOEN=1	从不为输出	N/A	一直为输入	CLKS_STAT

9.8　McBSP 应用实例

下面以一个集成信息处理系统的例子来说明 McBSP 的用法。在实例中该模块的 McBSP 部分电路图，如图 9-36 所示。

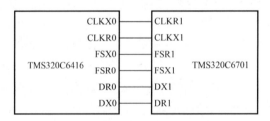

图 9-36　McBSP 部分电路图

该模块包含 C6416 和 C6701 两个 DSP 芯片。C6416 用来完成图像跟踪算法，并把跟踪目标位置信息通过 McBSP 传送给 C6701；C6701 根据目标位置，控制发动机的喷口。McBSP 采用标准的串口操作，其配置程序如下：

```
#include <csl_mcbsp.h>
MCBSP_Handle hMcbsp0;
unsigned int msp_indat0=0;
unsigned int msp_outdat0=0;
MCBSP_Config mcbspCfg0 = {
    0x02C10001,  // SPCR, XRDY 驱动 XINT, RRDY 驱动 RINT
    0x000000A0,  // RCR, 单相帧, 每个相位一个字, 32 位单元长度
    0x000000A0,  // XCR, 单相帧, 每个相位一个字, 32 位单元长度
```

```
    0x2FFF017F,  // SRGR, CLKGDV=127，FWID=1，FPER=4095
    0x00000000,  // MCR
    0x00000000,  // RCERE0
    0x00000000,  // RCERE1
    0x00000000,  // RCERE2
    0x00000000,  // RCERE3
    0x00000000,  // XCERE0
    0x00000000,  //XCERE1
    0x00000000,  //XCERE2
    0x00000000,  //XCERE3
    0x00000A03   //PCR，发送时钟和帧同步内部产生，接收时钟和帧同步外部输入
};
void main ()
{
 …
hMcbsp0 = MCBSP_open (MCBSP_DEV0, MCBSP_OPEN_RESET);
MCBSP_config (hMcbsp0, &mcbspCfg0);
MCBSP_start (hMcbsp0,MCBSP_XMIT_START|MCBSP_SRGR_START,0x00003000);
…
MCBSP_write (hMcbsp0, msp_outdat0);    //发送数据
…
while (1)
{
…
RRDY0= (* (int *) 0x_SPCR) &0x2;      //读接收数据准备好状态
if (RRDY0!=0)
{
msp0=MCBSP_read (hMcbsp0);    //读取接收的数据
…
    }
    }
}
```

第 10 章 定 时 器

10.1 概述

TMS320C6000 的通用 32 位定时器具有以下功能：
- 事件定时；
- 事件计数；
- 产生脉冲信号；
- 中断 CPU；
- 发送同步指令给 DMA。

定时器可以选择内部时钟，也可以使用外部时钟提供时钟源。定时器拥有一个输入引脚和一个输出引脚，输入引脚和输出引脚可以作为定时器的时钟输入和时钟输出，它们也可分别配置为通用的输入和输出引脚。图 10-1 给出了定时器的模块框图。

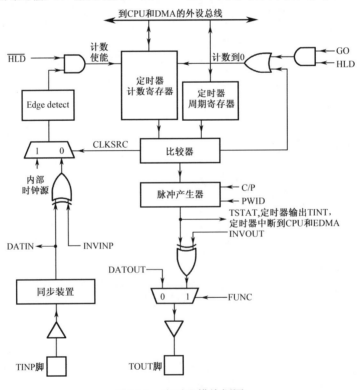

图 10-1 定时器模块框图

例如，利用内部时钟时，定时器输出可以启动一个外部的 A/D 转换器以开始一次转换，或者触发 DMA 控制器以开始一次数据的传送。利用外部时钟时，定时器可以对外部事件进行计数，然后在达到指定的事件数量后中断 CPU。

10.2　定时器寄存器

表 10-1 所示给出了完成定时器操作所需的 3 个寄存器。

表 10-1　定时器寄存器

名称和缩写	描　　述	十六进制地址		
		定时器 0	定时器 1	定时器 2
定时器控制器 （CTL）	决定定时器的运行模式，监控定时器的状态，并且控制 TOUT 引脚的功能	01940000	01980000	01AC0000
定时器周期寄存器 （PRD）	控制定时器输入时钟的循环次数，这个数字控制 TSTAT 信号的频率	01940004	01980004	01AC0004
定时器计数器 （CNT）	增量计数器的当前值	01940008	01980008	01AC0008

10.2.1　定时器控制寄存器（CTL）

图 10-2 显示了定时器控制寄存器。表 10-2 描述了控制寄存器的各字段信息。

31				12	11	10	9	8
保留					TSTAT	INVINP	CLKSRC	C/P
R,+0					R,+0	RW,+0	RW,+0	RW,+0

7	6	5	4	3	2	1	0
HLD	GO	保留	PWID	DATIN	DATOUT	INVOUT	FUNC
RW,+0	RW,+0	R,+0	RW,+0	R,+X	RW,+0	RW,+0	RW,+0

图 10-2　定时器控制寄存器（CTL）

表 10-2　定时器控制寄存器（CTL）字段描述

位	名　　称	描　　述
31:12	Rsvd	保留
11	TSTAT	定时器状态。定时器的输出值
10	INVINP	TINP 的转换控制位，只有在 CLKSRC=0 时才有效。 INVINP=0：TINP 置为不驱动定时器；INVINP=1：TINP 转换为驱动定时器
9	CLKSRC	定时器输入时钟源。 CLKSRC=0：外部时钟源驱动 TINP 引脚； CLKSRC=1：内部时钟源：1/8CPU 时钟（C64x）
8	C/P̄	时钟/脉冲模式。 C/P̄=0：脉冲模式，在定时器达到定时器周期后 TSTAT 活动一个 CPU 时钟，PWID 决定它什么时候停止；C/P̄=1：时钟模式，TSTAT 每一个周期

位	名　称	描　述
7	HLD	保持，计数器可以读或者写而不用考虑 HLD 的值。 HLD=0：计数器不计数并且保持当前的状态；H LD=1：计数器被准许计数
6	GO	GO 位，复位计数器并且启动计数器。 GO=0：定时器无效； GO=1：如果 HLD=1，则计数寄存器被置为 0 并且在下一个时钟开始计数
5	Rsvd	保留
4	PWID	脉冲宽度，仅在脉冲模式下使用(C/$\overline{P}$=0)。 PWID=0：在定时器计数器的值等于定时器周期的值之后，TSTAT 在一个定时器输入时钟周期内无效；PWID=1：在定时器计数器的值等于定时器周期的值之后，TSTAT 在两个定时器输入时钟周期内无效
3	DATIN	数据进入：在 TINP 引脚的值
2	DATOUT	数据输出。 当 FUNC=0 时：DATOUT 被 TOUT 驱动； 当 FUNC=1 时：在被 INVOUT 倒置后，TSTAT 被 TOUT 驱动
1	INVOUT	TOUT 翻转控制。仅在 FUNC=1 时使用。 INVOUT=0：TSTAT 驱动 TOUT；INVOUT=1：反置的 TSTAT 驱动 TOUT
0	FUNC	TOUT 引脚的功能。 FUNC=0：TOUT 为一般的通用输出引脚；FUNC=1：TOUT 为定时器的输出引脚

10.2.2　定时器周期寄存器（PRD）

定时器周期寄存器（如图 10-3 所示）存储着定时器的输入时钟的计数周期值，这个值控制着 TSTAT 的频率。

图 10-3　定时器周期寄存器（PRD）

10.2.3　定时器计数寄存器（CNT）

定时器计数寄存器（如图 10-4 所示）在其能够计数时开始增加。在达到定时器周期寄存器中的值之后，定时器计数寄存器在下一个 CPU 时钟被复位为 0。

图 10-4　定时器计数寄存器（CNT）

10.3　定时器控制

1．时钟源

定时器输入时钟低电平到高电平的转换（如果 INVIP =1，则为高到低）启动定时器计数。定时器的输入时钟源有两种：

① CLKSRC=0 时选择 TINP 引脚的输入值。这个信号是同步的，以防止任意的由外部异步输入引起的不稳定。TINP 引脚上的值反映在 DATIN 上。

② CLKSRC=1 时选择内部时钟源，C64x 使用 1/8 CPU 时钟作为内部时钟源。

2．计数

定时器计数器以 CPU 时钟速率运行，输入定时器的时钟信号指示作为内部计数使能信号的一个触发源。由图 10-1 中描述的边沿检测电路来进行边沿检测。一旦检测到有效的边沿，就产生一个 CPU 时钟宽的时钟使能脉冲。对用户而言，计数器好像是由输入时钟产生的使能信号驱动进行计数一样。

定时器计数值与在定时器周期寄存器(PRD)中设的值相等时，定时器将在下一个 CPU 时钟被复位为 0。因此，计数器计数是从 0 到 N 的。考虑这样一种情况，周期是 2 而定时器时钟源为 1/4 CPU 时钟（CLKSRC=1）（C62x/C67x），一旦开始，定时器计数为：0，0，0，0，1，1，1，1，2，0，0，0，1，1，1，1，2，0，0，0，……。值得注意的是，虽然整个计数过程中计数器的值达到了 2，但是 8 个 CPU 时钟周期（2×4），而不是 12 个 CPU 时钟周期（3×4）。所以，用户在向下计数周期寄存器中设置的值应该是 TIMER PERIOD（定时周期数），而不是 TIMER PERIOD+1。

3．启动与停止

表 10-3 说明了如何使用控制寄存器的 GO 和 HLD 位使能定时器的基本操作。配置一个定时器有以下四个基本步骤：

① 如果定时器当前没有在挂起状态，则设置定时器为保持状态（$\overline{\text{HLD}}$=0）。注意在复位系统后，定时器就处于保持状态。

② 在定时器周期寄存器（PRD）中写入期望的值。

③ 在定时器控制寄存器（CTL）中写入期望的值，不要改变 GO 和 $\overline{\text{HLD}}$ 位的值。

④ 将定时器控制寄存器（CTL）中的 GO 和 $\overline{\text{HLD}}$ 位置为 1，启动定时器。

表 10-3　定时器的 GO 和 HLD 操作

操　　　作	GO	$\overline{\text{HLD}}$	描　　　述
定时器挂起	0	0	不允许计数，计数器暂停
定时器挂起后重新启动	0	1	接着挂起时的值继续计数
保留	1	0	未定义
启动定时器	1	1	定时器计数器复位到 0，且使能时开始计数，一旦设置，GO 自动清零

4．定时器脉冲产生

两种基本的脉冲产生模式分别是脉冲模式（如图 10-5 所示）和时钟模式（如图 10-6 所示），可以用定时器控制寄存器（CTL）中的 C/$\overline{P}$ 位来选择模式。在脉冲模式下，CTL 中的 PWID 位可以设置脉冲的宽度为一个或者两个时钟周期。该特点的目的是在 TSTAT 驱动 TOUT 输出时，提供最小的脉冲宽度。在 TOUT 作为一个定时器引脚（FUNC=1）时，TSTAT 驱动这个引脚，并且在 INVOUT=1 时可以被反置。表 10-4 给出了在脉冲模式和时钟模式时不同的 TSTAT 定时参量方程式。

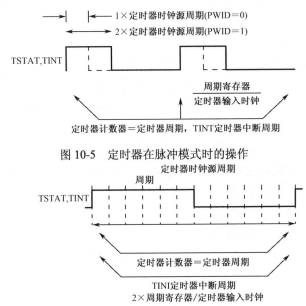

图 10-5　定时器在脉冲模式时的操作

图 10-6　定时器在时钟模式（C/P=1）时的操作

表 10-4　TSTAT 在脉冲模式和时钟模式下的参数

模　式	频　率	周　期	最　高　宽	最　低　宽
脉冲模式	$\dfrac{f(\text{时钟})}{\text{定时器周期}}$	$\dfrac{\text{定时器周期}}{f(\text{时钟})}$	$\dfrac{\text{PWID}+1}{f(\text{时钟})}$	$\dfrac{\text{定时器周期}(\text{PWID}+1)}{f(\text{时钟})}$
时钟模式	$\dfrac{f(\text{时钟})}{2\times\text{定时器周期}}$	$\dfrac{2\times\text{定时器周期}}{f(\text{时钟})}$	$\dfrac{\text{定时器周期}}{f(\text{时钟})}$	$\dfrac{\text{定时器周期}}{f(\text{时钟})}$

5．控制寄存器中的边界情况

以下几种边界情况会影响定时器的工作：

（1）周期寄存器（PKD）和计数寄存器（CNT）的值都是 0：在器件复位后并且在定时器启动前，TSTAT 保持为 0。在置 $\overline{\text{HLD}}$=1 和 GO=1，启动定时器后，定时器的操作依赖于 C/P 模式的选择。在脉冲模式下，不管定时器是否被锁定，TSTAT 都为 1；在时钟模式下，当定时器被锁定时（$\overline{\text{HLD}}$=0），TSTAT 保持它当前的值；当 $\overline{\text{HLD}}$=1 时，TSTAT 会按 1/2 的 CPU 时钟频率变化。

（2）计数溢出：当定时器计数寄存器（CNT）被置为一个比定时器周期寄存器（PRD）

还要大的值时，定时器会首先计数到最大值 FFFF FFFFh，然后恢复为 0，再继续计数。

（3）向一个正在运行的定时器的寄存器中写入数据：来自于外围设备总线而不考虑寄存器对 CNT 的数据更新和定时器控制寄存器（CTL）新的状态写入。

（4）在脉冲模式下小的定时器周期值：如果脉冲模式下设置的周期 PERIOD≤（PWID+1）时，TSTAT 会一直保持为高电平。

6．定时器引脚配置为通用 I/O

在器件复位时，定时器引脚 TINP 和 TOUT 分别作为通用 I/O 引脚，通过设置定时器控制寄存器（CTL），引脚 TINP 和 TOUT 甚至能够在定时器运行时作为通用 I/O 引脚。当定时器不运行时，TINP 引脚作为通用输入引脚；在定时器运行时，如果 CLKSRC=1 则 TINP 引脚为一个通用输入引脚，此时意味着一个内部时钟源被用来代替了 TINP 引脚。TINP 引脚的输入值在 CTL 的 DATIN 位上是可读的。当 CTL 中的 FUNC=0 时，TOUT 引脚是一个通用输出引脚，不管定时器操作如何。FUNC 位用来选择将 DATOUT 的值或 TSTAT 的值作为 TOUT 引脚的输出。

7．定时器中断

TSTAT 信号能直接产生 CPU 的中断和 EDMA 同步事件，中断的频率和 TSTAT 的频率相同。

8．仿真

使用仿真器调试时，CPU 可以被暂停。对于 C64x，在仿真暂停期间，不管时钟源如何，定时器都会继续计数。

10.4　定时器应用实例

下面是设置一个周期为 40ms 的定时器实例。假设 CPU 主频为 600MHz，则内部时钟源为 75MHz，查阅表 10-4，可知 PRD 应设置为 3000000。定时器设置代码如下。

```
#include <csl.h>
#include <csl_timer.h>
TIMER_Handle hTimer1;

TIMER_Config timerCfg1={
 0x00000200,        //CTL，脉冲模式，内部时钟源
 0x002DC6C0,        //PRD，周期 3000000
 0x00000000         //CNT，
};
hTimer1 = TIMER_open(TIMER_DEV1, TIMER_OPEN_RESET);
TIMER_config(hTimer1, &timerCfg1);
TIMER_start(hTimer1);
```

第 11 章 通用输入/输出（GPIO）

11.1 概述

    GPIO 外设提供了 16 个可配置成输入或输出的引脚，其中某些引脚与其他设备引脚复用。设置为输出时，可通过向内部寄存器写数据来控制输出引脚的状态。设置为输入时，可通过读出内部寄存器的状态来检测输入状态。另外，在不同的中断/事件产生模式下，GPIO 能够产生 CPU 中断和 EDMA 事件。GPINT[0:15]都是 EDMA 的同步事件，只有 GPINT0 和 GPINT[4:7]可作为 CPU 的中断源。图 11-1 所示为 GPIO 外设的框图。

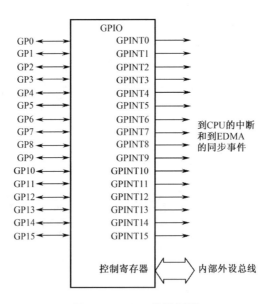

图 11-1　GPIO 外设框图

11.2 GPIO 寄存器

    GPIO 外设通过如表 11-1 所示的寄存器配置。

表 11-1　GPIO 寄存器

寄存器名称	缩　写	地　址
GPIO 使能寄存器	GPEN	01B0 0000h
GPIO 方向寄存器	GPDIR	01B0 0004h
GPIO 数值寄存器	GPVAL	01B0 0008h
GPIO Delta 高位寄存器	GPDH	01B0 0010h
GPIO 高位屏蔽寄存器	GPHM	01B0 0014h
GPIO Delta 低位寄存器	GPDL	01B0 0018h
GPIO 低位屏蔽寄存器	GPLM	01B0 001Ch
GPIO 全局控制寄存器	GPGC	01B0 0020h
GPIO 中断极性寄存器	GPPOL	01B0 0024h

11.2.1　GPIO 使能寄存器（GPEN）

GPIO 使能寄存器使能 GPIO 引脚的通用输入输出功能。在通用输出输入模式下，要使用任一 GPx 引脚，相应的 GPxEN 位必须设置为 1。GPEN 描述如图 11-2 和表 11-2 所示。

31–16
保留
R,+0

15	14	13	12	11	10	9	8	7	6	5	4	3	2	1	0
GP15 EN	GP14 EN	GP13 EN	GP12 EN	GP11 EN	GP0 EN	GP9 EN	GP8 EN	GP7 EN	GP6 EN	GP5 EN	GP4 EN	GP3 EN	GP2 EN	GP1 EN	GP0 EN
RW,+0	RW,+0	RW,+0	RW,+0	RW,+0	RW,+0	RW,+0	RW,+0	RW,+1	RW,+1	RW,+1	RW,+1	RW,+1	RW,+0	RW,+0	RW,+1

图 11-2　GPIO 使能寄存器

表 11-2　GPIO 使能寄存器位字节说明

位	字　段	说　明
15:0	GPxEN	GPIO 使能模式： GPxEN=0：GPx 引脚不能作为通用输入输出引脚，不能完成 GPIO 引脚功能，并且默认为高阻状态；GPxEN=1：GPx 引脚能作为通用输入输出引脚，并且默认为高阻状态

一些 GPIO 信号能和其他设备信号多路复用，这些多路复用信号的功能由以下控制：

① 设备配置输入：在复位时，设备配置输入选择多路信号来作为一个 GPIO 引脚或其他模式运行。

② GPEN 寄存器位字段：GPxEN=1 表明这个 GPx 引脚将作为其余 GPIO 寄存器控制的 GPIO 信号来运行；GPxEN=0 表明这个引脚不能作为 GPIO 引脚使用，它将在其他模式下运行。

11.2.2 GPIO 方向寄存器（GPDIR）

GPIO 方向寄存器决定某一给定 GPIO 引脚是输入还是输出。相应 GPIO 信号通过 GPxEN 位字段使能时，GPIO 方向寄存器（GPDIR）才有效。GPDIR 结构和描述如图 11-3 和表 11-3 所示。默认状态下，所有的 GPIO 引脚被设置为输入引脚。

31													保留														16

R,+0

15	14	13	12	11	10	9	8	7	6	5	4	3	2	1	0
GP15 DIR	GP14 DIR	GP13 DIR	GP12 DIR	GP11 DIR	GP10 DIR	GP9 DIR	GP8 DIR	GP7 DIR	GP6 DIR	GP5 DIR	GP4 DIR	GP3 DIR	GP2 DIR	GP1 DIR	GP0 DIR

RW,+0 RW,+0 RW,+0 RW,+0 RW,+0 RW,+0 RW,+0 RW,+0 RW,+0 RW,+0 RW,+0 RW,+0 RW,+0 RW,+0 RW,+0 RW,+0

图 11-3　GPIO 方向寄存器（GPDIR）

表 11-3　GPIO 方向寄存器（GPDIR）说明

位	字　段	说　　明
15:0	GPxDIR	GPx 方向，控制 GPIO 引脚方向（输入或输出），当 GPEN 寄存器内相应的 GPxEN 位被设置为 1 时适用。 GPxDIR=0：GPx 管脚作输入；GPxDIR=1：GPx 管脚作输出

11.2.3 GPIO 数值寄存器（GPVAL）

GPIO 数值寄存器（GPVAL）表示给定 GPIO 引脚驱动的数值，或者给定 GPIO 引脚上检测到的数值。GPIO 数值寄存器（GPVAL）的具体描述如图 11-4 和表 11-4 所示。

31													保留														16

R,+0

15	14	13	12	11	10	9	8	7	6	5	4	3	2	1	0
GP15 VAL	GP14 VAL	GP13 VAL	GP12 VAL	GP11 VAL	GP10 VAL	GP9 VAL	GP8 VAL	GP7 VAL	GP6 VAL	GP5 VAL	GP4 VAL	GP3 VAL	GP2 VAL	GP1 VAL	GP0 VAL

RW,+x RW,+x RW,+x RW,+x RW,+x RW,+x RW,+x RW,+x RW,+x RW,+x RW,+x RW,+x RW,+x RW,+x RW,+x RW,+x

图 11-4　GPIO 数值寄存器（GPVAL）

表 11-4　GPIO 数值寄存器（GPVAL）说明

位	字　段	GPxDIR	说　　明
15:0	GPxVAL	0	在 GPx 输入端检测到的数值，适用于 GPEN 寄存器内相应的 GPxEN 位被设置为 1 的情况。 GPxVAL=0：数值 0 从 GPx 输入引脚锁存； GPxVAL=1：数值 1 从 GPx 输入引脚锁存
		1	在 GPx 输出端的驱动数据，适用于 GPEN 寄存器内相应的 GPxEN 位被设置为 1 的情况。 GPxVAL =0：GPx 信号为低；GPxVAL=1: GPx 信号为高

11.2.4　GPIO Delta 寄存器（GPDH，GPDL）

GPIO Delta 高位寄存器（GPDH）表示给定 GPIO 输入是否从低变高。同样地，GPIO Delta 低位寄存器（GPDL）表示给定 GPIO 输入是否从高变低。如果给定的 GPIO 引脚被设置为输出，则 GPDH 和 GPDL 中与之相应的位保留它以前的数值。向相应的字段写入"1"会清除该位，而写"0"则无影响。GPDH 的具体描述如图 11-5 和表 11-5 所示，GPDL 的具体描述如图 11-6 和表 11-6 所示。

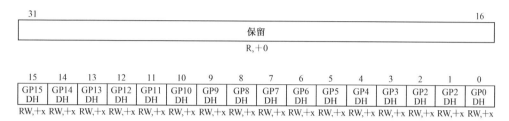

图 11-5　GPIO Delta 高位寄存器（GPDH）

表 11-5　GPIO Delta 高位寄存器（GPDH）字段描述

编号	字　段	说　明
15:0	GPxDH	GPx Delta 高检测 GPx 输入从低到高的变化。 GPxDH=0：不能检测 GPx 从低变高 GPxDH=1：能检测 GPx 从低变高

图 11-6　GPIO Delta 低位寄存器（GPDL）

表 11-6　GPIO Delta 低位寄存器（GPDL）字段描述

位	字　段	说　明
15:0	GPxDL	GPx Delta 低，检测 GPx 输入从高到低的变化。 GPxDL=0：不能检测 GPx 从高变低；GPxDL=1：能检测 GPx 从高变低

11.2.5　GPIO 屏蔽寄存器（GPHM，GPLM）

GPIO 高位屏蔽寄存器（GPHM）和 GPIO 低位屏蔽寄存器（GPLM）可使能一个给定的通用输入并产生一次 CPU 中断，或者产生一次 EDMA 事件。如果一个 GPHM 或 GPLM 位被禁用时，与之相应的 GPx 引脚上的数值或跃变将不会引起一次 CPU 中断或产生一次事件。如果屏蔽位被启用，根据 GPIO 全局控制寄存器选择的中断模式，相应的 GPx 引脚会引起一次中断或产生一次事件。有关 GPHM 和 GPLM 中断或事件产生功能的详细说明参见 11.4 节。图 11-7 和图 11-8 所示，分别为 GPHM 和 GPLM，它们的寄存器字段分别在表 11-7 和表 11-8 中加以说明。

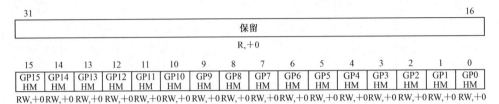

31															16
保留															
R,+0															

15	14	13	12	11	10	9	8	7	6	5	4	3	2	1	0
GP15 HM	GP14 HM	GP13 HM	GP12 HM	GP11 HM	GP10 HM	GP9 HM	GP8 HM	GP7 HM	GP6 HM	GP5 HM	GP4 HM	GP3 HM	GP2 HM	GP1 HM	GP0 HM
RW,+0	RW,+0	RW,+0	RW,+0	RW,+0	RW,+0	RW,+0	RW,+0	RW,+0	RW,+0	RW,+0	RW,+0	RW,+0	RW,+0	RW,+0	RW,+0

图 11-7　GPIO 高位屏蔽寄存器（GPHM）

表 11-7　GPIO 高位屏蔽寄存器（GPHM）字段描述

位	字　段	说　　明
15:0	GPxHM	GPx 高位屏蔽，用于禁止或使能当相应的 GPxEN 位作为输入时，将分别在 GPDH 和 GPVAL 寄存器内相应的 GPxDH 位或 GPxVAL 位的基础上产生中断或事件。适用于相应 GPxEN 为输入使能时（GPxEN=1, GPxDIR=0）。 GPxHM=0：GPx 不能产生中断或事件，GPx 上的数值或改变不能引起一次中断或产生事件；GPxHM=1：GPx 中断/事件使能

31															16
保留															
R,+0															

15	14	13	12	11	10	9	8	7	6	5	4	3	2	1	0
GP15 LM	GP14 LM	GP13 LM	GP12 LM	GP11 LM	GP10 LM	GP9 LM	GP8 LM	GP7 LM	GP6 LM	GP5 LM	GP4 LM	GP3 LM	GP2 LM	GP1 LM	GP0 LM
RW,+0	RW,+0	RW,+0	RW,+0	RW,+0	RW,+0	RW,+0	RW,+0	RW,+0	RW,+0	RW,+0	RW,+0	RW,+0	RW,+0	RW,+0	RW,+0

图 11-8　GPIO 低位屏蔽寄存器（GPLM）

表 11-8　GPIO 低位屏蔽寄存器（GPLM）字段描述

位	字　段	说　　明
15:0	GPxLM	GPx 低位屏蔽，当相应的 GPxEN 位作为输入时，将分别在 GPDL 和 GPVAL 寄存器内相应的 GPxDL 位或 GPxVAL 位的基础上产生中断或事件。适用于相应 GPxEN 为输入使能时（GPxEN=1, GPxDIR=0）。 GPxLM=0：GPx 不能产生中断或事件，GPx 上的数值或改变不能引起一次中断或产生事件；GPxLM=1：GPx 能产生中断或事件

11.2.6　GPIO 全局控制寄存器（GPGC）

GPIO 全局控制寄存器（GPGC）设定通用输入输出外设的中断或事件的产生。GPGC 全局控制寄存器（GPGC）具体描述如图 11-9 和表 11-9 所示。

图 11-9 GPIO 全局控制寄存器（GPGC）

表 11-9 GPIO 全局控制寄存器（GPGC）字段描述

位	字 段	说 明
5	GP0M	GP0 输出模式，仅适用于 GP0 被设置为输出（GPDIR 寄存器的 GP0DIR=1）。 GP0M=0：GPIO 模式——基于 GP0 的 GP0 输出（GP0VAL 位于 GPVAL 寄存器内）； GP0M=1：逻辑模式——基于内部逻辑模式中断/事件信号 GPINT 数值的 GP0 输出
4	GPINT0M	GPINT0 中断/事件产生模式。 GPINT0M=0：直通模式——GPINT0 中断/事件产生是基于 GP0 数值（GP0VAL 位于 GPVAL 寄存器内）；GPINT0M=1：逻辑模式——GPINT0 中断/事件产生基于 GPINT
2	GPINTPOL	GPINT 极性，仅适用于逻辑模式（GPINT0M=1）。 GPINTPOL=0：当 GPIO 输入的逻辑组合是真时，GPINT 有效（高电平） GPINTPOL=1：当 GPIO 输入的逻辑组合是假时，GPINT 有效（高电平）
1	LOGIC	GPINT 逻辑，仅适用于逻辑模式（GPINT0M=1）。 LOGIC=0："或"模式——GPINT 的产生基于 GPHM（GPLM）寄存器内所有激活的 GPx 事件的"或"逻辑； LOGIC=1："与"模式——GPINT 的产生基于 GPHM（GPLM）寄存器内所有激活的 GPx 事件的"与"逻辑
0	GPINTDV	GPINT Delta/数值模式，仅适用于逻辑模式（GPINT0M=1）。 GPINTDV=0：Delta 模式——GPINT 的产生基于 GPx 引脚上信号改变的一种逻辑组合，GPHM（GPLM）寄存器内相应的位必须被设定； GPINTDV=1：数值模式——GPINT 的产生基于 GPx 引脚上数值的一种逻辑组合，GPHM（GPLM）寄存器内相应的位必须被设定

11.2.7 GPIO 中断极性寄存器（GPPOL）

在直通（Pass Through）模式下，GPIO 中断极性寄存器（GPPOL）选择 GPINTx 中断/事件信号的极性。参见器件手册以及 TMS320C6000 的外设参考指南《TMS320C6000 Peripherals Reference Guide》，来详细地了解中断/事件的映射。在直通模式下，GPIO 全局控制寄存器（GPGC）内的 GPINT0M 必须设置为"0"，才能使用 GPINT0。GPIO 中断极性寄存器（GPPOL）如图 11-10 和表 11-10 所示。

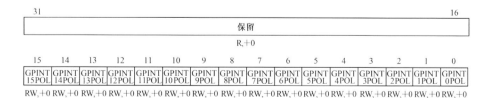

图 11-10 GPIO 中断极性寄存器（GPPOL）

表 11-10　GPIO 中断极性寄存器（GPPOL）字段描述

位	字　段	说　明
15:0	GPINTxPOL	GPINTx 极性，仅适用于直通模式下。 GPINTxPOL=0：基于 GPx 的一个上升沿产生 GPINTx（基于相应的 GPxVAL 的数值有效）； GPINTxPOL=1：基于 GPx 的一个下降沿产生 GPINTx（基于相应的反向的 LPxVAL 的数值有效）

11.3　通用输入/输出（I/O）端口功能

只要在 GPIO 使能寄存器内被使能，GPIO 引脚就可以作为通用 I/O 口。用户可以通过 GPDIR 设置 GPIO 方向，通过 GPVAL 寄存器控制或者读取引脚上的电平。GPIO 模块内部还集成了一个边沿检测逻辑，可以在 GPDH 或 GPDL 寄存器捕获输入引脚上电平的变化。图 11-11 所示为通用 I/O 口和通用 I/O 口内的边沿检测逻辑。需要注意的是，当 GP0 作为通用输出口时，除了设定 GPODIR=1 外，还要将 GPIO 全局控制寄存器内的 GP0M=0。

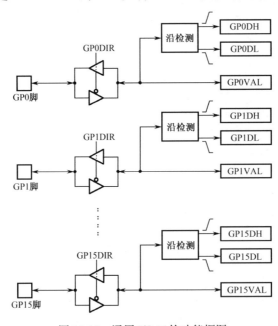

图 11-11　通用 I/O 口的功能框图

11.4　中断和事件产生

GPIO 作为输入时，可以有下列两种模式向 CPU 发送中断或触发对 EDMA 同步事件：
- 直通模式；
- 逻辑模式。

直通模式下，GPx 信号设置为一个输入来直接触发 CPU 中断和 EDMA 事件。逻辑模式下，允许用户来选择某些 GPIO 信号作为输入来实现一种半编程逻辑功能。逻辑功能的输出 GPINT 触发 CPU 中断和 EDMA 事件，图 11-12 所示为 GPIO 中断/事件的产生逻辑，其中 GPINT 和直通模式下的输出 GPINT0_int 复用一个内部信号 GPINT0。另外，逻辑模式的输出 GPINT 能在板级上驱动 GP0 引脚。

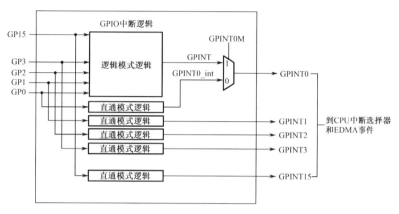

图 11-12　GPIO 中断/事件产生的框图

11.4.1　直通模式

直通模式下，GPx 输入引脚上的电平变化能使 CPU 产生一次中断事件，使 EDMA 产生一次同步事件。注意，尽管对于 EDMA 所有的 GPINTx 都是同步事件，只有 GPINT0 和 GPINT[4:7]可用作 CPU 中断。直通模式下需要设置：

- GPxEN=1：GPx 使能并可作为 GPIO 引脚的功能使用；
- GPxDIR=0：GPx 引脚作为输入；
- 设置 GPINTxPOL，选择信号的触发边沿。

如图 11-13 所示，为了使用直通模式下的 GP0，GPGC 寄存器内的 GPINT0M 位必须设定为"0"。如果 GPx 被设置为输出，相应的 GPINTx 信号禁用。

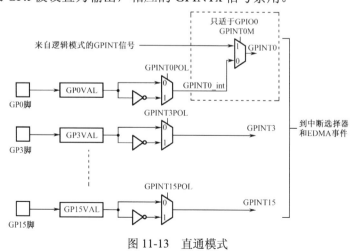

图 11-13　直通模式

11.4.2 逻辑模式

在逻辑模式下，由输入信号的边沿逻辑组合或输入信号电平的逻辑组合产生中断或同步事件，如图 11-14 所示。组合逻辑有如下三种：

- Delta "或" 模式：一组使能的 GPx 引脚上，第一个电平变化的输入信号触发 GPINT；
- Delta "与" 模式：所有使能的 GPIO 输入都经历了设置的边沿变化后，产生 GPINT；
- Value "与" 模式：一组选定 GPIO 输入电平与预先设定值匹配时，产生 GPINT。

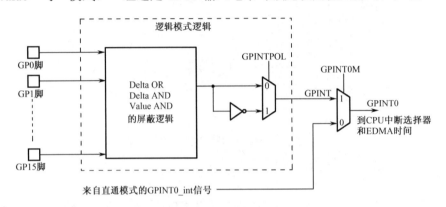

图 11-14　逻辑模式下中断/事件产生方框图

逻辑模式下，需要设置：

① GPINT0M=1 使能逻辑模式的中断/事件产生。
② 设置 GPINTPOL，选择采用正逻辑或者负逻辑触发 GPINT。
③ 设置 GPINTDV 和 LOGIC，选择组合逻辑：
- Delta "或" 模式：GPINTDV=0，LOGIC=0；
- Delta "与" 模式：GPINTDV=0，LOGIC=1；
- Value "与" 模式：GPINTDV=1，LOGIC=1。

11.4.3　GPINT 与 GP0 和/或 GPINT0 的复用

逻辑功能的输出信号 GPINT 能被 DSP 和如下外部设备使用：
- GPINT 能通过 GPINT0 产生一次 CPU 中断和一个 EDMA 事件；
- 如果 GP0 配置为一个输出，GPINT 在 GP0 上受到驱动后能被外部设备使用。

图 11-15 显示了 GPINT 信号之间的关系。当 GP0 被设置为输出时（GP0DIR=1），GP0M=0 时，GP0 工作在 GPIO 模式下，GP0VAL 的值送到 GP0；GP0M=1 时，GP0 工作在逻辑模式下，GPINT 的值送到 GP0。当 GP0 被设置为输入时，GP0M 无效。GPINT0M 位控制 GPINT0 信号在直通模式或是逻辑模式下运行。在直通模式下，来自直通模式逻辑电路的 GPINT0_int 数值被用作产生 CPU 和 EDMA 的一次中断/事件。在逻辑模式下，使用逻辑模式的输出

GPINT 用作产生 CPU 和 EDMA 的一次中断/事件。

　　当 GP0 被设置为一个输出时，直通模式被禁用，不能产生 GPINT0_int。但是，逻辑模式依然被支持并且能产生 GPINT。

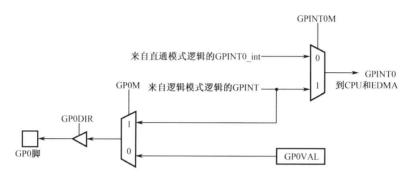

图 11-15　GPINT 和 GP0 及 GPINT0 的关系

11.4.4　GPIO 中断/事件

　　GPIO 通过内部的 GPINTx 信号产生 CPU 中断和 EDMA 事件。表 11-12 概括了 GPIO 的中断/事件。GPINT[1:15] 仅能在直通模式下使用，GPINT0 既能在直通模式下也可在逻辑模式下使用。所有的 GPINTx 都可用作对 EDMA 的同步事件。只有 GPINT0 和 GPINT[4:7] 可作为 CPU 的中断源。

表 11-12　对 CPU 的 GPIO 中断和对 EDMA 的事件

中断/事件名称	说　　明
GPINT0	GPINT0 是来自直通模式或者逻辑模式的中断/事件输出。在直通模式下，GPINT0 反映 GP0 或 $\overline{GP0}$（GPINT0_int）的数值。在逻辑模式下，GPINT0 反映逻辑功能的输出 GPINT
GPINT[1:15]	GPINT[1:15] 是来自于直通模式下的中断输出。它们反映直通模式下 GP[1:15] 或 $\overline{GP}$[1:15] 的数值

第 12 章　软 件 开 发

本章主要介绍 DM642 的软件开发方面的内容，包括 C6000 的集成开发环境 Code Composer Studio 的简介、C6000 程序基本结构、C6000 程序优化、C6000 CSL（Chip Support Library）库函数和 DSP/BIOS 编程等。

12.1　集成开发环境 CCS

C6000 的集成开发环境 CCS 提供了配置、建立、调试、跟踪和分析程序的工具，它便于实时、嵌入式信号处理程序的编制和测试，它能够加速开发进程，提高工作效率。CCS 开发环境的主界面，如图 12-1 所示。

图 12-1　CCS 开发环境

12.1.1　CCS 的历史和分类

早期的开发软件叫 CC，版本是 4.10，分四个系列：2000、3000、5000、6000，所以有四套软件，可以安装在同一台计算机上。现在仅在特定的几个 DSP 上使用。随后的开发软件叫 CCS，目前常用版本是 2.21，分三个系列：2000、5000、6000，所以有三套软件，可以安装在同一台计算机上，可以支持大多数常用 DSP 芯片的开发。CCS 的 3.3 版本，只有一套软件，可以支持除 3000 系列以外的所有 DSP 芯片开发。TI 公司新推出的几款芯片（例如 672x 等）必须用 3.3 版本的 CCS 来开发。需要根据待开发的 DSP 芯片来选择安装相应的开发软件。CCS 开发软件分类见表 12-1。

表 12-1　开发软件分类

安装软件名称分类	软 件 版 本	可以开发的 TI DSP 芯片
CCS 3.3	3.3 版本	除了 TI 3000 系列以外的 DSP 都可以
CCS 2000.exe	2.21 版本	F24X，F20X，LF24XXA，F28XX
CCS 5000.exe	2.20 版本	VC54XX，VC55XX
C5000-2.20.00-FULL-to-C5000-2.21.00-FULL.exe	2.21 版本	VC54XX，VC55XX
CCS 6000.exe	2.20 版本	C6X0X，C6X1X，C6416
C6000-2.20.00-FULL-to-C6000-2.21.00.01-FULL.exe	2.21 版本	C6X0X,C6X1X,C6416，DM642
CC 2000.exe	4.10 版本	F24X，F20X，LF24XXA
CC 3X/4X.exe	4.10 版本	C30，C31，C32
c3x4x,sp1.exe	4.10 版本	VC33

12.1.2　CCS 组件

在 CCS 出现之前，开发者并没有一个统一的开发环境，而是在不同的工作界面下完成不同的开发工作。在 CCS 出现之后，上述所有一切操作都隐藏在 CCS 集成环境之下，由 CCS 根据源程序的类型自动调用适当的代码产生工具。CCS 提供了一个图形界面来设置代码产生工具的选项（如图 12-1 所示的 Build Options 对话框），使用工程文件（.mak 或.pit）来跟踪所有构建程序所需要的信息，工程文件包含以下内容：

- 源文件名、目标库文件名；
- C 编译器、汇编器、链接器的选项；
- 包含文件的依赖性。

几乎所有的命令行选项都可以在如图 12-1 所示的 Build Options 对话框中设置，其他选项可以在对话框顶部的编辑框中直接键入。CCS 集成了调试和实时分析功能。开发者的一切开发过程都是在 CCS 这个集成环境下进行的，包括工程的建立，源程序的编辑以及程序的编译和调试。除此之外，CCS 还提供了更加丰富和强有力的调试手段来提高程序调试的效率和精度。图 12-2 所示的是 CCS 开发环境的构成及接口。

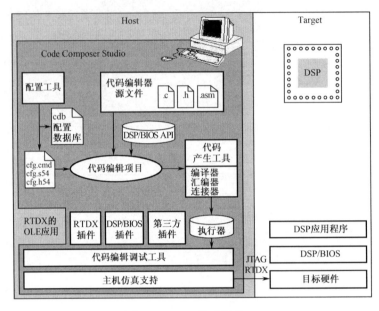

图 12-2　CCS 构成及接口

CCS 包括以下一些组件：

- TMS320C6000 代码产生工具；
- Code Composer Studio 集成开发环境；
- DSP/BIOS 插件（plug-in）；
- RTDX 插件，主机接口和应用程序接口（API）。

虽然 CCS 的使用隐藏了大部分代码开发的底层操作，但是为了更深入地了解代码产生工具的作用及特点，还是需要适当了解每种代码产生工具的用途，因为在解决某些棘手的实际问题时往往要涉及到这些知识。

12.1.3　代码产生工具

代码产生工具（Code Generation Tools）构成了 CCS 集成开发环境的基础部件。图 12-3 所示是 C6000 的软件开发流程图，其中阴影部分是开发 C 代码的常规流程，其他功能用于辅助和加速开发过程。

下面分别介绍 C6000 的 C 编译器、汇编优化器、汇编器、链接器和其他一些工具。

1．C 编译器

C6000 的 C 编译器对符合 ANSI 标准的 C 代码进行编译，生成 C6000 汇编代码，如图 12-4 所示。C 编译器内分为语法分析器、C 优化器和代码产生器 3 部分。

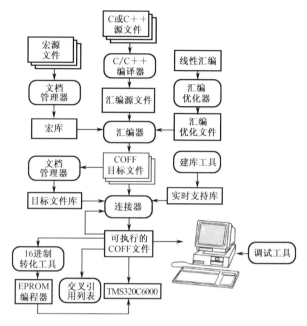

图 12-3　C6000 软件开发流程图

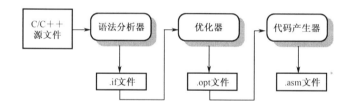

图 12-4　C6000 的 C 编译器编译过程

（1）语法分析器（Parser），可执行文件为 acp6x.exe

语法分析器的功能是对 C 代码进行预处理，进行语法检查，然后产生一个中间文件（.if）作为 C 优化器或代码产生器的输入。语法分析器还对宏、文件包含（#include）和条件编译等进行处理。

（2）C 优化器（Optimizer），可执行文件为 opt6x.exe.

C 优化器对语法分析器输出的.if 文件进行优化，目的是缩短代码长度和提高代码执行效率，并生成.opt 文件。所进行的优化包括针对 C 代码的一般优化和针对 C6000 的优化，如重新安排语句和表达式，把变量分配给寄存器，打开循环和模块级优化（若干个文件组成 1 个模块进行优化）等。

（3）代码产生器（Code Generator），可执行文件为 cg6x.exe

代码产生器利用语法分析器和 C 优化器产生的中间文件生成 C6000 汇编代码（.asm）作为输出。代码产生器也可以直接对中间文件（.if）处理产生汇编代码。

C 代码的优化在语法分析之后和代码产生之前进行。它通过编译器的优化器选项启动，具有 4 个不同的优化级别，分别对应选项-o0、-o1、-o2 和-o3。-o2 是默认的优化级别。对 4 个优化选项的具体说明如表 12-2 所示。

表 12-2 C 编译器的优化选项

优 化 选 项	作 用	优 化 级 别
-o0	优化寄存器的使用	低
-o1	本地优化	
-o2 或-o	全局优化	
-o3	文件级优化	高

除了由 C 优化器完成的优化外，C 编译器的代码产生器也能完成一些优化工作。这些优化不受优化选项的影响。

C 优化器所完成的最重要的优化处理是软件流水（software pipeline）。从-o2 开始优化器对软件循环进行软件流水处理。软件流水是专门针对循环代码的一种优化技术，利用软件流水可以生成非常紧凑的循环代码，这也是 C6000 的 C 编译器能够达到较高编译效率的主要原因。

在默认情况下，C 优化器是对每个 C 文件分别进行优化的。在某些情况下，如果能够在整个程序范围内进行优化，则优化器的优化效率还可进一步提高。此时可以在编译选项内加入-pm，它的作用是把一个程序所包含的所有 C 文件合成一个模块进行优化处理。

2．汇编优化器

上面介绍的 C 优化器的作用是对 C 代码进行优化，而汇编优化器的功能则是对用户编写的线性汇编代码（.sa 文件）进行优化。

汇编优化器是 C6000 代码产生工具内极具特色的一部分，它在 DSP 业界首创了对线性汇编代码自动进行优化的技术。它使对 C6000 DSP 结构了解不多的用户也能够方便地开发高度并行的 C6000 代码，使用户在充分利用 VLIW 结构 C6000 DSP 强大处理能力的同时大大缩短开发周期。

汇编优化器接收用户编写的线性汇编代码作为输入，产生一个标准汇编代码.asm 文件作为汇编器的输入。

对于性能要求很高的应用，用户需要用线性汇编对关键的 C 代码进行改写，然后采用汇编优化器进行优化，最大限度地提高代码效率。这个过程的关键是首先使用调试工具的性能分析工具（Profiler）找出需要进行优化的关键代码段。

线性汇编语言是为了简化 C6000 汇编语言程序的开发而设计的，它不是一个独立的编程语言。与 C6000 标准汇编语言相比，采用线性汇编语言进行编程不需要考虑以下因素：

- 并行指令安排；
- 指令延迟；
- 寄存器使用。

以上工作均由汇编优化器自动完成，而且所产生的代码效率可以达到人工编写代码效率的 95%～100%，同时还可以降低编程工作量，缩短开发周期。

3．汇编器

汇编器产生可重新分配地址的机器语言目标文件。它所输入的汇编语言文件可以是 C 编译器产生的汇编文件，可以是汇编优化器输出的汇编文件，也可以是由文档管理器管理的宏库内的宏。

汇编器所产生的目标代码是 TI 的 COFF 格式。汇编代码内除了 C6000 机器指令外，还可以有汇编伪指令（assembler directive）。汇编伪指令用于宏定义和宏扩展，控制代码段和数据段的内容，预留数据空间，数据初始化，控制优化过程以及符号调试等。

4．链接器

链接器的作用是接收可重新分配地址的目标文件（.obj）作为输入，生成可执行的目标文件（.out）。

TI 链接器的主要功能是根据用户说明的程序和数据存放地址，把汇编器产生的浮动地址代码和数据映射到用户系统的实际地址空间。

把程序和数据的实际地址分配放在链接阶段集中进行，不仅更方便，更容易修改，并且也有利于程序在不同系统之间的移植，这一点正体现了模块化的设计思想。

5．其他工具及 C 运行库

代码产生工具中除了最基本的优化 C 编译器、汇编优化器、汇编器和链接器（有 PC 和 SPARC 两种版本）外，还有文档管理器、交叉列表工具、建库工具、十六进制转换工具，以及 C 运行支持库等。

（1）文档管理器（Archiver），可执行文件为 ar6x.exe

使用文档管理器可以方便地管理一组文件，这些文件可以是源文件或目标文件。文档管理器把这组文件放入一个称为库的文档文件内，每个文件称为一个库成员。利用文档管理器，可以方便地删除、替换、提取或增添库成员。根据库成员种类（源文件或目标文件）的不同，文档管理器所管理的库称为宏库或目标库。文档管理器生成的目标库可以作为链接器的输入。

（2）建库工具（Library-build Utility），可执行文件为 mk6x.exe

在代码产生工具里，TI 不仅提供了标准的 ANSI C 运行支持库，而且还提供了运行支持库的源码 rts.src。目的是使用户可以按照自己的编译选项生成符合用户系统要求的运行支持库。

（3）十六进制转换工具（Hex Conversion Utility），可执行文件为 hex6x.exe

嵌入式系统要求将调试成功的程序固化在目标板系统的 EPROM 内，因此需要用编程器对用户系统的 EPROM 进行编程。由于一般的编程器不支持 TI 的 COFF 格式目标文件，因此 TI 提供了十六进制转换工具，用于将 COFF 格式转换为编程器支持的其他格式，如

TI-Tagged、ASCII-hex、Intel、Motorola-S 或 Tektronix。

（4）交叉引用列表工具（Cross-reference Lister），可执行文件为 xref6x.exe

交叉引用列表工具接收已链接的目标文件作为输入，产生一个交叉引用列表文件。在列表文件中列出了目标文件中所有的符号（symbol）以及它们在文件中的定义和引用情况。

交叉引用列表工具的使用有 2 步：

① 首先在程序的编译器命令里使用选项-k。

② 生成可执行的.out 文件后，使用如下命令启动交叉引用列表工具，生成.xrf 列表文件：xref6x[options] [inpu fileItame[ouput filename]]。

（5）C 运行支持库（Run time Support Library）

C 运行支持库是由 C 头文件（-h）和库文件 rtsxxxx.1ib 组成的。C 运行支持库包含符合 ANSI 标准的运行支持功能。除此之外，C6000 的运行支持库还支持浮点函数、C6000 的汇编指令函数（inUinsics），以及能够访问主机操作系统的 C I/O 函数。C 运行库头文件和库文件分别位于 CCS 安装目录下的\c6000\cgtools\inlcude 和\c6000\cgtools\lib。C 运行库的源代码 rts.src 在 CCS 安装目录下的\c6000\cgtools\lib 子目录。

12.2　C6000 的 C 程序

对于 C6000 DSP，C 代码的效率是手工编写汇编代码的 70%～80%。一般对实时性要求不是特别强的应用，采用 C 语言编程就完全可以满足需要。具体到某个特定算法，C 代码的效率就与 C 代码的实现方法、算法类型、使用的优化方法和变量类型等有直接的关系。对于高速实时应用，需要实现高并行度代码的优化。

12.2.1　C 程序的基本结构

一个最小的 C 应用程序，必须至少包含以下几个文件：

① 主程序 main.c。这个文件必须包含一个 main()函数作为 C 程序的入口点。

② 链接命令文件.cmd。这个文件包含了 DSP 和目标板存储器空间的定义，以及代码段、数据段是如何分配到这些存储器空间的。这个文件由用户自己编辑产生。

③ C 运行库文件 rts6400.1ib（或者和 DSP 兼容的 rtsxxxx.1ib）。C 运行库提供了诸如 prinft 等标准 C 函数，还提供了 C 环境下的初始化函数 c_int00()。这个文件位于 CCS 安装目录下的\c6000\cgtools\lib 子目录。

④ Vectors.asm。这个文件中的代码将作为 IST（中断服务表），并且必须被链接命令文件（.cmd）分配到 0 地址。DSP 复位之后，首先跳到 0 地址，位于 0 地址的复位向量对应的代码必须跳转到 C 运行环境的入口点 c_int00（该入口点在链接的 rtsxxxx.1ib 库中）。然后在 c_int00()函数中完成诸如初始化堆栈指针和页指针，以及初始化全局变量等操作，最后调用 main()函数，执行用户的功能。

12.2.2　链接命令文件

链接命令文件.cmd 文件用于 DSP 代码的定位。由于 DSP 编译器的编译结果是没有定位的，DSP 没有操作系统来定位执行代码，每个客户设计的 DSP 系统的配置也不尽相同，因此需要用户自己定义代码的安装位置。编写链接命令之前，应首先了解 3 个基础知识：DM642 的存储器映射，C6000 编译器的 C 环境实现和 COFF 文件格式，以及链接器的使用。

1. DM642 的存储器映射

在 DM642 空间内，程序和数据的存放并不是随意的。要正确合理地安排程序和数据的存放地址，就必须了解 DM642 的地址映射。DM642 的详细存储器映射介绍参见本书第 2 章的相关内容。

2. COFF 文件格式和 C6000 编译器的 C 环境实现

TI 代码产生工具产生的目标文件是一种模块化的文件格式——COFF 格式。程序中的代码和数据在 COFF 文件中是以段的形式组织的。COFF 文件由文件头（File Header）、段（Section Header）、符号表（Symbol Table），以及段数据等数据结构组成。文件中包含段的完备信息，如段的绝对地址、段的名字、段的各种属性以及段的原始数据。

对于 C 语言文件，编译器生成的代码段取名为.text。全局变量（函数外定义的变量）和静态变量（用 static 关键字定义的变量）分配在.bss 段中，而一般的局部变量（函数内定义的变量）或是使用寄存器，或是分配在.stack 段中。由于堆栈和存储器分配函数需要，编译器所产生的目标文件中有两个段（.stack 和.sysmem）专门用于为堆栈和动态分配存储器函数保留存储空间。如果用户程序没有使用 malloc、calloc 和 realloc 这样的函数，那么编译器就不会产生.sysmem 段。另外，对于用关键字 far 定义的变量，专门分在.bss 以外的数据段.far（.bss 段与.far 段内的数据访问方式不一样，分配在.bss 段内数据具有较高的访问效率）。C 编译器产生的代码段和数据见表 12-3。

表 12-3　C 编译器产生的默认代码段和数据

段 类 型	段 名	说 明
初始化段	.text	代码
	.cinit	变量初值表
	.const	常量和字符串
	.switch	用于大型 switch 语句的跳转表
非初始化段	.bss	全局变量和静态变量
	.sysmem	全局堆（用于存储器分配函数）
	.stack	堆栈
	.far	以 far 声明的全局/静态变量
	.cio	用于 stdio 函数

链接命令文件（.cmd）中必须将这些 C 程序产生的段正确地分配到 DM642 地址空间中去。对于编程者，除了要熟悉这些段的名字及用途外，还要关注程序编译生成的.map 文件。因为.map 文件中记录了段的各种详细信息，通过观察.map 文件可以知道段的地址分配是否正确。实际上，从.map 文件可以分析大部分和地址有关的程序错误。

在 C6000 平台下 C 编程的更多细节可以参看参考文献《TMS320C6000 Optimizing C/C++Compiler User'S Guide》。

3. 链接器的使用

链接器输入文件是汇编器产生的浮动地址目标文件（.obj），产生的输出文件是可执行目标文件（.out）和链接过程结果说明文件（.map）。在链接过程中，链接器把目标文件中的同名段合并，并按照用户的链接器命令文件（.cmd）给各个段分配地址，生成可执行的.out文件。

对于汇编程序，系统复位和数据初始化等都是由用户程序完成；而对于 C 程序或基于 C 语言框架的混合语言程序，系统复位和数据初始化都必须基于 C 的运行环境。C 的运行环境包括建立堆栈，变量初始化和调用 Main 函数等，这就是前面提到的由 c_int00()函数完成的任务。要得到 C 运行库的支持，C 程序就必须和 C 运行库 rtsxxx.1ib 链接。命令行方式编译时需要用链接器选项：-1 说明运行支持库，在 CCS 中只要将库文件加入到工程中即可。

库文件的路径位于 CCS 安装目录下的\c6000\cgtools\lib，C 运行库源程序路径是 c6000\cgtools\lib\rts.src。在\lib 目录下还有一个用于编译库的链接命令文件 lnk.cmd，这个链接命令文件可以作为用户自定义链接命令文件的模板。

链接器选项-c 或-cr 关系到全局/静态变量的初始化问题，需要用户自己设置。-c 选项用于设置运行时初始化全局变量（Run-time Autoinitialization），-cr 选项用于设置在加载时初始化（Load-time Initialization）。在编译器生成程序时，会将 C 程序中初始化的全局/静态变量的初始值按一定的数据结构放在.cinit 段中，但实际全局/静态变量占用的地址空间在.bss段中。

如果选择-c 选项，那么 C 初始化函数 c_int00()会读取.cinit 段中的每一个记录信息，分别初始化.bss 段中的全局/静态变量，最后再调用 main()函数。这样，用户程序就可以直接使用这些已经初始化好的全局/静态变量了。对于需要从 ROM 加载的程序，一般应该选择.c选项。

如果选择.cr 选项，那么全局/静态变量的初始化工作是由 loader 程序完成的，而不是 c_int00()函数完成的。也就是在加载程序后，loader 自己读取.cinit 段的内容，然后初始化.bss段中的全局/静态变量。

4. 链接器命令文件

明确了应用系统的程序和数据映射地址后，用户需要在链接器命令文件内说明系统的存储器配置以及程序和数据的具体存放地址。然后链接器命令文件作为链接器的一个命令参数输入链接器。具体链接过程由链接器完成。

下面是一个基于 DM642 系统的链接器命令文件：

```
-c                /* Run-time Autoinitialization */
-heap  0x1000     /* heap size is 4K */
-stack 0x1000     /* stack size is 4K */
-lrts6400.lib

MEMORY
{
IPRAM:      o = 00000000h,   l = 0x00010000  /* 片内 64K 字节 */
IDRAM:      o = 00010000h,   l = 0x00010000  /* 片内 64K 字节 */
CE0:        o = 80000000h,   l = 0x2000000h  /* 片外 32M 字节 */
}
SECTIONS
{
.vec        >       IPRAM
.text       >       IPRAM

.stack      >       IDRAM
.bss        >       IDRAM
.cinit      >       IDRAM
.const      >       IDRAM
.data       >       IDRAM
.far        >       IDRAM
.switch     >       IDRAM
.sysmem     >       IDRAM
.tables     >       IDRAM
.cio        >       IDRAM
}
```

在上述链接器命令文件内，链接器伪指令 MEMORY 首先把用户系统所配置的存储器定义成 3 个区域。然后链接器伪指令 SECTIONS 把用户目标文件的各个代码段和数据段分配到上述存储区域。如果用户的存储器配置有变化，只要在链接器伪指令 MEMORY 内说明即可。各个代码段或数据段的具体地址也可以很方便地在链接器伪指令 SECTIONS 内修改。

最简单的 MEMORY 和 SECTIONS 语法是这样的：

```
MEMORY
{
存储器空间名：o= 十六进制存储器起始地址     l=十六进制存储器长度
}

SECTIONS
{
段名   >   存储器空间名
}
```

关于链接命令文件的更详细内容请查阅 TI 公司的英文参考文献《TMS320C6000 Assembly LanguageTools User's Guide》。

注意，如果用第 12.4 节介绍的 DSP/BIOS 编程，由于 DSP/BIOS 自带了存储器管理模块，通过配置.cdb 文件可以自动生成.cmd 文件。

12.2.3　C 语言的中断服务程序

1．中断服务程序和 interrupt 关键字

在 C6000 平台上用 C 语言编写中断服务程序，必须使用如下格式：

```
interrupt void example (void)
{
}
```

有以下几点特别需要注意：

- 必须使用 interrupt 关键字声明函数。只有使用了 interrrput 关键字，编译器才会在程序的末尾使用 B IRP 指令返回，而不是普通的函数返回；
- 函数入口参数必须是 void 类型；
- 函数返回值必须是 void 类型。

编译器会自动保存所有的通用寄存器。假如希望中断嵌套，必须保存重要的 CPU 寄存器，并在中断服务程序返回前恢复这些寄存器。一个最小嵌套的中断服务程序如下所示（假设使用 INT4 中断）：

```
void main (void)
{
...                          /*设置中断，挂中断服务程序，使能中断*/
INTR_ENABLE (CPU_INT_NMI);   /*使能 NMI 中断*/
INTR_GLOBAL_ENABLE();        /*打开全局中断*/
for (;;){}
}
interrupt void Test()
{
int l_irp, l_csr, l_ier;     /*局部变量用于保存 CPU 寄存器*/
l_irp=GET_REG (IRP);         /*保存 IRP 寄存器*/
l_csr=GET_REG (CSR);         /*保存 CSR 寄存器*/
l_ier=GET_REG (IER);         /*保存 IER 寄存器*/
INTR_DISABLE (CPU_INT4);     /*禁止被自身中断嵌套*/

SomeKeyTask();               /*其他一些关键处理，在打开全局中断之前执行*/

INTR_GLOBAL_ENABLE();        /*打开全局中断*/
```

```
SomeFunction();                    /*中断服务程序代码*/

INTR_GLOBAL_DI SABLE();            /*关闭全局中断*/
SET_REG（IRP，l_irp）;              /*恢复 IRP 寄存器*/
 SET_REG（CSR，l_csr）;             /*恢复 CSR 寄存器*/
SET_REG（IER，l_ier）;              /*恢复 IER 寄存器*/
}
```

注意：上面的程序在对寄存器的操作中用到了外设支持库函数，有兴趣的读者可以参见 TI 公司手册《TMS320C6x Peripheral Support Library Programmer's Reference》。

2. 中断服务表的编写与 devlib 函数库

在第 3.3 节中介绍，IST 包含了 16 个连续取指包，每个中断服务取指包都含有 8 条指令。为了使程序能够通过上电引导并自动运行，程序必须包含一个中断向量段.vec（别的段名也可以）来存放这 16 个取指包，而且它必须放在地址 0（这是通过.cmd 文件控制的，见12.2.2 节）。一个最简单的中断向量段（vectors.asm）如下所示：

```
.sect ".vec"          ;定义段名
.ref  _c_int00         ;引用 C 入口点
.align 32*8*4          ;.vec 段必须在 256 个字的边界上对齐
RESET:                 ;
mvkl   _c_int00,b0     ;取 C 入口点地址
mvkh   _c_int00,b0
b    b0                ;跳转到 C 入口点
nop  5                 ;填充跳转指令的延迟槽
nop
nop
nop
nop
```

除了要将这个.asm 文件加入到项目中去，在.cmd 文件中，必须将.vec 段分配在 0 地址，并且要求在.text 段之前，如下所示：

```
SECTIONS
{
.vec    >PMEM    /*段名必须和.asm 文件中. sect 伪指令设置的段名相同*/
.text   >PMEM
...
}
```

这样，在复位之后 DSP 将首先执行 0 地址.vec 段的程序，跳转到 C 入口点_c_int00，也就是执行 C 初始化函数 c_int00()。在 c_int00()中，首先初始化 C 环境，然后再调用 main()

函数。上面的例子假设用户的程序没有用到 DSP 的其他中断，所以只写了复位中断对应的取指包。如果程序用到了其他中断，那么必须写全整个 IST，也就是为每个中断写一个 8 条指令的取指包。否则，中断发生时，DSP 就会"跑飞"。

```
        .sect ".vec"        ;定义段名
        .ref  _c_int00      ;引用用 C 入口点


RESET:                          ;RESET 中断取指包
mvkl    _c_int00, b0            ;取 C 入口点地址
mvkh    _c_int00, b0

b    b0                         ;跳转到 C 入口点
nop  5                          ;填充跳转指令的延迟槽
nop
nop
nop
nop
_NMI:                           ;RESET 中断取指包
stw .d2 b0,    *--b15           ;在堆栈中保存 b0 寄存器
|| mvkl  _func_nmi, b0          ;取中断服务函数 func_nmi()地址
mvkh   _func_nmi, b0
ldw .d2 *b0,   , b0
nop  4
b  .s2  b0
|| ldw .d2 *b15++, b0           ;恢复 b0 寄存器
nop  5
_RESV1                          ;保留中断 1
B .d2   __RESV1
nop
nop
nop
nop
nop
nop
nop
...
                        ;其他中断取指包略
```

实际上，C6000 有一个函数库 dev6x.1ib。这个库已经实现了中断向量段.vec。程序员无须再编写 vectors.asm 文件，而且.devlib 还提供了一种灵活的方式可以把中断服务程序"挂"到某个中断上。使用 devlib 需要做如下工作：

① 在编译选项对话框的 compiler 页的 preprocesser 子项下将"Include Search Path（-i）"，也就是 C 头文件的搜索路径，设置为"CCS 安装目录～c6000\evm6x\dsp\include"。

② 将 dev6x.1ib 库文件加入到项目中。该库文件的路径是"CCS 安装目录\c6000\evm6x\dsp\lib"。

③ 在.cmd 文件中，将.vec 段（段名必须是.vec，因为 dev6x.1ib 使用这个段名）分配在 0 地址。

④ 在主程序中使用#include<intr.h>包含头文件。

⑤ 在主程序 main()函数中调用 intr_reset()函数。如果没有调用这个函数的话，链接器不会把 dev6x.1ib 中的.vec 段链接进.out 文件。

⑥ 调用 intr_hook()等函数。

将某个中断服务程序"挂"在某中断上可使用如下代码，其中使用的宏都来自 devlib：

```
#include<intr.h>
interrupt void func_int4

void main (void)
{
intr_reset();                    /*初始化中断向量表*/
intr_hook (func_int4, CPU_4);    /*"挂"中断*/
INTR_ENABLE (CPU_INT_NMI);       /*使能 NMI 中断*/
INTR_GLOBAL_ENABLE();            /*使能全局中断*/
}
interrupt void func_int4()       /*中断服务程序*/
{
...
}
```

不仅如此，devlib 中还针对 C6000 的外设预定义了大量的外设地址和宏定义，是一个非常实用的函数库。例如，在 regs.h 头文件中定义的 GET_BIT()、SET_BIT()和 GET_FILD()等宏可以非常方便地对寄存器进行位操作。几乎所有的外设寄存器地址都已经在不同的头文件中定义好了，程序员无需自己再重新定义。例如 dma.h 文件定义了所有 DMA 寄存器地址，mcbsp.h 文件定义了 MCBSP 有关的寄存器。

12.2.4 C 代码优化

按照需求用 C 代码实现功能是 DM642 软件开发过程的第 1 个阶段，优化 C 语言程序是代码开发流程中的第 2 个阶段。C 代码优化之前，需要先用 CCS 内的代码检测工具检测出比较耗时的代码段，然后对这些代码进行优化。

分析代码主要用 CCS 所提供的分析（profiler）工具，它可以直接测出两个断点之间的运行时间。有时为了方便，也可在 C 语言程序中加入一些 C6000 C/C++提供的函数工具，如 C 语言中的 clock()和 printf()函数，来统计、显示程序中各个重要段的运行时间。下面的例子是一段用于统计、显示函数 DP 运行时间的程序：

```
clock_t start, stop, run_time;

start= clock();
y= (a, x, 30);
stop= clock();
overhead =stop-start;
printf ("stop1-start1=%d\n",run_time);
```

在程序中影响性能的主要代码段通常是循环。优化一个循环，较好的方法是抽出这个循环，使之成为一个单独文件，对其进行重新编写、重新编译和单独运行。

通过下述方法改进 C 语言程序，可以使编译出的代码性能显著提高。

1. 选用 C 编译器中提供的优化选项

C64x 编译器提供了分为若干等级和种类的自动优化选项，实际应用中，应根据程序特征和需要，选择合适的优化选项，对源程序进行优化。

2. 消除存储器相关性

为使指令并行操作，编译器必须知道指令间的关系，因为只有不相关的指令才可以并行执行。优化时，可以用关键字 restrict（专用的）说明两个目标指针是相互独立的，即访问的地址没有任何相关性，一旦编译器得到此信息，它就会流水存取数据。例如下面一段小波逆变换的程序段 1 采用了加 restrict 关键字去相关的技术，优化后，效率提高到原来的4.3 倍，程序段 2 是程序段 1 对应的汇编代码，由此可以看出该程序段的指令并行性很高。

程序段 1：

```
void Syn_Row_LDWT_ (short * restrict in_data, short * restrict out_data)
{int  i,j,k=0,h=0;
 for (j=0;j<28;j++)
   for (i=0;i<1024;i++)
     {   out_data[h++]= in_data[k];
         out_data[h++]= ( in_data[k]+in_data[k+1]) /2;
         k+=1;
     }
}
```

程序段 2：

```
||  [|A1]    STH.D2T2        B6,*++B4[Dx2]
||  [ B0]    BDEC.S2         L96,B0
||          SHRU.S1         A7,0x1f,A5
||          OP..L2X         0,A8,B6
    [ A0]   MPYSU.M1        2,A0,A0
||  [|A0]   STH.D2T2        B5,*-B4[0X3]
||          SHR.S2X         A4,0x1,B5
```

```
||          ADD.S1            A5,A7,A4
||          ADD.L1            A8,A6,A7
||          LDH,D1T1          *+A3[0x0],A8
```

但是关键字 restrict 并不能随便乱加,如果两个指针* in_data,和* out_data 确实是相关的,指向同一个 block（存储块）,加了 restrict 会使程序运行一塌糊涂,出来的结果不正确。要想正确运用去相关优化技术,就要知道 DM642 的片上 256KB 的内存是由 5 个 block 组成的,具体块大小和区间如图 12-5 所示,只有当两个指针所指的内存在不同的 block 里面时,用 restrict 才是合法的。

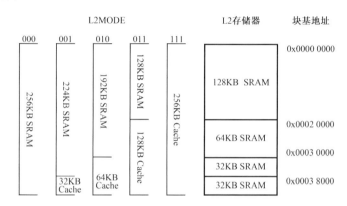

图 12-5　DM642 的内存 block 结构图

3. 短整型数据用整型处理或者更长的数据类型进行处理

C64x 具有双 16 位扩充功能,芯片能在一个周期内完成双 16 位的乘法、加减法、比较、移位等操作。在优化时,当对连续的短整型数据流操作时,应该转化成对整型数据流的操作,这样一次可以把两个 16 位的数据读入一个 32 位的寄存器,然后用内联函数来对它们处理,充分运用双 16 位扩充功能,一次可以进行两个 16 位数据的运算,速度将成倍的提高。

例如下面的进行 Z 字型逆排序的程序段 3,指针* idata 和* odata 原本是 short 型的,函数调用时强制类型转换成 int 型,采用了短整型数据用整型处理和去相关技术,效率提高到原来的 9 倍;而程序段 4 使用了短整型数据用整型处理和用内联函数两种优化技术,效率提高到原来的 11.7 倍,这里效率的提高是因为充分运用了 C64x 的双 16 位扩充功能。

程序段 3:

```
void Data_Conver3_De（const int *restrict idata,int *restrict odata）
{int i,j,k,m;
 for（k=0;k<21;k++)
 {
m=k*1024;j=0;
 for（i=0;i<1024;i+=4)
 {
    odata[j+m]=idata[i+m];
```

```
        odata[j+1024+m]=idata[i+1+m];
        odata[j+1+m]=idata[i+3+m];
        odata[j+1024+1+m]=idata[i+4+m];
        j+=2;
      }
    }
  }
```

程序段 4:

```
short * all2, * sll2, * shl2;
int * p_int1, * p_int2, * p_int3;
p_int1=(int *restrict) all2;
p_int2=(int *restrict) sll2;
p_int3=(int *restrict) shl2;
for (i=0,j=1792,m=3584,n=5376;i<1792;i++,j++,m++,n++)
{
  p_int1[i]=_add2 (p_int2[i],p_int3[i]);
  p_int1[j]=_add2 (p_int2[j],p_int3[j]);
  p_int1[m]=_add2 (p_int2[m],p_int3[m]);
  p_int1[n]=_add2 (p_int2[n],p_int3[n]);
}
```

4．使用内联函数和循环展开

内联函数是 C64x 编译器提供的专用函数，它们是直接与 C64x 汇编指令映射的在线函数，其目的是快速优化 C 程序，循环体内加入内联函数不影响程序的流水执行，这是和一般函数的最大区别；而循环展开可以使 CPU 内的功能单元和寄存器得到充分的利用，使循环体达到最佳流水状态。例如下面的数据限界的程序段 5，对该循环优化的结果是程序段 6。

程序段 5:

```
F_x=(short *) 0x00020000;
for (i=0;i<439524096;i++)
{
    F_x[i]=F_x[i];
    if (F_x[i]<0) F_x[i]=0;
    else if (F_x[i]>255) F_x[i]=255;
}
```

程序段 6:

```
temp1_FX=(int *) 0x00020000;
for (i=0;i<114688;i+=4)
{
* (temp1_FX+i) =_max2 (* (temp1_FX+i) ,0);
```

```
* (temp1_FX+i)=_min2 (* (temp1_FX+i),0xff00ff);
* (temp1_FX+i+1)=_max2 (* (temp1_FX+i+1),0);
* (temp1_FX+i+1)=_min2 (* (temp1_FX+i+1),0xff00ff);
* (temp1_FX+i+2)=_max2 (* (temp1_FX+i+2),0);
* (temp1_FX+i+2)=_min2 (* (temp1_FX+i+2),0xff00ff);
* (temp1_FX+i+3)=_max2 (* (temp1_FX+i+3),0);
* (temp1_FX+i+3)=_min2 (* (temp1_FX+i+3),0xff00ff);
}
```

程序段 5 采用了内联函数和循环展开两种技术，内联函数实现了短整型数据用整型处理，而且避开了判断分支语句；循环展开使 CPU 片内资源得到充分利用，使得循环体达到了最佳流水状态，效率提高到原来的 11.4 倍。

5. 使用逻辑运算代替乘除运算

在 DSP 指令里，乘除运算都是多周期指令，优化时，可以根据实际情况，尽量用逻辑移位运算来代替乘除运算，这样可以加快指令的运行速度，也有助于循环体的流水执行。

6. 软件流水技术的使用

软件流水技术用来对一个循环结构的指令进行调度安排，使之达到多重迭代循环并行执行。在编译代码时，可以选择编译器的-o2 或-o3 选项，这样编译器将根据程序的结构特点和信息尽可能地安排软件流水线。在图像压缩的 DSP 算法中，存在大量的循环操作，因此充分地运用软件流水技术，能极大地提高程序的运行速度，但使用软件流水线还有下面几点限制：

- 循环结构中不能包含一般的函数调用，但可以包含内联函数；
- 循环结构中不能有 break 和 goto 语句，if 语句不能嵌套，条件代码应尽量简单；
- 循环结构中不要包含改变循环计数器的代码；
- 循环结构代码不能过长，因为寄存器的数量（64）有限，太长的话，可以分解为多个循环体。

在编译器优化级别为-o2 的基础上，针对以上的代码段总结一下 C 代码优化方法和测试的优化结果见表 12-4：

表 12-4 优化测试

序 号	优化前	优化后	效 果	优 化 方 法
1	390μs	90μs	4.3 倍	去相关技术
3	362μs	40μs	9 倍	短整型数据用整型处理和去相关技术
4	168μs	25μs	6.7 倍	短整型数据用整型处理和内联函数技术
5	2608μs	228μs	11.4 倍	内联函数和循环展开技术

7．程序设计优化的方法

（1）把程序和经常要用的数据放入片内 RAM：片内 RAM 与 CPU 工作在同一时钟频率，比片外 RAM 的读写速度高很多，因此把程序放在片内可以大大提高指令运行速度，同时对于一些经常要用到的数据，放在片内也会节省处理时间。

（2）通过 EDMA 技术搬移数据：对于 DM642 芯片，其片内 RAM 有 256KB，但是对于一些大型的图像处理算法而言是不够的，这时可以运用 DMA 技术，把需要的数据在片内和片外之间来回搬移，因为 EDMA 搬运数据不占用 CPU 的时间，可以大大提高程序的运行速度。

在经过 C 代码的优化之后，还不能满足性能上的要求，则可以通过 CCS 的时间测试工具 profile clock 找出效率比较低的部分，使用 C6000 的线性汇编重新改写。有关线性汇编的详细内容可参考《TMS320C6000 Optimizing C/C++Compiler User'S Guide》。

12.3　DM642 的 CSL（芯片支持库）函数

12.3.1　CSL 简介

DSP 片上外设种类及其应用日趋复杂，TI 公司为其 C6000 和 C5000 系列 DSP 产品提供了 CSL（Chip Support Library）函数，用于配置、控制和管理 DSP 片上外设。CSL 中包含了很多 TI 封装好了的 API 和 MACRO，使用户免除编写配置和控制片上外设所必需的定义和代码，也使片上外设容易使用，从而缩短开发时间，增加可移植性。

CSL 库函数大多数是用 C 语言编写的，并已对代码的大小和速度进行了优化；CSL 库是可裁剪的：即只有被使用的 CSL 模块才会包含进应用程序中；CSL 库是可扩展的：每个片上外设的 API 相互独立，增加新的 API，对其他片上外设没有影响。

在程序设计过程中利用 CSL 函数可以方便地访问 DSP 的寄存器和硬件资源，提高 DSP 软件的开发效率和速度。本节主要介绍与 TMS320DM642 处理器相关的 CSL 库，针对 64x 系列的不同 DSP 芯片，表 12-5 给出了 CSL 能够支持的硬件模块。

表 12-5　CSL 支持的 C64x 系列芯片的模块

模　　块	6414	6415	6416	6410	6413	DM642
CACHE	√	√	√	√	√	√
CHIP	√	√	√	√	√	√
DAT	√	√	√	√	√	√
DMA						
EDMA	√	√	√	√	√	√
EMAC						√
EMIFA	√	√	√	√	√	
EMIFB	√	√	√	√	√	

续表

模 块	6414	6415	6416	6410	6413	DM642
GPIO	√	√	√	√	√	√
HPI	√	√	√	√	√	√
IRQ	√	√	√	√	√	√
McASP				√	√	√
McBSP	√	√	√	√	√	√
MDIO						√
PCI		√	√			
PWR	√	√	√	√	√	√
TCP		√				
TIMER	√	√	√	√	√	√
UTOP		√	√			
VIC			√			√
VP						√

图 12-6 显示了某些独立的 API 模块。这个体系结构允许将来的 CSL 扩展，因为当新的外设出现的时候，新的 API 模块能够被添加进来。值得注意的是不是所有的器件都支持所有的 API 函数，这取决于这个器件是否有与一个 API 相关的外设。例如 C6201 并不支持 EDMA 的模块，因为它没有这个外设。然后，也有些模块，比如中断管理模块是所有器件都支持的。

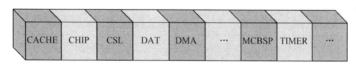

图 12-6 API 模块体系结构

TMS320DM642 对应的 CSL 库文件的名称为 cslDM642.lib（Little Endian 模式下使用的 CSL 库）或 cslDM642e.1ib（Big Endian 模式下使用的 CSL 库）。在 CSL 库中，头文件中的变量和函数与 DSP 硬件资源的对应关系见表 12-6。

表 12-6 CSL 模块和头文件

模 块 名 称	描 述	头 文 件
CACHE	Cache module	csl_cache.h
CHIP	Chip-specific module	csl_chip.h
CSL	Top-level module	csl.h
DAT	Device independent data copy/fill module	csl_dat.h
EMAC	Ethernet media access controller module	csl_emac.h
EDMA	Enhanced direct memory access module	csl_edma.h
EMIFA	External memory interface A module	csl_emifa.h

模 块 名 称	描　　述	头 文 件
GPIO	General-Purpose input/output module	csl_gpio.h
HPI	Host port interface module	csl_hpi.h
IRQ	Interrupt controller module	csl_irq.h
McASP	Multi-channel audio serial port module	csl_mcasp.h
McBSP	Multi-channel buffered serial port module	csl_mcbsp.h
MDIO	Management data I/O module	csl_mdio.h
PCI	Peripheral component interconnect interface module	csl_pci.h
PWR	Power-down module	csl_pwr.h
TIMER	Timer module	csl_timer.h
VIC	VCXO interpolated control	csl_vic.h
VP	Video port module	csl_vp.h

12.3.2　CSL 函数命名规则

在 CSL 库函数的命名规则中，CSL 库中的函数名、变量名、宏、结构体等均以"PER_"开头，"PER"是 the placeholder for the module name 的英文缩写，如 CSL 库中的函数名一般定义为 PER_funcName()、变量名定义为 PER_VarName、宏定义为 PER_MACRO_NAME、结构体的通用名称为 PER_Typename。另外，CSL 库中的函数变量和结构成员变量均以直接的名称命名，如 funcArg、memberName 等，CSL 库支持的数据类型见表 12-7。

表 12-7　CSL 数据类型

数 据 类 型	描　　述	数 据 类 型	描　　述
Uint8	unsigned char	Int8	char
Uint16	unsigned short	Int16	short
Uint32	unsigned int	Int32	int
Uint40	unsigned long	Int40	long

PER_OPEN 函数是 CSL 库中常用的一类函数，该类函数用于打开 DSP 硬件设备接口，使用时具有下面的形式：

handle=PER_OPEN（channelNumber，[priority]flag）；

变量 channelNumber 代表设备的端口号，flag 通常为 channelNumber 的属性，设备打开成功后 PER_OPEN()函数返回一个标识该外设的唯一句柄 handle，以后使用 channelNumber 对应的外设时，handle 作为主要的标识性参量。

PER_config()函数也是 CSL 库中常见的一类函数，它们的主要功能是使用给定的参数配置已打开的外设接口，该类函数具有下面的形式：

PER_config（[handle，]*configStructure）；

configStructure 通常为一个结构体变量，包含了配置外设接口所用到的主要参数，handle 为指向外设接口的句柄。在外设接口初始化操作中经常用到 PER_config()函数，configStructure 结构中的变量可以是整型常量、整型变量、CSL 库中的特征常量或采用 PER_REG_RMK 宏定义的字段等。PER_configArgs()函数的功能和 PER_config()函数类似，不同之处在于 PER_configArgs()函数使用独立的变量配置外设接口，而 PER_config()函数使用结构体变量来配置外设接口。PER_configArgs()函数具有下面的形式。

PER_configArgs（[handle,]regval_1，…，regval_n）；

handle 为指向外设接口的句柄，regval_1、regval_2、…、regval_n 为配置外设用的变量，变量 regval_n 可以是整型常量、整型变量、CSL 库中的特征常量或采用 PER_REG_RMK 宏定义的字段等。PER_config()函数多用于设置 DSP 的控制寄存器，函数结构变量中需要包含多个寄存器的地址，例如：

```
PER_config MyConfig={
Reg0,
Reg1,
...
}; //定义描述外设接口的结构变量
PER_config（&MyConfig）; //使用结构变量配置外设接口
```

PER_configArgs()函数可将数值写入单个寄存器。

除了以上几个常用函数外，还有两个函数较为常见：PER_reset()函数和 PER_close()函数，这两个函数具有下面的形式：

```
PER_reset（[handle]）;
PER_close（[handle]）;
```

PER_reset()函数把打开的外设接口复位到上电前的初始状态，PER_close()函数关闭 PER_open()函数打开的外设，被关闭的外设寄存器的值恢复到上电时的初始状态，如果该外设接口还有未处理的中断，这些中断将被视为无效。

CSL 库中使用的宏也是以 PER 开头，它的通用形式为：

```
PER_XXX();
```

如果 PER 后面的 XXX 为字符 REG，则该宏是针对寄存器的操作，宏中的变量 FIELD 表示对应某个寄存器中的一个字段，Regval 代表整型常量、整型变量或者特征常量等，另外宏中的符号 X 表示整型常量或整型变量，sym 表示特征常量，例如：

PER_REG_RMK（fieldval_n，…，fieldval_0）设置寄存器中各字段的值；

PER_RGET（REG）返回寄存器 REG 的值；

PER_ESET（REG，regval）把值 regval 赋予寄存器 REG；

PER_FGET（REG，FIELD）返回寄存器 REG 的 FILELD 字段值；

PER_FSET（REG，FIELD，fieldval）把值 fieldval 赋予 FILELD 字段（属于寄存器 REG）；

PER_REG_ADDR（REG）获得寄存器 REG 的地址；

PER_SETS（REG，FIELD，sym）把特征值 sym 赋予 FIELD 字段（属于寄存器 REG）；

PER_ADDRH（h，REG）返回句柄 h 指向的内存寄存器 REG 的地址；

PER_RGETH（h，REG）返回句柄 h 指向的寄存器 REG 的值；

PER_RSETH（h，REG，x）把值 x 赋予句柄 h 指向的寄存器 REG；

PER_FGETH（h，REG，FIELD）返回 FIELD 字段（属于句柄 h 指向的寄存器 REG）的值；

PER_FSETH（h，REG，FIELD，x）把值 x 赋予 FIELD 字段（属于句柄 h 指向的寄存器 REG）；

PER_FSETSH（h，REG，FIELD，sym）把特征值 sym 赋予 FIELD 字段（属于句柄 h 指向的寄存器 REG）。

如果程序中使用 CSL 库函数，在程序的主函数中必须加载 CSL 库，CSL 库提供了 CSL_ini()函数，通过该函数加载和初始化 CSL 库。

12.3.3　CACHE 模块函数

CSL 库中包含了管理数据缓存和程序缓存的多个库函数和宏，如用于清除数据的 CACHE_clean()函数，用于使能 CE 空间地址的 CACHE_enableCaching()函数，用于块写存储器的 CACHE_flush()函数，用于获得 SRAM 大小的 CACHE_getL2SramSize()函数等。

CACHE_clean()函数把 Cache 中的部分数据写入 SRAM，并清除 Cache 中的数据，它具有下面的形式：

```
void CACHE_clean (CACHE_Region region, void*addr, Uint32 wordCnt);
```

region 是一个宏，取 CACHE_L2 或 CACHE_L2ALL 中的一项，addr 为 Cache 中被操作数据的起始地址，wordCnd 表示数据单元（长度为 32 位）的数量，wordCnd 的最大值为 65535。例如，若把以地址为 0x80000000 开始的 4KB 的数据清除，使用 CACHE_clean()数的方法为：

```
CACHE_clean (CACHE_L2, (Void*) 0x80000000, 0x00000400);
```

如果希望使用 CACHE_clean()函数清除 L2 中的所有数据，则该函数为：

```
CACHE_clean (CACHE_L2ALL, (void*) 0x00000000, ,0x00000000);
```

CACHE_enableCaching()函数使能 CE 空间中的部分存储区，它有下面的形式：

```
void CACHE_enableCaching (Uint32 block);
```

block 是一个宏，表示被使能的 CE 空间地址范围，以 TMS320DM642 处理器的 CE0 空间为例，block 取下列宏中的一个：

CACHE_EMIFA_CE00（对应地址 0x80000000～0x80FFFFFF）

CACHE_EMIFA_CE0 1（对应地址 0x81000000～0x81FFFFFF）

CACHE_EMIFA_CE02（对应地址 0x82000000～0x82FFFFFF）

CACHE_EMIFA_CE03（对应地址 0x83000000～0x83FFFFFF）

CACHE_EMIFA_CE04（对应地址 0x84000000～0x84FFFFFF）

CACHE_EMIFA_CE05（对应地址 0x85000000～0x85FFFFFF）

CACHE_EMIFA_CE06（对应地址 0x86000000～0x86FFFFFF）

CACHE_EMIFA_CE07（对应地址 0x87000000～0x87FF FFFF）

CACHE_EMIFA_CE08（对应地址 0x88000000～0x88FFFFFF）

CACHE_EMIFA_CE09（对应地址 0x89000000～0x89FFFFFF）

CACHE_EMIFA_CE010（对应地址 0x8A000000～0x8AFFFFFF）

CACHE_EMIFA_CE011（对应地址 0x88000000～0x8BFFFFFF）

CACHE_EMIFA_CE012（对应地址 0x8C000000～0x8CFFFFFF）

CACHE_EMIFA_CE013（对应地址 0x8D000000～0x8DFFFFFF）

CACHE_EMIFA_CE014（对应地址 0x8E000000～0x8EFFFFFF）

CACHE_EMIFA_CE015（对应地址 0x8F000000～0x8FFFFFFF）

对于 CE1、CE2 和 CE3 空间，只需把上述宏中的符号"CE0"更换为 CE1、CE2、CE3 即可，即使用 CACHE_EMIFA_CE1、CACHE_EMI FA_CE2、CACHE_EMIFA_CE3 代替 CACHE_EMIFA_CE0，CE1、CE2 和 CE3 空间的起始地址分别为 0x90000000、0xA0000000 和 0xB0000000。例如使能 0x90000000～0x90FFFFFF 外部存储空间，CACHE_enableCaching()函数为：

```
void CACHE_enableCaching（CACHE_EMIFA_CE1）;
```

CACHE_flush()函数把 Cache 中的部分数据写入 SRAM，该函数具有以下形式；

```
void CACHE_flush（CACHE_Region region,void*addr, Uint32 wordCnt）;
```

region 是一个宏，取 CACHE_L2、CACHE_L2ALL 或 CACHE_L1DD 中的一项，addr 表示数据区的起始地址，wordCnd 表示数据单元（长度为 32 位）的数量，wordCnd 的最大值为 65535。例如，把起始地址为 0x80000000、数据区长度为 4KB 的 Cache 数据写入外部存储器，方法如下：

```
CACHE_flush（CACHE_L2ALL, （void*）0x80000000, 0x00000400）;
```

CACHE_getL2SramSize0 函数用于返回 DM642 片上 SRAM 的大小，单位为字节，它具有下面的形式：

```
Uint32 CACHE_getL2SramSize();
```

CACHE_invalidate()函数使 Cache 中的某个数据区域无效，该函数的形式如下：

```
void CACHE_invalidate（CACHE_Region region, void*addr, Uint32 wordCnt）;
```

region 是一个宏，取 CACHE_L1P、CACHE_L1PALL 或 CACHE_L1DALL 中的一项，addr 表示数据起始地址，wordCnd 表示数据单元（长度为 32 位）的数量，wordCnd 的最大值为 65535。

CSL 库提供了众多的 Cache 管理和操作的函数，除以上几个经常使用的函数以外，还包括以下的一些常见函数：

CACHE_getL2Mode()	获得 L2 Cache 工作模式；
CACHE_invAllL1P()	使 L1P 无效；
CACHE_invL1d()	L1D 部分数据区域无效；
CACHE_invLip()	LIP 部分程序区域无效；
CACHE_invL2()	L2 部分数据区域无效；

CACHE_reset()	把 Cache 复位到上电时的初始状态;
CACHE_resetEMIFA()	复位 EMIFA 的 MAR 寄存器;
CACHE_setL2Mode()	设置 L2 的模式;
CACHE_setL2Queue()	设置队列长度;
CACHE_setPriL2Req()	设置 L2 请求的优先级;
CACHE_setPccMode()	设置程序缓存模式;
CACHE_wait()	等待 Cache 最后一次操作完成。

另外，CSL 库还提供了很多的宏管理 Cache，部分宏如下：

CACHE_ADDR（<REG>）　　返回寄存器 REG 的地址；

CACHE_RSET（<REG>，X）　　设置寄存器 REG 的值：

CACHE_FGET（<REG>，<FIELD>）　　返回设备寄存器字段的值；

CACHE_FSET（<REG>，<FIELD>，fieldvall　　写设备寄存器字段的值；

CACHE_FSETS（<REG>，<FIELD>，<SYM>）　　把特征值赋予设备寄存器的字段；

CACHE_RGETA（addr，<REG>）　　获得给定地址对应的寄存器的值；

CACHE_RSETA（addr，<REG>，X）　　设置给定地址对应的寄存器的值；

CACHE_FGETA（addr，<REG>，<FIELD>）获得给定地址对应的寄存器字段的值

CACHE_FSETA（addr，<REG>，<FIELD>，fieldval）设置给定地址对应的寄存器字段值；

CACHE_RSETSA（addr，<REG>，<FIELD>，<SYM>）把特征值赋予给定地址对应寄存器的字段。

12.3.4　CHIP 模块函数

面向 CHIP 的 CSL 库函数用于 DM642 芯片辅助信息的获取和管理，如 DM642 电路的 Endian 模式、内部存储器映射关系、CPU 的 ID 等信息。

CHIP_6xxx 类型的宏在 CHIP 模块中经常用到，它表示 DSP 的型号，CSL 库支持的 CHIP_6xxx 宏包括：CHIP 6201，CHIP 6202，CHIP 6203，CHIP 6204，CHIP 6205，CHIP 6211，CHIP 6414，CHIP 6415，CHIP 6416，CHIP 6701，CHIP 6711，CHIP 6712，CHIP 6713，CHIP DA610，CHIP 6410，CHIP 6413，CHIP_DM642。

如果一个程序包含了操作不同型号 DSP 的代码时，在程序编译过程中需根据 DSP 类型进入对应的配置模块，可以使用 CHIP 6xxx 宏作为判断条件，例如：

```
#if（CHIP_DM642）
/*执行 DM642 的配置代码*/
#elif（CHIP_C6211）
/*执行 C6211 的配置代码*/
#endif
```

CHIP_getCpuId0 函数用于返回 DSP 芯片的 ID 值，该函数有如下形式：

```
Uint32 CHIP_getCpuld();
```

该函数的返回值是一个 32 位整型数，表示 CPU 当前的 ID，例如：

```
Uint32 MyCPUID;
MyCPUID=CHIP_getCpuld();
if（MyCPUID==XXX）
{
/*执行相应代码*/
}
```

CHIP_getEndian0 函数用于获取 DSP 芯片采用的 Endian 工作模式,该函数具有如下形式：

```
Uint32 CHIP_getEndian();
```

该 函 数 返 回 一 个 32 位 的 整 型 数， 返 回 的 值 为 宏 CHIP_ENDIAN_BIG 或 CHIP_ENDIAN_LITTLE 中的一个。CHIP_getEndian()数的使用方法如下：

```
Uint32 MyEndian=0;
MyEndian=CHIP_getEndian0;
if（MyEndian=CHIP_ENDIAN_LITTLE）
{
/*执行 Little Endian 对应的代码*/
}
else
{
/*执行 Big Endian 对应的代码*/
}
```

CHIP_getMapMode()函数用于返回 DSP 内部存储器映射模式，该函数具有如下形式：

```
int CHIP_getMapMode();
```

CHIP_getMapMode()函数返回的结果为宏 CHIP_MAP_0 或 CHIP_MAP_1 中的一个，该函数的使用方法如下：

```
Uint32 MyMap=0:
MyMap=CHIP_getMapMode();
if（MyMap=CHIP_MAP 一 0）
{
/*执行 CHIP_MAP_0 对应的代码*/
}
else
{
/*执行 CHIP_MAP_1 对应的代码*/
}
```

CSL 库函数还提供了一些和 DSP 芯片有关的其他函数，Uint32 CHIP_getRevld()函数用于返回 DSP 芯片的版本号,void CHIP_getConfig（CHIP_Config* config）函数用于获取 DSP 的配置信息，并把信息存储在一个 CHIP_Config 类型的结构体中，void CHIP_configArgs（Uint32 devcfg）函数使用变量 devcfg 设置 DSP 芯片。

12.3.4　DAT 模块函数

DAT 模块函数在 TMS320DM642 的 EDMA 操作中用于搬运数据。DAT_busy()函数用于检测 EDMA 数据传输过程是否已经结束，它具有如下定义：

```
Uint32 DAT_busy (Uint32 ID);
```

DAT_busy()函数如果返回一个非零值，则表明数据传输过程（DAT_copy()操作或 DAT_fill()操作）正在进行，其他操作需要等待，如果该函数返回零，则表明数据传输过程已经完成，可以执行其他操作了。DAT_busy()函数的使用方法如下：

```
DAT_open (DAT_CHAANY, DAT_PRI_LOW, 0);      //打开数据传输通道
...
Transferid=DAT_copy (src, dst, len):        //数据 copy，返回通道值
...
while (DAT_busy (transferid)):              //等待数据 copy 过程完成
```

DAT_copy()函数把源数据区中的数据转移到目标数据区中，它的定义如下：

```
Uint32 DAT_copy (void*src, void*dst, Uintl6 byteCnt);
```

src 表示源数据区起始地址指针，dst 表示目标数据区起始地址指针，byteCnt 为被搬运数据的长度，单位为字节，该函数返回数据搬运通道的 ID 值，供 DAT_busy()等函数调用。TMS 320DM642 的 L2 的 EDMA 数据总线为 64 位，要求数据以 8 字节为单元进行对齐，所以 byteCnt 应为 8 的倍数，byteCnt 为 0 时，数据搬运的结果是随机的。该函数的使用方法如下：

```
#define DATA_SIZE 256
Uint32 BufferA[DATA_SIZE/sizeof (Uint32) ];
Uint32 BufferB[DATA_SIZE/sizeof (Uint32) ];
...
DAT_open (DAT_CHAANY, DAT_PRI_LOW, 0);
DAT_copy (BuffA, BuffB, DATA_SIZE);
...
```

DAT_copy2d()函数用于不同维数数据区中数据的搬运，该函数具有如下形式：

```
Uint32 DAT_copy2d (Uint32 type, void*STC, void*dst, Uintl6 lineLen, Uintl6
lineCnt, Uintl6 linePitch);
```

type 是一个宏，取 DAT_1D2D、DAT_2D1D 和 DAT_2D2D 中的一个，src 为源数据区起始地址指针，dst 为目标数据区起始地址指针，lineLen 为源数据区每行数据包含的字节数，lineCnt 表示行数，搬运数据的总字节数为 lineLen×lineCnt，linePitch 表示目标数据区每行数据包含的字节数。对于二维（2D）源数据区和二维（2D）目标数据区之间的数据搬运操作，要求源数据区和目标数据区的 lineLen、lineCnt 和 linePitch 3 个变量必须相同。

DAT_fill()函数使用给定的数据填充目标数据区域，该函数的定义如下：

```
Uint32 DAT_fill (void*dst, Uintl6 byteCnt, Uint32*fillValue);
```

dst 表示目标数据区的起始地址指针，byteCnt 为被填充数据区的大小，单位为字节，fillValfie 为使用的数据区指针。例如，若希望使用 0x1234 填充某一数据块，采用的方法如下：

```
Uint32 BUFFER_SIZE: /*8×8 字节*/
Uint32 buff[BUFFER_SIZE/sizeof (Uint32)]:
Uint32 fillValue[2]={0x12341234, 0x12341234};
Uint32* fillValuePtr=fillValue:
...
DAT_open (DAT_CHAANY, DAT_PRI_LOW, 0);
DAT_fill (buff,BUFF_SIZE, &fillValue);
```

DAT_open()函数用于打开一个 DAT 通道，该函数具有如下定义：

```
Uint32 DAT_open (int charNum, int priority, Uint32 flags);
```

charNum 是为 EDMA 操作分配的数据通道，取 DAT_CHAANY、DAT_CHA0、DAT_CHAl、DAT_CHA2、DAT_CHA3 中的一个，priority 变量规定了该数据通道的优先级，priority 取 DAT_PRI_LOW（低优先级）、DAT_PRI_HIGH（高优先级）中的一个，flags 为标志位，明确数据操作的方式，如一维数据操作、二维数据操作等，对于二维数据操作 flags 应为 DAT_OPEN_2D。与 DAT_open()函数相对应的是 DAT_close()函数，DAT_close()函数用于关闭已打开的 DAT 通道。

DAT_setPriority()函数为打开的数据通道设置优先级，实际操作的是 OPT 寄存器中的 PRI 位，该函数具有如下形式：

```
void DAT_setPriority (int priority);
```

priority 是一个宏，取 DAT_PRI_LOW 或 DAT_PRI_HIGH 中的一个。DAT_setPriority0 函数的使用方法如下：

```
DAT_open (DMA_CHAANY, DAT_PRI_LOW, 0);          //使用低优先级打开数据通道
DAT_setPriority (DAT_PRI_HI);                   //设置为高优先级
```

DAT_wait()函数用于等待数据搬运或填充操作结束，它具有如下形式：

```
void DAT_wait (Uint32 ID);
```

ID 是一个宏，它取 DAT_XFRID_WAITALL 或 DAT_XFRID_WAITNONE 中的一个，当 ID 取 DAT_XFRID WAITALL 时，表示等待当前所有数据操作完成后才能执行下一操作；当 ID 取 DAT_XFRID_WAITNONE 时，表示无论数据操作是否完成，程序代码继续向下执行。该函数的使用方法如下：

```
Uint32 mytransferid;
...
DAT_open (DAT_CHANNY, DAT_PRI_LOW, 0)
...
Mytransferid=DAT_COPY (src, dst, len);
DAT_wait (transferid);
```

12.3.6 EDMA 模块函数

EDMA 是数字信号处理器用于快速数据交换的重要技术，具有独立于 CPU 的后台批量数

据传输能力，能够满足实时图像处理中高速数据传输的要求。CSL 库提供了众多的 EDMA 配置和操作的函数，在这些函数中经常使用 EDMA_Config 结构，该结构包含的成员变量如下：

```
Uint32 opt; //EDMA 选项参数
Uint32 src; //源地址
Uint32 cnt; //帧计数和数据单元计数
Uint32 dst; //目标地址
uint32 idX; //帧索引值和数据单元索引值
uint32 rld; //重新加载数据单元和链接地址
```

使用 EDMA_Config 结构体定义一个结构变量，并对该结构变量赋初值，使用 EDMA_Config 结构初始化 EDMA 通道，操作方法如下：

```
EDMA_Config AConfig={ 0x41200000,
0x80000000,
0x00000040,
0x80010000,
0x00000004,
0x00000000 };
…
EDMA_config (hEdma, &AConfig);
```

EDMA_open()函数用于打开一个 EDMA 通道，该函数具有如下形式：

```
EDMA_Handle EDMA_open (int chaNum, Uint32 nags);
```

该函数返回指向 EDMA 通道的句柄 EDMA_Handle，chaNum 为 EDMA 通道对应的事件名称。对 TMS320DM642 而言，chaNum 取以下宏：

```
EDMA_CHA_VP0EVTYA,
EDMA_CHA_VP0EVTUA,
EDMA_CHA_VP0EVTVA,
EDMA_CHA_TINT2,
EDMA_CHA_PCI,
EDMA_CHA_MACEVT,
EDMA_CHA_ICREVT0,
EDMA_CHA_ICXEVT0,
EDMA_CHA_VP0EVTYB,
EDMA_CHA_VP0EVTUB,
EDMA_CHA_VP0EVTVB,
EDMA_CHA_AXEVTE0,
EDMA_CHA_AXEVT00,
EDMA_CHA_AXEVT0,
EDMA_CHA_AREVTE0,
EDMA_CHA_AREVT00,
```

```
EDMA_CHA_AREVT0,
EDMA_CHA_VP1EVTYB,
EDMA_CHA_VP1EVTUB,
EDMA_CHA_VP1EVTVB,
EDMA_CHA_VP2EVTYB,
EDMA_CHA_VP2EVTUB,
EDMA_CHA_VP2EVTVB,
EDMA_CHA_VP1EVTYA,
EDMA_CHA_VP1EVTUA,
EDMA_CHA_VP1EVTVA,
EDMA_CHA_VP2EVTYA,
EDMA_CHA_VP2EVTUA,
EDMA_CHA_VP2EVTVA。
```

flags 为 EDMA 通道的打开方式, 取 EDMA_OPEN RESET 或 EDMA_OPEN ENABLE 中的一个。与 EDMA_open()函数对应的是 void EDMA_close（EDMA_Handle hEdma）函数, 该函数关闭 hEdma 指向的已经被打开的 EDMA 通道。EDMA_open()函数和 EDMA_close()函数的使用方法如下:

```
EDMA_Handle hEdma:
...
hEdma=EDMA_open（EDMA_CHA_TINT0, EDMA_OPEN_RESET）
...
EDMA_close（hEdma）;
```

EDMA_config()函数和 EDMA_configArgs()函数用于配置 DSP 的 EDMA 通道, EDMAconfig()函数使用一个 EDMA_Config 结构体设置 EDMA, 而 EDMA_configArgs()函数使用独立的参量设置 EDMA, 两个函数尽管在形式上有所区别, 但在功能上是类似的, 它们的定义如下:

```
void EDMA_config（EDMA_HandlehEdma, EDMA_Config*config）:
void EDMA_configArgs（EDMA_Handle hEdma, Uint32 opt, Uint32 src, Uint cnt,
Uint32 dst, Uint32 idx, Uint32 rld）;
```

在 EDMA_config()函数中, hEdma 是指向 EDMA 通道的句柄, config 是指向 EDMA_Config 类型结构体的结构变量。在 EDMA_configArgs()函数中, opt、src、cnt、dst、idx、rid 等变量与 EDMA_Config 结构体中定义的成员变量含义相同。

EDMA_allocTable()函数为 EDMA 通道分配 PRAM 链接表, 该函数的定义如下:

```
EDMA_Handle EDMA_allocTable（int tableNum）;
```

tableNum 是分配的表号, 它的取值范围从 0 至 EDMA_TABLE_CNT-1。与 DMA 的自动初始化模式相比, DM642 的 EDMA 控制器建立了一种更加灵活的数据传输机制, 即链接机制, 通过链接把多个 EDMA 参数联系起来, 构成一个传输链, 传输链中的所有参数服务于同一个 EDMA 通道。在传输链中, 数据传输结束后, 链接机制会自动从 RAM 中加载下一批事件参数。

EDMA_allocTableEx()函数为 EDMA 分配一系列链接表，它的定义如下：

```
int EDMA_allocTableEx (int cnt, EDMA_Handle*array);
```

cnt 为链接表的数目，array 为存放链接表指针的数组。EDMA_allocTableEx()函数的使用方法如下：

```
EDMA_Handle hEdmaTableArray[1 6];
...
if (EDMA_allocTableEx (16, hEdmaTableArray))
{
/*执行相应的代码*/
...
}
```

EDMA_chain()函数用于设置 EDMA 通道的 TCC 和 TCINT 字段，它的形式如下：

```
Void EDMA_chain (EDMA_Handle parent, EDMA_Handle nextChannel, int flag_tCC,
int fla_atcc);
```

EDMA chain()函数的使用方法如下：

```
EDMA_Uandle hEdmaChain, hEdmaPar;
Uint32 TCC;
/*打开 EDMA 父通道*/
hEdmaPar=EDMA_open (EDMA_CHA_TINT1, EDMA_OPEN_RESET);
TCC=intAlloc (-1);
/*打开 TCC 对应的下一个 EDMA 通道*/
hEdmaChain=EDMA_open (TCC, EDMA_OPEN_RESET);
/*更新父通道配置中的 TCC、TCINT 字段*/
EDMA_chain (hEdmaPar, hEdmaChain, EDMA_TCC_SET, 0);
EDMA_enableChaining (hEdmaChain);
```

EDMA_link()函数用于链接两个 EDMA 数据传输通道，它的定义如下：

```
Void EDMA_link (EDMA_Handle parent, EDMA_Handle child);
```

Parent、child 分别是指向父 EDMA 通道和子 EDMA 通道的句柄，该函数的使用方法为：

```
EDMA_Handle hEdma;
EDMA_Handle hEdmaTable;
hEdma=EDMA_open (EDMA_CHA_TINT 1, 0);
hEdmaTable=EDMA_allocTable (一1);
EDMA_link (hEdma, hEdmaTable);
EDMA_link (hEdmaTable, hEdmaTable);
```

与 TMS320DM642 的 EDMA 控制器相关的 CSL 库函数数目众多，除以上几个 CSL 库函数外，还包括以下函数。

void EDMA_reset（EDMA Handle hEdma）函数复位一个已打开的 EDMA 通道。

void EDMA_clearChannel（EDMA Handle hEdma）函数清除 EDMA 事件寄存器中的事件标志。

void EDMA_clearPram（Uint32 val）函数清除 EDMA 参数，该函数不能在 EDMA 通道占用期间使用。

void EDMA_disableChaining（EDMA_Handle hEdma）函数使寄存器中的 CCE 位无效。

void EDMA_enableChaining（EDMA_Handle hEdma）函数使寄存器中的 CCE 位有效。

void EDMA_disableChannel（EDMA_Handle hEdma）函数使 EDMA 事件寄存器中的相应位无效，禁用句柄 hEdma 指向的 EDMA 通道。

void EDMA_enableChannel（EDMA_Handle hEdma）函数使 EDMA 事件寄存器中的相应位有效，使能句柄 hEdma 指向的 EDMA 通道。

void EDMA_freeTable（EDMA_Handle hEdma）函数释放由 EDMA_allocTable0 函数分配的链接表。

void EDMA_freeTableEx（int cnt，EDMA Handle*array）函数释放链接表数组。

Uint32 EDMA_getChannel（EDMA Handle hEdma）函数检测句柄 hEdma 指向的 EDMA 通道是否存在，返回值若为 "0"，表示该 EDMA 通道不存在；返回值若为 "1"，表示该 EDMA 通道存在。

void EDMA_getConfig（EDMA_Handle hEdma，EDMA_Config*config）函数获得 hEdma 指向的 EDMA 通道的配置参数。

Uint32 EDMA_getPriQStatus()函数返回寄存器的PQSR值。

Uint32 EDMA_getScratchAddr()函数返回参数表不能使用的片上 SRAM 地址。

Uint32 EDMA getScratchSize()函数返回参数表不能使用的片上 SRAM 大小。

Uint32 EDMA_getTableAddress（EDMA_Handle hEdma）函数返回句柄 hEdma 指向的 EDMA 参数表的 32 位地址。

int EDMA_intAlloc()函数返回一个未被其他通道使用的 TCC 码，该 TCC 码用于 EDMA 中断，可以使用 EDMA_FSETH 宏将 TCC 的相应位赋给 OPT 寄存器的 TCCM 和 TCC 字段，通过 EDMA intEnable（TCC）使能 CIER 寄存器中的相应位。

void EDMA_intClear（Uint32 intNum）函数通过修改 CIPR 寄存器中相应的位来清除数据传输完成事件对应的中断标志位。

void EDMA_intDefauleHandle（int tccNum）函数为空函数，仅被 EDMA_intDispatcher() 函数调用，不执行任何操作。

void EDMA_intDisable（Uint32 intNum）函数通过修改 CIER 寄存器中相应的位来禁止 EDMA 数据传输完成事件对应的中断标志。

void EDMA_intDispatcher（void）函数用于查找 CIER 寄存器和 CIPR 寄存器中相对应的位，如果对应的位均被置 1，则启动 ISR 中对应 EDMA 通道中断。例如 CIER[14]=1 和 CIPR[14]=1 时，该函数将启动 ISR 中的第 14 通道产生中断。

void EDMA_intEnable（Uint32 intNum）函数通过修改 CIER 寄存器中相应的位来使能 EDMA 传输完成事件对应的中断。

void EDMA_intFree（int tcc）函数用于释放一个已分配的传输完成码，例如：

```
EDMA_intAlloc（1 7）；//分配一个数据传输完成码
...
EDMA_intFree（17）；  //释放数据传输完成码
```

EDMA_intHandler EDMA_intHook（int tccNum，EDMA_intHandler funcAddr）函数监控 EDMA 通道的 ISR 中断，当 tcint=l，tccNum 已被设置，EDMA 控制器将置位 CIPR 寄存器中相应的位，当 CIER 寄存器的对应位被设置后，EDMA 控制器使用 EDMA_intDispatcher()函数启动相应通道的 ISR 中断，此时必须使用 EDMA_intHook()设置中断函数，funcAddr 为中断函数名称。

void EDMA_intReset（Uint32 tccIntNum）函数复位 CIERL 或 CIERH 寄存器中 tccIntNum 对应的位，并关闭相应的 EDMA 中断。

void EDMA_intResetAll0 函数复位 CIER 寄存器，关闭所有 EDMA 中断。

void Uint32 EDMA_intTest（Uint32 intNuM）函数通过读 CIPR 寄存器的值查找 intNum 对应的数据传输完成中断标志。

void EDMA_map（int eventNum，int chNum）函数把 EDMA 事件与相应通道链接起来。

void EDMA_resetAll()函数复位所有的 EDMA 通道、禁止 EDMA 使能位、禁止中断寄存器、清除与 EDMA 事件链接的 PRAM 表。

void EDMA_setChannel（EDMA_Handle hEdma）函数设置 EDMA 数据传输通道。

void EDMA_setEvtPolarity（EDMA_Handle hEdma，int polarity）函数设置与 EDMA 通道相连的事件极性。

结合以上函数，给出如下一个 EDMA 操作的例子：

```
EDMA Config MyEdmaConfig={    0x41200000,
0x80000000,
0x00000040,
0x80010000,
0x00000004,
0x00000000};
EDMA_Handle hEdma;
EDMA_Handle hEdmaTable;
intnTccNum;
void main()
{
hEdma=IniMyEDMA0:     //对 EDMA 进行初始化
iniServeInt0;         //设置中断服务
```

```
EDMA_setChannel (hEdma);
while (1)
{
}
}
EDMA_Handle IniMyEDMA0
{
//打开 EDMA 通道
hEdma=EDMA_open (EDMA_CHA_ANY, EDMA_OPEN_RESET).
//分配一个 TCC 码
nTccNum=EDMA_intAlloc (-1);
EDMA_config (hEdma, &MyEdmaConfig);
hEdmaTable=EDMA allocTable (-1);
EDMA_link (hEdma, hEdmaTable)
EDMA_link (hEdmaTlable, hEdmaTable);
EDMA_intClear (nTccNum);
EDMA_intEnable (nTccNum);
EDMA_intHook (nTccNum, MyIntFunction);
}
void MyIntFunction (int tccnum)
{
...
EDMA_setChannel (hEdma); //重新启动 EDMA 数据传送通道
}
```

12.3.7　EMIFA 模块函数

TMS320DM642 带有一个 EMIFA 接口，通过该接口操作外部存储器，CSL 库提供了与 EMIFA 相关的库函数，这些库函数常使用 EMIFA_Config 结构体。EMIFA_config 包含的成员变量如下：

```
Uint32 gblctl;    //EMIFA 全局控制寄存器的值
Uint32 cectl0;    //CE0 存储空间控制寄存器的值
Uint32 cectll;    //CE1 存储空间控制寄存器的值
Uint32 cectl2;    //CE2 存储空间控制寄存器的值
Uint32 cectl3;    //CE3 存储空间控制寄存器的值
Uint32 sdctl;     //SDRAM 控制寄存器的值
Uint32 sdtim;     //SDRAM 时序寄存器的值
Uint32 sdext;     //SDRAM 扩展寄存器的值
```

```
Uint32 cesec0;    //CE0 二极存储空间控制寄存器的值
Uint32 cesecl;    //CE1 二极存储空间控制寄存器的值
Uint32 cesec2;    //CE2 二极存储空间控制寄存器的值
Uint32 cesec3;    //CE3 二极存储空间控制寄存器的值
```

EMIFA_config()函数和 EMOFA_configArgs()函数用于配置 DM642 的 EMIFA 接口，EMIFA_config()函数使用一个 EMIFA_Config 结构体设置 EMIFA，而 EMOFA_configArgs() 函数使用独立的参量设置 EMIFA。两个函数尽管在形式上有所区别，但在功能上是类似的，它们的定义如下：

```
void EMIFA_config (EMIFA_Config*config);

void EMIFA_configArgs (Uint32 gblctl, Uint32 cectl0, Uint32 cectl 1, Uint32
cectl2, Uint32 cectl3, Uint32 sdctl, Uint32 sdtim, Uint32 sdext, Uint32 cesec0,
Uint32 cesecl, Uint32 cesec2, Uint32 cesec3);
```

在 EMIFA_configArgs()函数中，变量 gblctl、cectl0、cectll、cectl2、cectl3、sdctl、sdtim、sdext、cesec0、cesecl、cesec2 和 cesec3 与 EMIFA_Config 结构体中的变量一一对应。EMIFA_config0 函数的用法如下：

```
EMIFA_config myconfig={ 0x00003060, //gblctl
0x00000040, //cectl0
0x404F0323, //cectll
0x00000030, //cectl2
0x00000030, //sdctl
0x00000610, //sdtim
0x00000000, //cesec0
0x00000000, //cesec 1
0x00000000, //cesec2
0x00000000, //cesec3
};
EMIFA_config (&myconfig)
```

EMIFA_getConfig()函数用于获取 EMIFA 的配置信息，该函数的形式为：

```
void EMIFA_getConfig (EMIFA_Config*config);
```

通过 EMIFA_getConfig()函数把 EMIFA 当前的配置信息存储在一个 EMIFA_Config 结构变量中，例如：

```
EMIFA_config emiCfgl;
EMIFA_getConfig (&emiCfgl)。
```

12.3.8 GPIO 模块函数

CSL 库提供的 GPIO 模块函数用于操作 TMs320DM642 的 GPIO 接口，与 GPIO 相关的结构体 GPIO_Config 包含的成员变量如下：

```
Uint32 gpgc; //GPIO 全局控制寄存器 GPGC 的值
Uint32 gpen; //GPIO 使能寄存器 GPEN 的值
Uint32 gpdir; //GPIO 方向寄存器 GPDIR 的值
Uint32 gpval; //GPIO 数值寄存器 GPVAL 的值
Uint32 gphm; //寄存器 GPHM 的值
Uint32 gplm; //寄存器 GPLM 的值
Uint32 gppol; //GPIO 中断极性寄存器 GPPOL 的值
```

GPIO_config() 函数和 GPIO_configArgs() 函数用于配置 DM642 的 GPIO 接口，GPIO_config() 函数使用一个 GPIO_config 结构体设置 GPIO，而 GPIO_configArgs() 函数使用独立的参量设置 GPIO。两个函数尽管在形式上有所区别，但在功能上是类似的，它们的定义如下：

```
void GPIO_config (GPIO_Handle hGpio, GPIO_Config*config);
void GPIO_configArgs (GPIO_Handle hGpio, Uint32 gpgc, Uint32 gpen, Uint32
gPdir, Uint32 gpval, Uint32 gphm, Uint32 gplrn, Uint32 gppol);
```

在 GPIO_configArgs() 函数中，变量 gpgc、gpen、gpdir、gpval、gphm、gPlm、gPPol 与 GPIO_Config 结构体中的变量一一对应。GPIO_config() 函数的用法如下：

```
GPIO_config MyConfig={  0x0000003 1,      //GPGC 寄存器的值
GPIO GPEN_RMK (0x000000F9),               //GPEN 寄存器值
0x00000070,                               //GPDIR 寄存器
0x00000000,                               //GPHM 寄存器
0x00000000,                               //GPPOL 寄存器
}
...
GPIO_config (hGpio, &MyConfig);
```

GPIO_open() 函数用于打开一个 GPIO 通道，该函数的定义如下：

```
void GPIO_open (int chaNum, Uint32 flags);
```

chaNum 为 GPIO 通道标志，一般设置为宏 GPIO_DEV0，flags 为通道属性参数，通常设置为宏 GPIO_OPEN_RESET。GPIO 外设在使用前必须使用 GPIO_open() 函数打开，该函数返回指向 GPIO 通道的句柄。例如：

```
GPIO_Handle HGpio;
...
HGpio=GPIO_open (GPIO_DEV0, GPIO_OPEN_RESET)
...
```

GPIO_deltaLowClear0 函数用于清除 GPDL 寄存器中的位，该函数的定义如下。

```
void GPIO_deltaLowClear (GPIO Handle HGpio, Uint32 pinlD);
```

pinlD 为标识 GPIO 引脚的宏，例如：

```
Uint32 PinlD=GPIO_PIN2IGPIO_P1N3:
GPIO_deltaLowClear (hGpio, PinlD);
```

GPIO_deltaLowGet 函数用于检测在 GPIO 输入引脚是否出现脉冲下降沿，它的定义如下：

```
void GPIO_deltaLowGet (GPIO_Handle HGpio, Uint32 pinID);
```

pinID 为对应的 GPIO 引脚，例如：

```
//检测 1 个引脚的状态
Uint32 detectionHL;
detectionHL=GPIO_deltaLowGet (HGpio, GPIO_PIN2)
//检测 2 个引脚的状态
Uint32 detectionHL;
Uint32 PinlD=GPIO_PIN21GPIO_P1N3;
detectionHL=GPIO_deltaLowGet (HGpio, PinID);
```

GPIO_deltaHighClear()函数用于清除 GPIO 引脚对应的 GPDH 寄存器中的字段，它的定义如下：

```
void GPIO_deltaHighClear (GPIO_Handle HGpio, Uint32 pinlD);
```

pinlD 为对应的 GPIO 引脚，例如：

```
Uint32 PinlD=GPIO_P1N2IGPIO_PIN3;
GPIO_deltaHighClear (HGpio, PinlD);
```

与 GPIO 相关的 CSL 库函数除了以上几个函数外，还包括如下 17 个函数。

void GPIO_reset（GPIO_Handle HGpio）函数用于复位 GPIO 通道，GPIO 寄存器将恢复默认值。

void GPIO_clear（GPIO_Handle HGpio）函数把 GPDL 寄存器和 GPDH 寄存器的所有位置"1"，清除这两个寄存器的值。

void GPIO_deltaHighGet（GPIO_Handle HGpio，Uint32 pinId）函数用于检测 GPIO 输入引脚是否存在上升沿脉冲，该函数读 GPDH 寄存器的值。

void GPIO_getConfig（GPIO_Handle HGpio，GPIO_Config*Config）函数返回 hGpio 指向的 GPIO 通道的配置信息，并把信息存储在一个 GPIO_Config 结构体中。

void GPIO_intPolarity（GPIO_Handle HGpio，Uint32 signal，Uint32 polarity）函数用于设置 GPIO 中断或事件的极性，signal 为事件，polarity 取 GPIO_RSING（上升沿）和 GPIO_FALLING（下降沿）中的一个，例如：

```
GPIO_intPolarity (GPIO_GPINT7, GPIO_RISING); //GP7 采用上升沿触发中断
GPIO_intPolarity (GPIO_GPINT6, FALL_RISING); //GP6 采用下降沿触发中断
```

void GPIO_maskLowClear（GPIO_Handle HGpio，Uint32 pinID）函数用于清除 pinID 引脚对应的 GPLM 寄存器中的位，取消屏蔽，例如：

```
Uint32 PinID=GPIO_P1N2IGPIO_PIN3;
GPIO_maskLowClear (HGpio, pinlD);
```

void GPIO_maskLowSet（GPIO_Handle HGpio，Uint32 pinID）函数用于设置 pinID 引脚对应的 GPLM 寄存器中的位，在引脚上可以产生中断。

void GPIO_maskHighClear（GPIO_Handle HGpio，Uint32 pinID）函数用于清除 GPHM 寄存器中 pinID 引脚对应的位，取消屏蔽，例如：

```
Uint32 PinlD=GPIO_PIN21GPIO_PIN3;
GPIO_maskHighClear (HGpio, pinlD):
```

void GPIO_maskHighSet（GPIO_Handle HGpio，Uint3 2 pinID）函数用于设置 GPHM 寄存器中 pinID 引脚对应的位，在引脚上可以产生中断。

void GPIO_pinDisable（GPIO_Handle HGpio，Uint32 pinID）函数禁用 pinld 对应的引脚。

Uint32 GPIO_pinDirection（GPIO_Handle HGpio，Uint32 pinID，Uint32 direction）函数用于配置 pinID 对应引脚的方向，direction 取 GPIO_INPUT 或 GPIO_OUTPUT 中的一个，例如：

```
Uint32 PinlD=GPIO_PIN2|GPIO_PIN3;
Uint32 Current_dir;
Current_dir=GPIO_pinDirection (HGpio, pinlD, GPIO_OI. kTPUT);
```

Uint32 GPIO_pinEnable（GPIO_Handle HGpio，Uint32 pinlD）函数用于使能 pinlD 对应的引脚。

Uint32 GPIO_pinRead（GPIO_Handle HGpio，Uint32 pinlD）函数用于读取 pinlD 对应引脚的状态，返回"1"（高电平）或"0"（低电平）。

Uint32 GPIO_pinWrite（GPIO_Handle HGpio，Uint32 pinlD，Uint32 val）函数用于设置 pinId 对应的输出引脚电平，val 为"1"（高电平）。或"0"（低电平），例如：

```
Uint32 PinID=GPIO_PIN21GPIO_PIN3;
GPIO_pinWrite (HGpio, pinID, 0) i
```

Uint32 GPIO_read（GPIO_Handle HGpio，Uint32 pinMask）函数用于读取 pinMask 对应的多个引脚的状态，例如：

```
pinVal=GPIO_read (HGpio, GPIO_PIN8IGPIO_PIN7IGPIO_P1N6);
```

Uint32 GPIO_write（GPIO_Handle HGpio，Uint32 pinMask，Uint32 val）函数用于设置 pinMask 对应的多个引脚的电平，例如：

```
pinVal=GPlO_write (HGpio, GPIO_PIN8 dGPIO PIN7IGPIO PIN6, 0x04);
```

void GPIO_close（GPIO_Handle HGpio）函数用于关闭 HGpio 指向的 GPIO 通道。

12.3.9 HPI 模块函数

Uint32 HPI_getDspint()函数用于读取 HPIC 寄存器中 DSPINT 位的值，该函数返回"0"或"1"，常用作判断条件，例如：

```
if (HPI_getDspint())
{
}
```

Uint32 HPI_getEventld() 函数用于返回与 HPI 设备相关的 IRQ 事件，如 IRQ_EVT_DSPINT 事件。

Uint32 HPI_getFetch()函数用于读 HPIC 寄存器中 FETCH 字段。

Uint32 HPI getHint()函数读 HPIC 寄存器中 H1NT 字段。

Uint32 HPI_getHrdy()函数用于读 HPIC 寄存器中 HRDY 字段。

Uint32 HPI_getHwob()函数用于读 HPIC 寄存器中 HWOB 字段。

Uint32 HPI_getReadAddr()函数用于返回 HPIAR 寄存器中用于接收数据的缓存地址，例如：

```
Uint32 addr.
addr=HPI_getReadAddr();      .
```

Uint32 HPI_getWriteAddr()函数用于返回 HPIAW 寄存器中发送数据的缓存地址，例如：

```
Uint32 addr:
addr=HPl_getWriteAddr()
```

Uint32 HPI_setDspint（Uint32 Val）函数用于设置 HPIC 寄存器中 DSPINT 字段，例如：

```
HPI_setDspint(0):
HPI_setDspint(1);
```

Uint32 HPI _etHint（Uint32 Val）函数用于设置 HPIC 寄存器中的 HINT 字段。

Uint32 HPI_setReadAddr（Uint32 address）函数用于设置 HPIAR 寄存器中读取数据的缓存地址，例如：

```
Uint32 addR=0xS0000400:
HPI_setReadAddr (addR);
```

UInt32 HPI_setWriteAddr（Uint32 address）函数用于设置 HPIAW 寄存器中发送数据的缓存地址。

12.3.10 I²C 接口模块函数

CSL 库提供了支持 TMS320DM642 处理器 I²C 接口的库函数，这些函数中常使用一个 I2C Config 结构体，该结构体中定义的成员变量如下。

```
Uint32 i2coar:        //某地址寄存器
Uint32 i2cimr;        //中断使能寄存器
Uint32 i2cclkl;       //时钟控制寄存器（低位）
Uint32 i2cclkh;       //时钟控制寄存器（高位）   .
Uint32 i2ccnt;        //计数寄存器
Uint32 i2csar;        //从设备地址寄存器
Uint32 i2cmdr;        //模式寄存器
Uint32 i2cpsc;        //预分频寄存器
Uint32 i2cemdr;       //扩展模式寄存器，适用于 C64I0 和 C64I3 芯片
Uint32 i2cpfunc;      //引脚功能寄存器，适用_丁 C64I0 和 C64I3
Uint32 i2cpdir;       //引脚方向寄存器，适用于 C64I0 和 C64I3 使用
```

I2C_close()函数用于关闭 I²C 外设，发生在该接口上未被处理的事件将被强行禁止和清

除，I²C 接口的所有寄存器恢复默认状态，该函数的定义如下：

```
void I2C_close (I2C_Handle hI2C);
```

hI2C 是一个指向已打开 I²C 外设接口的句柄。

I2C_config()函数和 I2C_configArgs()函数用于配置 DM642 的 I²C 接口，I2C_config()函数使用一个 I2C_Config 结构体设置 I²C 参数，而 I2C_configArgs0 函数使用独立的参量设置 I²C 参数，两个函数尽管在形式上有所区别，但在功能上是类似的。这两个函数的定义如下：

```
void I2C_config (I2C_Handle hI2C, I2C_Config*myConfig);
void I2C_configArgs (I2C_Handle hI2C, Uint32 i2coar, Uint32 i2cimr, Uint32
i2cclkl,Uint32 i2cclkh,Uint32 i2ccnt,Uint32 i2csar,Uint32 i2cmdr,Uint32 i2cpsc);
```

在 I2C_configArgs()函数中，变量 i2coar、i2cimr、i2cclkl、i2cclkh、i2ccnt、i2csar、i2cmdr、i2cpsc 与 I2C_Config 结构体中的变量一一对应。I2C_config()函数和 I2C_configArgs 函数的使用方法如下：

```
I2C_Handle hI2C;
I2C_Config myConfig;
...
I2C_config (hI2C, &myConfig);
I2C_configArgs (hI2C, 0x10, 0x00, 0x08, 0xl0, 0x05, 0xl0, 0x6E0, 0xI9);
```

I2C_open()函数用于打开一个 I²C 外设接口，该函数的定义如下：

```
void I2C_open (Uintl6 devNum, Uintl6 flags);
```

devNum 表示 I²C 设备编号，flags 表示 I²C 接口属性设置，可以使用宏 I2C_OPEN_RESET，I2C open()函数返回指向 I2C 外设接口的句柄，例如：

```
I2C_Handle hi2C;
...
hI2C=I2C_OPEN (OPEN_RESET);
```

void I2C_reset（I2C_Handle hI2C）函数用于复位 hI2C 指向的 IIC 外设接口。

void I2C_resetAll（void）函数复位 IIC 外设接口的所有寄存器。

void I2C_sendStop（void）函数设置 I2CMDR 寄存器的 STP 位，产生 IIC 停止位。

void I2C_start（void）函数设置 I2CMDR 寄存器的起始位，产生 IIC 通信中的发送/接收起始条件，该位产生起始位后被硬件自动复位为"0"。

Uint32 I2C_bb（I2C_Handle hI2C）函数用于检查 I2C 总线当前的工作状态，若返回值为"I"，则表示 I²C 总线处于空闲状态，若返回值为"0"，则表示 IIC 总线正忙。

I2C_getConfig()函数用于获得 I²C 外设接口当前的配置信息，并把配置信息存储在一个 I2C_Config 类型的结构体中，该函数的定义如下：

```
void I2C_getConfig (I2C_Handle hI2C, I2C_Config*myConfig);
```

hI2C 是指向 IIC 外设接口的句柄，该函数的使用方法如下：

```
I2C_Handle hI2C:
I2C_Config i2cCfg;
...
```

```
I2C_getConfig (hI2C,&i2cCfg);
```

Uint32 I2C_getEventld（I2C_Handle hI2C）函数用于返回 I²C 中断事件的 ID，例如：

```
I2C_HandlehI2C;
Uintl6 evt:
...
Evt=I2C_getEventld (hI2C);
IRQ_enable (evt);
```

Uint32 I2C_getRcvAddr（I2C_Handle hI2C）函数读取 I²C 数据接收寄存器的地址。

Uint32 I2C_getXmtAddr（I2C_Handle hI2C）函数读取 I²C 数据发送寄存器的地址。

Uint32 I2C_intClear（I2C Handle hI2C）函数清除中断标志，如果同时出现多个中断标志被置位，首先清除最高优先级中断标志位，并返回中断向量寄存器 I2CIVR 的值。

Uint32 I2C_intClearAll（I2C_Handle hI2C）函数清除 I²C 外设接口所有的中断标志。

I2C_intEvtDisable0 函数用于禁止 I2C 中断事件，该函数的定义如下：

```
Uint32 I2C_intEvtDisable (I2C_Handle hI2C, Uint32 maskFlag)
```

maskFlag 表示 I²C 的中断事件，取 I2C_EVT_AL、I2C_EVT_NACK、I2C_EVT_ARDY、I2C_EvT RRDY、I²C_EvT XRDY 中的一个，例如：

```
I2C_Handle hI2C;
Uint32 maskFlag=I2C_EVT_AL|l2C_EVT_PRDY;
...
I2C_intEvtDisable (hI2C, maskFlag);
```

与 I2C_intEvtDisable0 函数相对应，I2C_intEvtEnable()用于使能 IIC 接口的中断事件，该函数的定义如下：

```
Uint32 I2C_intEvtEnable (I2c_Handle hI2C, Uint32 maskFlag);
```

maskFlag 表示 IIC 的中断事件，取 I2C_EVT_AL、I2C_EVT_NACK、I2C_EVT_ARDY、I2C_EVT_RRDY、I2C_EVT_XRDY 中的一个。

Uint32 I2C_readByte(I2C_Handle hI2C)函数直接读取 8 位数据接收寄存器 I2CDRR 中的值，该函数不检查 I²C 接口的状态，所以常和状态检查函数 I2C_rrdy()一起使用。I2C_rrdy()函数查询 I²C 接口数据接收准备就绪事件的中断标志，若返回值为"0"，则表示 I²C 接口数据接收尚未准备就绪，若返回值为"1"，则表示 I²C 接口可以接收数据了，例如：

```
I2C_Handle hI2C;
...
if (I2C_rrdy (hI2C))
{
...
}
```

Uint32 I2C_rfull（I2C_Handle hI2C）函数检查接收偏移寄存器是否发生溢出，若返回值为"0"，则表示寄存器的值未溢出，若返回值为"1"，则表示寄存器的值溢出。

void I2C_writeByte（I2C_Handle hI2C，Uint8 val）函数向 IIC 数据发送寄存器写 8 位数

据，该函数不检查 IIC 接口数据写的状态，所以常和数据传输状态检查函数 I2C_xrdy()一起使用。I2C_xrdy()函数检查 I²C 接口是否已准备好发送数据，若返回值为"0"，则表示 I²C接口未准备好发送数据，需等待；若返回值为"1"，则表示可以写数据了，例如：

```
I2C_Handle hI2C;
if (I2C_xrdy (hI2C))
{
...
}
```

12.3.11 IRQ（中断）模块函数

CSL 库提供的 IRQ 摸块函数用于管理 CPU 中断，IRQ_Config 是常用的一个结构体，该结构体中定义的成员变量如下：

```
void* funcAddr:
Uint32 funcArg;
Uim32 ccMask:
Uint32 ieMask;
```

funcAddr 是中断服务函数的地址指针，该函数必须是 C 可调用函数，不能使用 interrupt关键字声明，例如：void myisr（Uint32_funcArg，Uint32 enentld）函数，funcArg 是用户自定义的函数变量，eventld 为引起中断的事件 ID。ccMask 是一个宏，取以下结果；

```
IRQ_CCMASK_NONE:
IRQ_CCMASK_DEFAULT:
IRQ_CCMASK_PCC_MAPPED;
IRQ_CCMASK_PCC_ENABLE:
IRQ_CCMASK_PCC_FREEZE;
IRQ_CCMASK_PCC_BYPASS;
IRQ_CCMASK_DCC_MAPPED:
IRQ_CCMASK_DCC_ENABLE:
IRQ_CCMASK_DCC_FREEZE:
IRQ_CCMASK_DCC_BYPASS:
```

ieMask 取下列宏：

```
IRQ_IEMASK_ALL;
IRQ_IEMASK_SELF;
IRQ_IEMASK_DEFAULT;
```

例如：

```
IRQl_Config myConfig=
{
mylsr,
```

```
0x00000000,
IRQ_CCMASK_DEFAULT,
IRQ_IEMASK_DEFAULT
};
…
IRQ_Config (eventId, &myConfig);
…
Void mylsr (Uint32 funcArg, Uint32 eventld)
{
…
}
```

在 IRQ 模块函数中经常使用标识中断或事件的宏，这些宏的通用形式为
IRQ_EVT_XXX。对于 TMS320DM642 处理器，IRQ_EVT_XXX 对应下面事件或中断：

```
IRQ_EVT_DSPINT,
IRQ_EVT__TINT0,
IRQ_EVT_TINT 1,
IRQ_EVT_ISDINTA,
IRQ_EVT_EXT1NT4,
IRQ_EVT_GP1NT4,
IRQ1_EVT_EXTINT5,
IRQ_EVT_GPINT5,
IRQ_EVT_EX1NT6,
IRQ_EVT_GPINT6,
IRQ_EVT_EXTINT7,
IRQ_EVT_GPINT7,
IRQ _EVT_EDMAINT,
IRQ_EVT_EMUDTDMA,
IRQ_EVT_EMURTDXRX,
IRQ_EVT_EMUTTDXTX,
IRQ_EVT_XINT0,
IRQ_EVT_RINT0,
IRQ_EVT_XINT1,
IRQ_EVT_RINT1,
IRQ_EVT_GPINT0,
IRQ_EVT_TINT2,
IRQ_EVT_12CINT0,
IRQ_EVT_MACINT,
IRQ_EVT_VINT0,
IRQ_EVT_VINTI,
```

```
IRQ_EVT_VINT2,
IRQ_EVT_AXINT0,
IRQ_EVT_ARINT0。
```

IRQ_clear()函数用于清除中断标志寄存器中的中断标志位，该函数的定义如下：

```
void IRQ_clear（Uint32 evenfld）;
```

evenlId 是对应的事件，若 eventId 事件尚未与中断建立关联，清除中断标志的操作将不被执行。IRQ_clear()函数的使用方法如下：

```
IRQ_clear（IRQ_EVT_TINT0）;
```

IRQ_config()函数和 IRQ_configArgs()函数用于配置 DM642 的中断，IRQ_config 函数使用一个 mQ_Config 结构体设置中断参数，而 IRQ_configArgs()函数使用独立的参量设置中断参数。两个函数尽管在形式有所区别，但在功能上是类似的，这两个函数的定义如下：

```
void IRQ_config（uim32 eventld, LRQ_Config*config};
void IRQ_configArgs（Uint32 eventld, void*fimcAddr, Uint32 funcArg, Uint32
ccMask, Uint32 ieMask）;
```

在 IRQ_configArgs()函数中，变量 funcAddr、funcArg、ccMask、ieMask 与 IRQ_Config 结构体中的变量一一对应。

void IRQ_disable（Umt32 eventld）函数用于清除中断使能寄存器 IER 中的值，禁止与 eventId 事件对应的中断。

void IRQ_enable（Uint32 evemId）函数设置中断使能寄存器 IER 中的值，使能与 eventId 事件对应的中断。

Uint32 IRQ_globalDisable()函数用于清除 CSR 寄存器中的 GIE 位，禁止所有中断，例如：

```
Uint32 Gie;
Gie=IRQ_globalDisable0;
...
IRQ_g10balRestore（Gie）;
```

void IRQ_globalEnable()函数用于设置 CSR 寄存器中的 GIE 位，把该位置"1"使能全局中断，然后才能使能与事件关联的事件中断，例如：

```
IRQ_globalEnable();
IRQ_enable（IRQ_EVT_TINTl）;
```

void IRQ_globalRestore()函数用于恢复中断全局控制位。

void IRQ_reset（Uint32 eventId）函数用于复位 eventld 对应的事件。

IRQrestore0 函数用于恢复事件对应的中断，该函数的定义如下：

```
Void IRQ_restore（uim32 evenlld, Uint32 ie）;
```

ie 是中断控制标志，ie=0 表示禁止 eventId 事件对应的中断；ie=1 表示使能 eventId 事件对应的中断，例如：

```
Uint32 Ier;
```

```
Ier=IRQ_disable (eventld);
...
IRQ_restore (1er);
```
void* IRQ_setVects（void*vecs）函数用于设置中断向量表，例如：
```
IRQ_setVecs ((void*) 0x80000000);
```
Uint32 IRQ_test（Uint32 eventId）函数用于检查 eventId 事件对应的中断标志寄存器 IFR 的相应位是否置位，例如：
```
While (!IRQ_test (IRQ_EvL_TINT0));
```
Uint32 IRQ_getArg（Uint32 eventId）函数从中断向量表中读取用户自定义的变量。

void IRQ_getConfig（Uint32 eventId，IRQ_Config*config）函数返回 eventId 事件对应中断的配置信息。

void IRQ_map（Uint32 eventId，int intNumber）函数把事件 eventId 与中断号 intNumber 关联起来，例如：
```
IRQ_map (IRQ_EVT_TINTO, 10);
```
除了以上 CSL 库函数外，与中断相关的库函数还包括：

void IRQ_nmiDisable()函数用于修改 IER 寄存器的相应位，禁止 NMI 中断；

void IRQ_nmiEnable()函数把 IER 寄存器的相应位置1，使能 NMI 中断；

void IRQ_resetAll()函数复位 TMS320DM642 支持的所有中断事件；

void IRQ_set（Uint32 eventld）函数用于设置中断设置寄存器 ISR 的相应位，允许软件触发该中断。

12.3.12 McASP 模块函数

TMs320DM642 的 McASP 音频接口能够和音频转换器件无缝链接。CSL 库提供的 McASP 模块函数对 McASP 音频接口进行管理。常用的 MCASP_Config 结构体、MCASP_ConfigGbl 结构体、MCASP_ConfigRcv 结构体、MCASP_ConfigSrctl 结构体和 MCASP_ConfigXmt 结构体如下。
```
typedef struct{
MCASP_Config*global,       //全局寄存器参数
MCASP_ConfigRcv*recive,   //接收寄存器参数
MCASP_ConfigXmt*transmit, //发送寄存器参数
MCASP_ConfigSrctl*srctl,   //串行控制寄存器参数
}MCASP_Config;

typedef struct{
Uint32 pfunc,              // "0" 表示配置为 McASP 引脚，"1" 表示配置为 GPIO 引脚
Uint32 pdir,              // "0" 配置为输入引脚，"1" 配置为输出引脚
Uint32 ditctl,            //DIT 的配置
```

```
Uint32 dlbctl,                    //设置环回模式
Uint32 amute,                     //设置 AMUTE 寄存器
}MCASP_ConfigGbl;

typedefstruct{
Uint32 rmask,                     //设置接收数据的屏蔽值
Uint32 rfmt,                      //设置数据接收格式
Uim32 afsrctl,                    //设置帧接收同步
Uint32 aclkrctl,                  //设置低频串行接收时钟
Uint32 ahclkrctl,                 //设置高频串行接收时钟
Uim32 rintct,                     //设置数据接收事件
}MCASP_ConfigRcv;

typedef struct{
Uint32 srctl0,                    //配置串行控制引脚 0
Uint32 srctll,                    //配置串行控制引脚 1
Uint32 srctl2,                    //配置串行控制引脚 2
Uint32 srctl3,                    //配置串行控制引脚 3
Uim32 srctl4,                     //配置串行控制引脚 4
Uint32 srctl5,                    //配置串行控制引脚 5
Uint32 srctl6,                    //配置串行控制引脚 6
Uint32 srctl7,                    //配置串行控制引脚 7
Uint32 srctl8,                    //配置串行控制引脚 8, 仅适用于 DA610
Uint32 srctl9,                    //配置串行控制引脚 9, 仅适用于 DA610
Uint32 srctll0,                   //配置串行控制引脚 10, 仅适用于 DA610
Uint32 srctlll,                   //置串行控制引脚 11, 仅适用于 DA610
Uint32 srctll2,                   //配置串行控制引脚 12, 仅适用于 DA610
Uint32 srctll3,                   //配置串行控制引脚 13, 仅适用于 DA610
Uint32 srctll4,                   //配置串行控制引脚 14, 仅适用于 DA610
Uint32 srctll5,                   //配置串行控制引脚 15, 仅适用于 DA610
}MCASP ConfigSrctl;

typedefstruct{
Uim32 xmask,                      //设置数据发送屏蔽
Uint32 xfmt,                      //设置数据发送格式
Uint32 afsxctl,                   //设置数据发送帧同步
Uint32 aclkxctl,                  //设置低频串行发送时钟
Uint32 ahclkxctl,                 //设置高频串行发送时钟
Uint32 xtdm,
```

```
Uint32 xintct,                    //设置数据发送事件
Uint32 xclkchk,                   //串行数据发送时钟控制
}MCASP_ConfigXmt;
```

void MCASP_close（MCASP_Handle hMcasp）函数用于关闭 hMcasp 指向的 McASP 外设接口。

void MCASP_config（MCASP_Handle hMcasp，MCASP_Config*myConfig）函数使用结构体 MCASP_Config 配置 McASP 外设接口。

MCASP_Handle MCASP_open（int devNum，Uint32 flags）函数打开 McASP 外设接口，devNum 取 MCASP_DEV0 和 MCASP_DEVl 中 的 一 个， flags 一 般 设 为 MCASP_OPEN_RESET，MCASP_open()函数返回一个 McASP 外设接口的句柄，该句柄供其他函数使用。例如：

```
MCASP_Handle hmyMcasp;
...
hmyMcasp: MCASP_open（MCASP_DEV0，MCASP_OPEN_RESET）;
```

Uint32 MCASP_read32（MCASP_Handle hMcASP）函数用于从 McASP 外设数据总线上读取数据，hMcASP 指向打开的 McASP 外设接口，该函数的使用方法如下：

```
MCASP_Handle hmyMcASP;
Uint32 i:
extern far dstBuf[8];
...
for（i=0；i<8；i++）
{
Val=MCASP_read32（hmyMcasp）;
}
```

void MCASP_reset（MCASP_Handle hMcasp）函数复位 McASP 的所有寄存器，寄存器的值恢复到默认状态，hMcasp 指向打开的 McASP 外设接口。

void MCASP_write32（MCASP_Handle hMcasp，Uint32 val）函数向 McASP 外设数据总线发送数据，hMcasp 指向打开的 McASP 外设接口，val 为等待发送的数据，该函数的使用方法如下：

```
MCASP_Handle hmyMcasp;
Uint32k:
...
for（1（=0；k<8；k++）
{
MCASP write32（hmyMcasp，k）;
}
```

void MCASP_configDit（MCASP_Handle hMcasp，Dsprep dpsrep，Uint32 datalen）函数用于设置 XMAS、XTDM 和 AFSXCTL 寄存器的值,dpsrep 代表 Q31 格式或整型格式,datalen

为数据长度，取 16~24 位，例如：

```
MCASP_Handle hmyMcasp
...
Mcasp_configDit（hmyMcasp，1，24）；  //DIT 数据发送采用 Q31 24 位数据类型
MCASP_configDit（hMcasp，0，20）：    //DIT 数据发送采用整型 24 位数据类型
```

void MCASP_configGbl（MCASP_Handle hMcasp，MCASP ConfigGbl*myConfigGbl）函数使用 MCASP_ConfigGbl 结构配置 McASP 的全局寄存器。

void MCASP_configRcv（MCASP_Handle hMcasp，MCASP_ConfigRcv*myConfigRcv）函数使用 MCASP_ConfigRcv 结构配置 McASP 的数据接收寄存器。

void MCASP_configSrctl（MCASP Handle hMcasp，MCASP ConfigSrctl*PyConfigSrctl）函数使用 MCASP_ConfigSrctl 结构配置 McASP 的串行控制寄存器。

void MCASP_configXmt（MCASP_Handle hMcasp，MCASP_ConfigXmt* muConfigXmt）函数使用 MCASP_ConfigXmt 结构配置 McASP 的数据发送寄存器。

void MCASP_enableClk（MCASP_Handle hMcasp，Uint32 direction）函数向 GBLCTL 寄存器的 RCLKRST 字段和 XCLKRST 字段写数据，激活数据发送或接收的内部时钟，direction 表示时钟类型，取 MCASP_RCV、MCASP_xMT、MCASP_RCVXMT、MCASP_XMTRCV 中的一项。例如：

```
MCASP_Handle hmyMcasp;
...
MCASP_enableClk（hmyMcasp，MCASP RCV）；     //激活数据接收时钟
MCASP_enableClk（hmyMcasp，MCASP XMT）；     //激活数据发送时钟
MCASP_enableClk（hmyMcasp，MCASP XMTRCV）； //激活数据发送和接收时钟
MCASP_enableClk（hmyMcasp，MCASP RCVXMT）； //激活数据接收和发送时钟
```

void MCASP_enableFsync（MCASP Handle hMcasp，Uint32 direction）函数向 GBLCTL 寄存器的 RFSRST 字段和 XFSRST 字段写数据，激活数据发送或接收帧同步信号，direction 表示时钟类型，取 MCAsP RCV、MCASP XMT、MCASP RGVXMT 或 MCASP XMTRCV 中的一项。

void MCASP_enableHclk（MCASP_Handle hMcasp，Uint32 direction）函数向 GBLCTL 寄存器的 RHCLKRST 字段和 XHCLKRST 字段写数据，激活复位后的发送或接收器的高频时钟。

12.3.13　McBSP 模块函数

McBSP 模块函数对 TMS320DM642 的 McBSP 接口进行管理，MCBSP_Config 是 McBSP 模块函数中常用的结构体，它内部定义的成员变量如下：

```
Uint32 spcr;   //串行口控制寄存器
Uint32 rcr;    //接收控制寄存器
Uint32 xcr;    //发送控制寄存器
```

```
Uint32 srgr;        //多通道控制寄存器
Uint32 rcere0;      //接收通道使能寄存器 0
Uint32 rcerel;      //接收通道使能寄存器 1
Uint32 rcere2;      //接收通道使能寄存器 2
Uint32 rcere3;      //接收通道使能寄存器 3
Uint32 xcere0;      //发送通道使能寄存器 0
Uint32 xcerel;      //发送通道使能寄存器 1
Uint32 xcere2;      //发送通道使能寄存器 2
Uint32 xcere3;      //发送通道使能寄存器 3
Uint32 pcr.         //引脚控制寄存器
```

MCBSP_Handle MCBSP_open（int devNum，Uint32 flags）函数用于打开一个 McBSP 接口，devNum 表示端口号，取 MCBSP_DEV0、MCBSP_DEVl、MCBSP_DEV2 中的一个，flags 为端口属性设置，一般设为 MCBSP_OPEN_RESET，MCBSP open()函数返回指向 McBSP 接口的句柄。与 MCBSP_open()相对应，void MCBSP_close（MCBSP_Handle hMcbsp）函数用于关闭句柄 hMcbsp 指向的 McBSP 接口。

MCBSP_config()函数和 MCBSP_configArgs()函数用于配置 DM642 的 McBSP 接口，MCBSP_config() 函数使用一个 MCBSP_Config 结构体设置 McBSP 接口参数，而 MCBSPconfigArgs()使用独立的参量设置 McBSP 参数。两个函数尽管在形式上有所区别，但在功能上是类似的，这两个函数的定义如下：

```
void MCBSP_config（Uint32 eventld, MCBSP_Config*config）;
void MCBSP_onfigArgs（MCBSP_Handle hMcbsp, Uint32 spcr, Uint32 rcr, Uint32
xcr, Uint32 srgr, Uint32 met, Uint32 rcer0, Uint32 rcerl, Uint32 rcer2, Uint32 rcer3,
Uint32 xcer0, Uint32 xcerl, Uint32 xcer2, Uint32 xcer3, Uint32 pcr）;
```

在 MCBSP_configArgs()函数中，变量 spcr、rcr、xcr、srgr、mcr、rcer0、rcerl、rcer2、rcer3、xcer0、xcerl、xcer2、xcer3、pcr 与 MCBSP Config 结构体中的变量一一对应。

MCBSP_start()函数用于启动多通道串行口工作，该函数的定义如下：

```
void MCBSP_start ( MCBSP_Handle hMcbsp , Uint32 startMask , Uint32
SampleRateGenDelay);
```

startMask 取 MCBSP_XMIT_START（启动数据发送）、MCBSP_RCV_START（启动数据接收）、MCBSP_SRGR_START（启动采样率发生器）和 MCBSP_SRGR_FRAMESYNC（启动帧同步发生器）中的一项，SampleRateGenDelay 表示采样率发生器延迟时间。

void MCBSP_enableFsync（MCBSP_Handle hMcbsp）函数使能 McBSP 接口的帧同步信号。

void MCBSP_enableRcv（MCBSP_Handle hMcbsp）函数使能 McBSP 接口的数据接收。

void MCBSP_enableSrgr（MCBSP_Handle hMcbsp）函数使能 McBSP 接口的采样率发生器。

void MCBSP_enableXmt（MCBSP_Handle hMcbsp）函数使能 McBSP 接口的数据发送。

void MCBSP_getConfig（MCBSP_Handle hMcbsp，MCBSP Config*config）函数获得多通道串行口的配置信息，并把信息保存在 MCBSP Config 结构体中。

当多通道串行口 McBSP 的引脚配置为一般输入/输出引脚使用时，利用 Uint32 MCBSP_getPins（MCBSP_Handle hMcbsp）函数可以获得这些引脚的类型，该函数的返回值为宏 MCBSP_PIN_CLKX、MCBSP_PIN_FSX、MCBSP_PINl_DX、MCBSP_PIN_CLKR、MCBSP_PIN_FSR、MCBSP_PIN_DR、MCBSP_PIN_CLKS 中的一项。例如：

```
Uint32 pinmask;
...
pimnask=MCBSP_getPins（hMcbsp）
if（pinmask&MCBSP_PIN DR）
{
...
}
```

Uint32 MCBSP_getRcvAddr（MCBSP_Handle hMcbsp）函数用于返回数据接收寄存器 DRR 的地址，Uint32 MCBSP_getXmtAddr（MCBSP_Handle hMcbsp）函数用于返回数据发送寄存器 DXR 的地址，Uint32 MCBSP_read（MCBSP_Handle hMcbsp）函数用于读取数据接收寄存器 DRR 的值。void MCBSP_reset（MCBSP_Handle hMcbsp）函数复位 hMcbsp 指向的 McBSP 接口，void MCBSP_resetAll（MCBSP_Handle hMcbsp）函数复位 TMS320DM642 片上所有的 McBSP 接口，Uint32 MCBSP_rfull（MCBSP_Handle hMcbsp）函数用于返回 SPCR 寄存器中 RFULL 字段的值，Uint32 MCBSP_rrdy（MCBSP_Handle hMcbsp）函数用于返回 SPCR 寄存器中 RRDY 位字段的值，Uint32 MCBSP_rsyncerr（MCBSP_Handle hMcbsP）函数用于返回 sPCR 寄存器中 RSYNCERR 字段的值。

MCBSP_setPins()函数把 McBSP 的引脚配置为一般输入/输出引脚，该函数的定义为：

```
void MCBSP_setPins（MCBSP_Handle hMcbsp,Uint32 pins）;
```

pins 为 McBSP 接口引脚标识，取 MCBSP_PIN_CLKX、MCBSP_PIN_FSR、MCBSP_PIN_DX、MCBSP_PIN_CLKR、MCBSP_PIN_FSR、MCBSP_PIN_DR、MCBSP_PIN_CLKS 中的一项，这些宏代表了 McBSP 接口的引脚。

void MCBSP_write（MCBSP_Handle hMcbsp,Uint32 val）函数向数据发送寄存器 DXR 写 32 位数据，Uint32 MCBSP_xempty（MCBSP Handle hMcbsp）函数清 SPCR 寄存器的 XEMPTY 位，Uint32 MCBSP_xrdv（MCBSP_Handle hMcbsp）函数用于返回 SPCR 寄存器 XRDY 字段的值，Uint32 MCBSP_xsynceer（MCBSP_Handle hMcbsp）函数用于返回 SPCR 寄存器 XSYNCERR 字段的值，Uint32 MCBSP_getXmtEventld（MCBSP_Handle hMcbsp）函数用于返回数据发送事件的 ID。

MCBSP_getEcvEventld()用于返回 McBSP 接口的接收事件，该函数的定义如下：

```
Uint32 MCBSP_getEcvEventId（MCBSP_Handle hMcbsp）;
```

hMcbsp 指向一个 McBSP 接口，例如：

```
Uint32 revEventId:
...
revEventId=MCBSP_getRcvEventld（hMcbsp）;
IRQ_enable（revEventld）;
```

12.3.14 PCI 模块函数

PCI 模块函数对 TMS320DM642 的 PCI 接口进行管理和配置，PCI_ConfigXff 是常用的结构体，该结构体包含的成员变量如下：

```
dspma; //DSP 主地址寄存器
pcima; //PCI 主地址寄存器
pcimc; //PCI 主控制寄存器
```

Uint32 PCI_curByteCntGet()函数用于获得 PCI 通信中当前主事务中余留数据的字节数，Uint32 PCI_curDspAddrGet()函数用于返回主事务当前 DSP 地址，Uint32 PCI_curPciAddrGet()函数用于返回主事务 PCI 的当前地址，void PCI_dspIntReqClear()函数用于清除 RSTSRC 寄存器中 DSP 发向 PCI 的中断请求位，void PCI_eepromErase（Uint32 eeaddr）函数抹除EEPROM 指定位置的 16 位数据。Uint32 PCI_eepromEraseAll()函数抹除整个 EEPROM，若该函数返回值为"0"，则表示抹除操作失败；若返回值为"1"，则表示抹除操作成功完成。Uint32 PCIeepromIsAutoCfg()函数用于测试 PCI 能否读取 EEPROM 中的配置信息，该函数返回 EECTL 寄存器 EEAI 字段的值，Uintl6 PCI_eepromRead（Uint32 eeaddr）函数用于读取 EEPROM 中指定地址单元的 16 位数据，eeaddr 表示单元地址。

uim32 PCI eepromSize()函数用于返回 EEPROM 的大小，该函数返回值表示的含义如下：

```
0x0: EEPROM 不存在
0x1: 1K 的 EEPROM
0x2: 2K 的 EEPROM
0x3: 4K 的 EEPROM
0x4: 16K 的 EEPROM
```

如果 PCI 外设的 EEPROM 存在，使用函数 Uint32 PCI_eepromTest()读取 EESZ[2：0]字段的值。Uin32 eepromWrite（Uint32 eeaddr，Uintl6 eeadata）函数把 16 位数据 eeadata 写入 EEPROM 的指定单元，Uint32 PCI_eepromWriteAll()函数把一个 16 位数据写入整个EEPROM。voidPCI_intClear（Uint32 eventPci）函数清除 PCIIS 寄存器中的事件标志位，通过向 PCIIS 寄存器的相应位写"1"来实现，void PCI_intDisable（Uint32 eventPci）函数禁止eventPci 对应的事件，void PCI_intEnable（Uint32 eventPci）函数使能 eventPci 对应的事件，Uint32 PCI_intTest（Uint32 eventPci）函数检查 PCIIS 寄存器中的事件标志是否置位，void PCI_cfrByteCntSet（Uintl6 nbbyte）函数设置待发送数据的长度，单位是字节。void PCI_xffConfig（PCI_Configxfr*config）函数和 void PCI_xfrConfigArgs（Uint32 dspma，Uint32 pcima，Uint32 pcimc）函数用于配置 PCI 接口。void PCI_xfrFlush()函数用于转移和清空 PCI 缓冲区中的所有数据，voidPCI_xfrGetConfig（PCI Configxfr*config）函数用于获取 PCI 接口的配置信息。

CSL 库提供了丰富的硬件资源操作函数，除了上面介绍的函数外，还包括 MDIO、PWR、

IMER、VIC、VP 等硬件模块方面的库函数，感兴趣的读者可以进一步查阅 TI 公司提供的 CSL 库英文原版的资料《TMS320C6000 Chip Support Library API Reference Guide》。

12.4　DSP/BIOS 实时操作系统

12.4.1　DSP/BIOS 简介

DSP/BIOS 是一个简易的实时嵌入式操作系统，主要面向实时调度与同步、主机/目标系统通信，以及实时监测等应用，具有实时操作系统的诸多功能，如任务的调度管理、任务间的同步和通信、内存管理、实时时钟管理、中断服务管理、外设驱动程序管理等。TI 已在其 DSP 集成开发环境 CCS 中嵌入了 DSP/BIOS 开发工具，故操作十分方便，它是 TI 公司倡导的 eXpressDSP 技术（TI 针对代码的可重复利用提出的一种算法标准）的重要组成部分。DSP/BIOS 在 CCS 中的组成如图 12-2 所示。

DSP/BIOS 由 3 个部分组成：DSP/BIOS 实时多任务内核与 API 函数、DSP/BIOS 配置工具，以及 DSP/BIOS 实时分析工具。

1．DSP/BIOS 实时多任务内核与 API 函数

使用 DSP/BIOS 开发的应用程序主要是通过调用一系列 DSP/BIOS 实时库中的 API（应用编程接口）函数来实现的。这些 API 函数提供了在嵌入式平台中的基本操作，包括在实时、I/O 模块、软件中断管理、时钟管理等情况下捕获信息所进行的操作。所有 API 都提供 C 语言程序调用接口，只要遵从 C 语言的调用约定，汇编代码也可以调用 DSP/BIOS 中的 API。API 被分为多个模块，根据应用程序模块的配置和使用情况的不同，DSP/BIOS API 函数代码长度从 500 字到 6500 字不等。

表 12-8　DSP/BIOS 模块

模 块 名 称	说　　　明	模 块 名 称	说　　　明
ATM	使用汇编语言编写的 atomic 函数	MEM	存储器管理器
BUF	定长缓存池管理器	PIP	缓冲管道管理器
C28，C54，C55，C62，C64	目标 DSP 特有函数	PRD	周期函数管理器
CLK	时钟管理器	PWRM	功率管理器（仅 C55x 具有）
DEV	设备驱动接口	QUE	原子队列管理器
GBL	全局设置管理器	RTXD	实时数据交换设置
GIO	通用 I/O 管理器	SEM	信号灯管理器
HOOK	钩子函数管理器	SIO	流 I/O 管理器
HST	主机通道管理器	STS	统计对象管理器
HWI	硬件中断管理器	SWI	软件中断管理器

续表

模 块 名 称	说　明	模 块 名 称	说　明
IDL	空闲函数管理器	SYS	系统服务管理器
LCK	资源锁管理器	TRC	追踪管理器
LOG	时间日志管理器	TSK	多任务管理器
MBX	邮箱管理器		

2. DSP/BIOS 配置工具

基于 DSP/BIOS 的程序都需要一个 DSP/BIOS 配置文件，其扩展名为.CDB。DSP/BIOS
配置工具（见图 12-7）有一个类似 Windows 资源管理器的界面，可以执行如下功能：

- 设置 DSP/BIOS 模块的参数；
- 作为一个可视化的编辑器建立 DSP/BIOS 对象，如软件中断和任务等；
- 设置芯片支持库的参数。

配置工具的外观如图 12-7 所示。

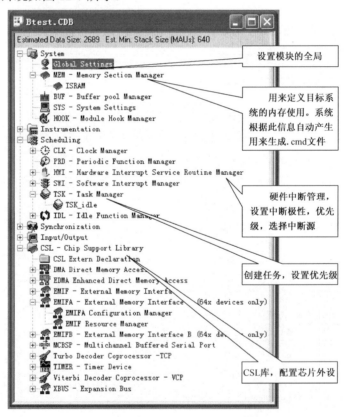

图 12-7　DSP/BIOS 配置工具外观

3. DSP/BIOS 实时分析工具

DSP/BIOS 分析工具（见图 12-8）可以辅助 CCS 环境实现程序的实时调试，以可视化的
方式观察程序的性能，并且不影响应用程序的运行。通过 CCS 下的 DSP/BIOS 工具控制面板

可以选择多个实时分析工具，包括 CPU 负荷图、程序模块执行状态图、主机通道控制、信息显示窗口、状态统计窗口等。与传统的调试方法不同的是，程序的实时分析要求在目标处理器上运行监测代码，使 DSP/BIOS 的 API 和对象可以自动监测目标处理器，实时采集信息并通过 CCS 分析工具上传到主机。实时分析包括：程序跟踪、性能监测和文件服务等。

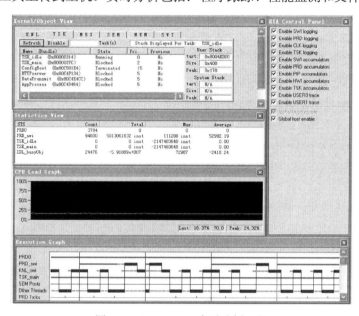

图 12-8　DSP/BIOS 实时分析工具

12.4.2　DSP/BIOS 线程调度

许多 DSP 应用必须同时执行一系列表面上不相关的函数，以响应外部事件的发生，例如准备好数据、控制信号出现等，此时执行的函数及其执行的时间都很重要。这些执行的函数称为线程。不同的系统对线程的定义不同。在 DSP/BIOS 中，线程是一个广义的概念，包括任何被 DSP 执行的互不相关的指令流。

DSP/BIOS 允许将应用程序组织成线程的集合，每个线程执行一个模块化的函数。不同的线程具有不同的优先级，多线程程序运行在单一的 CPU 上时按照优先级顺序进行。不同线程间还可以进行各种形式的交互，如阻塞、通信和同步。

DSP/BIOS 支持不同类型的线程，每个线程具有不同的执行特性和优先级。以下为 4 种类型的线程（按优先级从高到低的顺序排列）：

（1）硬件中断（HWI）

DSP/BIOS 用 HWI 模块来管理硬件中断，能为 DSP 中的每个硬件中断配置中断服务程序（ISR），如 HWI_RESET 复位中断的中断服务程序为_c_int()。

HWI 用于响应外部异步事件。当一个硬件中断被触发后，一个 HWI 函数（也成为中断服务程序或 ISR）会被执行用来完成一个有严格时间限制的关键作业。HWI 是 DSP/BIOS 应用程序中优先级最好的一类线程，用于完成那些以 200kHz 左右的频率发生并且必须在

2us~100us 内完成的应用程序作业。

（2）软件中断（SWI）

软件中断通过（SWI）模块来管理，适用于处理一些发生速率较低的任务，或对实时性要求较低的任务。软件中断可以帮助硬件中断将一些非严格实时性的处理放到低优先级的线程中进行。每当有硬件中断发生时，会触发硬件中断服务函数，该函数又通过软件中断触发函数（如 SWI_post 函数）触发软件中断。软件中断会一直执行到完毕，除非被硬件中断或被更高级别软件中断抢占。

（3）任务（TSK）

任务通过 TSK 模块管理，适用于处理一些发生速率较低的任务，可以处理时间限制在 100ms 以上的事件。任务的优先级高于后台线程，低于硬件和软件中断。它与软件中断的不同之处在于任务在运行过程中可以等待（阻塞），直到所需的资源可用。DSP/BIOS 提供了许多任务间同步和通信的结构体，如队列、信号灯和邮箱。

（4）后台线程（IDL）

后台线程用于没有时间限制的非关键处理，如用于目标处理器和主机 DSP/BIOS 分析工具的通信等。后台线程的优先级最低，只有在其他线程不运行时，它才运行。

12.4.3 DSP/BIOS 启动过程

DSP/BIOS 的启动过程如下：

（1）初始化 DSP：DSP/BIOS 程序从 C 或 C++环境入口点 c_int00 开始运行。复位中断产生后，HWI_RESET 将调用中断服务程序_c_int00。在_c_int00 中完成系统的初始化，包括 DSP/BIOS 配置中指定的各个寄存器的设置以及 PLL 倍频设置等。

（2）用.cint 段中的记录来初始化.bss 段：堆栈建立好之后，初始化例程用.cint 段中的记录初始化全局变量。

（3）调用 BIOS_init 函数初始化 DSP/BIOS 模块：BIOS_init 完成基本的模块初始化，然后调用 MOD_int 宏分别初始化每个用到的模块。例如，HWI_init 初始化有关中断的寄存器，HST_int 初始化主机 I/O 通道接口，IDL_init 计算空闲循环的指令计数。

（4）处理.pinit 表：.pinit 表包含了初始化函数的指针。对于 C++程序，全局 C++对象的构造函数会在.pinit 表的处理过程中执行。

（5）调用应用程序的 main()函数：在所有的 DSP/BIOS 模块初始化之后，用户 main 函数才会被调用。此时，硬件中断和软件中断都是禁止的，应用程序可以在这里添加自己的初始化代码。

（6）调用 BIOS_start 函数启动 DSP/BIOS：在 main()函数结束返回后启动 DSP/BIOS，开始按优先级执行硬件中断、软件中断、任务线程。

（7）执行空闲循环：当前述线程都没有执行时，DSP/BIOS 进入 IDL_F_loop()循环程序，执行后台的 IDL 线程，若有高优先级线程出现，便从后台线程返回。

12.4.4 基于 DSP/BIOS 的程序开发实例

使用 DSP/BIOS 开发 DSP 软件主要有 3 方面的优势：

（1）所有与硬件有关的操作都可以借助 DSP/BIOS 提供的芯片支持库函数完成，避免了直接控制硬件资源。开发人员可以通过 CCS 提供的图形化工具在 DSP/BIOS 的配置文件中完成这些设置，也可以在代码中通过 DSP/BIOS API 调用进行动态设置。

（2）DSP/BIOS 开发的程序在运行时与传统开发的 DSP 程序有所不同。在传统开发过程中，用户自己完全控制 DSP，软件按顺序依次执行。而在使用 DSP/BIOS 后，由 DSP/BIOS 控制 DSP，用户的应用程序建立在 DSP/BIOS 的基础之上，并在其调度下按任务、中断的优先级排队等待执行。

（3）DSP/BIOS 还提供了实时分析工具，可以辅助 CCS 环境实现程序的实时调试，以可视化的方式观察程序性能。

如图 12-9 所示是一个用 DSP/BIOS 开发 DSP 应用软件的工程结构。test.cdb 是配置文件，配置工具是一个可视化的编辑器（见图 12-7），可以用它来初始化数据结构和设置不同的参数。当保存文件时，自动生成匹配当前配置的汇编源文件和头文件以及一个链接命令文件。当 Build 应用程序时，这些文件会自动链接到应用程序。

注意：由于 DSP/BIOS 内嵌了中断管理模块，工程中不需要 Vectors.asm 文件和 dev6x.1ib；同时因为 DSP/BIOS 也携带了 CSL 模块，工程中也不需要 cslDM642.lib 文件。

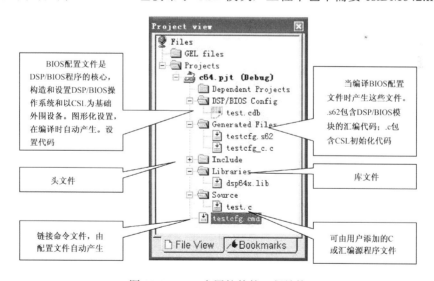

图 12-9　DSP 应用软件的工程结构

下面举例介绍如何使用 DSP/BIOS 开发 DSP 应用程序。

第一步：用配置工具建立应用程序要用到的对象。

（1）建立一个新的配置文件

① 在 CCS 中选择菜单：File→New→DSP/BIOS Config，也可以从 Windows 开始菜单

中打开配置工具。

② 选择合适的模板（这里选择 DM642），单击 OK 按钮。

（2）设定模块的全局属性

① 选中如图 12-7 中的 Global Settings 模块，在窗口右边会显示这个模块的当前属性。

② 右键单击模块，从快捷菜单中选择 Property，打开图 12-10 所示的属性对话框。在该对话框中可以选择 DSP 速度、芯片支持库和终端模式等内容。

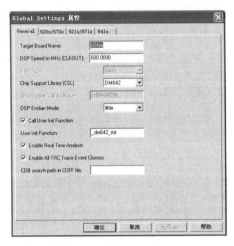

图 12-10　全局属性设置

（3）设定模块的存储器空间分配

① 选中如图 12-7 中的 Memory Section Manager 模块，在窗口右边会显示这个模块的当前属性。

② 右键单击模块，从快捷菜单中选择 Property，打开属性对话框，如图 12-11 所示。根据该配置，DSP/BIOS 可以自动生产.cmd 文件。

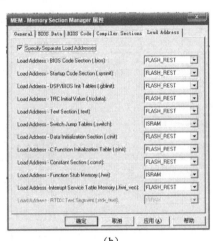

（a）　　　　　　　　　　　　（b）

图 12-11　存储空间分配设置

（4）设置模块的中断

① 选中如图 12-7 中的 Hardware Interruput Service Manager 模块，在窗口右边会显示这个模块的当前属性。

② 右键单击模块，从快捷菜单中选择 Property，打开图 12-12 所示的属性对话框。通过该对话框可以设置外部中断引脚的触发沿。

③ 右键单击中断 INT6，打开图 12-13 所示属性对话框。通过该对话框的 interruput source 来选择 INT6 的中断源，function 对应 INT6 的中断函数名称。注意，中断名称前必须加下画线，比如 "_ADV202_int"。

图 12-12　外部中断极性选择

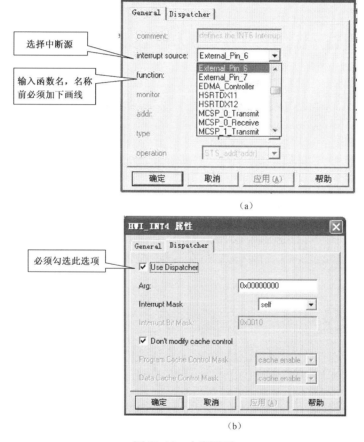

（a）

（b）

图 12-13　中断设置

（5）创建主线程

① 选中如图 12-7 所示的 Task Manager 模块，在窗口右边会显示这个模块的当前属性。

② 右键单击模块，从快捷菜单中选择 Insert Task，创建一个新的任务。

③ 右键单击打新的任务，打开属性对话框，如图 12-14 所示。在属性对话框中的 General

页面设置堆栈和优先级，在 Function 页面设置任务名称。值得注意的是任务名称前必须加下画线，比如创建"_mainTask"。

（6）配置芯片的外设

① 选中如图 12-7 中所示的 Chip Support Libery 模块，单击下一级，就会出现各种外设的配置选项。这里以 EMIFA 模块为例，在窗口右边会显示这个模块的当前属性。

② 右键单击模块，从快捷菜单中选择 Insert emifaCfg，创建一个 EMIFA 的配置。

③ 右键单击新建配置，打开属性对话框，如图 12-15 所示。在属性对话框中的 Global Control 页面设置 EMIFA 的全局控制寄存器，CEn 页面对应 CEn 空间设置寄存器，SDRAM Control 对应 SDRAM 控制寄存器，SDRAM More Opt 对应其他设置，Advanced 页面对应 EMIFA 所有寄存器的配置结果。

图 12-14　创建任务

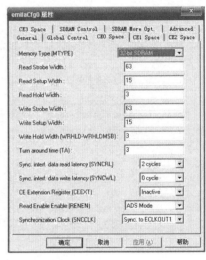

图 12-15　EMIFA 配置选项

（7）保存配置文件，保存的同时会自动生成编译和链接应用程序时包含的文件。包括 testcfg.s62、tesetcfg_c.c、testcfg.cmd 及其他包含的头文件。打开 tesetcfg_c.c 可以看到在 CSL 管理器中的图形化配置自动生成了 CSL 函数配置代码。可见，通过 DSP/BIOS 编程可以大大加快编程的速度，降低编程的难度。

```
#include "testcfg.h"

#ifdef __cplusplus
#pragma CODE_SECTION (".text:CSL_cfgInit")
#else
#pragma CODE_SECTION (CSL_cfgInit,".text:CSL_cfgInit")
#endif
#ifdef __cplusplus
#pragma FUNC_EXT_CALLED()
```

```
#else
#pragma FUNC_EXT_CALLED (CSL_cfgInit)
#endif
/*  Config Structures */
EMIFA_Config emifaCfg0 = {
0x0001203C,        /*  Global Control Reg.（GBLCTL）   */
0xFFFFFF43,        /*  CE0 Space Control Reg.（CECTL0）  */
0x2121C111,        /*  CE1 Space Control Reg.（CECTL1）  */
0x33F3CFA3,        /*  CE2 Space Control Reg.（CECTL2）  */
0x43F3CFB3,        /*  CE3 Space Control Reg.（CECTL3）  */
0x47338000,        /*  SDRAM Control Reg.（SDCTL）   */
0x005DC400,        /*  SDRAM Timing Reg.（SDTIM）   */
0x00173F37,        /*  SDRAM Extended Reg.（SDEXT）   */
0x00000042,        /*  CE0 Space Secondary Control Reg.（CESEC0）  */
0x00000002,        /*  CE1 Space Secondary Control Reg.（CESEC1）  */
0x00000002,        /*  CE2 Space Secondary Control Reg.（CESEC2）  */
0x00000002         /*  CE3 Space Secondary Control Reg.（CESEC3）  */
};
/*  Handles  */
/* ======== CSL_cfgInit() ========  */
void CSL_cfgInit()
{
EMIFA_config (&emifaCfg0);
}
```

第二步：为应用程序编写一个程序框架，可以使用 C、C++、汇编语言或这些语言的任意组合。

```
void main()
{
…/*这里填写用户初始化代码，程序中只执行一次*/
}
```

注意：没有用到 DSP/BIOS 编程时，main 函数结尾都有一个 while(1)死循环。但是使用 DSP/BIOS 时，不能有这个 while(1)死循环，执行一次 main 函数后开始调 BIOS_start()函数启动 DSP/BIOS。

```
Int MainTask()
{
…/*这里填写主任务初始化代码*/
}
```

注意：在其他线程不运行时，运行后台线程（IDL）。

```
void adv202_int()
```

```
        {
        …/*这里填写 INT6 对应的中断处理*/
        }
```

注意：这里不再需要 interruput 关键字。

第三步：在 CCS 环境下编译并链接程序。

第四步：使用仿真器和 DSP/BIOS 分析工具来测试应用程序。

第五步：重复第一至第四步，直到程序运行正确。

第六步：当正式产品硬件开发好以后，修改配置文件来支持产品硬件并测试。

值得注意的是，上面的程序都是在 CCS2.21 中编译运行，如果用 CCS3.3 编译，DSP/BIOS 配置文件会由.cdb 升级为.tcf。

12.5 程序加载和固化

TMS320DM642 芯片内部不带 FLASH 或 EEPROM，系统掉电后，驻留在内存中的程序和数据将完全丢失，解决办法就是通过 HPI/PCI 外设加载程序或 ROM 加载（见 13.1.5 引导模式一节）。这里重点介绍 ROM 加载，也就是把程序固化在 DM642 外扩的 FLASH 存储器中，利用 DM642 的 BOOT 机制自动加载存储器中的程序。下面以 FLASH 加载为例，介绍 DM642 的程序 ROM 加载和固化。

DM642 的程序加载过程分为两个步骤。

第 1 步，在 DM642 系统复位时，EDMA 使用默认的时序把 CE1 空间（0x90000000）开始的 1KB 的数据复制到 DM642 的内部存储器地址 0 处。传输完成后，CPU 退出复位状态，开始执行地址 0 处的指令。

第 2 步，由于 1KB 的程序一般是不够用的，所以要自己编写 Boot 程序。Boot 程序需要放在 FLASH 起始 1KB 空间，由 DM642 复位时自动搬运到内存中。传输完成后开始执行 Boot 程序。在 Boot 程序中，首先进行必要的初始化，然后将.text 和.vecs 等段从其 Load Address 搬移至 Run Address，最后强制跳转到 c_int00 处开始执行。

Boot 程序要用汇编语言编写，下面是一个 Boot 程序代码的例子。

```
        .title  "Flash bootup utility for DM642"
        ; EMIFB registers and values
        EMIF_GCTL       .equ    0x01800000  ;EMIFA global control register
        EMIF_CE1        .equ    0x01800004  ;EMIFA CE1 control register
        EMIF_CE0        .equ    0x01800008  ;EMIFA CE0 control register
        EMIF_CE2        .equ    0x01800010  ;EMIFA CE2 control register
        EMIF_CE3        .equ    0x01800014  ;EMIFA CE3 control register
        EMIF_SDCTRL     .equ    0x01800018  ;SDRAM 控制寄存器
        EMIF_SDTIM      .equ    0x0180001c  ;SDRAM 刷新寄存器
        EMIF_SDEXT      .equ    0x01800020  ;SDRAM 扩展控制寄存器
        EMIF_CE1SECCTL  .equ    0x01800044  ;CE1 Secondary Control Reg
```

```
        EMIF_CE0SECCTL .equ   0x01800048  ;CE0 Secondary Control Reg

        EMIF_GCTL_V    .equ    0x00052078  ;EMIFA global control value
        EMIF_CE1_V     .equ    0xffffff03;EMIFA CE1 space parameter
        EMIF_CE0_V     .equ    0xffffffd3  ;EMIFA 64 位 SDRAM
        EMIF_CE2_V     .equ    0x22a28a22
        EMIF_CE3_V     .equ    0x22a28a22
        EMIF_SDCTRL_V .equ    0x57115000
        EMIF_SDTIM_V  .equ    0x0000081b
        EMIF_SDEXT_V  .equ    0x001faf4d


        ; QDMA registers and values
        QDMA_OPT    .equ    0x02000020  ;QDMA options register
        QDMA_OPT_VAL .equ    0x21200001  ;QDMA options ;0x21280001
        QDMA_SRC    .equ    0x02000004  ;QDMA source address register
        QDMA_CNT    .equ    0x02000008  ;QDMA count register
        QDMA_DST    .equ    0x0200000c  ;QDMA destination address register
        QDMA_S_IDX    .equ    0x02000010  ;QDMA index pseudo-register


        .sect ".boot_load"
        .global _boot
        .ref _c_int00


_boot:
;**********************************************************************
;* Debug Loop - Comment out B for Normal Operation
;**********************************************************************
zero B1
_myloop:  ;[!B1] B _myloop
nop  5
_myloopend: nop
; **************
; Configure EMIF
; **************
mvkl  EMIF_GCTL,A4    ;EMIF_GCR address ->A4
||    mvkl  EMIF_GCTL_V,B4

mvkh  EMIF_GCTL,A4
||    mvkh  EMIF_GCTL_V,B4

stw  B4,*A4
```

```
      mvkl  EMIF_CE1,A4        ;EMIF_CE1 address ->A4
      ||    mvkl  EMIF_CE1_V,B4      ;

      mvkh  EMIF_CE1,A4
      ||    mvkh  EMIF_CE1_V,B4

      stw   B4,*A4

      mvkl  EMIF_CE0,A4        ;EMIF_CE0 address ->A4
      ||    mvkl  EMIF_CE0_V,B4      ;

      mvkh  EMIF_CE0,A4
      ||    mvkh  EMIF_CE0_V,B4

      stw   B4,*A4

      mvkl  EMIF_CE2,A4        ;EMIF_CE0 address ->A4
      ||    mvkl  EMIF_CE2_V,B4      ;

      mvkh  EMIF_CE2,A4
      ||    mvkh  EMIF_CE2_V,B4

      stw   B4,*A4

      mvkl  EMIF_CE3,A4        ;EMIF_CE0 address ->A4
      ||    mvkl  EMIF_CE3_V,B4

      mvkh  EMIF_CE3,A4
      ||    mvkh  EMIF_CE3_V,B4

      stw   B4,*A4

      mvkl  EMIF_SDCTRL,A4       ;SDRAM 控制寄存器 address ->A4
      ||    mvkl  EMIF_SDCTRL_V,B4

      mvkh  EMIF_SDCTRL,A4
      ||    mvkh  EMIF_SDCTRL_V,B4

      stw   B4,*A4

      mvkl  EMIF_SDTIM,A4       ;SDRAM 刷新寄存器 address ->A4
      ||    mvkl  EMIF_SDTIM_V,B4
```

```
mvkh  EMIF_SDTIM,A4
||    mvkh  EMIF_SDTIM_V,B4

stw   B4,*A4

mvkl  EMIF_SDEXT,A4        ;SDRAM 扩展控制寄存器 address ->A4
||    mvkl  EMIF_SDEXT_V,B4

mvkh  EMIF_SDEXT,A4
||    mvkh  EMIF_SDEXT_V,B4

stw   B4,*A4
; *************
; Copy Sections
; *************
mvkl  copyTable, a3  ; load table pointer
mvkh  copyTable, a3

copy_section_top:
ldw   *a3++, b0 ; byte count
ldw   *a3++, a4  ; load ram start address
ldw   *a3++, b4  ; load flash start address
nop   2
[!b0]  b copy_done      ; have we copied all sections?
nop 5

; copy this section with QDMA
mvkl  QDMA_OPT,A5; set QDMA options
||       mvkl  QDMA_OPT_VAL,B5
mvkh  QDMA_OPT,A5
||       mvkh  QDMA_OPT_VAL,B5
stw   B5,*A5
mvkl  QDMA_SRC,A5; load source address
mvkh  QDMA_SRC,A5
stw   B4,*A5
shr   B0,2,B1          ; divide size by 4 (because we're in 32-bit mode)
mvkl  QDMA_CNT,A5     ; load word count
mvkh  QDMA_CNT,A5
stw   B1,*A5
mvkl  QDMA_DST,A5; load destination address
mvkh  QDMA_DST,A5
```

```
stw   A4,*A5
mvkl  QDMA_S_IDX,A5 ; set index. writing to this register will
mvkh  QDMA_S_IDX,A5 ; also initiate the transfer.
zero  B5
stw   B5,*A5        ; go!

; next section

b  copy_section_top
nop   5

copy_done:  ; done with section copying.
; jump to _c_int00

mvkl .S2 _c_int00, B0
mvkh .S2 _c_int00, B0
;   mvkl .S2 0x27c0, B0
; mvkh .S2 0x0000, B0
B    .S2 B0
nop   5

; ************
; Section Table
; ************
;; Table of sections to copy. Format is:
;; word 0:   byte count
;; word 1:   run address
;; word 2:   load address

;   .ref textSize,   textRun ; these symbols created with
;   .ref biosSize,   biosRun ; linker command file
;   .ref trcinitSize,trcinitRun
;   .ref hwi_vecRun

copyTable:

; .vec
.word 0x00000200
.word 0x80000400
.word 0x90000400

; .trcdata
```

```
.word 0x0000000c
.word 0x80000290
.word 0x90001254

;;.text
.word 0x00000b20
.word 0x80000000
.word 0x90000400

;.bios
.word 0x00003dc0
.word 0x80001d00
.word 0x90002820

; end of table
.word 0
.word 0
.word 0
```

注意：不同的程序中，copyTable 中需要搬运的段的位置和长度不一定相同，需要打开
CCS 编译生成的.map 文件读取其位置和长度，然后对 copyTable 进行修改。

存储器用的 FLASH 存储器必须扩展在 CE1 空间，把引导程序存储在以地址 0x90000000
开始的区域段内，开发人员自己的程序可自行设定存储区域。下面是需要把程序烧写到 ROM
时，工程用到的.cmd 文件的具体代码。

```
MEMORY
{
FLASH_BOOT  : origin = 0x90000000,  len = 0x00400
FLASH_REST  : origin = 0x90000400,  len = 0x0FC00

IRAM        : origin = 0x0,          len = 0x00400
IPRAM       : origin = 0x00000400,  len = 0x0FC00
}

SECTIONS
{
.boot   :   load = FLASH_BOOT,run = IRAM
.vec    :   load = FLASH_REST,run = IPRAM
.text   :   load = FLASH_REST,run = IPRAM
.cinit  :   load = FLASH_REST
.stack  >      IPRAM
.bss    >      IPRAM
.cio    >      IPRAM
```

```
.const      >      IPRAM
.far        >      IPRAM
.data       >      IPRAM
.switch     >      IPRAM
.sysmem     >      IPRAM
}
```

对比在 12.2.2 小节中给出的一个.cmd 编写的例子,该例子是在 DM642 调试阶段使用的,所有的程序都直接由 JTAG 下载到 DM642 的内存中运行,没有 boot 段。

嵌入式系统要求将调试成功的程序固化在目标板系统的 EPROM 内,因此需要用编程器对用户系统的 EPROM 进行编程。由于一般的编程器不支持 TI 的 COFF 格式目标文件,因此 TI 提供了十六进制转换工具(hex6x.exe),用于将 COFF 格式转换为编程器所支持的其他格式,如 TI-Tagged、ASCII-hex、Intel、Motorola-S 或 Tektronix。

使用 hex6x.exe 时需要一些选项,需要用到 buildrom.cmd 文件(通用的 FLASH 存储器配置文件)。下面是一个 buildrom.cmd 例子,用户可以在下面的.cmd 源码基础上修改,设计符合要求的 buildrom.cmd 文件。

```
Debug\jpeg_netcam2.out //*.out 文件所在目录
-a              //指定*.out 文件转化为 ASCII-HEX 格式的文件,默认是 Tektronix 格式
-memwidth 8   //数据宽度
-boot           //为初始化段建立 boottable 表
-bootorg 0x90000400   // boottable 表起始地址
-bootsection .boot_load 0x90000000  // boot_load 段起始地址
//flash 的配置
ROMS
{
FLASH:  org = 0x90000000, len = 0x80000, romwidth = 8, files ={main.hex}
}
```

在上述文件中,ROMS{}中代码描述 FLASH 的起始地址、烧写数据的总字节数、FLASH 数据宽度和待生成的*.hex 文件名称。

把 hex6x.exe、buildrom.cmd 和*.out 文件放在同一目录下,并在该目录建立一个批处理文件 out2hex.bat,文件内容如下:

```
hex6x fpga_loader_ahex.cmd
@pause
```

双击运行 out2hex.bat 文件,就会在 DOS 环境下执行 hex6x.exe,生成*.hex 文件。

把*.hex 文件烧写到 FLASH 中,可以有两种方式。第一种完全由用户实现:编写一段程序把*.hex 文件转化为*.bin 文件。然后在 CCS 中建立一个工程,在工程中根据 FLASH 编程命令和时序编写烧录代码。最后运行工程,把*.bin 文件烧写到 FLASH 中;第二种是利用 Flashburn 插件(一款 Flash 烧录工具),下面简单介绍 Flashburn 插件的使用。

Flashburn 组合了 Flashburn 和 FBTC 两个程序,Flashburn 程序是可执行文件,提供用户操作界面,如图 12-16 所示。它能够把 FBTC 程序下载到 DSP 目标板中,由 FBTC 程序

对 FLASH 存储空间进行管理和操作，FBTC 把用户自己的程序下载到 FLASH 存储器中。

首先在 Flie→New 菜单项建立*.cdd 配置文件，在 Conversion Cmd 右侧的 Browse 按钮选择 FLASH 配置文件，单击 File To Burn 右侧的 Browse 按钮选择用户的十六进制烧录文件（文件后缀名为*.hex）。在 Processor Type 下拉框中选择 64x，在 FBTC Program File 文件框中选择 FBTC642.out。设 Flash Physical 值为 0x90000000，Bytes 的值为 0x400000。使用 File→Save 菜单存储信息文件。

重新启动 Flashburn，通过 Flie→Open 菜单可以打开刚才存储的配置文件。通过如图 12-17 所示的 Program→Download FBTC 菜单项把 FBTC 文件下载到 DM642 中。首先使用 Program→Erase Flash 菜单项擦除 Flash 存储器，然后使用 Flash Program 菜单项把用户自己的程序烧入 Flash 存储器中，最后可以通过 Program→Show Memory 菜单项观察指定地址范围内的数据。

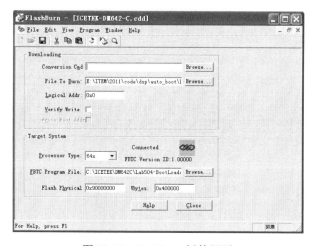

图 12-16　Flashburn 插件界面

图 12-17　Program 菜单

最后总结上述过程如下：

① 修改工程的.cmd 文件，增加 boot 字段，在工程中添加 boot.asm 文件，编译后生成 *.out 文件。

② 建立用于生成*.hex 文件所需要的 buildrom.cmd 文件，该文件可以用记事本等文本工具编辑。

③ 执行 hex6x.exe，生成*.hex 文件。

④ 使用 Flashburn 软件烧录*.hex 文件。

⑤ 用 Flashburn 软件检查 Flash 中的数据是否正确。

第 13 章 系 统 设 计

C6000 的系统设计主要有两个关键因素：系统的硬件实现上，涉及到很多高速电路的设计问题；在实时性要求很高的系统中，涉及到如何实现高并行度软件代码的优化问题。前面章节已经对代码优化做了简单的介绍，这一章主要对系统设计有关的板级设计及高速数字电路设计进行综述，并介绍一个图像编/解码系统设计的实例。

13.1 板级设计

一个 C6000 的系统要能够正常地运行程序，完成简单的任务，并能够通过 JTAG 调试，它的最小系统应该包括 DSP 芯片、电源、时钟源、复位电路、JTAG 电路、程序 ROM，以及对芯片所做的设置。下面对这几个部分进行详细分析。

13.1.1 电源

DM642 需要 2 种电源，分别为 CPU 核心和周边 I/O 接口供电。I/O 电压要求 3.3V，核心电压是 1.4V（A500MHz/600MHz/720MHz）或 1.2V（500MHz）。

尽管 TI 的 DSP 并不要求核心供电与 I/O 接口供电有特殊的上电顺序，但是一个电源低于正常的操作电压时，系统应确保没有任何电源上电的时间超过 1s。

由于，DSP 的一些 I/O 引脚是双向的，方向由内核控制。如果仅 CPU 内核获得供电，周边 I/O 没有供电，对芯片不会产生损害，只是没有输入/输出能力而已；I/O 电压一旦被加上以后，I/O 引脚就立即被驱动，如果此时还没加核心电压，那么 I/O 的方向可能就不确定是输入还是输出。如果是输出，若这时与之相连的其他器件的引脚也处于输出状态，那么就会造成时序的紊乱或者对器件本身造成损伤。加电过程中，应当保证内核电源（CVdd）先上电，最晚也应当与 I/O 电源（DVdd）一起加。关闭电源时，先关闭 DVdd，再关闭 CVdd。

双电源的一个最简单的实现方案是利用 1 个电源驱动 2 个电源模块，产生需要的 CVdd 和 DVdd。由于 CVdd 和 DVdd 由同一个电源产生，消除了 CVdd 和 DVdd 的上电延迟。一个肖特基二极管也可以用来连接核心电源和 I/O 电源，从而有效上拉 I/O 电源到一定的程度，这样有助于初始化 DSP 内的逻辑。图 13-1 所示是一个简单的双电源实例。

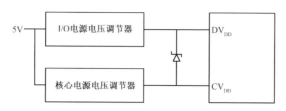

图 13-1 一个双电源设计实例简图

核心与 I/O 口的电源稳压器应该放置于接近 DSP 处,以使电源传输路径的感抗与阻抗最小。印刷电路板应包括针对核心的电源层、针对 I/O 的电源层、针对地的电源层,并旁路高质量低 ESL/ESR(等效串联电感/等效串联电阻)的电容。

为了将系统噪声从供电层完全去掉,在离 DSP 很近的地方尽量多放置电容。这些电容需要靠近 DSP 的供电引脚,不超过 1.25cm 的最大间距是有效的。如果使用更小封装尺寸的电容则更好,因为有更小的寄生电感。合适的电容值同样重要。电容值小的旁路电容应该最接近供电引脚。电容值中等大小的旁路电容应该次接近供电引脚。

13.1.2 时钟

时钟倍频 PLL 控制器的特征是硬件配置 PLL 倍频控制器,分频器(/2,/4,/6 和/8)以及复位控制器。PLL 控制器允许 CLKIN 引脚时钟输入,但由 CLKMODE[1:0]引脚的逻辑状态决定。最后得到的时钟输入到 DSP 核,外围和其他 DSP 模块。

绝大多数 C64x DSP 内部时钟来自 CLKIN 引脚的单个时钟源。这个时钟驱动 PLL,乘以倍频因子产生内部 CPU 时钟或者直接通过 PLL 产生内部 CPU 时钟。为了使用 PLL 产生 CPU 时钟,外部的 PLL 滤波电路必须设计好。图 13-2 说明了外部 PLL 电路,其有×1(PLL 旁路)和 PLL 倍频模式。

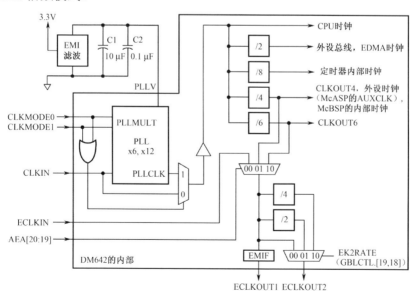

图 13-2 PLL 电路

要得到时钟抖动最小，必须有干净的电源为 DSP 和外部的晶振电路供电。CLKIN 的上升和下降时间，占空比和外部时钟源的负载电容必须满足 DSP 数据手册的要求。TMS320DM642-600 倍频因子选项，时钟频率范围和典型锁定时间，如表 13-1 所示，对于-500 和-720 器件速度值，参见特定器件的手册。

表 13-1   TMS320DM642-600 PLL 倍频因子选择，时钟频率范围及典型锁定时间

CLKMODE[1:0]	倍频因子	CLKIN 范围（MHz）	CPU 时钟频率范围（MHz）	CLKOUT4 范围（MHz）	CLKOUT6 范围（MHz）	典型的锁定时间（μs）
00	×1	30～75	30～75	7.5～18.8	5～12.5	N/A
01	×6	30～75	180～450	45～112.5	30～75	75
10	×12	30～50	360～600	90～150	60～100	
11	保留	-	-	-	-	-

注：最大 PLL 锁定时间比特定的典型值最大达到 150%。

尽量把 PLL 外部元件（C1，C2 和 EMI 滤波器）靠近 DM642。为了得到最好性能，TI 推荐所有的 PLL 外部元件放在板子的一边并不要用跳线帽、开关或者类似的元器件。为了减小 PLL 的抖动，信号线和 PLL 外部元件（C1，C2 和 EMI 滤波器）之间应该保留最大的空间。EMI 滤波器的 3.3V 供电必须使用和 I/O 一样的 3.3V 供电源。在多 DSP 的系统设计中，为每个 DSP 提供独立的 EMI 滤波电路非常重要。多个芯片使用一个滤波器将不能正常工作，没有滤波器，DSP 也不能正常工作（除了×1 模式）。

13.1.3 复位

为了保证 DM642 在电源未达到要求的电平时，不会产生不受控的状态，建议在系统中设计复位电路。由该电路确保 DSP 在系统上电的过程中，始终处于复位状态，直到 I/O 电源和核心电源达到要求的电平。同时，一旦电源的电压降到一定的门限（88%）以下，就会强制芯片进入复位状态。

上述任务的一个简单实现方法就是，设置一个电压检测 IC。这些芯片的特点是，只要其自身的供电电压在 1V 以上，就可以保证输出有效的复位信号。一旦检测的电压低于固定的阈值，就会输出一定脉宽的复位信号。另外，它们还可以接收外部的复位信号。图 13-3 所示是使用 TPS3707 芯片的复位电路，单片 IC 完成对 DSP 两个电源的监测，同时可以使用外部复位和手工复位信号。

在 3.1.1 节介绍过低电平保持 10 个时钟脉周期就可以产生 RESET 中断，但系统中复位电路的延迟时间一般必须是几十毫秒以上，这是由于确定复位电路的延迟时间设置应当考虑到几个元件的开通时间，表 13-2 列出了延迟时间的设置。

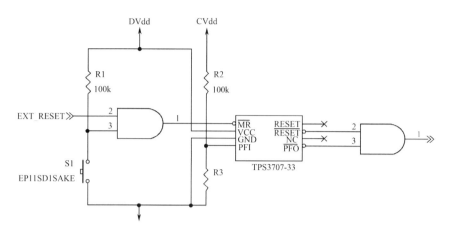

图 13-3　使用 TPS3707-33 芯片的复位电路

表 13-2　延迟时间 t_d 的设置

操 作 类 别	上电时间（ms）
电源供给的线性操作	10～100
电池供电	0.03～30
振荡器（启动时间）	10～100
复位程序	几个微妙
延迟时间 t_d 设置范围	20～500

信号处理系统一般由 FPGA+DSP 构成，建议把复位信号引入 FPGA，通过 FPGA 再输出给 DSP 芯片。这样做的好处就是可以在 FPGA 内部做一个监测逻辑，如果 DSP 复位不正常就可以再复位一次。同时，还可以对复位按键输入的信号做去抖动处理。另外，在多 DSP 系统中，多个 DSP 一起复位时瞬间电流较大，对电路冲击较大，复位可能不成功，这时就可以在 FPGA 中做一个上电复位逻辑，让几个 DSP 依次复位。

13.1.4　芯片配置

对于 DM642，引导模式和某些配置/外设选择都是在器件复位的时候确定的。而其它的一些配置/外设选择都是在器件复位后，对外设配置寄存器（PERCFG）来完成的。

1．复位时配置

为使 DM642 能在正常情况下运行，GP0[0]（引脚 M5）必须保持为低电平，可以内部下拉。

（1）复位时外围选择

DM642 的很多引脚是多种功能复用的，不同功能之间相互排斥，在同一时刻仅允许一种功能有效。PCI、HPI 和 EMAC 的接口引脚复用，这些复用引脚通过外接上/下拉电阻使能其功能。表 13-3 所示显示了 PCI、HPI 和 EMAC 的选择。

表 13-3 PCI_EN、HD5 和 MAC_EN 的逻辑选择

外 设 选 择				外 设 配 置					
PCI_EN	PCI_EEAI	HD5	MAC_EN	HPI 低 16 位数据引脚	HPI 高 16 位数据引脚	32 位 PCI	EEPROM 自动初始化	EMAC 和 MDIO	GP [15:9]
0	0	0	0	✓	高阻	禁止		禁止	✓
0	0	0	1	✓	高阻	禁止		✓	✓
0	0	1	0	✓	✓	禁止		禁止	✓
0	0	1	1	禁止		禁止		✓	
1	1	×	×	禁止		✓	使能	禁止	禁止
1	0	×	×	禁止		✓	禁止（默认）	禁止	禁止

（2）复位时器件设置

DM642 处理器在上电复位过程中，需要读取某些引脚的状态，根据这些引脚的电平对硬件初始化，例如选择启动方式、选择 EMIF 输入时钟源、配置 PCI 口等。表 13-4 所示给出了 DM642 的器件配置引脚，它通过对以下引脚接外部上拉/下拉电阻来设置，包括：特定的 EMIFA 地址总线引脚（AEA[22:19]），TOUT1/LENDIAN，GP0[3]/PCIEFAI 和 HD5 引脚，这些配置都是在器件复位时被锁存。

表 13-4 TMS320DM642 配置引脚

配 置 引 脚	编 号	功 能 描 述
TOUT1/LENDIAN	B5	0-系统操作在 Big Endian 模式
		1-系统操作在 Little Endian 模式（默认）
AEA[22:21]	[U23,V24]	00-不自举（默认模式）；01-通过 HPI/PCI 自举
		10-保留；11-EMIFA 自举
AEA[20:19]	[V25,V26]	00-AECLKIN 管脚时钟作为 EMIFA 的工作时钟（默认）；
		01-4 分频的 CPU 时钟作为 EMIFA 的工作时钟；
		10-6 分频的 CPU 时钟作为 EMIFA 的工作时钟；
		11-保留
GP0[3]/PCIEEAI	L5	0-禁用 EEPROM 自动初始化方式；
		1-使用用 EEPROM 自动初始化方式
VDAC/GP0[8]/PCI66	AD1	0-PCI 操作在 66MHz（默认）；1- PCI 操作在 33MHz
HD5/AD5	Y1	0-HPI 数据宽度为 16 位，HD[31:16]高阻状态（默认）；
		1-HPI 数据宽度为 32 位
PCI_EN;	[E2;C5]	00-外围选择为 HPI（默认）；01-外围选择为 EMAC 和 MDIO
TOUT0/MAC_EN		10-外围选择为 PCI；11-保留

2. 复位后配置

DM642 有 3 个重要的寄存器，包括外设配置寄存器 PERCFG、锁定寄存器 PCFGLOCK 和状态寄存器 DEVSTAT。

（1）外设配置寄存器

外设配置寄存器 PERCFG 包含了外设接口的使能和禁用信息，让使用者可以控制外设的选择，包括视频口（VP0、VP1、VP2），McBSP0，McBSP1，McASP0 和 I²C 接口。PERCFG 是 1 个 32 位的寄存器，其控制位的含义如表 13-5 所示。

表 13-5　PERCFG 寄存器各个位段描述

位	名　　称	描　　述
31:7	保留	保留，只读，写无效
6	VP2EN	0-禁止视频口 VP2（默认）；1-使能视频口 VP2
5	VPIEN	0-禁止视频口 VP1（默认）；1-使能视频口 VP1
4	VP0EN	0-禁止视频口 VP0（默认）；1-使能视频口 VP0
3	I2C0EN	0-禁止 I²C 口（默认）；1-使能 I²C 口 VP2
2	MCBSP1EN	0-禁止 MCBSP1 口，当 VPIEN=1 时，当视频口 VP1 使用； 1-使能 MCBSP1 口，视频口 VP1 功能被禁止（默认）
1	MCBSP0EN	0-禁止 MCBSP0 口，当 VP0EN=1 时，当视频口 VP0 使用； 1-使能 MCBSP0 口，视频口 VP0 功能被禁止（默认）
0	MCASP0EN	0-禁止 MCASP0 口，VP0 和 VP1 的高 8 位数据线被使能，低 8 位数据线取决于 MCBSP0EN、VP0EN、MCBSP1EN 和 VP1EN 的设置； 1-使能 MCASP0 口，VP0 和 VP1 的高 8 位数据线被禁止，低 8 位数据线取决于 MCBSP0EN、VP0EN、MCBSP1EN 和 VP1EN 的设置

（2）锁定寄存器

锁定寄存器 PCFGLOCK 用于修改 PERCFG 寄存器的值。默认的状态下，在上电复位后，McASP0，VP0，VP1，VP2 以及 I²C 外围设备是禁用的，为了在 DM642 上应用这些外围设备，必须先在外围配置寄存器（PERCFG）中使能。对于系统不使用的接口，最好清除PERCFG 中的使能位，这样可以降低 DM642 的功耗。PERCFG 寄存器默认状态下是锁定的，如果更改 PERCFG 的值，必须先向锁定寄存器 PCFGLOCK 写入解锁用的 32 位关键字。接口使能和禁用的操作流程如下：

①　读取 PCFGLOCK 寄存器的 bit0 位，如果为 0，说明 PERCFG 处于解锁状态，如果为 1，说明 PERCFG 处于锁定状态；

②　向锁定寄存器写入解锁关键字 0x10c0010c；

③　向 PERCFG 寄存器写入数据，一次写操作后，PERCFG 自动进入锁定状态；

④　等待 128 个 CPU 时钟周期就可以读取 PERCFG 的值，观察是否和写入的数据符合；

⑤　至少等待 128 个 CPU 时钟周期后，外设接口才能被使能或禁用。

例 13-1　配置寄存器程序

＊（int＊）PCFGLOCK=0x10c0010c；

＊（int＊）PERCFG=0x5c；

（3）状态寄存器

状态寄存器 DEVSTAT 包含了外设接口的配置参数。可以在电路调试阶段观察接口的配置情况，通过监控 DEVSTAT 各字段实时了解 DM642 芯片的外设参数和运行状态。DEVSTAT 各字段的含义见表 13-6。

表 13-6　状态寄存器个位的含义

位	名　　称	描　　述
31:12	保留	保留，只读，写无效
11	MAC_EN	0-EMAC 处于禁止状态（默认）；1-EMAC 处于使能状态
10	HPI_WIDTH	0-HPI 数据宽度为 16 位（默认）；1- HPI 数据宽度为 32 位
9	PCI_EEAI	0-禁用 EEPROM 自动初始化方式（默认）； 1-使用 EEPROM 自动初始化方式
8	PCI_EN	0-PCI 外设被禁用（默认）；1-PCI 外设被使用
7	保留	保留，只读，写无效
6:5	CLKMODE[1: 0]	00-CPU 倍频因子为 1（默认）；01-CPU 倍频因子为 6； 10-CPU 倍频因子为 12；11-保留
4	LENDIAN	0-DM642 采用 Big Endian 模式；1-DM642 采用 Little Endian 模式（默认）
3:2	BOOTMODE[1: 0]	00-不自举（默认）；01-通过 HPI/PCI 自举；10-保留；11-EMIFA 自举
1:0	AECLKINSEL[1:0]	00-AECLKIN 引脚时钟作为 EMIFA 的工作时钟（默认）； 01-4 分频的 CPU 时钟作为 EMIFA 的工作时钟； 10-6 分频的 CPU 时钟作为 EMIFA 的工作时钟； 11-保留

13.1.5　引导模式

引导配置引脚 BOOTMODE[1:0]的设定决定引导模式，DM642 有 3 种引导方式，其操作过程如下：

（1）不加载：CPU 直接开始执行地址 0 处的存储器中的指令。

（2）ROM 加载：EDMA 使用默认的时序从 CE1 空间的 ROM 复制 1KB 的数据到地址 0 处。传输完成后，CPU 退出复位状态，开始执行地址 0 处的指令。1KB 的程序一般是不够用的，所以要自己编写 Boot 程序。在 Boot 程序中，首先进行必要的初始化，然后将.text 和.vecs 等段从其 Load Address 搬移至 Run Address，最后强制跳转到 c_int00 处开始执行。Boot 程序要用汇编语言编写，详细过程可以参见 12.5 小节。

（3）主机加载：核心 CPU 停留在复位状态，芯片其余部分保持正常的状态。在这期间，外部主机通过主机接口初始化 CPU 的存储空间，包括片内配置寄存器。主机完成所有的初始化工作后，向接口控制寄存器的 DSPINT 位写 1，结束引导过程。此时 CPU 退出复位状态，开始执行地址 0 处的指令。DM642 的主机模式可以利用 HPI 接口或者 PCI 接口，详细的过程可以参见 7.10 小节。

13.1.6　JTAG 接口

JTAG 是基于 IEEE1149.1 标准的一种边界扫描测试方式
（Boundary-scan Test）。TI 为其 DM642 提供了 JTAG 端口支持。
结合配套的仿真调试软件（Emulator），可以访问 DSP 的所有
资源，包括片内寄存器以及所有的存储器，从而为开发人员
提供了一个实时的硬件仿真与调试环境。仿真器通过一个 14
脚的接插件与芯片的 JTAG 端口进行通信。图 13-4 所示是 14
脚接插件上的信号定义。

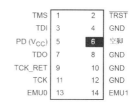

图 13-4　14 脚接插件定义

EMU0 和 EMU1 信号必须用上拉电阻与电源 Vcc 相连，上拉电阻的推荐阻值为 4.7kΩ。
TRST 信号已经内部下拉，在低噪声的环境中 TRST 可以悬空，在高噪声的环境中需要一个
额外的下拉电阻（电阻的大小基于电流的考虑）。

DM642 的 JTAG 端口与 14 脚接插件的连接关系如图 13-5 所示。注意，如果 DM642
与 14 脚接插件间的距离超过了 6 英尺，则需要在 TMS，TDI，DO 和 TCK_RET 仿真信号
上添加一级缓冲驱动，一般用 244 芯片。

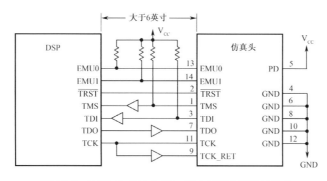

图 13-5　DSP 的 JTAG 端口和 14 脚连接器的连接

如果系统中有多片 DSP，需要进行多处理器仿真调试时，要求这些 DSP 的 JTAG 端口
和 14 脚接插件间以菊花链方式互连，如图 13-6 所示。

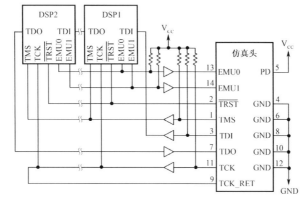

图 13-6　多 DSP 连接

13.2 高速数字电路设计

DM642 板级设计牵涉到很多高速数字电路的设计问题。随着新工艺、新器件的迅猛发展，高速器件变得越来越普及，高速电路设计也就成了普遍需要的技术。经过多年的发展，高速数字电路的设计问题已经拥有一套比较完整的理论体系。高速数字电路设计技术不是在这一节中就可以阐述清楚的，同时也不是本书的主要内容。在这里仅给出一些基本概念以及在设计中应当注意的几个关键因素，用以参考。

13.2.1 信号完整性问题

信号完整性（Signal Integrity，SI）指的是在信号线上的信号质量。对大多数电子产品而言，当时钟频率超过 100MHz 时，信号完整性效应就变得重要了。这是由于当传输信号的信号线的长度大于该信号对应的波长时，这条信号线就应该被看作是传输线，需要考虑印刷电路板的线际互连和板层特性对电气性能的影响。传输线上的分布电容 C、分布电感 L 与分布电阻 R 的存在使得信号在沿导体传输的过程中会发生幅度损失和信号变形，并增加信号的传输延迟。信号波形的破损往往不是由某个单一因素导致的，而是板级设计中多种因素共同引起的。信号完整性问题主要包括反射、振铃、地跳和串扰等。

反射（reflection）是由于信号的源端与负载端阻抗不匹配而引起的。发生反射时负载会将一部分电压反射回源端。如果负载阻抗小于源阻抗，则反射电压为负；如果负载阻抗大于源阻抗，则反射电压为正。布线的几何形状，不正确的线端接，经过连接器的传输及电源平面的不连续等因素的变化均会导致此类反射。

信号的振铃（ringing）和环绕振荡（rounding）分别是由线上不恰当的电感和电容所引起的，振铃属于欠阻尼状态，环绕振荡属于过阻尼状态。这一类信号完整性问题通常在周期信号中比较敏感，如时钟等。振铃和环绕振荡同反射一样也是由多种因素引起的，振铃可以通过适当的端接予以减小，但是不可能完全消除。

当电路中有大的电流涌动时会引起地跳（ground bounce），如大量芯片的输出级同时开启，此时有一个较大的瞬态电流在芯片与板的电源平面流过，芯片封装与电源平面间的寄生电感和电阻就会引发电源噪声，从而在真正的地参考点上（0V 基准）产生电压的波动和变化，这个噪声往往会影响元器件的动作。负载电容的增大、负载电阻的减小、对地电感的增大以及同时开关器件数目的增加都会导致地跳效应的增大。

串扰（crosstalk）是 2 条信号线之间的耦合问题，信号线之间的互感和互容导致了线上的噪声。容性耦合引发耦合电流，而感性耦合引发耦合电压。PCB 板层的参数、信号线间距、驱动端和接收端的电气特性及线端接方式对串扰都有一定的影响。

13.2.2 高速电路设计技术

1. 匹配与端接

高速数字系统中传输线上阻抗的不匹配会引起信号反射。减小和消除反射的方法是根据传输线的特征阻抗在其发送端或接收端进行终端阻抗匹配，从而使源反射系数或负载反射系数为 0。一般来说，当传输线的长度符合下式的条件时，建议使用端接技术，否则会在传输线上引起振铃：

$$L > \frac{t_r}{2t_{pdL}}$$

其中：L 为传输线长度，t_r 为源端信号的上升时间，t_{pdL} 为传输线上每单位长度的带载传输延迟。

传输线的端接通常有两种策略：①串行端接：使源端阻抗与传输线阻抗匹配；②并行端接：使负载阻抗与传输线阻抗匹配。在端接形式上，主要有下面几种：

（1）串联端接（见图 13-7）

串联电阻端接匹配可提供较慢的上升时间，并且存在更小的剩余反射及产生更小的 EMI，这种端接方式有利于减小地电位波动，降低过冲，从而可增强信号的传输质量（信号完整性）。当驱动分布负载时，通常不能使用串联终端，对串联端接匹配，所有负载必须放置于走线路径的末端。这是因为，在走线路径的中间，电压仅是源电压的一半，在走线中间的器件直到时钟周期之后很久才能得到合适的电压值。

（2）并联端接（见图 13-8）

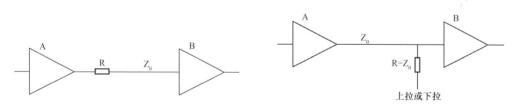

图 13-7 串联端接　　　　　　　　图 13-8 并联端接

并联电阻端接匹配可用于分布负载，并且能够全吸收传输波以消除反射。并联端接匹配的缺点就是额外增加电路的功耗，并且会降低噪声容限。

（3）戴维南端接（见图 13-9）

使用这种端接方法可完全吸收发送的波而消除反射，并且尤其适用于总线使用。使用这种端接方法的不足之处是会增加系统的功率消耗，降低噪声容限。

（4）RC 网络端接（见图 13-10）

RC 端接匹配方法可在分布负载及总线布线中使用，因为它全吸收发送波，可以消除反射，并且具有很低的直流功率损耗。RC 网络端接的不足之处就是它将使非常高速的信号速率降低，另外，RC 电路的时间常数会导致电路中存在反射。

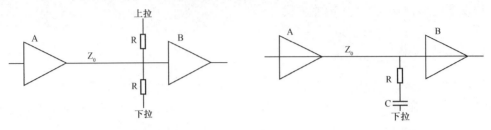

图 13-9 戴维南端接   图 13-10 RC 网络端接

（5）二极管端接（见图 13-11）

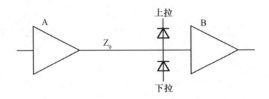

图 13-11 二极管端接

二极管端接的优点在于二极管替换了需要电阻和电容元件的戴维南端接或 RC 端接，可通过二极管箝位来减小过冲和下冲，不需要对传输线的阻抗匹配进行精确控制。缺点在于二级管的开关速度一般很难做到很快，因此对较高速的系统不适用。

不同的应用场合，需要采取不同的端接匹配方法。不同的端接匹配方法，各有其优点及缺点，故应根据电路设计师的要求，选择能为大多数电路设计提供最优性能的端接匹配方法。串联端接匹配对点到点的走线路径是最佳的，对那些相对于时钟频率短的走线工作得很好；串联端接也可用于减慢上升沿的时间，从而使信号路径中传播不连续性的影响降到最低。此外，采用该方法使得用分离的传输线从公共源辐射状引出多个负载，不影响网络中的其他电路。并联端接匹配方法对具有快速时钟/脉冲的总线及点到点的网络是首选的。如果在相同的电路上既有 CMOS 又有 TTL 电平，则由于存在于 HI 和 LOW 状态的减小的电压降，戴维南网络是难实现的。RC 网络可提供好的信号质量，但其代价是增加元件。在阻抗匹配不佳及上升沿速率降低电路存在有限的阻尼，使其在高频及长走线时也存在缺点，在信号线的二端（源端和负载端）同时采用端接匹配可能会使信号功能性降低。因此，在没有完全了解其后果的情况下不要使用 RC 网络。

2. 串扰及其改善

在高密度复杂 PCB 设计中完全避免串扰是不可能的，但可以减少串扰：

（1）布线条件允许的情况下，尽量拉大传输线间的距离；或者应该尽可能地减少相邻传输线间的累积平行距离，最好在不同层间走线。

（2）3W 原则：两平行走线间距离间隔必须不小于单一走线宽度的 3 倍；或两平行走线之间的边缘距离间隔必须不小于单一走线宽度的 2 倍。

（3）在获得相同目标特征阻抗的情况下，应该使布线层与参考平面（电源平面/地平面）间的介质层尽可能薄，这样就加大了传输线与参考平面间的耦合度，减少相邻传输线间的耦合。

（4）对系统中的关键传输线，可以改用差分线传输，以减少其他传输线对它的串扰；也可以将关键信号线夹在两个地平面层内。

（5）相邻两层的信号层（中间没有平面层隔离）走线方向应该垂直，尽量不要平行走线以减少层间的串扰。

（6）在保证信号时序的情况下，尽可能选择转换速度低的元器件，这样电场与磁场的变化速率慢一点，从而可降低串扰。

（7）尽量少在表层走线，因为表层线的电场耦合比中间层的要强（表层线只有一个参考平面）。

3．PCB 分层设计

随着技术的发展，集成电路大规模的应用，系统集成度的提高，PCB 上器件的密度越来越大，PCB 上的走线越来越多，现在 PCB 已经可以做到十几层甚至几十层了。PCB 分层总的原则是信号线一定有存在相邻完整的映像回流平面，不可存在地环路，重要信号线、关键信号线要受到保护。根据经验和成本方面的考虑，一般推荐采用以下分层方法。

（1）2 层板地线布局设计准则

数字电路和低频模拟电路接地方法：地线在印制板上以指叉形状或树权形状连接各元器件的地线，推荐支线地宽度不小于 50mil，母线地宽度不小于 100mil；对于较高频率部分，推荐另一层的相对应部分做成接地参考平面。推荐的汇接点在内部电源或外部输入电源的大滤波电容的接地点处；低频模拟电路的汇接点也可选在输入小信号的接地处。高频（≥10MHz）模拟电路接地方法：地线在印制板上以铺地形式连接各元器件的地线，信号连线把铺地挖开；对于较高频率部分，推荐另一层的相对应部分做成接地平面。现在两层板已经用得很少了，在现代通信行业里几乎绝迹了。

（2）4 层板地线布局设计准则（信号、地、电源、信号。）

如果电源电压有多种规格，可在电源层上划分或连线（如果采用连线的方法，需要考虑功率大小，否则在连接线上电压降会影响器件正常工作）。地层最好不作划分，除非存在非常好划分的地层，并且没有信号线跨越地层。重要信号线一定要紧靠地层走线。

（3）6 层板地线布局设计准则

① 信号、地层、信号、信号、电源、信号

此种分层方法的缺点是电源层和地层之间的距离较大，存在较高的阻抗，电源的解耦效果不佳，并且内层两信号层之间须防止串扰现象，要求正交走线。

② 信号、信号、地层、电源、信号、信号

此种分层方法的缺点是表层和底层信号效果不佳，因此要求表层和底层尽量不走信号线。

③ 信号、地层、信号、电源、地层、信号

此种分层方式较好，可以保证信号充分的回流平面，并且可以保证电源和底层之间的电容较大，阻抗较小，有利于电源解耦。

（4）8 层板地线布局设计准则

① 信号、信号、地层、信号、信号、电源、信号、信号

此种分层方式一般不推荐采用，如果对信号质量要求不高，并且单板很不重要，才可以采用。

② 信号、地层、信号、地层、电源、信号、地层、信号

此种布法较好，可以充分保证信号质量，缺点就是信号层较少。

（5）10 层以上板地线布局设计准则

信号、地层、信号、信号、地层、电源、信号、信号、地层、信号。

一般用到 10 层和以上板的时候，说明此板器件密度很大，布线较难或重要级别很高，因此必须遵循信号线有完整的映像回流平面，主电源层靠近地层，保证电源层解耦效果。

注意：主电源平面层最好紧邻接地层且在接地层下面，确保电源与地层距离最近，有利于电源的解耦，可以提供最大的电容，最低的阻抗。

13.3　图像编/解码系统开发实例

13.3.1　研制内容及用途

TMS320DM642 的应用领域非常广泛，涉及视频、音频、网络等多个领域。这里主要介绍 DM642 在视频图像处理中的应用，结合具体的工程实践给出一个应用实例。

图像编/解码系统包含两种 CPCI 3U 规格的图像信息处理模块，完成图像采集、图像压缩及状态信息复接、解压缩、字符图形叠加、图像分割以及图像合成和输出等功能。针对不同的处理任务划分为两类模块：

① 图像采集压缩模块（简称 CGPU）1 块；

② 图像解压合成模块（简称 SGPU）2 块。

1. 图像采集压缩模块（CGPU）

图像采集压缩模块（CGPU）作为信源端后续设备，将标准视频信号经过数字采集编码由模拟信号转换成数字信号，对原始图像信息流进行压缩编码，形成的压缩码流与接收到的状态参量以及指令信息流进行复接，在保证压缩图像质量和误码率指标的情况下，通过 CPCI 总线传输至信道编码模块对其进行信道纠错编码，最终使其传输数据量符合信道传输要求。简言之，CGPU 完成"采集"、"压缩"和"复接"任务，图 13-12 所示是 CGPU 的数据流程图。

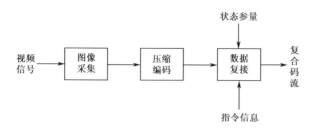

图 13-12　CGPU 的数据流程图

2．图像解压合成模块（SGPU）

图像解压合成模块（SGPU）作为信宿端处理设备，首先将信道纠错解码后的数据码流进行分解，将其中的状态参量和指令信息通过 CPCI 总线分流给其他处理模块，对余下的压缩图像码流进行图像解压缩获取原始图像数据。SGPU 根据系统不同的工作模式，构造若干个基准显示图形画面，将接收的显示信息流以字符或光标的形式叠加，同时在严格的时间内能够将原始图像缩放，将单幅或多幅（最多 9 幅）图像在基准显示图形画面上以静态或动态方式合成，最终由 SGPU 形成视频信号输出给综合显示器。简言之，SGPU 完成"分解"、"解压"、"字符叠加"、"图像缩放"、"图形合成"、"视频输出"等任务。图 13-13 所示是 SGPU 的数据流程示意图。

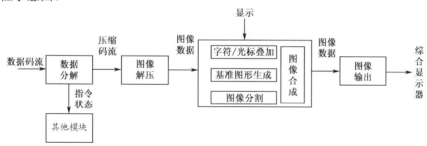

图 13-13　SGPU 的数据流程图

13.3.2　功能要求

1．CGPU 功能要求

① 图像输入格式

动态图像：625 行，25 帧（50 场）/s，隔行扫描；黑白正极性电视信号。

② 数字图像传输格式

黑白图像灰度等级 256，8bits/pixel，像素 352×288，分辨率>400TVL。

③ 压缩编码方式

JPEG2000 压缩，40ms 内完成图像压缩和数据复接，并留有裕量。

④ 压缩后比特率：压缩码流比特率 750kbps。

⑤ CPCI接口特征

- 32bit/33MHz，PCI r2.2 兼容；
- 加固 3U 标准结构。

⑥ 供电：5V，8W。

⑦ 环境指标：−45℃～60℃。

2. SGPU 功能要求

① 图像输出模拟视频信号

PAL 制式黑白图像（Vp-p=1V，阻抗 75Ω）。

② 压缩比 30 倍以下，PSNR 图像信噪比：≥32dB。

③ 像解压算法：JPEG2000 解码

④ 本字符库：在固态存储器中存储所需叠加显示的字符库，字符库为包含数字、英文、汉字等 16×16 点阵图形字库。

⑤ 图像叠加：将解压的图像数据静态和动态地叠加在基准图形画面的相应位置上。

⑥ 解压开始至图像合成完成的处理时间：40ms 之内，并留有一定的时间裕量。

⑦ CPCI 接口特征：

- 2bit/33MHz，PCI r2.2 兼容；
- 加固 3U 标准结构。

⑧ 供电：5V，10W。

⑨ 温度指标：−45℃～60℃。

13.3.3　系统硬件设计

本产品设计成双用板，既可以作为图像编码板，也可以作为图像解码板。当用作图像编码板时，只焊 A/D、不焊 D/A；而作为图像解码板时，只焊 D/A、不焊 A/D。系统框图如图 13-14 所示。

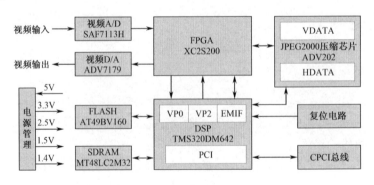

图 13-14　系统框图

1. 芯片选型

TMS320DM642 拥有可独立配置的视频端口，可独立配置为视频采集或显示端口，均支持多种采集/显示方案和视频标准，可以实现与一般视频编/解码器的无缝连接，并且视频信号可以采用 EDMA 方式快捷地在存储器与视频端口之间传输。利用 DM642 的 I^2C 串行总线可以完成对视频编/解码器的控制；利用 EMIF 接口控制 ADV202 压缩/解压芯片以及扩展 SDRAM、FLASH 存储器以及利用 PCI 端口实现 CPCI master/slave 方式。考虑到处理能力及外设接口，系统选用 TI 公司的 TMS320DM642，用来控制 ADV202 以及进行字幕迭加和 PCI 通信等操作，设计主要用到其 MCBSP、EMIF、VP0、VP2、EDMA、TIMER、I^2C、PCI 等接口功能。

FPGA 选用 Xilinx 公司的 Spartan2 系列的 XC2S200，它有 20 万个逻辑门，56Kbit 的 Block RAM 和 73Kbit 的分布式 RAM，引脚可兼容 5V 信号，这样就可以省去差分转换芯片和电压转换芯片。FPGA 主要完成图像预处理、串口通信、视频格式转换、数据分流、状态检测及复位等功能。FPGA 的 PROM 选用 Xilinx 公司的 XCF02S，容量为 2Mbit。

视频 A/D 选用 Philips 公司的 SAF7113H，SAF7113H 是单电源供电，且接口简单，功耗低，使用该芯片可以大大降低电路的复杂性和功耗。复合视频 D/A 选用 ADI 公司的 ADV7179，该芯片接口简单，体积小，功耗低。ADV202 是 Analog 公司推出的单片 JPEG2000 压缩/解压缩芯片，在此系统中实现图像的压缩与解压功能。

SDRAM 选用 Micron 公司的 MT48LC2M32B2TG-7IT，其最高时钟频率可达 143MHz，单片容量为 2M×32 位。FLASH 采用 Atmel 公司的 AT49BV160，TPS54310 提供 1.4V 电压，作为 DSP 的核电压。TPS54313 提供 1.5V 电压，作为 ADV202 的核电压，LT1764 提供 3.3V 模拟电压，TPS54315 提供 2.5V FPGA 核电压，5V 数字电压直接从 CPCI 总线上引入。SN74LVC244 是 DSP 的 JTAG 口的驱动芯片。

2. 电源设计

图像编/解码板共有 DSP 的 1.4V 内核电源、ADV202 的 1.4V 内核电源、FPGA 的 2.5V 内核电源、3.3V 的 I/O 电源、3.3V 模拟电源、3.3V 的 PLL（Phase Locked Loop）电源。这几种电源在设计时都要由各自的电源供电，并且模拟和数字电路要独立供电，数字地与模拟地要分开，单点连接。

TPS54310 提供 TMS320DM642 的 1.4V 内核电压。TPS54310 输入电压范围为 3～6V，输出电流 3A，输出电压可调，不同的配置可以输出不同的电压。TPS54313 提供 ADV202 的 1.5V 核电压，TPS54315 提供 FPGA 的 2.5V 核电压，LT1764 提供 3.3V 数字电源。

模拟电源数字电源产生，是数字电源与模拟电源以及数字地与模拟地之间加铁氧体磁珠（ferrite bead）或电感构成无源滤波电路，如图 13-15 所示。铁氧体磁珠在低频时阻抗很低，而在高频时阻抗很高，可以抑制高频干扰，从而滤除数字电路的噪声。这种方式结构简单，能满足大多数应用的要求。电源部分的电路参见附录 A。

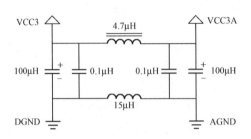

图 13-15　无源滤波方法

3．DM642 初始化设置

TMS320DM642 在复位过程中需要检测某些引脚的状态,根据引脚电平初始化某些寄存器,图像编/解码系统中 DM642 主要功能引脚的设置如表 13-7 所示。DM642 部分的详细电路图参见附录 A。

表 13-7　DM642 主要功能引脚设置

DM642 模式设置	管　　脚	系 统 设 定	设 定 结 果
启动模式	AEA[21]	上拉电阻	EMIFA 引导
	AEA[22]	上拉电阻	
PLL 倍频因子	CLKMODE0	下拉电阻	12 倍频
	CLKMODE1	上拉电阻	
Endian 模式设置	TOUT1/LENDIAN	上拉电阻	小终端模式
EMIF 时钟源设置	AEA[19]	下拉电阻	1/6 CPU 时钟
	AEA[20]	上拉电阻	
PCI 初始化	GP0[3]/PCIEEAI	下拉电阻	默认值
PCI 工作频率选择	VDAC/GP0[8]/PCI66	上拉电阻	工作频率 33
外设选择	PCI_EN	上拉电阻	PCI 使能
	TOUT0/MAC_EN	下拉电阻	

4．CPCI 接口电气规范

CPCI 硬件设计需要遵守一些电气要求,否则生产出来的板卡 CPCI 接口工作不正常的概率很高。下面归纳一些 CPCI 接口设计的基本要求,详细说明参见 CPCI 规范。

（1）CPCI 端接终端

适配卡上许多 PCI 总线信号都在 CPCI 连接器接口处串接一个 10Ω排终端电阻。端接终端可以减小每块适配卡对 PCI 背板的影响。电阻应设置在信号连接器引脚的 15.2mm（0.6 英尺）内。需要加终端电阻的信号包括：AD0-AD31,C/BE0#-C/BE3#,PAR,FRAME#,IRDY#,TRDY#,STOP#,LOCK#,IDSEL,DEVSEL#,PERR#,SERR#以及 RST#。如果被适配器引用时,以下信号也需要端接终端电阻：INTA#,INTB#,INTC#,INTD#,AD32-AD63,C/BE4#-C/BE7#,REQ64#,ACK64#以及 PAR64。以下信号则不需要端接终端电阻：CLK,REQ＃以及 GNT＃。

（2）外围适配器信号端接长度

对于 32 位或 64 位信号，其信号端接长度应小于或等于 63.5mm（2.5 英尺），这个长度是指从连接器引脚经排终端电阻到 PCI 设备引脚的距离。

（3）阻抗特性

适配器必须被制作成能够为 CPCI 信号线提供如下的阻抗特性（仅对 PCB 布线而言，但是包括焊盘过孔）：Z_0=65Ω（10%误差范围）。

（4）PCI 时钟信号长度

PCI 信号长度应为 63.5 mm±2.54 mm（2.5inches±0.1 inches），并且每块适配器只能挂接一个负载。

（5）上拉电阻

所有系统槽适配器都必须为 64 位数据扩展信号提供上拉电阻，AD[63::32], C/BE[7::4]#以及 PAR64。当系统槽适配器为 32 位时，必须为 REQ64#和 ACK64#信号提供上拉电阻。使用 GNT#信号的每块外围适配器都需要接一个 100 千欧的上拉电阻。5V 信号电压时上拉电阻值 R=1kΩ（5%误差范围），3.3V 信号电压是上拉电阻值 R=2.7kΩ（5%误差范围）。信号上拉定位所需的上拉电阻必须连接在适配器中端接终端电阻的旁边。上拉电阻的端接长度应小于 0.5 英尺，并且这个端接长度包含上拉电阻尺寸长度。

5．视频解码电路

视频解码器将输入模拟视频信号进行色度解码及 A/D 变换，分离行/场同步，进行奇/偶场检测，输出数字化的亮度、色度信号。视频 A/D 选用 Philips 公司的 SAF7113H，SAF7113H 是一个 9 位的视频输入处理器，它具有双通道模拟预处理电路。SAF7113H 视频解码器可以将 PAL、SECAM 和 NTSC 彩色信号解码成 ITU-R BT.601 兼容的彩色分量值。该芯片需要通过 I²C 总线对其进行配置。视频解码码部分的电路参见附录 A。

6．视频编码电路

视频编码器的功能与视频解码器相反，将数字的亮、色信号进行 D/A 变换并重新编码为复合全视频信号或 RGB 输出。视频编码器在数字电视、数字视频处理中的作用是恢复模拟信号，用于末级激励视放或标准视频输出。ADI 公司的 ADV7179 芯片是一个数字视频编码器，可以将数字 CCIR-601 4：2：2 8 位分量视频数据转换成标准的模拟基带电视信号，同时支持 PAL 格式和 NTSC 格式的操作。需要通过 I²C 总线对其进行配置。该芯片的优点是接口简单，体积小，功耗低。视频编码部分的电路参见附录 A。

7．图像压缩/解压缩电路

ADV202 是 Analog 公司推出的单片 JPEG2000 压缩解压缩芯片，它具有如下特点：
① 视频和静止图像的完全单片 JPEG2000 压缩和解压缩方案。
② SURF（空间超效率回归滤波）技术使之具有低功耗和低成本的小波压缩。
③ 支持最高 6 级的 9/7 和 5/3 小波变换。

④ 视频接口可直接支持 ITU.R-BT656，SMPTE125M PAL/NTSC, SMPTE274。ITU.R-BT1358（625P），以及不可逆模式最大输入速率 65Msps，可逆模式最大输入速度为 40 Msps 的任何视频格式。

⑤ 灵活异步的 SRAM 类型主机接口能无缝连接到大多数 16/32 位微控制器和 ASIC。

⑥ JPEG200 编码流的产生和其他诸如位速率控制等的压缩过程则完全由 DM642 软件控制。

图像压缩/解压缩部分的电路参见附录 A。

13.3.4　软件设计

1．图像编码板工作流程

输入模拟信号经过视频解码芯片 SAF7113H 进行 A/D 转换，得到的是每帧大小为 720×576 的 PAL 制图像，每场的分辨率为 720×288。由于要求的输入图像的分辨率为 352×288，因此要在 FPGA 里面进行抽取，两场取一场，在行方向上隔点抽取，变成每帧 360×288 的图像送给 DSP，由于 DM642 有专用视频口，因此可以非常方便地通过 VP0 视频口将图像数据送给 DSP，同时通过 VP0 视频口将图像裁剪为 352×288 大小。VP0 将图像存到 SDRAM 或片内 RAM 中，这样做的目的是方便压缩之前对图像进行处理，并且也可以在 DSP 中观察视频解码器输出的数字图像是否正确。之后 VP2 视频口将图像送给 ADV202，由 ADV202 对图像进行压缩。每压缩完一帧，DSP 从 ADV202 读取压缩码流，并与通过 PCI 总线接收到的状态参量和指令信息流进行复接，然后通过 PCI 总线输出。

图像编码板工作流程如图 13-16 所示。

2．图像解码板工作流程

解码板工作流程：DSP 从 CPCI 总线读取数据码流，经过分解，得到状态参量、指令信息和压缩数据，将分解得到的状态参量和指令信息送到其他模块，将得到的压缩数据送给 ADV202 进行解码。解码出来的视频信号通过 DSP 的 VP0 视频口输入到 DSP，并将采集到的图像存到 SDRAM 或内存中，在 DSP 内部实现字符迭加及图像合成，然后将处理后的图像由 VP2 视频口输出到视频编码器 ADV7179，经过 D/A 转换变成复合模拟视频信号，输出并显示。

图像解码板工作流程如图 13-17 所示。

3．程序设计

（1）建立项目框架和配置 DSP/BIOS

DSP/BIOS 是一个简易的实时嵌入式操作系统，具有实时操作系统的诸多功能，可以实现多任务的调度和管理。通常，没有用到 DSP/BIOS 编程时，void main()函数结尾都有一个

while(1)循环。在利用 DSP/BIOS 实现多任务操作时，void main()函数中只包含用户初始化代码，没有 while(1)循环，它在程序中只执行一次。执行一次 void main()函数后开始调 BIOS_start()函数启动 DSP/BIOS。

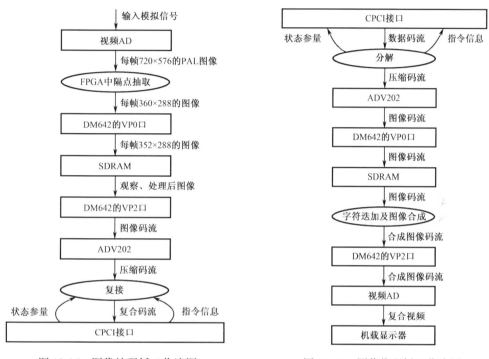

图 13-16 图像编码板工作流图   图 13-17 图像解码板工作流图

实际上，即使不使用多任务操作，也可以利用 DSP/BIOS 简化编程环节。开发人员可配置 MEM 模块实现.cmd 文件的自动生成；配置 HWI 模块完成中断管理；配置 CSL 模块完成 EMIF 及其它外设的初始化。使用方法就是在 void main()函数中依然保留 while(1)循环。程序运行到void main()函数时已经完成DSP/BIOS 的初始化。由于void main()函数中有while(1)循环，程序不会退出 void main()函数启动 DSP/BIOS 开始多线程运行。

（2）建立主程序文件 main.c

图像编码板和图像解码板的程序运行过程十分类似，这里只给出解码板的主程序文件介绍。主程序文件 main.c 主要完成以下几部分的工作。

① 程序初始化

在所有的 DSP/BIOS 模块初始化之后，用户 void main()函数才会被调用。void main()函数中需要完成一系列的程序初始化。

- 外围配置寄存器初始化；
- 视频解码芯片 ADV7179 初始化；
- 视频口 VP2 初始化；

- 视频压缩/解压缩芯片 ADV202 初始化；
- 使能中断，包括 EDMA 中断和 ADV202 中断。

② 进入 while(1)循环

等待各种命令，根据命令进入不用的程序模块。

- 在状态区收到命令"AAAA"时，只显示待机图形，不显示图像；
- 在状态区收到命令"BBBB"时，只显示搜索图形，不显示图像；
- 在状态区收到命令"CCCC"时，显示 4 幅图像与图形合成画面，4 幅图像由计算机输入不同时刻的图像缩小至 232×224 像素，在不同位置显示。显示区下方 64 行及左右 24 列为图形区，按要求显示文字和图形；
- 在状态区收到命令"DDDD"时，实时显示单幅图像与图形合成画面，上方是控制计算机送来的实时图像，像素要求为 432×512，显示画面下方 80 行为图形区，按要求显示文字和图形。

③ 中断函数处理

EDMA 中断。一帧图像接收完成产生一个 EDMA 中断，在 EDMA 中断中根据状态区接收到的命令，把图像抽点搬运到现实图像的内存区域。

ADV202 中断。把压缩码流送到 ADV202 中解码。

4. 测试结果与性能分析

（1）图像质量

把编码板压缩前的图片保存到计算机中，把这副图像的压缩/解压缩后的图片也保存到计算机中，然后通过软件计算 PSNR 得到图像质量评价结果 PSNR。

设原始图像为 $\{a(i,j),0 \le i \le M-1,0 \le j \le N-1\}$，压缩后的图像为 $\{\hat{a}(i,j),0 \le i \le M-1,0 \le j \le N-1\}$

$$PSNR = 10 \lg \left[\frac{MNa_{max}^2}{\sum_{i=0}^{M-1}\sum_{J=0}^{M-1}[a(i,j)-\hat{a}(i,j)]^2} \right]$$

其中 $a_{max} = 2^K - 1$，

K 表示一个象素点用的 2 进制位数，这里 $K=8$。

（2）功能测试

按照《图像编/解码板技术要求》逐项验证，测试结果如表 13-8 所示。

从上面的结果可以看出基于 DM642 的图像编/解码系统运行稳定，功能和性能都满足要求。编/解码系统的 DSP 及 FPGA 代码将上载到华信教育资源网（http://www.huaxin.edu.cn）上，有兴趣的读者可以登录华信教育资源网免费下载；详细的电路图参见本书附录 A。

表 13-8　图像编/解码系统测试结果

	参　数	理 论 值	实 测 值
外观测试	DSP 型号、速度级	DM642，-600	DM642，-600
	ADV202 的速度级	150MHz	150MHz
	所有芯片是否工业级	是	是
	板的外观尺寸	160mm×100mm	160mm×100mm
性能测试	功耗	≤8W	5W
	图像分辨率	352×288	352×288
	压缩比	压缩后码流速率 750kbps 压缩比：26.4	一致
	PSNR	≥32dB	≥32dB
	系统稳定性（开关机 10 次）	每次都能正常起机工作	能
	中间出错后恢复能力	能重新正常工作	能

附录 A 图像编/解码系统原理图

1. 视频解码电路

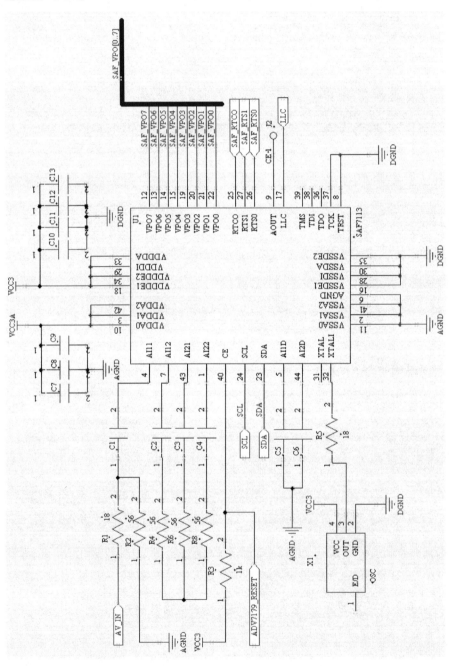

2．图像编码电路

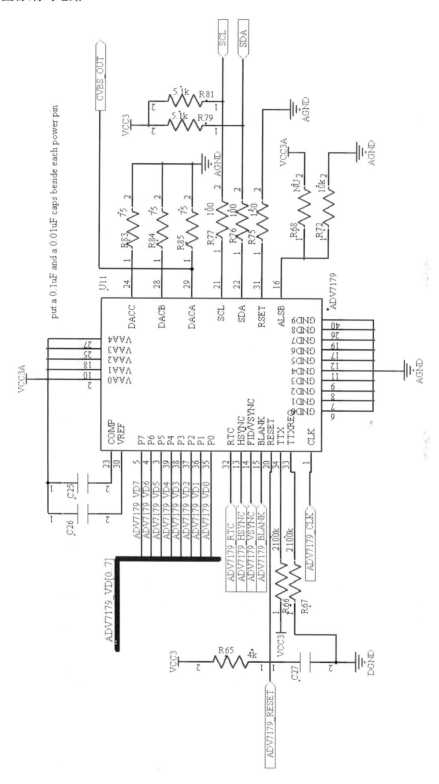

3. 图像压缩/解压缩芯片

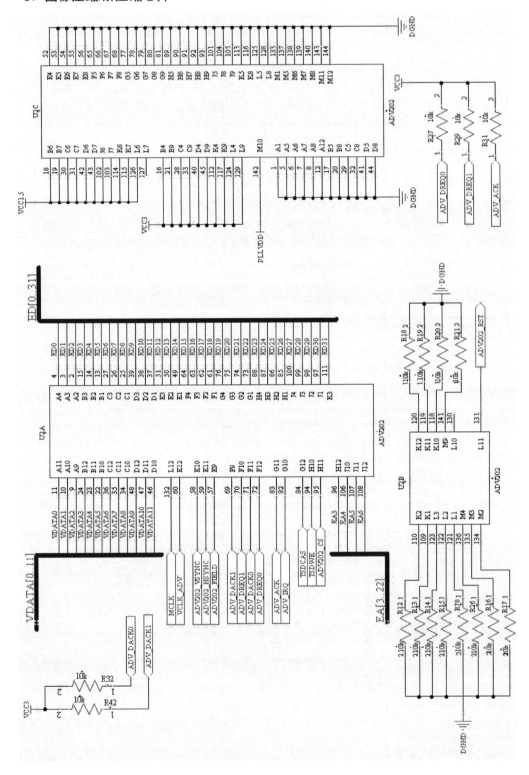

4. DM642 的 JTAG 部分

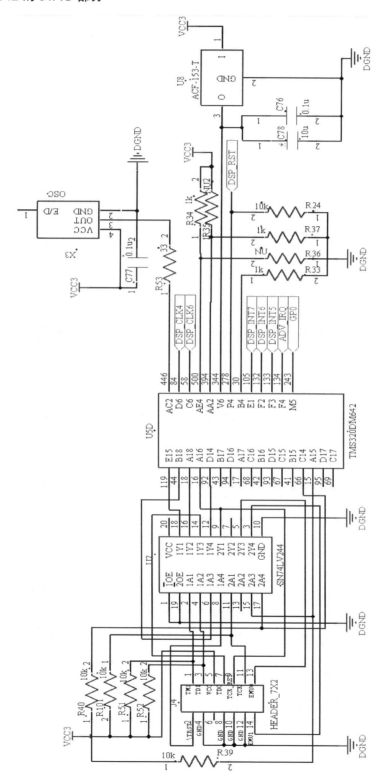

5. DM642 的 EMIF 部分

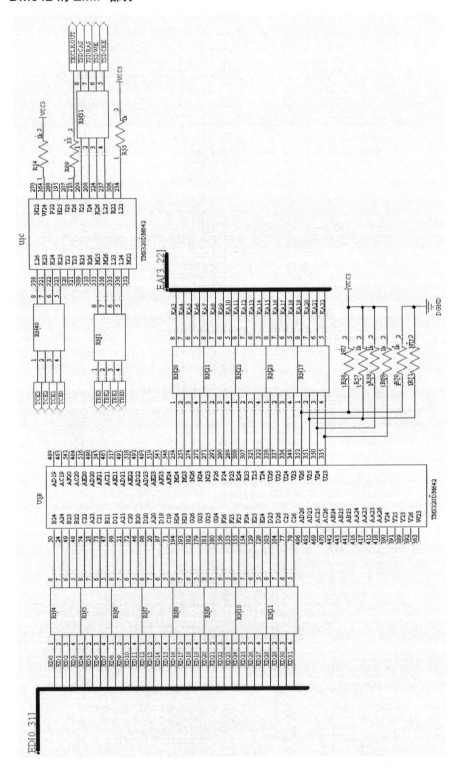

6. DM642 的电源地部分

U5H

VCC3   VCC1.4

U5E

U5H (TMS320DM642)

#	Pin	Pin	#
1	A1	P2	276
3	A3	P6	280
6	A6	P13	283
8	A8	P15	285
12	A12	P21	287
14	A14	R7	299
19	A19	R12	300
22	A22	R14	302
26	A26	R20	304
29	B3	T1	311
32	B6	T5	315
33	B7	T6	316
39	B13	T21	319
45	B19	T26	324
54	C2	U6	330
56	C4	U21	333
65	C13	V5	343
70	C18	V7	345
75	C23	V20	346
79	D1	V22	348
80	D2	W1	353
83	D5	W6	358
91	D13	W21	361
96	D18	W26	366
100	D22	Y9	375
102	D24	Y12	378
107	E3	Y15	381
110	E6	Y18	384
113	E9	AA4	396
120	E16	AA5	397
122	E18	AA8	400
125	E21	AA10	402
127	E23	AA11	403
130	E26	AA13	405
135	F5	AA14	406
138	F8	AA16	408
140	F10	AA17	409
141	F11	AA19	411
143	F13	AA22	414
144	F14	AB1	419
146	F16	AB2	420
147	F17	AB4	422
149	F19	AB6	424
152	F22	AB9	427
165	G9	AB18	436
168	G12	AB21	439
171	G15	AB26	444
174	G18	AC3	447
183	H1	AC5	449
188	H6	AC18	462
191	H21	AC22	466
196	H26	AC24	468
201	J5	AD2	472
203	J7	AD4	474
204	J20	AD18	488
206	J22	AE3	499
216	K6	AE8	504
219	K21	AE10	506
225	L1	AE12	508
230	L6	AE14	510
233	L21	AE19	515
245	M7	AE24	520
247	M13	AF1	523
249	M15	AF7	529
250	M20	AF9	531
261	N5	AF11	533
262	N6	AF13	535
264	N12	AF15	537
266	N14	AF19	541
269	N21	AF22	544
273	N25	AF26	548

TMS320DM642

U5E (TMS320DM642)

#	Pin	Pin	#
2	A2	F6	136
25	A25	F7	137
27	B1	F20	150
28	B2	F21	151
40	B14	G6	162
51	B25	G7	163
52	B26	G8	164
55	C3	G10	166
76	C24	G11	167
82	D4	G13	169
101	D23	G14	170
109	E5	G16	172
111	E7	G17	173
112	E8	G19	175
114	E10	G20	176
121	E17	G21	177
123	E19	H20	190
124	E20	K7	217
126	E22	K20	218
139	F9	L7	231
142	F12	L20	232
145	F15	M12	246
148	F18	M14	248
161	G5	N7	263
178	G22	N13	265
187	H5	N15	267
192	H22	N20	281
202	J6	P7	282
205	J21	P12	284
215	K5	P14	286
220	K22	P20	301
244	M6	R13	303
251	M21	R15	317
258	N2	T7	318
291	P25	T20	331
305	R21	U7	332
329	U5	U20	360
334	U22	W20	372
347	V21	Y6	373
357	W5	Y7	374
362	W22	Y8	376
365	W25	Y10	377
371	Y5	Y11	379
388	Y22	Y13	380
401	AA9	Y14	382
404	AA12	Y16	383
407	AA15	Y17	385
410	AA18	Y19	386
423	AB5	Y20	387
425	AB7	Y21	398
426	AB8	AA6	399
428	AB10	AA7	412
435	AB17	AA20	413
437	AB19	AA21	189
438	AB20	H7	
440	AB22		
467	AC23		
494	AD24		
497	AE1		
498	AE2		
509	AE13		
521	AE25		
522	AE26		
524	AF2		
547	AF25		
298	R6		

TMS320DM642

DGND   DGND

7. DM642 的 PCI 部分

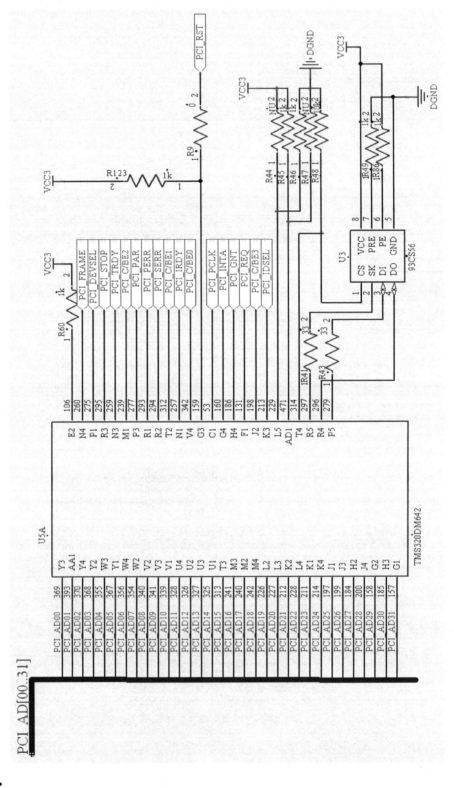

8．DM642 的视频口 VP0 部分

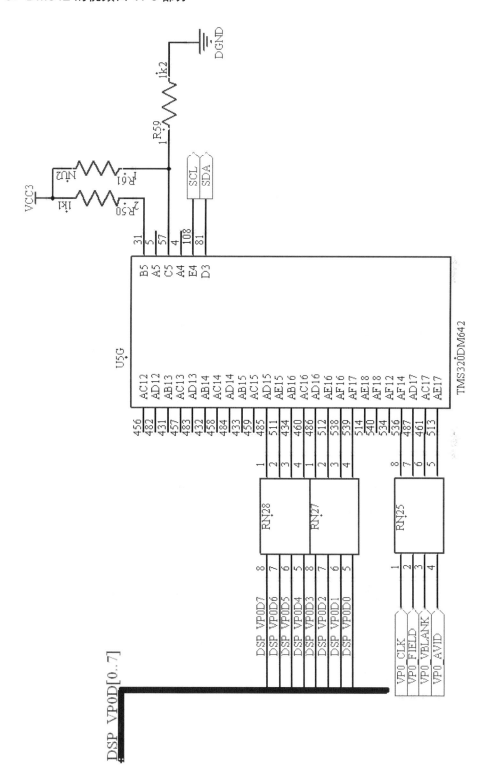

9. DM642 的视频口 VP2 部分

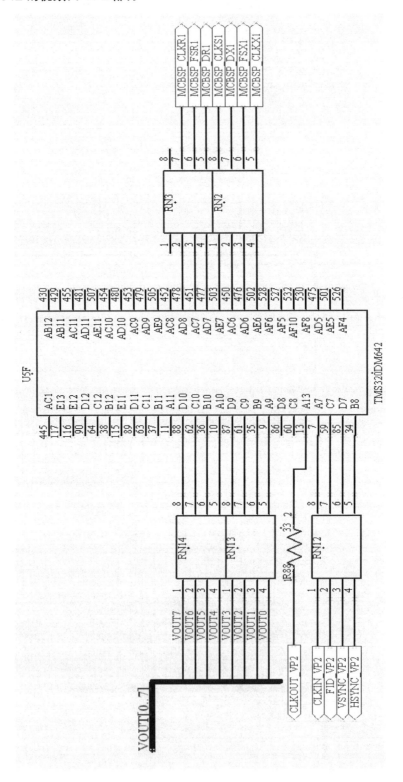

10．CPCI 连接器 J1 部分

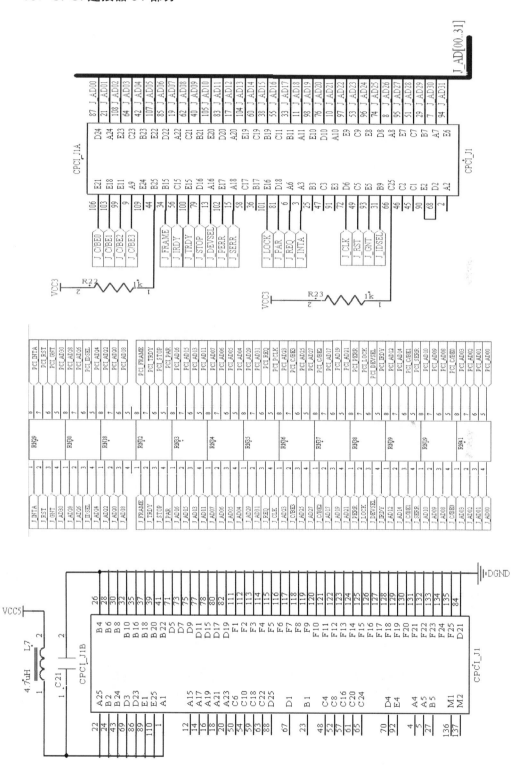

11. SDRAM 和 FLASH 部分

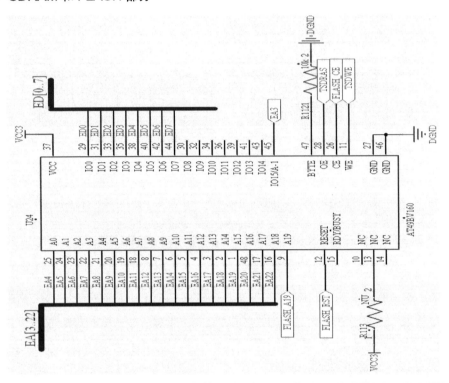

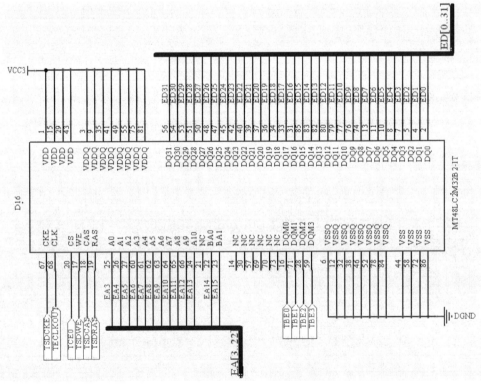

12. 电源 1.4V 和 3.3V 部分

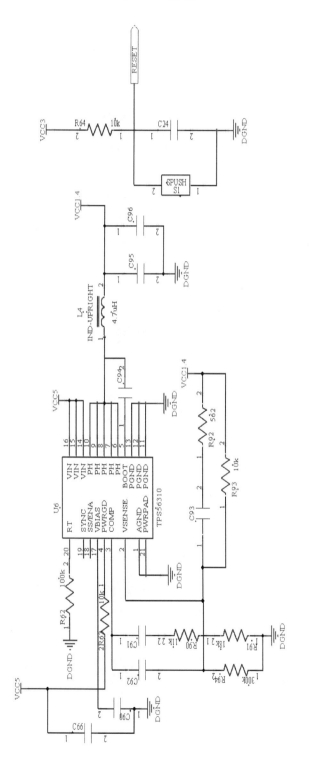

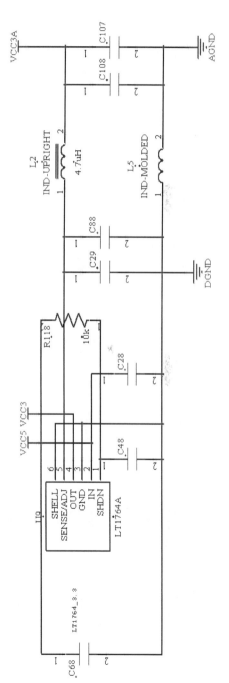

13. 电源 1.5V 和 2.5V 部分

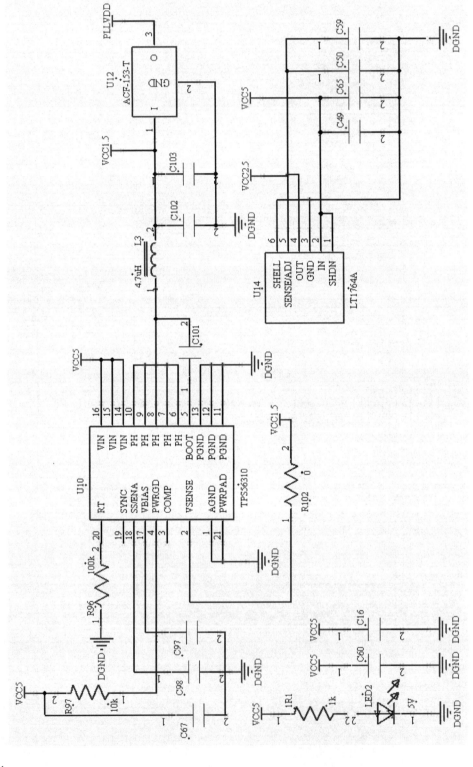

14．FPGA 配置部分

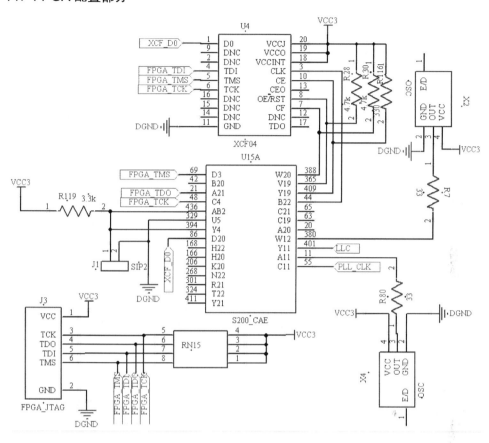

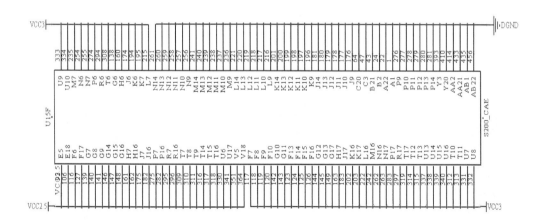

15. FPGA 引脚配置（1）

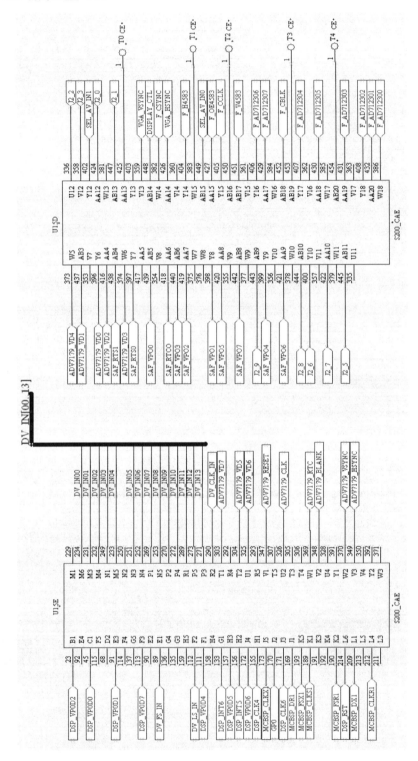

16. FPGA 引脚配置（2）

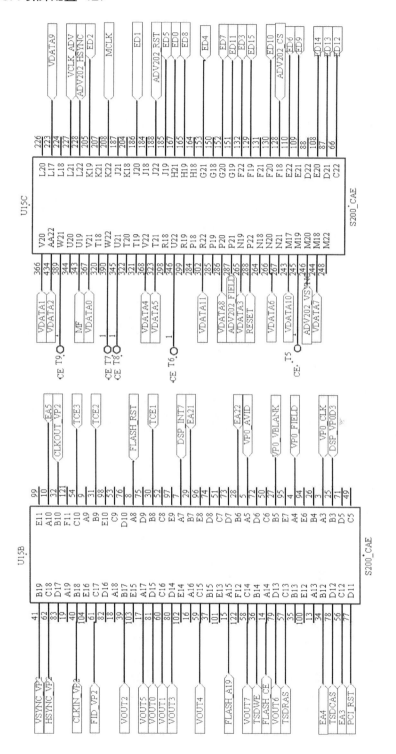

附录 B　TMS320C6000 指令集

指　　令	表　达　式	说　　明
LDB addr, dst	mem[addr] ->dst	字节读取指令，目的寄存器的高 24 位作符号扩展
LDBU addr, dst	mem[addr] ->dst	字节读取指令，目的寄存器的高 24 位作零扩展
LDH addr, dst	mem[addr] ->dst	半字读取指令，目的寄存器的高 16 位作符号扩展
LDHU addr, dst	mem[addr] ->dst	半字读取指令，目的寄存器的高 16 位作零扩展
LDW addr, dst	mem[addr] ->dst	字读取指令
STB src, addr	src -> mem[addr]	字节存储指令
STH src, addr	src -> mem[addr]	半字存储指令
STW src, addr	src -> mem[addr]	字存储指令
ADD src1, src2, dst	src1+src2 ->dst	有符号数加法
ADDU src1, src2, dst	同上	无符号数加法
ADDAB src2, src1, dst	src2+src1 ->dst	src1 和 src2 相加，结果置入 dst，如果 src2 为 A4～A7 或 B4～B7，且设置为循环寻址方式，则要满足循环寻址的地址运算规则
ADDAH src2, src1, dst	src2+(src1<<1) ->dst	src1 左移 1 位，和 src2 相加，结果置入 dst，如果 src2 为 A4～A7 或 B4～B7，且设置为循环寻址方式，则要满足循环寻址的地址运算规则
ADDAW src2, src1, dst	src2+(src1<<2) ->dst	src1 左移 2 位，和 src2 相加，结果置入 dst，如果 src2 为 A4～A7 或 B4～B7，且设置为循环寻址方式，则要满足循环寻址的地址运算规则
ADDK cst, dst	cst+dst->dst	cst 为 16 位有符号数
ADD2 src1, src2, dst	((lsb16(src1)+lsb16(src2))and FFFh)or ((msb16(src1)+msb16(src2))<<16) -> dst	src1 和 src2 高 16 位和低 16 位分别相加
SADD src1, src2, dst	1)若 dst 是 32 位整型且 src1+src2>2^{31}-1，则 dst=2^{31}-1 2）若 dst 是 32 位整型且 src1+src2< -2^{31}，则 dst=-2^{31} 3)若 dst 是 40 位整型且 src1+src2> 2^{39}-1，则 dst=2^{39}-1 4）若 dst 是 40 位整型且 src1+src2<-2^{39}，则 dst=-2^{39}	饱和加法
SUB src1, src2, dst	src1-src2->dst	有符号减法
SUBU src1, src2, dst	同上	无符号减法
SUBAB src2, src1, dst	src2-src1 ->dst	src2 减去 src1，结果置入 dst，如果 src2 为 A4～A7 或 B4～B7，且设置为循环寻址方式，则要满足循环寻址的地址运算规则
SUBAH src2, src1, dst	同上	src1 左移 1 位，src2 减去 src1，结果置入 dst，如果 src2 为 A4～A7 或 B4～B7，且设置为循环寻址方式，则要满足循环寻址的地址运算规则

续表

指　　令	表　达　式	说　　明
UBAW src2, src1, dst	同上	src1 左移 2 位，src2 减去 src1，结果置入 dst，如果 src2 为 A4~A7 或 B4~B7，且设置为循环寻址方式，则要满足循环寻址的地址运算规则
SUBC src1, src2, dst	if(src1-src2<=0) ((src1-src2<<1)+1->dst else src1<<1 ->dst	用于除法
SUB2 src1, src2, dst	((lsb16(src1)-lsb16(src2)) and FFFFh) or((msb16(src1)-msb16(src2))<<16) ->dst	src1 和 src2 高 16 位和低 16 位分别相减
SSUB	参见 SADD	饱和减法
MPY src1, src2, dst	lsb16(src1)×lsb16(src2) ->dst	16 位乘 16 位有符号乘法
MPYU src1, src2, dst	同上	16 位乘 16 位无符号乘法
MPYUS src1, src2, dst	同上	16 位无符号数和 16 位有符号数乘法
MPYSU src1, src2, dst	同上	16 位有符号数和 16 位无符号数乘法
MPYH src1, src2, dst	msb16(src1)×msb16(src2) ->dst	16 位乘 16 位有符号乘法
MPYHU src1, src2, dst	同上	16 位乘 16 位无符号乘法
MPYHUS src1, src2, dst	同上	16 位无符号数和 16 位有符号数乘法
MPYHSU src1, src2, dst	同上	16 位有符号数和 16 位无符号数乘法
MPYHL src1, src2, dst	msb16(src1)×lsb16(src2) ->dst	
MPYHLU src1, src2, dst	同上	
MPYHULS src1, src2, dst	同上	
MPYHSLU src1, src2, dst	同上	
MPYLH src1, src2, dst	lsb16(src1)× msb16(src2) ->dst	
MPYLHU src1, src2, dst	同上	
MPYLUHS src1, src2, dst	同上	
MPYLSHU src1, src2, dst	同上	

SMPY src1, src2, dst	if(((src1_src2)<<1)!=0x8000 0000)
	((src1_src2)<<1) ->dst
	else
	0x7FFF FFFF->dst	

SMPYHL src1, src2, dst	同上	
SMPYLH src1, src2, dst	同上	
SMPYH src1, src2, dst	同上	
ABS src, dst	abs(src) ->dst	取绝对值
AND src1, src2, dst	src1 and src2 ->dst	与运算
OR src1, src2, dst	src1 or src2 ->dst	或运算
XOR src1, src2, dst	src1 xor src2 ->dst	异或运算
SHL src2, src1, dst	src2<<src1 ->dst	算术左移指令，低位零扩展
SHR src2, src1, dst	src2>>s src1->dst	算术右移指令，高位作符号扩展
SHRU src2, src1, dst	src2>>z src1 ->dst	逻辑右移指令，高位作零扩展

SSHL src2, src1, dst	if(src2 的 bit(31)至 bit(31-src1)是全"1"或全 "0")
	dst = src2<<src1;
	else if (src2>0)
	dst=0x7FFF FFFF;
	else if(src2<0)
	dst = 0x8000 0000;
		饱和左移指令

续表

指　　令	表　达　式	说　　明
CLR src, csta,cstb,dst	src clear csta,cstb->dst	src$_{[cstb..csta]}$清 0
SET src, csta,cstb,dst	src set csta,cstb ->dst	src$_{[cstb..csta]}$置 1
EXT src, cst ++a,cstb,dst	src ext csta,cstb ->dst	dst＝src$_{[(31-csta)..(cstb-csta)]}$,dst 高位字段作符号扩展
EXTU src2, csta,cstb,dst	src extu csta,cstb ->dst	dst＝src$_{[(31-csta)..(cstb-csta)]}$,dst 高位字段作零扩展
LMBD src1, src2, dst	if(src10==0)lmb0(src2) ->dst if(src10==1)lmb1(src2) ->dst	如果 src1 的 bit0 为 '0'，从 src2 的最高位找 '0'，如果第一个 '0' 出现在 bit31, dst=0, 如果第一个 '0' 出现在 bit30, dst=1, 以次类推; 如果 src1 的 bit0 为 '1'，为找 '1' 操作
SAT src, dst	if(src>(2^{31}-1)) (2^{31}-1) ->dst else if(src<-2^{31}) -2^{31} ->dst else src$_{31...0}$ ->dst	40 位整型转换为 32 位整型
NORM src, dst	norm(src) ->dst	如果 src 的符号位(bit31)为 '0'，计数其后连续 '0' 的个数,结果送入 dst; 如果 src 的符号位(bit31)为 '1'，计数其后连续 '1' 的个数,结果送入
NEG src, dst	0-s src ->dst	src 符号取反
NOT src, dst	-1 xor src ->dst	src 逐位取反
ZERO dst	dst-dst ->dst	dst 清零
CMPEQ	if(src1==src2)1 ->dst else 0 ->dst	比较是否相等
CMPGT	if(src1>src2)1 ->dst else 0 ->dst	有符号数比较大小
CMPGTU	同上	无符号数比较大小
CMPLT	if(src1<src2)1 ->dst else 0 ->dst	有符号数比较大小
CMPLTU	同上	无符号数比较大小
MV src, dst	0+src->dst	从通用寄存器到通用寄存器
MVC src, dst	src ->dst	从控制寄存器中读出或写入数据。例如：向 AMR 寄存器写入 B1 的值, MVC .S2 B1,AMR。只能用 B 寄存器组和.S2 功能单元。
MVK cst, dst	scst16 ->dst	16 位数符号扩展后，送入 dst
MVKH cst, dst	(cst31..16)<<16)or(dst15..0) ->dst	cst 高 16 位移入 dst 的高 16 位
MVKLH cst, dst	(cst15..0)<<16)or(dst15..0) ->dst	cst 低 16 位移入 dst 的高 16 位
MVKL cst, dst	同 MVK	
B label	label1 ->PFC	程序跳转至 label
B reg	reg ->PFC	程序跳转至 reg 所存在地址执行
B IRP	IRP ->PFC	程序跳转至 IRP 所存在地址执行
B NRP	NRP ->PFC	程序跳转至 NRP 所存在地址执行
IDLE		NOP 直到中断发生
NOP		空操作
LDDW addr, dst	dst=mem[addr]	从数据存储器读入双精度数到目的寄存器

续表

指　　令	表　达　式	说　　明
ADDDP src1, src2, dst	src1+src2 ->dst	双精度浮点数加法
ADDSP src1, src2, dst	src1+src2 ->dst	单精度浮点数加法
ADDAD src2, src1, dst	src2+(src1<<3) ->dst	src1 左移 3 位, 和 src2 相加, 结果置入 dst, 如果 src2 为 A4~A7 或 B4~B7, 且设置为循环寻址方式, 则要满足循环寻址的地址运算规则
SUBDP src1, src2, dst	src1-src2 ->dst	双精度浮点数减法
SUBSP src1, src2, dst	src1-src2 ->dst	单精度浮点数减法
MPYDP src1, src2, dst	src1×src2 ->dst	双精度浮点数乘法
MPYI src1, src2, dst	lsb32(src1×src2) ->dst	32 位整型乘法, 结果的低 32 位送入目的寄存器 dst
MPYID src1, src2, dst	lsb32(src1×src2) ->dst_1 msb32(src1×src2) ->dst_h	32 位整型乘法, 结果的低 32 位送入目的寄存器 dst 的低 32 位, 结果的高 32 位送入 dst 的高 32 位
MPYSP src1, src2, dst	src1×src2->dst	单精度浮点数乘法
ABSDP src, dst	If src>=0,then src ->dst If src2<0,then -src ->dst	双精度浮点数取决定值
ABSSP src, dst	同上	单精度浮点数取决定值
CMPEQDP src1, src2, dst	if(src1==scr2)1 ->dst else 0 ->dst	双精度数比较是否相等
CMPEQSP src1, src2, dst	同上	单精度数比较是否相等
CMPGTDP src1, src2, dst	if(src1>scr2)1 ->dst else 0 ->dst	双精度数比较大小
CMPGTSP src1, src2, dst	同上	单精度数比较大小
CMPLTDP src1, src2, dst	if(src1_scr2)1 ->dst else 0 ->dst	双精度数比较大小
CMPLTSP src1, src2, dst	同上	单精度数比较大小
DPINT src,dst	int(src) ->dst	双精度数转换为 32 位整型
DPSP src,dst	sp(src) ->dst	双精度数转换为单精度数
DPTRUNC src,dst	int(src) ->dst	双精度数转换为 32 位整型, 舍去小数部分
INTDP src,dst	dp(src) ->dst	有符号整型转换为双精度浮点数
INTDPU src,dst	同上	无符号整型转换为双精度浮点数
INTSP src,dst	sp(src) ->dst	有符号整型转换为单精度浮点数
INTSPU src,dst	sp(src) ->dst	无符号整型转换为单精度浮点数
SPINT src,dst	int(src) ->dst	单精度数转换为 32 位整型
SPDP src,dst	dp(src) ->dst	单精度数转换为双精度数
SPTRUNC src,dst	int(src) ->dst	单精度数转换为 32 位整型, 舍去小数部分
RCPDP src,dst	rcp(src) ->dst	双精度数取倒数
RCPSP src,dst	rcp(src) ->dst	单精度数取倒数
RSQRDP src,dst	sqrcp(src) ->dst	双精度数平方根取倒数
RSQRSP src,dst	sqrcp(src) ->dst	单精度数平方根取倒数
LDDW src,dst	dst=mem[addr]	从数据存储器中读取双字
LDNDW src,dst	dst=mem[addr]	从数据存储器中读取地址非双字对齐的双字
LDNW src,dst	dst=mem[addr]	从数据存储器中读取地址非字对齐的字

指　　令	表　达　式	说　　明
STDW src, addr	src ->mem	写入双字到数据存储器
STNDW src, addr	src ->mem	写入地址非字对齐的双字到数据存储器
STNW src, addr	src ->mem	写入地址非字对齐的字到数据存储器
ABS2 addr, dst	dst=mem[addr]	从数据存储器中读取双字
ADD2 src1, src2, dst	msb16(src1)+msb16(src2) ->msb16(dst); lsb16(src1)+lsb16(src2) ->lsb16(dst);	有符号 16 位紧凑整型数加法。src1 高 16 位和 src2 的高 16 位作为 16 位有符号整数相加，结果送入目的寄存器 dst 的高 16 位；src1 和低 16 位和 src2 的低 16 位作为 16 位有符号整数相加，结果送入目的寄存器 dst 的低 16 位；
ADD4 src1, src2, dst	byte0(src1)+ byte0(src2) ->byte0(dst) byte1(src1)+ byte1(src2) ->byte1(dst) byte2(src1)+ byte2(src2) ->byte2(dst) byte3(src1)+ byte3(src2) ->byte3(dst)	类似与 ADD2 指令，不同之处在于将 src1 和 src2 是 8 位紧凑型
ADDKPC src1,dst, src2	(src1<<2)+PCE1 ->dst	src1 是 7 位有符号数，src2 是 3 位数，快速设置程序调用的返回地址
ADDAD src2, src1, dst	src2+(src1<<3) ->dst	src1 左移 3 位，和 src2 相加，结果置入 dst，如果 src2 为 A4~A7 或 B4~B7，且设置为循环寻址方式，则要满足循环寻址的地址运算规则
SADD2 src1, src2, dst	sat((msb16(src1)+msb16(src2))) -> msb16(dst) sat((lsb16(src1)+lsb16(src2))) -> lsb16(dst)	类似与 ADD2，不同之处的加法满足饱和加法规则
SADDU4 src1, src2, dst	sat((ubyte0(src1)+ ubyte0 (src2))) -> ubyte0(dst) sat((ubyte1(src1)+ ubyte1 (src2))) -> ubyte1(dst) sat((ubyte2(src1)+ ubyte2 (src2))) -> ubyte2(dst) sat((ubyte3(src1)+ ubyte3 (src2))) -> ubyte3(dst)	无符号 8 位紧凑整型数加法，类似于 ADD4，不同之处在于加法满足饱和加法规则
SADDSU2 src1, src2, dst	sat((smsb16(src2)+umsb16(src1))) -> umsb16(dst) sat((slsb16(src2)+ ulsb16(src1))) ->ulsb16(dst)	类似于 SADD2,不同之处在于 src1 当作两个有符号 16 位整型数处理，src2 当作两个无符号 16 位整型数处理
SUB2 src1, src2, dst	(lsb16(src1)- lsb16(src2)) ->lsb16(dst); (msb16(src1)- msb16(src2)) ->msb16(dst);	16 位紧凑整型减法
SUB4 src1, src2, dst	(byte0(src1)- byte0 (src2)) ->byte0(dst); (byte1(src1)- byte1 (src2)) ->byte1(dst); (byte2(src1)- byte2 (src2)) ->byte2(dst); (byte3(src1)- byte3 (src2)) ->byte3(dst);	8 位紧凑整型数减法

指　　令	表　达　式	说　　明
SUBABS4 src1, src2, dst	ABS(ubyte0(src1)- ubyte0(src2)) -> ubyte0(dst); ABS(ubyte1(src1)- ubyte1(src2)) -> ubyte1(dst); ABS(ubyte2(src1)- ubyte2(src2)) -> ubyte2(dst); ABS(ubyte3(src1)- ubyte3(src2)) -> ubyte3(dst)	8 位紧凑整型数减法,结果取绝对值
GMPY4 src1, src2, dst	(ubyte0(src1)gmpy ubyte0(src2)) -> ubyte0(dst); (ubyte1(src1)gmpy ubyte1(src2)) -> ubyte1(dst); (ubyte2(src1)gmpy ubyte2(src2)) -> ubyte2(dst); (ubyte3(src1)gmpy ubyte3(src2)) -> ubyte3(dst)	8 位紧凑型无符号整数 Galois 乘法
MPY2 src1, src2, dst	(lsb16(src1)×lsb16(src2)) ->dst_e (msb16(src1) msb16(src2)) ->dst_o	16 位紧凑整型乘法, dst 为 64 位, dst_e 是低 32 位, dst_o 是高 32 位
MPYHI	((msb16(src1))×src2) ->dst_o:dst_e	16 位整型乘以 32 位整型, dst 为 64 位, dst_e 是低 32 位, dst_o 是高 32 位
MPYIH src2, src1, dst	(src2×msb16(src1)) ->dst_o:dst_e	32 位整型乘以 16 位整型, dst 为 64 位, dst_e 是低 32 位, dst_o 是高 32 位
MPYHIR src1, src2, dst	lsb32(((msb16(src1)×(src2))+0x4000)>>15) ->dst	src1 的高 16 位乘以 src2, 加 0x4000 后, 右移 15 位, 送入 dst
MPYIHR src2, src1, dst	lsb32((((src2)×msb16(src1))+0x4000)>>15) ->dst	src2 乘以 src1 的高 16 位, 加 0x4000 后, 右移 15 位, 送入 dst
MPYLI src1, src2, dst	(lsb16(src1)(src2)) ->dst_o:dst_e	src1 的低 16 位乘以 src2, 结果送入 64 位寄存器对 dst 的低 48 位
MPYIL src2, src1, dst	((src2)×lsb16(src1)) ->dst_o:dst_e	src2 乘以 src1 的低 16 位, 结果送入 64 位寄存器对 dst 的低 48 位
MPYLIR src1, src2, dst	lsb32(((lsb16(src1)×(src2))+0x4000)>>15) ->dst	src1 的低 16 位乘以 src2, 加 0x4000 后, 右移 15 位, 送入 dst
MPYILR src2, src1, dst	lsb32((((src2)×lsb16(src1))+0x4000)>>15) ->dst	src2 乘以 src1 的低 16 位, 加 0x4000 后, 右移 15 位, 送入 dst
MPYSU4 src1, src2, dst	(sbyte0(src1)×ubyte0(src2)) -> lsb16 (dst_e) (sbyte1(src1)×ubyte1(src2)) -> msb16 (dst_e) (sbyte2(src1)×ubyte2(src2)) -> lsb16 (dst_o) (sbyte3(src1)×ubyte3(src2)) -> msb16 (dst_o)	有符号 8 位紧凑型整数乘以无符号 8 位紧凑型整数, 结果送入 64 位寄存器对 dst

指　　令	表　达　式	说　　明
MPYUS4 src1, src2, dst	(ubyte0(src2)×sbyte0(src1)) ->lsb16 （dst_e） (ubyte1(src2)×sbyte1(src1)) ->msb16 （dst_e） (ubyte2(src2)×sbyte2(src1)) ->lsb16 （dst_o） (ubyte3(src2)×sbyte3(src1)) ->msb16 （dst_o）	无符号 8 位紧凑型整数乘以有符号 8 位紧凑型整数，结果送入 64 位寄存器对 dst
MPYU4 src1, src2, dst	(ubyte0(src1)×ubyte0(src2)) ->lsb16 （dst_e） (ubyte1(src1)×ubyte1(src2)) ->msb16 （dst_e） (ubyte2(src1)×ubyte2(src2)) ->lsb16 （dst_o） (ubyte3(src1)×ubyte3(src2)) ->msb16 （dst_o）	无符号 8 位紧凑型整数乘以无符号 8 位紧凑型整数，结果送入 64 位寄存器对 dst
SMPY2 src1, src2, dst	SAT((lsb16(src1)×lsb16(src2))<<1) ->dst_e; SAT((msb16(src1)×msb16(src2))<<1) ->dst_o	举例说明如下： SMPY2 .M1 A0,A1,A3:A2 功能同下两条指令 SMPY .M1 A0,A1,A2 SMPYH .M1 A0,A1,A3
AND src1, src2, dst	src1 and src2 ->dst	同于 C62 AND 指令，但可以在.D、.L 或.S 单元完成
ANDN src1, src2, dst	src1 and ～src2 ->dst	src2 取反后和 src1 与运算
OR src1, src2, dst	src1 or src2 ->dst	同于 C62 OR 指令，但可以在.D、.L 或.S 单元完成
XOR src1, src2, dst	src1 xor src2 ->dst	同于 C62 XOR 指令，但可以在.D、.L 或.S 单元完成

SHLMB src1, src2, dst	ubyte2(src2) -> ubyte3(dst);
	ubyte1(src2) -> ubyte2(dst);
	ubyte0(src2) -> ubyte1(dst);
	ubyte3(src1) -> ubyte0(dst);
		16 位有符号整型右移，符号扩展

SHR2 src2, src1, dst	smsb16(src2)>>src1 -> smsb16(dst) slsb16(src2)>>src1 -> slsb16(dst)	

SHRMB	ubyte0(src1) -> ubyte3(dst);
	ubyte3(src2) -> ubyte2(dst);
	ubyte2(src2) -> ubyte1(dst);
	ubyte1(src2) -> ubyte0(dst);	

SHRU2	umsb16(src2)>>src1 -> umsb16(dst) ulsb16(src2)>>src1 -> ulsb16(dst)	16 位无符号整型右移，零扩展

续表

指　　令	表　达　式	说　　明
SHFL src, dst	src31,30,29...16 -> dst31,29,27...1 src15,14,13...0 -> dst30,28,26...0	

SSHVL src2, src1, dst	if(0<=src1<=31) then SAT(src2<<src1)
	->dst;
	if(-31<=src1<0) then (src2>>abs(src1))
	->dst;
		饱和左移

SSHVR src2, src1, dst	if(src1>31) then SAT(src2<<31) ->dst;
	if(src1<-31) then (src2>>31) ->dst;
	if(0<=src1<=31) then (src2>>src1) ->dst;
	if(-31<=src1<0) then
	SAT(src2<<abs(src1)) ->dst;
	if(src1>31) then (src2>>31) ->dst;
	if(src1<-31) then SAT(src2<<31) ->dst;
		饱和右移

ROTL src2,src1,dst	(src2<<src1) | (src2>>(32-src1)) ->dst	循环移位
BITR src,dst	bit_reverse(src) ->dst;	src 的 bit31 和 bit0 位置互换, bit30 和比特 1 位置互换, 依此类推

CMPEQ2 src1,src2,dst	if(lsb16(src1)==lsb16(src2),1->dst_0
	else 0->dst_0;
	if(msb16(src1)==msb16(src2)),1->dst_1
	else 0->dst_1
		紧凑型 16 位整型数比较相等

CMPEQ4 src1,src2,dst	if(sbyte0(src1)==sbyte0(src2)),1->dst_0
	else 0->dst_0;
	if(sbyte1(src1)==sbyte1(src2)),1->dst_1
	else 0->dst_1
	if(sbyte2(src1)==sbyte2(src2)),1->dst_2
	else 0->dst_2
	if(sbyte3(src1)==sbyte3(src2)),1->dst_3
	else 0->dst_3
		紧凑型 8 位整型数比较相等

CMPGT2	if(lsb16(src1)>lsb16(src2),1->dst_0
	else 0->dst_0;
	if(msb16(src1)>msb16(src2)),1->dst_1
	else 0->dst_1
		紧凑型 16 位有符号整形数比较大小

CMPGTU4	if(ubyte0(src1)>ubyte0(src2),1->dst_0
	else 0->dst_0;
	if(ubyte1(src1)>ubyte1(src2)),1->dst_1
	else 0->dst_1;
	if(ubyte2(src1)>ubyte2(src2)),1->dst_2
	else 0->dst_2
	if(ubyte3(src1)>ubyte3(src2)),1->dst_3
	else 0->dst_3;
		紧凑型 8 位无符号整型数比较大小

CMPLT2	if(lsb16(src2)<lsb16(src1),1->dst_0
	else 0->dst_0;
	if(msb16(src2)<msb16(src1)),1->dst_1
	else 0->dst_1
		紧凑型 16 位有符号整型数比较大小

指　　令	表　达　式	说　　明

CMPLTU4	if(ubyte0(src2)<ubyte0(src1)),1->dst$_0$
	else 0->dst$_0$;
	if(ubyte1(src2)<ubyte1(src1)),1->dst$_1$
	else 0->dst$_1$;
	if(ubyte2(src2)<ubyte2(src2)),1->dst$_2$
	else 0->dst$_2$;
	if(ubyte3(src2)<ubyte3(src1)),1->dst$_3$
	else 0->dst$_3$;
		紧凑型 8 位无符号整型数比较大小

AVG2 src1,src2,dst	((lsb16(src1)+lsb16(src2)+1)>>1) ->lsb16(dst); ((msb16(src1)+msb16(src2)+1)>>1) ->msb16(dst);	16 位有符号紧凑整型数求平均值
AVGU4 src1,src2,dst	((ubyte0(src1)+ubyte0(src2)+1)>>1) ->ubyte0(dst); (((ubyte1(src1)+ubyte1(src2)+1)>>1) ->ubyte1(dst); (((ubyte2(src1)+ubyte2(src2)+1)>>1) ->ubyte2(dst); (((ubyte3(src1)+ubyte3(src2)+1)>>1) ->ubyte3(dst);	8 位无符号紧凑整型数求平均值
BITC4 src,dst	((bit_count src(ubyte0)) ->ubyte0(dst); ((bit_count src(ubyte1)) ->ubyte1(dst); ((bit_count src(ubyte2)) ->ubyte2(dst); ((bit_count src(ubyte3)) ->ubyte3(dst);	对 src 的 4 个 8 位部分中的'1'计数，结果送入 dst 对应的 8 位部分
DEAL src,dst	src[31,29,27...] ->dst[31,30,29...16] src[30,28,26...] ->dst[15,14,13...0]	提取 src 的奇数位，送入 dst 的高 16 位，提取 src 的偶数位，送入 dst 的低 16 位
XPND2 src,dst	XPND2(src & 1) ->lsb16(dst) XPND2(src & 2) ->msb16(dst)	取 src 的比特 0，逐位复制到 dst 的低 16 位，取 src 的比特 1，逐位复制到 dst 的高 16 位
XPND4 src,dst	XPND4(src & 1) ->byte0(dst) XPND4(src & 2) ->byte1(dst) XPND4(src & 4) ->byte2(dst) XPND4(src & 8) ->byte3(dst)	取 src 的比特 0，逐位复制到 dst 的 byte0, 取 src 的比特 1，逐位复制到 dst 的 byte1, 取 src 的比特 2，逐位复制到 dst 的 byte2, 取 src 的比特 3，逐位复制到 dst 的 byte3
PACK2 src1,src2,dst	lsb16(src2) ->lsb16(dst) lsb16(src1) ->msb16(dst)	打包指令，src1 的低 16 位和 src2 的低 16 位组成一个 32 位数，送入 dst
PACKH2 src1,src2,dst	msb16(src2) ->lsb16(dst) msb16(src1) ->msb16(dst)	打包指令，src1 的高 16 位和 src2 的高 16 位组成一个 32 位数，送入 dst

PACKH4 src1,src2,dst	byte3(src1) ->byte3(dst);
	byte1(src1) ->byte2(dst);
	byte3(src2) ->byte1(dst);
	byte1(src2) ->byte0(dst);
		打包指令，src1 的 Byte3、Byte1 和 src2 的 Byte3、Byte1 组成一个 32 位数，送入 dst

PACKHL2 src1,src2,dst	lsb16(src2) ->lsb16(dst) msb16(src1) ->msb16(dst);	打包指令，src1 的高 16 位和 src2 的低 16 位组成一个 32 位数，送入 dst
PACKL4 src1,src2,dst	byte2(src1) ->byte3(dst) byte0(src1) ->byte2(dst) byte2(src2) ->byte1(dst) byte0(src2) ->byte0(dst);	打包指令，src1 的 Byte2、Byte0 和 src2 的 Byte2、Byte0 组成一个 32 位数，送入 dst

指　　令	表　达　式	说　　明
PACKLH2src1,src2,dst	msb16(src2) ->sb16(dst) lsb16(src1) ->msb16(dst);	打包指令，src1 的低 16 位和 src2 的高 16 位组成一个 32 位数，送入 dst
SPACK2 src1,src2,dst	if src2>0x00007FFF,then 0x7FFF->lsb16(dst)or if src2<0xFFFF8000,then 0x8000->lsb16(dst) else truncate(src2) ->lsb16(dst); if src1>0x00007FFF,then 0x7FFF->msb16(dst)or	饱和有符号 16 位整型数打包指令
SPACK2 src1,src2,dst	if src1->0xFFFF8000, then 0x8000->msb16(dst) else truncate(src1) ->msb16(dst);	饱和有符号 16 位整型数打包指令

SPACKU4 src1,src2,dst	if msb16(src1)>>0x00007FFF, then 0x7F
	->ubyte3(dst) or
	if msb16(src1)<<0xFFFF8000,then 0
	-> ubyte3(dst)
	else truncate(msb16(src1)) ->
	ubyte3(dst);
	if lsb16(src1)>>0x00007FFF,then 0x7F
	->ubyte2(dst) or
	if lsb16(src1)<<0xFFFF8000,then 0
	-> ubyte2(dst)
	else truncate(lsb16(src1)) ->ubyte2(dst);
	if msb16(　src2)>>0x00007FFF, then
	0x7F -> ubyte1(dst) or
	if msb16(src2)<<0xFFFF8000,then 0
	-> ubyte1(dst)
	else truncate(msb16(src2))
	->ubyte1(dst);
	if lsb16(src2)>>0x00007FFF,then 0x7F
	-> ubyte0(dst) or
	if lsb16(src2)<<0xFFFF8000,then 0
	-> ubyte0(dst)
	else truncate(lsb16(src2)) -> ubyte0(dst);
		饱和无符号 8 位整型数打包指令

UNPKLU4 src,dst	Ubyte3(src) -> ubyte2(dst);
	0-> ubyte3(dst);
	ubyte2(src) ->ubyte0(dst);
	0-> ubyte1(dst);
	ubyte0(src) -> ubyte0(dst);
	0-> ubyte1(dst);
	ubyte1(src) -> ubyte2(dst);
	0-> ubyte3(dst);
		拆包指令

指　　令	表　达　式	说　　明
DOTP2 src1,src2,dst	(lsb16 (src1)×lsb16(src2))+ (msb16 (src1)×msb16(src2)) -> dst	16 位有符号紧凑整型数点乘指令，加法
DOTPN2 src1,src2,dst	(msb16 (src1)×msb16(src2))- (lsb16 (src1)×lsb16(src2)) -> dst	16 位有符号紧凑整型数点乘指令，减法
DOTPNRSU2 src1,src2,dst	int=(smsb16(src1)×umsb16(src2)) - (slsb16(src1×ulsb16(src2))+0x8000; int>>16-> dst int=(umsb16(src2)×smsb16(src1)) - (ulsb16(src2)×lsb16(src1))+0x8000; 　int>>16　->dst	int 是 32 位有符号整型数，右移操作符号扩展，减法
DOTPNRSU2 src1,src2,dst	int=(smsb16(src1)×umsb16(src2)) +(slsb16(src1)×ulsb16(src2))+0x8000; int>>16 -> dst	int 是 32 位有符号整型数，右移操作符号扩展，加法
DOTPRUS2 src1,src2,dst	int=(umsb16(src2)×smsb16(src1)) +(ulsb16(src2)×lsb16(src1))+0x8000; int>>16 -> dst	int 是 32 位有符号整型数，右移操作符号扩展，加法
DOTPSU4 src1,src2,dst	(sbyte0(src1)×ubyte0(src2))+ (sbyte1(src1)×ubyte1(src2))+ (sbyte2(src1)×ubyte2(src2))+ (sbyte3(src1)×ubyte3(src2)) ->dst	8 位紧凑型有符号和无符号点乘，加法
DOTPUS4 src1,src2,dst	(ubyte0(src2)×sbyte0(src1))+ (ubyte1(src2)×sbyte1(src1))+ (ubyte2(src2)×sbyte2(src1))+ (ubyte3(src2)×sbyte3(src1)) ->dst	8 位紧凑型无符号和有符号点乘，加法
DOTPU4 src1,src2,dst	(ubyte0(src1)×ubyte0(src2))+ (ubyte1(src1)×ubyte1(src2))+ (ubyte2(src1)×ubyte2(src2))+ (ubyte3(src1)×ubyte3(src2)) ->dst	8 位紧凑型无符号和无符号点乘，加法

MAX2 src1,src2,dst	if(lsb16(src1)>=lsb16(src2),
	lsb16(src1) ->lsb16(dst)
	　else lsb16(src2) ->lsb16(dst);
	　if(msb16(src1)>=lsb16(src2),
	msb16(src1) ->msb16(dst)
	　else msb16(src2) ->msb16(dst);
		16 位有符号紧凑整型数，比较取较大者，组成 32 位数

MAXU4 src1,src2,dst	if(ubyte0(src1)>=ubyte0(src2),
	ubyte0(src1) ->ubyte0(dst)
	　else ubyte0(src2) ->ubyte0(dst);
	if(ubyte1(src1)>=ubyte1(src2)),
	ubyte1(src1) ->ubyte1(dst)
	　else ubyte1(src2) ->ubyte1(dst);
	if(ubyte2(src1)>=ubyte2(src2)),
	ubyte2(src1) ->ubyte2(dst)
	　else ubyte2(src2) ->ubyte2(dst);
	if(ubyte3(src1)>=ubyte3(src2),
	ubyte3(src1) ->ubyte3(dst)
	　else ubyte3(src2) ->ubyte3(dst);
		8 位无符号紧凑整型数，比较取较大者，组成 32 位数

指　令	表　达　式	说　明

MIN2 src1,src2,dst	if(lsb16(src1)<=lsb16(src2),
	lsb16(src1) ->lsb16(dst)
	　else lsb16(src2) ->lsb16(dst);
	if(msb16(src1)<=msb16(src2)),
	msb16(src1) ->msb16(dst)
	　else msb16(src2) ->msb16(dst);
		16 位有符号紧凑整型数，比较取较小者，组成 32 位数

MINU4 src1,src2,dst	if(ubyte0(src1)<=ubyte0(src2),
	ubyte0(src1) ->ubyte0(dst)
	　else ubyte0(src2) ->ubyte0(dst);
	if(ubyte1(src1)<=ubyte1(src2),
	ubyte1(src1) ->ubyte1(dst)
	　else ubyte1(src2) ->ubyte1(dst);
	if(ubyte2(src1)<=ubyte2(src2),
	ubyte2(src1) ->ubyte2(dst)
	　else ubyte2(src2) ->ubyte2(dst);
	if(ubyte3(src1)<=ubyte3(src2),
	ubyte3(src1) ->ubyte3(dst)
	　else ubyte3(src2) ->ubyte3(dst);
		8 位无符号紧凑整型数，比较取较小者，组成 32 位数

MVK/MVKL cst,dst	scst ->dst	16 位有符号整型数高位符号扩展后，送入 dst
MVD src,dst	src ->dst	延时通用寄存器间数据转移，指令执行占 4 个周期
SWAP2 src,dst	msb16(src2) ->lsb16(dst); lsb16(src2) ->msb16(dst);	数据交换指令，src 的高 16 位送入 dst 低 16 位，src 低 16 位送入 dst 高 16 位

SWAP4 src,dst	ubyte0(src2) ->ubyte1(dst);
	ubyte1(src2) ->ubyte0(dst);
	ubyte2(src2) ->ubyte3(dst);
	ubyte3(src2) ->ubyte2(dst);
		数据交换指令

BDEC scst10,dst	if(dst>=0),PFC=((PCE1+se(scst10))
	<<2);
	　if(dst>=0),dst=dst-1;
	　else nop
		以下举例说明：
		CMPLT.L1 A10,0,A1
		[!A1]SUB.L1 A10,1,A10
		‖ [!A1]B.S1 func
		NOP 5
		功能同于以下代码：
		BDEC.S1 func,A10
		NOP 5
		注：节省了条件寄存器 A1 的使用

BNOP src2,src1	if(cond){
	src2->PFC
	nop(src1);
	}
	else nop(src1+1)
		以下举例说明：
		B.S2 B3
		NOP N
		功能同于以下代码：
		BNOP.S2 B3,N

BPOS scst10,dst	if(dst>=0),PFC = (PCE1 + (se(scst10) <<2));	采用 dst 作条件寄存器，可以节省使用条件寄存器 A0～A2 和 B0～B2

参 考 文 献

[1] TMS320DM642 Video/Imaging Fixed-Point Digital Signal Processor，文件编号：SPRS200H，网址：http://www.ti.com.cn

[2] TMS320C64xC64x+ DSP CPU and Instruction Set Reference Guide，文件编号：SPRU732A，网址：http://www.ti.com.cn

[3] TMS320C6000 DSP 外设概览，文件编号：ZHCU001H，网址：http://www.ti.com.cn

[4] TMS320C6000 Peripherals Reference Guide，文件编号：SPRU190D，网址：http://www.ti.com.cn

[5] TMS320C64x DSP Video Port/VCXO Interpolated Control (VIC) Port Reference Guide，文件编号：SPRU629，网址：http://www.ti.com.cn

[6] TMS320C6000 Chip Support Library API Reference Guide，文件编号：SPRU401J，网址：http://www.ti.com.cn

[7] 李方慧，王飞，何佩琨. TMS320C6000 系列 DSPs 原理与应用（第 2 版）.北京：电子工业出版社，2005.

[8] 汪安民，张松灿，常春藤. TMS320C6000 DSP 使用技术与开发案例. 北京：人民邮电出版社，2007.

[9] 王越宗，刘京会. TMS320DM642 DSP 应用系统设计与开发. 北京：人民邮电出版社，2009.

[10] 韩非，胡春海，李伟. TMS320C6000 系列 DSP 开发应用技巧——重点与难点剖析.北京：中国电力出版社，2008.

[11] 卞红雨等，译. TMS320C6000 系列 DSP 的 CPU 与外设. 北京：清华大学出版社，2007.

[12] 顾海洲，马双武. PCB 电磁兼容技术——设计实践. 北京：清华大学出版社，2004.